职业健康检查监督工作指南

天津市卫生计生综合监督所　组织编写

中国人口出版社
China Population Publishing House
全国百佳出版单位

图书在版编目（CIP）数据

职业健康检查监督工作指南/天津市卫生计生综合监督所组织编写．--北京：中国人口出版社，2020.12
ISBN 978-7-5101-6449-1

Ⅰ.①职… Ⅱ.①天… Ⅲ.①劳动保护-劳动管理-中国-指南②劳动卫生-卫生管理-中国-指南 Ⅳ.①X92-62②R13-62

中国版本图书馆CIP数据核字(2020)第159393号

职业健康检查监督工作指南
ZHIYE JIANKANG JIANCHA JIANDU GONGZUO ZHINAN
天津市卫生计生综合监督所　组织编写

责任编辑　杨际航
装帧设计　夏晓辉
责任印制　林　鑫　单爱军
出版发行　中国人口出版社
印　　刷　北京柏力行彩印有限公司
开　　本　787毫米×1092毫米　1/16
印　　张　26.125
字　　数　470千字
版　　次　2020年12月第1版
印　　次　2020年12月第1次印刷
书　　号　ISBN 978-7-5101-6449-1
定　　价　68.00元

网　　址　www.rkcbs.com.cn
电子信箱　rkcbs@126.com
总编室电话　(010) 83519392
发行部电话　(010) 83510481
传　　真　(010) 83538190
地　　址　北京市西城区广安门南街80号中加大厦
邮政编码　100054

编委会

主　任： 刘洪亮

副主任： 张坤海　董绮娜　王　宁　陈　威

主　编： 郎胜喜　汪　莹

副主编： 李树新　王大宇　陈　璐

作　者：（按章节先后顺序排序）

张玉慧　山东省卫生健康委执法监察局

李树新　中国医学科学院放射医学研究所

李　玲　湖北省卫生计生委综合监督局

郎胜喜　天津市卫生计生综合监督所

史　军　天津市职业病防治院

肖共兴　山西省卫生健康委卫生监督所

刘　静　天津市疾病预防控制中心

任　婕　天津市疾病预防控制中心

尹建新　内蒙古自治区卫生厅卫生监督所

陆　凯　天津市卫生计生综合监督所

麦海明　广东省卫生监督所

曲　艺　天津市卫生计生综合监督所

韩为民　天津市卫生计生综合监督所

周永华　广西壮族自治区卫生监督所

陈　璐　天津市疾病预防控制中心

滑明辉　天津市东丽区疾病预防控制中心

陈金枝　天津市南开区疾病预防控制中心

王伟平　天津市肿瘤医院

葛建忠　天津市职业病防治院

肖　玲　天津市口腔医院

王大宇　天津市职业病防治院

杨晓毅　天津市疾病预防控制中心

韩　超　天津市职工医院
李　靖　天津市永久医院
郭庆华　天津化工职工职业病防治院
郭国新　河南省卫生健康技术监督中心
朱素蓉　上海市卫生健康委员会监督所
林炳杰　广东省深圳市宝安区卫生监督所
汪亚松　广东省深圳市宝安区卫生监督所
靳宝英　天津市职业病防治院
高俊和　天津化工职工职业病防治院
谭志欣　天津市职业病防治院
江　波　中国医学科学院放射医学研究所
赵　宇　北京市卫生健康监督所
王金敖　江苏省卫生监督所
常　征　天津市卫生计生综合监督所
战立涛　山西省卫生健康委卫生监督所
张　敏　甘肃省卫生健康委员会综合监督局
闫永建　山东省职业卫生与职业病防治研究院
李　震　山东省职业卫生与职业病防治研究院
夏丽华　广东省职业病防治院
贾　莉　天津市职业病防治院
肖明慧　广东省职业病防治院
谢进芳　天津经济技术开发区西区医院
刘建安　武汉市卫生计生执法督查总队
祝江伟　新疆维吾尔自治区卫生计生综合监督执法局
潘学军　浙江省宁波市卫生监督所
李　涛　吉林省卫生和计划生育委员会卫生监督所
汪　莹　天津市卫生计生综合监督所
彭　超　天津市卫生计生综合监督所
王立峰　四川省卫生和计划生育监督执法总队
曹智勇　天津市卫生计生综合监督所
胡建波　北京市朝阳区卫生健康监督所
高　晏　天津市河东区卫生监督所

郝欣欣　天津市卫生计生综合监督所
刘金荣　天津市卫生计生综合监督所
史月月　天津市经济技术开发区卫生防疫站
编　务: 曹智勇　曲　艺　余　悦　郝　蕾

序

职业病是严重危害劳动者健康的一类疾病。中华人民共和国成立70周年以来，我国一直高度重视职业病防治工作。《中华人民共和国职业病防治法》于2002年5月起正式实施，与之配套的一系列法规文件也相继颁布实施。其中，《职业健康检查管理办法》《用人单位职业健康监护监督管理办法》等法规均明确了用人单位、职业健康检查机构及职业健康监管部门在职业健康监护工作中的法律责任与义务。

职业健康监护是预防职业病的重要措施，职业健康检查工作具有很强的政策性、规范性及专业性，一旦出现问题，极易引发职业健康检查机构、用人单位及劳动者之间的纠纷。当前，国家相关部门和劳动者自身对生命健康权益的重视程度越来越高，迫切需要提高职业健康监督人员的执法能力和业务水平，切实规范职业健康检查机构的执业行为。而目前，涵盖职业健康监护工作要求、信息管理及质量控制、职业健康监督检查内容、方式及典型案例的工具书却鲜有问世。为此，天津市卫生计生综合监督所牵头并组织国内17个省（自治区）、市卫生监督所、职业病防治院、疾病预防控制中心等从事职业健康相关工作、具有多年实践经验的专家学者，在充分交流和总结经验的基础上，紧密结合职业健康监护工作的管理要求编写了《职业健康检查监督工作指南》，对目前实际工作中存在的问题，给出了指导性的对策和建议。本书既提供了新形势下职业健康监管工作的新要求、新内容，又对近年来职业健康检查工作中遇到的新问题、新特点进行了整理和提炼，为开展职业健康监护及其管理和职业健康监督提供了切实可行的途径和方法，具有很强的指导意义。

本书既可用于职业健康监督、职业健康检查机构及用人单位职业健康管理培训，同时也可作为医学院校相关专业及有关从业人员学习职业健康检查知识的参考资料。本书内容全面、条理清晰，采用大量表格对职业健康检查进行梳理和归类，便于大家查阅和应用，是一本实用性很强的工作用书，编者可谓用心良苦，值得称道。

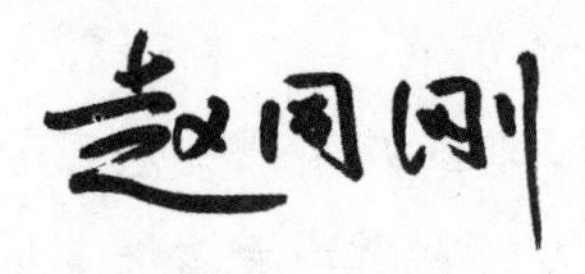

2019 年 12 月

前　言

职业健康检查是指医疗卫生机构按照国家有关规定，对从事接触职业病危害作业的劳动者进行的上岗前、在岗期间、离岗时健康检查。其具有很强的政策性、规范性及专业性，一旦职业健康检查工作的规范性及体检结论出现问题，还可能引起职业健康检查机构、用人单位和劳动者之间的纠纷。这对职业健康检查机构的质量管理及职业健康监督工作提出了更加严格的要求。

为切实履行《中华人民共和国职业病防治法》和《职业健康检查管理办法》的职责，不断提高职业健康监督员的执法能力和业务水平，进一步规范职业健康检查机构职业健康检查机构的依法执业行为，根据实际工作需要，天津市卫生计生综合监督所组织编写了《职业健康检查监督工作指南》。

本指南是在天津市卫生计生综合监督适宜技术研究及其应用（TJHIJS2016001）基金项目支持下，由天津市卫生计生综合监督所牵头，并组织有关从事职业健康监督、职业健康检查、职业病危害评价及质量控制工作等、具有多年实践经验的专家学者在总结国内具体工作经验的基础上，紧密结合职业健康检查的相关规范、标准及当前实际需要编写的。

本指南针对职业健康检查与监督工作的基础知识、职业健康检查机构基本条件、职业健康检查机构质量管理、职业健康监护信息管理、职业健康检查实践、职业健康检查机构监督、职业健康检查机构违法行为及法律责任以及典型案例选录等均做了较为深入的阐述。

感谢国家卫生健康委卫生健康监督中心职业与放射卫生监督处翟廷宝处长，中国疾病预防控制中心闫慧芳教授、余晨教授，广东省深圳市宝安区疾病预防控制中心朱志良博士，天津市疾病预防控制中心赵淑岚主任给予本指南编写工作的大力支持。

本指南在编写过程中得到了中国医学科学院放射医学研究所、天津市职业病防治院、天津市疾病预防控制中心、天津市多家职业健康检查机构以及北京、上海、山东、江苏、湖北、广东、广西、四川、江西、浙江、河南、山西、吉林、甘肃、内蒙古、新疆等省（自治区、直辖市）同仁的鼎力协作，在此一并表示衷心的感谢。

本指南按照 GBZ 188—2018（报批稿）及最新版职业病诊断标准编写，如本指南出版后，相关标准有变更，以最新标准为准。由于编者水平有限，本指南中的内容与某些认识可能存在不足之处，希望读者给予批评指正。

编　者

2019 年 12 月

目　　录

第一章　绪　论

第一节　我国职业病防治体系的历史和发展

一、职业病防治体系的形成

改革开放以来，我国工业化、城镇化进程突飞猛进，大大促进了我国经济和社会的发展。几十年粗放式发展中积累的职业病问题逐渐显现，尘肺病等职业病防治形势十分严峻。为了保障数以亿计劳动者的健康权益，职业病防治工作越来越受到关注。在党和政府的积极推动下，我国职业病防治体系随着与职业病防治工作相关的法律、法规和标准体系的形成而逐步完善。

1954 年颁布的《中华人民共和国宪法》规定了劳动者有受到国家保护的权利，以后的历次修订也都明确规定了改善劳动条件、加强劳动保护等职业卫生内容，确立了职业病防治工作在我国政治和经济生活中的重要地位。

改革开放以来，国家进一步加快了法治化进程，《中华人民共和国尘肺病防治条例》《放射性同位素与射线装置放射防护条例》《中华人民共和国矿山安全法》《中华人民共和国劳动法》等法律、法规相继出台。

2001 年，针对我国严峻的职业病防治形势，在多年调查研究的基础上，第九届全国人民代表大会常务委员会在 10 月 27 日第二十四次会议通过了《中华人民共和国职业病防治法》（以下简称《职业病防治法》），并于 2002 年 5 月 1 日正式实施。为配合《职业病防治法》的实施，国务院、卫生部相继颁布实施了《使用有毒物品作业场所劳动保护条例》《职业健康监护管理办法》《职业病诊断与鉴定管理办法》等一系列配套法规、规章和规范性文件，制修订各类职业卫生标准 400 余项，基本形成了具有中国特色的职业病防治法律、法规和标准体系，为用人单位防治职业病、政府加强职业病防治监督管理、职业卫生技术服务机构提供职业卫生服务、有效保护劳动者健康提供了依据。

《职业病防治法》自 2002 年实施以来，伴随着职业卫生监督管理部门及其职能的调整，前后经历了 4 次修正，与《职业病防治法》配套的法规文件也随之修订更新，有关职业健康监护及其监督管理的内容也多次修订。如：2013 年 12 月 23 日，国家卫生计生委、人力资源和社会保障部、安全监管总局、全国总工会 4 部门联合印发《职业病分类和目录》，2002 年 4 月 18 日原卫生部和原劳动保障部联合印发的《职业病目录》予以废止。《职业健康监护管理办法》（卫发〔2002〕23 号令）经过 2015 年和 2019 年 2 次修订后变成《职业健康检查管理办法》（国家卫健委第 2 号令〔2019〕）。《职业健康监护技术规范》在 2007 年颁布、经过 2014 年修订，用以指导职业健康检查机构开展职业健康监护工作。

职业病防治体系的形成为职业健康监护工作提供了有力的法律保障。

二、职业卫生监管队伍的建立和发展

中华人民共和国成立以来，职业卫生监管队伍也经历了从无到有、从少到多的建设发展过程。在 20 世纪 50 年代成立了卫生防疫站，设置了劳动卫生科或职业病防治科，负责劳动卫生和职业病防治工作。在 20 世纪 60 年代卫生部增设“工业卫生局”，主管劳动卫生职业病防治工作。《卫生防疫站工作试行条例》明确规定了卫生防疫站劳动卫生的工作内容，使全国各级卫生防疫站的劳动卫生工作的开展逐步规范化。1987 年 12 月，国务院颁布实施了《中华人民共和国尘肺病防治条例》，规定卫生行政部门、劳动部门和工会组织分工协作，互相配合，对企业、事业单位的尘肺病防治工作进行监督，劳动卫生监督工作的首部法规出台。1988 年原卫生部设置“卫生法制与监督司”，推动我国卫生立法和执法工作有了突破性进展。尤其是 2001 年通过的《职业病防治法》，标志着我国职业卫生监督管理从传统的卫生行政管理开始转向法制管理，开创了我国职业卫生监督的新时期。

2002 年 5 月《职业病防治法》正式实施后，进一步明确了我国的职业卫生监管主体，形成了卫生行政部门统一负责、卫生监督机构执行、职业病防治与疾控机构技术支持的格局。2003 年中央机构编制委员会办公室下发《关于国家安全生产监督管理局（国家煤矿安全监察局）主要职责内设机构和人员编制调整意见的通知》，对职业卫生监督管理的职责进行了调整，将作业场所职业卫生监管与职业健康监护、职业病诊断、救治分别交由安全生产监管部门和卫生部门承担。2010 年中央机构编制委员会办公室根据职业卫生监管中存在的问题，进一步将用人单位职业卫生监管职能全部划转至安全生产监管部门，在国家安全生产监督管理总局设置职业健康司，具体负责职业卫生监管工作。

2011 年 12 月 31 日，第十一届全国人民代表大会常务委员会第二十四次会议通过了关于修改《职业病防治法》的决定，从而在法律上确立了职业病防治监管由卫生行政部门统一负责，转变为工作场所职业病危害预防、职业病患者诊断救治、职业病患者社会保障分别由安全、卫生、劳动保障3个部门各负其责的分段管理模式。

2018年《国务院机构改革方案》出台，将国家卫生和计划生育委员会、国家安全生产监督管理总局的职业安全健康监督管理职责整合，组建国家卫生健康委员会，职业病防治监管由卫生健康行政部门统一负责。

三、职业健康监护体系的发展

1. 职业健康监护制度的建立和完善

职业病防治工作涉及劳动者的健康与生命，涉及社会和谐稳定。党和政府历来高度重视职业病防治工作，自中华人民共和国成立初期就对职业病防治工作给予了关注，对职业健康检查工作做出了明确规定。

1956年国务院在《关于防止厂、矿企业中矽尘危害的决定》中提出，厂矿企业应该对接触矽尘工人进行定期健康检查。1957年由卫生部组织开展了部分省、市的尘肺病普查。1963年，卫生部等部门联合颁布了《矽尘作业工人医疗预防措施实施办法》，对接触粉尘工人的健康检查的周期、检查项目、从业禁忌证等做出了明确的规定。1987年，国务院颁布的《中华人民共和国尘肺病防治条例》，规定各企业、事业单位对新从事粉尘作业的职工，必须进行健康检查；对在职和离职的从事粉尘作业的职工，必须定期进行健康检查，必须贯彻执行职业病报告制度；对已确诊为尘肺病的职工，须调离粉尘作业岗位，并给予治疗或疗养，尘肺病患者享受国家规定的社会保险待遇。1991年，卫生部发布了《卫生防疫工作规范（劳动卫生分册）》，进一步规范了职业性健康检查工作。

作为《职业病防治法》的配套法规，2002年卫生部发布了《职业健康监护管理办法》（中华人民共和国卫生部令第23号），对接触职业病危害因素的劳动者的职业健康检查周期、检查项目、职业禁忌等都做出了明确规定。《职业健康监护管理办法》有力推动了职业健康监护工作，对早期发现的职业病患者和高危人群，控制其病情发展，起到了重要作用。健康监护资料也成为制定职业卫生监管政策的重要依据。作为职业健康监护制度的技术支撑性文件，我国职业卫生与职业病诊断标准建设也得到了发展。

2007年，卫生部发布了GBZ 188—2007《职业健康监护技术规范》，2012年，国家安全生产监督管理总局颁布了《用人单位职业健康监护监督管理办法》（国家安全生产监督管理总局令第49号），形成了我国比较完善的职业健康监护制度。随着《职业病防治法》的修订，与职业健康监护相关的法规和标准也在进行修订和更新，以符合法律要求并满足工作需要。

2016 年 8 月，习近平总书记出席了全国卫生与健康大会并发表了重要讲话，明确提出要“将健康融入所有政策，人民共建共享”，强调“要把人民健康放在优先发展的战略地位”。2016 年 10 月，中共中央、国务院印发了《“健康中国 2030”规划纲要》，提出了“普及健康生活、优化健康服务、完善健康保障、建设健康环境、发展健康产业”五方面的战略任务。其中包含了职业健康方面的工作内容，从而加快了推进健康中国的建设。

随着职业健康监测网络的进一步健全，扩大职业病病种和职业病危害因素监测覆盖范围，逐步完善职业健康检查信息报告，加强职业健康检查，严格报告制度，做到早发现、早报告、早处置，保护劳动者健康，将是近期职业卫生监督工作的重点。

2. 职业健康监护机构的发展

2002 年，原卫生部颁布了《职业健康监护管理办法》后，各地职业病防治机构、疾病预防控制中心基本都申请了职业健康检查机构资质，开展职业健康检查工作。2008 年以来，各地以深化医药卫生体制改革为契机，积极推进职业病防治机构建设，加强职业健康检查机构资质管理，部分公立医疗机构及部分民营医疗机构申请职业健康检查机构资质，逐步参与职业健康检查工作。截至 2019 年 6 月，全国取得职业健康检查资质的医疗卫生机构 3302 家。职业健康技术队伍的快速发展，为我国职业病防治工作提供了有力的技术支持。

第二节 我国职业健康监护制度的基本内容

我国职业健康监护制度根据《职业病防治法》的有关要求，进一步明确了用人单位和职业健康检查机构在职业健康监护中的责任、劳动者的权利和义务、职业健康检查医师的基本条件、职业健康检查的分类、检查项目、检查周期及程序、职业健康档案及管理、健康检查结果的报告等相关规定。

一、《职业病防治法》关于职业健康监护的相关规定

《职业病防治法》自 2002 年实施后经历了 4 次修正，有关职业健康检查及其监督管理的内容变化可分为以下五个阶段。

1. 2002—2011 年，《职业病防治法》第一版

2001 版《职业病防治法》（2001 年 10 月 27 日第九届全国人民代表大会常

务委员会第二十四次会议通过，自 2002 年 5 月 1 日起实施）涉及职业健康检查的有关内容及其指导意义包括：

（1）用人单位

对从事接触职业病危害作业的劳动者，用人单位应当按照国务院卫生行政部门的规定组织上岗前、在岗期间和离岗时的职业健康检查，并将检查结果如实告知劳动者。同时要求用人单位承担职业健康检查费用；不得安排未经上岗前职业健康检查的劳动者从事接触职业病危害的作业；不得安排有职业禁忌的劳动者从事其所禁忌的作业；对在职业健康检查中发现有与所从事的职业相关的健康损害的劳动者，应当调离原工作岗位，并妥善安置；对未进行离岗前职业健康检查的劳动者不得解除或者终止与其订立的劳动合同；为劳动者建立职业健康监护档案，并按照规定的期限妥善保存；劳动者离开用人单位时，有权索取本人职业健康监护档案复印件，用人单位应当如实、无偿提供，并在所提供的复印件上签章。

《职业病防治法》明确了用人单位应承担的法律责任，且其法律责任在以后的历次修订中，没有随着执法主体的变化而变化。

（2）职业健康检查机构

职业健康检查应当由省级以上人民政府卫生行政部门批准的医疗卫生机构承担。

《职业病防治法》明确了从事职业健康检查的医疗卫生机构的职责及其行政审批部门。

（3）监督管理

国家实行职业卫生监督制度，国务院卫生行政部门统一负责全国职业病防治的监督管理工作。

《职业病防治法》明确了国务院有关部门在各自的职责范围内分段负责职业病防治的监督管理工作。卫生行政部门负责建设项目职业卫生审查（“三同时”审查）、用人单位职业病防治监督管理、职业病危害事故调查处理、职业卫生服务技术机构以及职业健康检查机构、职业病诊断机构和职业病鉴定办事机构的监督管理等工作。劳动保障行政部门负责劳动合同、工伤保险和职业病患者保障。

2. 2012—2016 年，《职业病防治法》第二版

2011 版《职业病防治法》（2011 年 12 月 31 日第十一届全国人民代表大会常务委员会第二十四次会议通过《关于修改〈中华人民共和国职业病防治法〉的决定》）对《职业病防治法》进行了第一次修正，实现了用人单位的职业卫生监督管理由卫生行政部门向安全生产监督管理部门的行政移交。其中，涉及职

业健康检查的有关内容及其指导意义包括：

（1）用人单位

将对用人单位的职业健康检查要求修订为：对从事接触职业病危害作业的劳动者，用人单位应当按照国务院安全生产监督管理部门、卫生行政部门的规定组织上岗前、在岗期间和离岗时的职业健康检查，并将检查结果书面告知劳动者；将如实告知改为书面告知，明确了安全生产监督管理部门、卫生行政部门各自的法定职责。

（2）职业健康检查机构

职业健康检查应当由省级以上人民政府卫生行政部门批准的医疗卫生机构承担。职业健康检查机构的职责及其行政审批部门未变。

（3）监督管理

国家实行职业卫生监督制度。将“国务院卫生行政部门统一负责全国职业病防治的监督管理工作”修订为“国务院安全生产监督管理部门、卫生行政部门、劳动保障行政部门依照本法和国务院确定的职责，负责全国职业病防治的监督管理工作”。进一步明确了国务院有关部门在各自的职责范围内分段负责职业病防治的相关监督管理工作。各部门职责分工包括：安全生产监督管理部门负责建设项目职业卫生审查（“三同时”审查）、用人单位职业病防治监督管理、职业病危害事故调查处理、职业卫生服务技术机构监督管理；卫生行政部门负责职业卫生标准制定、职业健康检查机构、职业病诊断机构、职业病鉴定办事机构的监督管理等工作；劳动保障行政部门负责劳动合同、工伤保险和职业病患者保障。

3. 2016—2017 年，《职业病防治法》第三版

2016 版《职业病防治法》（《全国人民代表大会常务委员会关于修改〈中华人民共和国节约能源法〉等六部法律的决定》已由中华人民共和国第十二届全国人民代表大会常务委员会第二十一次会议于 2016 年 7 月 2 日通过）对《职业病防治法》进行了第二次修正，主要对用人单位建设项目“三同时”的职业卫生监督管理内容进行修订。继续强调多部门在各自的职责范围内分段负责职业病防治的有关监督管理工作。

用人单位职业健康检查、职业健康检查机构资质要求及职业健康检查机构的监督管理内容未做修订。

4. 2017—2018 年，《职业病防治法》第四版

2017 版《职业病防治法》（根据 2017 年 11 月 4 日第十二届全国人民代表大会常务委员会第三十次会议《关于修改〈中华人民共和国会计法〉等十一部法

律的决定》）对《职业病防治法》进行了第三次修正。涉及职业健康检查的有关内容及其指导意义包括：

（1）用人单位

用人单位承担的法律责任没有变化。

（2）职业健康检查机构

将职业健康检查应当由省级以上人民政府卫生行政部门批准的医疗卫生机构承担修订为：职业健康检查应当由取得《医疗机构执业许可证》的医疗卫生机构承担。

对从事职业健康检查的医疗卫生机构施行备案制管理，不再要求经卫生行政部门审批，但规定卫生行政部门应当加强对职业健康检查工作的规范管理，具体管理办法由国务院卫生行政部门制定。

（3）监督管理

国家实行职业卫生监督制度。仍然是国务院安全生产监督管理部门、卫生行政部门、劳动保障行政部门依照本法和国务院确定的职责，负责全国职业病防治的监督管理工作。强调安全生产监督管理部门、卫生行政部门、劳动保障行政部门各负其责，做好职业卫生监督管理工作。

5. 2018 年至今，《职业病防治法》第五版

2018 年 3 月 17 日，第十三届全国人民代表大会第一次会议第四次全体会议审议通过国务院机构改革方案，将原国家安全生产监督管理总局的职业健康监督管理职责全部划转到新组建的国家卫生健康委员会。由国家卫生健康委员会下设的职业健康司负责职业卫生和放射卫生的管理工作，由综合监督局负责职业卫生和放射卫生的监督执法工作。

2018 版《职业病防治法》（2018 年 12 月 29 日，根据第十三届全国人民代表大会常务委员会第七次会议《关于修改〈中华人民共和国劳动法〉等七部法律的决定》）对《职业病防治法》进行了第四次修正，涉及职业健康检查的有关内容及其指导意义包括：

（1）用人单位

用人单位承担的法律责任没有变化。

（2）职业健康检查机构

对职业健康检查机构的管理要求没有变化。

（3）监督管理

国家实行职业卫生监督制度。将原规定的国务院安全生产监督管理部门、卫生行政部门、劳动保障行政部门依照本法和国务院确定的职责，负责全国职

业病防治的监督管理工作修订为：国务院卫生行政部门、劳动保障行政部门依照本法和国务院确定的职责，负责全国职业病防治的监督管理工作。明确了卫生行政部门的法定职责，取消了安全生产监督管理部门职业卫生的监管职责。继续强调国务院有关部门在各自的职责范围内分段负责职业病防治的相关监督管理工作。各部门职责分工包括：卫生行政部门负责建设项目职业卫生监督（“三同时”监督）、用人单位职业病防治监督管理、职业病危害事故调查处理、职业卫生服务技术机构监督管理以及职业卫生标准制定、职业健康检查机构、职业病诊断机构、职业病鉴定办事机构的监督管理等工作；劳动保障行政部门负责劳动合同、工伤保险和职业病患者保障等。

二、《职业健康监护管理办法》的内容要求

《职业健康监护管理办法》（中华人民共和国卫生部令第23号）作为《职业病防治法》的配套规章，自2002年5月1日起实施。《职业病防治法》所称职业健康监护主要包括职业健康检查、职业健康监护档案管理等内容，包含了对职业健康检查机构、用人单位及监督管理的内容。职业健康检查包括上岗前、在岗期间、离岗时和应急的健康检查，对职业健康检查的有关内容进行了详细的规定。

1. 职业健康检查机构

《职业健康监护管理办法》规定了职业健康检查由省级卫生行政部门批准的从事职业健康检查的医疗卫生机构承担，但没有明确承担职业健康检查的医疗卫生机构应当具备的条件。

2. 用人单位

《职业健康监护管理办法》规定了用人单位应当组织接触职业病危害因素的劳动者进行上岗前职业健康检查，应当组织接触职业病危害因素的劳动者进行定期职业健康检查，应当组织接触职业病危害因素的劳动者进行离岗时的职业健康检查。

3. 监督管理

《职业健康监护管理办法》规定了由卫生行政部门负责对用人单位、职业健康检查机构的监督管理工作。

三、《用人单位职业健康监护监督管理办法》的内容要求

《职业病防治法》2011 年修订后，2012 年 4 月国家安全生产监督管理总局颁布了《用人单位职业健康监护监督管理办法》（国家安全生产监督管理总局令

第49号），于2012年6月1日起实施。本办法所称职业健康监护，是指劳动者上岗前、在岗期间、离岗时、应急的职业健康检查和职业健康监护档案管理。不涉及职业健康检查机构有关资质、管理要求，强调安全生产监督管理部门负责用人单位的监督管理。对用人单位职业健康检查的有关要求包括：

1. 应当组织劳动者进行职业健康检查。

2. 应当对下列劳动者进行上岗前的职业健康检查。

（1）拟从事接触职业病危害作业的新录用劳动者，包括转岗到该作业岗位的劳动者；

（2）拟从事有特殊健康要求作业的劳动者。

3. 应当根据劳动者所接触的职业病危害因素，定期安排劳动者进行在岗期间的职业健康检查。

4. 对准备脱离所从事的职业病危害作业或者岗位的劳动者，用人单位应当在劳动者离岗前30日内组织劳动者进行离岗时的职业健康检查。劳动者离岗前90日内的在岗期间的职业健康检查可以视为离岗时的职业健康检查。

5. 用人单位应当选择由省级以上人民政府卫生行政部门批准的医疗卫生机构承担职业健康检查工作，并确保参加职业健康检查的劳动者身份的真实性。

四、《职业健康检查管理办法》的内容要求

《职业病防治法》2011年修订后，国家卫生计生委颁布了《职业健康检查管理办法》（国家卫生计生委令第5号），于2015年5月1日起实施，届时《职业健康监护管理办法》同时废止。本办法所称职业健康检查是指医疗卫生机构按照国家有关规定，对从事接触职业病危害作业的劳动者进行的上岗前、在岗期间、离岗时的健康检查。涉及用人单位内容只是要求用人单位在职业健康检查中，配合职业健康检查机构提供相关资料。

1. 用人单位

在职业健康检查中，用人单位应当如实提供以下职业健康检查所需的相关资料，并承担检查费用。包括：用人单位的基本情况、工作场所职业病危害因素种类及其接触人员名册、岗位（或工种）、接触时间、工作场所职业病危害因素定期检测等相关资料。

2. 职业健康检查机构

医疗卫生机构开展职业健康检查，应当经省级卫生计生行政部门批准；明确规定了承担职业健康检查的医疗卫生机构应当具备的条件、职业健康检查机构的法定职责；对职业健康检查机构指定主检医师及主检医师应当具备的条件、

主检医师职责等进行了规定。

3. 监督管理

《职业健康检查管理办法》明确了各级卫生计生部门的职责，规定了国家卫生计生委负责全国范围内职业健康检查工作的监督管理。规定了省级卫生计生行政部门应当对本辖区内的职业健康检查机构进行定期或者不定期抽查。设区的市级卫生计生行政部门每年应当至少组织一次对本辖区内职业健康检查机构的监督检查。县级卫生计生行政部门负责日常监督检查。县级以上地方卫生计生行政部门负责本辖区职业健康检查工作的监督管理。

2019 年 2 月 2 日，国家卫生健康委员会依据 2018 版《职业病防治法》修订并公布了《职业健康检查管理办法》（国家卫生健康委令第 2 号）。本办法所称职业健康检查是指医疗卫生机构按照国家有关规定，对从事接触职业病危害作业的劳动者进行的上岗前、在岗期间、离岗时的健康检查，主要对职业健康检查机构从事职业健康检查工作进行明确规定，对用人单位的职业健康检查强调的是配合职业健康检查机构提供资料。用人单位在职业健康检查中的其他职责，依然按照《用人单位职业健康监护监督管理办法》（国家安全生产监督管理总局令第 49 号）的规定执行。

（1）职业健康检查机构

《职业健康检查管理办法》规定，医疗卫生机构开展职业健康检查，应当在开展之日起 15 个工作日内向省级卫生健康主管部门备案。备案的具体办法由省级卫生健康主管部门依据本办法制定，并向社会公布。

《职业健康检查管理办法》明确了职业健康检查机构取消行政审批，规定了备案的行政管理机关。规定了承担职业健康检查的医疗卫生机构（以下简称职业健康检查机构）应当具备的条件；规定了职业健康检查机构的职责；规定了职业健康检查机构应当指定主检医师以及主检医师应当具备的条件等；规定了由中国疾病预防控制中心负责全国职业健康检查机构的质量控制管理工作；规定了各省卫生健康主管部门应当指定机构负责本省范围内职业健康检查机构的质量控制管理工作。

（2）用人单位

《职业健康检查管理办法》规定用人单位应当承担检查费用，规定如实提供用人单位的基本情况、工作场所职业病危害因素种类及其接触人员名册、岗位（或工种）、接触时间、工作场所职业病危害因素定期检测等相关资料；将“职业健康检查机构开展职业健康检查应当与用人单位签订委托协议书，由用人单位统一组织劳动者进行职业健康检查；也可以由劳动者持单位介绍信进行职业健康检查”修改为“职业健康检查机构开展职业健康检查应当与用人单位签订委托协议书，明确双方的权利、义务和责任，由用人单位统一组织劳动者进行职业健康检查；也可以由劳动者持单位介绍信到职业健康检查机构进行”。

《职业健康检查管理办法》对用人单位的其他要求没有变化。

（3）监督管理

《职业健康检查管理办法》规定国家卫生健康委负责全国范围内职业健康检查工作的监督管理。县级以上地方卫生健康主管部门负责本辖区职业健康检查工作的监督管理。将县级以上地方卫生健康行政部门职责修订为“县级以上地方卫生健康行政部门应当加强对本辖区内备案的职业健康检查机构的监督管理”。按照属地化管理原则，制订年度监督检查计划，做好职业健康检查机构的监督检查工作，规定了监督检查主要内容。

《职业健康检查管理办法》对各级卫生健康行政职责进行了规定。省级卫生健康主管部门应当对本辖区内的职业健康检查机构进行定期或者不定期抽查；设区的市级卫生健康主管部门每年应当至少组织一次对本辖区内职业健康检查机构的监督检查；县级卫生健康主管部门负责日常监督检查。

随后，国家卫生健康委办公厅下发了《关于贯彻落实职业健康检查管理办法的通知》（国卫办职健函〔2019〕494 号，以下简称《通知》），《通知》对提高思想认识，加强组织领导；加强机构建设，持续提升能力；强化业务培训，增加宣传效果；抓好质量控制，有效规范管理；加强信息报告，及时统计分析及依法履行职责，加大检查力度 6 个方面提出要求。同时，在《通知》的附件 2 规定了《职业健康检查质量控制规范（试行）》（以下简称《质量控制规范（试行）》）。

《通知》要求各省级卫生健康主管部门应当指定负责本辖区职业健康检查质量控制的机构，明确其职责和相关要求，保障经费等工作条件，按照《质量控制规范（试行）》（附件 2）要求，细化质量控制管理工作方案、质量考核标准和实施计划，客观、公正地开展实验室间比对和质量考核工作，并将结果及时向社会公布。

从此，对职业健康体检机构的监督开启了“备案”与“质量控制”的管理模式，强调优化职业健康检查机构管理方式、强化事中事后监管。

第二章　基础知识

第一节　职业健康监护基本理论

一、基本概念

1. 职业健康监护

以预防为目的，根据劳动者的职业接触史，通过定期或不定期的医学健康检查和健康相关资料的收集，连续性地监测劳动者的健康状况的一种职业健康管理行为，目的是分析劳动者健康变化与所接触的职业病危害因素的关系，并及时将健康检查资料和分析结果及相关建议报告给用人单位和劳动者本人，以便及时采取干预措施，保护劳动者健康。职业健康监护主要包括职业健康检查、离岗后健康检查、应急健康检查和职业健康监护档案管理等内容。

2. 职业健康检查

是指用人单位按照国家有关规定，对从事接触职业病危害作业的劳动者组织开展的上岗前、在岗期间、离岗时的健康检查；也即是医疗卫生机构根据国家相关法规的规定，对接触职业病危害因素的劳动者进行的医学检查，目的是尽早发现个体与职业病危害因素接触有关的健康损害、职业病或职业禁忌证，以便及时采取防治措施。

3. 职业健康检查机构

是指取得《医疗机构执业许可证》，经省级人民政府卫生健康行政部门批准，取得职业健康检查机构“备案”资格，具备承担职业健康检查能力的医疗卫生机构。

4. 职业健康检查主检医师

是指具有职业病诊断资格，经所在职业健康检查机构指定，在职业健康检查机构中负责确定职业健康检查项目和周期，对职业健康检查过程进行质量控制，审核职业健康检查报告的执业医师。

5. 职业卫生监督管理部门

县级以上人民政府卫生行政部门、劳动保障行政部门统称职业卫生监督管理部门。

6. 职业卫生监督

是指县级以上卫生健康行政部门依据国家职业病防治法律法规，履行职业卫生监督职责，对发现的违反职业卫生法律法规的行为依法进行查处的行政执法活动。是国家卫生行政监督的一部分，是保证职业病防治法规贯彻实施的重要手段。

7. 职业卫生监督员

是指具备卫生健康行政执法职业卫生领域相关专业和法律知识，取得行政执法资格，由检查部门指定、授权，依据法律法规和标准，履行职业卫生监督管理职能的人员。

8. 职业病

是指企业、事业单位和个体经济组织等用人单位的劳动者在职业活动中，因接触粉尘、放射性物质和其他有毒、有害因素而引起的疾病。

9. 职业禁忌证

是指劳动者从事特定职业或者接触特定职业病危害因素时，比一般职业人群更易于遭受职业病危害和罹患职业病或者可能导致原有自身疾病病情加重，或者在从事作业过程中诱发可能导致对他人生命健康构成危险的疾病的个人特殊生理或者病理状态。接触职业病危害因素的职业禁忌证见《职业健康监护技术规范》（GBZ 188）。

10. 疑似职业病人

是指职业健康检查时发现与接触职业病危害因素有关的检查项目指标异常，可能患有职业病，需要提交职业病诊断机构进一步明确诊断者。

11. 复查者

是指职业健康检查时发现单项或多项与所接触职业病危害因素产生职业病危害相关的检查项目指标异常，需要复查确定者。

12. 生物监测指标

指接触毒物后，接触者的生物材料中该毒物的原形、代谢产物或由它们导致的无害性效应指标。

13. 生物接触限值

是针对劳动者生物材料中的化学物质或其代谢产物，或引起的生物效应等推荐的最高容许量值，也是评估生物监测结果的指导值。每周 5 天工作、每天 8h 接触，当生物监测值在其推荐值范围以内时，绝大多数的劳动者将不会受到不良的健康影响。又称生物接触指数或生物限值。

14. 接触水平

应用标准检测方法检测得到的劳动者在职业活动中特定时间段内实际接触工作场所职业性有害因素的浓度或强度。

15. 行动水平

劳动者实际接触化学有害因素的水平已经达到需要用人单位采取职业接触监测、职业健康监护、职业卫生培训、职业病危害告知等控制措施或行动的水平，也称为管理水平或管理浓度。化学有害因素的行动水平，根据工作场所环境、接触的有害因素的不同而有所不同，一般为该因素容许浓度的一半。

16. 适任性评价

是指放射性职业健康检查，由有授权资格的医师根据相应的健康标准，对各类不同的健康检查结果进行分析，并对其是否适合和胜任所承担的工作作出的评价。

二、职业健康检查的特点

职业健康检查不同于一般的健康体检。一般健康体检是指通过医学手段和方法对受检者进行身体检查，了解受检者健康状况、早期发现疾病线索和健康隐患的诊疗行为；而职业健康检查的适用对象是用人单位从事接触职业病危害因素作业的劳动者，其目的在于筛查职业病、疑似职业病及职业禁忌证，两者具有本质的区别。职业健康检查具有强制性、针对性、特殊性及政策性的特点：

1. 强制性：《职业病防治法》规定，用人单位应当为从事接触职业病危害作业的劳动者进行上岗前、在岗期间和离岗时的职业健康检查，并将检查结果书面告知劳动者，同时还要承担检查费用。

2. 针对性：如针对即将从事或已经从事有害作业工种的职业禁忌进行的。

3. 特殊性：不同的职业病危害因素造成的健康损害不同，检查项目各有其特点。比如粉尘作业，主要是呼吸系统的损伤，所以除了常规体检项目，还必须要做胸部 X 射线摄片和肺功能检查等。

4. 政策性：职业健康检查是具有法律效力的体检行为，实施体检的单位必须是取得《医疗机构执业许可证》的医疗卫生机构，同时接受卫生部门的管理，对其出具的体检结果承担相应的法律责任。检查项目和周期按照《职业健康监护技术规范》（GBZ 188）执行，其检查项目是 GBZ 188 规定的最低要求。

职业健康检查是《职业病防治法》赋予从事接触职业病危害作业的劳动者的一项职业健康权益，用人单位不得用一般健康体检替代职业健康检查。

三、职业人群健康监护的原则

（一）监护危害因素明确原则

确定开展职业健康监护的职业病危害因素的原则：

1. 开展职业健康监护的职业病危害因素必须在国家颁布的《职业病分类和目录》中。

2. 该职业病危害因素有确定的慢性毒性作用，所引起的慢性职业病在国家《职业病分类和目录》之中，且符合开展职业健康监护目标疾病的基本原则。

3. 该职业病危害因素有确定的人类致癌毒性，在暴露人群中所引起的职业性癌症在《职业病分类和目录》之中，且在暴露人群中有一定的发病率。

4. 该职业病危害因素对人的慢性毒性损害或慢性健康影响或致癌作用尚不能肯定，但有动物实验或流行病学调查的证据，提示可能导致的慢性毒性损害，且有敏感、特异和可靠的技术方法，通过系统地健康监护可以提供进一步明确的证据。

5. 在《职业病分类和目录》中，该职业病危害因素只引起急性健康损害，但其作业场所中的浓度长期较高甚至超过国家卫生标准限值，即劳动者处于长期较高浓度暴露环境中，临床实践提示在此环境下长期工作对劳动者有肯定的慢性健康影响。

6. 国家颁布的《职业病分类和目录》中的危害因素，对人体只有急性健康损害并有确定的职业禁忌证的，上岗前执行强制性健康检查，在岗期间执行推荐性健康检查。

7. 有特殊健康要求的特殊作业人群应实行强制性健康监护，如高处作业、机动车驾驶作业、电动作业等。

8. 有一定数量的接触或暴露人群。

符合以上条件者均应实行强制性职业健康监护。

GBZ 188 将在岗期间定期职业健康检查分为强制性和推荐性两种，除在各种职业病危害因素相应的项目标明为推荐性健康检查外，其余均为强制性。

《职业病分类和目录》中一一对应的危害因素参见表 2－1。

表 2－1 职业病在目录中一一对应的有害因素（参考）

序号	职业病	危害因素
1	接触性皮炎	一、以刺激作用为主的致病物： 1. 无机性原发性刺激物：酸类（硫酸、硝酸、盐酸、氢氟酸、氯磺酸、次氯酸、铬酸等）、碱类（氢氧化钾、氢氧化钠、氢氧化铵、碳酸钠等）、某些金属及其盐类（锑和锑盐、砷和砷盐、重铬酸盐、氯化锌、氯化镓、氟化铍等）。 2. 有机性原发性刺激物：有机酸类（醋酸、甲酸、水杨酸、苯酚等）、有机碱类（乙二胺、丙胺、丁胺等）、有机溶剂类（松节油、二硫化碳等）。 3. 石油及其产品：沥青、焦油、各种润滑油等。 4. 有机卤素化合物：多氯联苯、氯酚类、氯萘等具有特殊的刺激作用的化合物等。 5. 动物：松毛虫、桑毛虫、隐翅虫、蜂、螨虫、蜱虫、水蛭、水母等。 6. 植物：无花果、鹅不食草、薰衣草、薄荷、常春藤、臭椿、红花（藏红花）等。 7. 农药：杀虫剂（敌敌畏、敌百虫、水胺硫磷、甲胺磷、杀虫双、苯并呋喃酮等）、杀螨剂、杀菌剂及除草剂（百草枯）等。 8. 其他：玻璃纤维、石棉、肥皂、合成清洁剂、助焊剂、脱毛剂、消毒液、染发剂等。 二、以变态反应为主的致病物： 1. 染（颜）料及其中间体：酱紫、立索尔大红、基本红、分散蓝 106、分散蓝 124、萘胺黄、荧光染料、现代美容产品中染料、对苯二胺、间苯二胺、间苯胺黄、二硝基氯苯、对氨基酚、氨基偶氮苯、联苯胺等。 2. 橡胶、橡胶制品及其加工过程中的促进剂和防老剂：乳胶、乳胶制品（乳胶手套等）、天然橡胶、橡胶制品（橡胶手套、护目镜、把手等）、秋兰姆类促进剂（二硫化双亚戊基秋兰姆、一硫化四甲基秋兰姆、二硫化四甲基秋兰姆、二硫化四乙基秋兰姆等）、卡巴混合物类促进剂（1，3－二苯胍、二乙基二硫代氨基甲酸锌、二丁基二硫代氨基甲酸锌等）、巯基混合物类促进剂（N－环己基苯并噻唑次磺酸胺、二硫化二苯并噻唑、2－巯基苯并噻唑、吗啉巯基苯并噻唑等）、六亚甲基四胺（乌洛托品、促进剂 H）、苯基甲萘胺（防老剂 A）、苯基－β－萘基胺（防老剂 D）、N－苯基－N－环乙烷基－对苯二胺（防老剂 4010）、N－异丙基－N－苯基－对苯二胺（防老剂 4010NA）、N，N－二苯基对苯二胺（防老剂 PPD）等。 3. 天然树脂和合成树脂：桉树油、大漆、苯酚树脂、甲醛树脂、三聚氰胺甲醛树脂、酚醛树脂、对叔丁基酚醛树脂、脲醛树脂、环氧树脂、双酚 F 环氧树脂、苯胺环氧树脂、聚酯树脂等。 4. 金属及其盐类：镍、钴、铬、金、汞、钛等及其盐类。 5. 香料：肉桂醛、肉桂醇、氢化香茅醛、羟基香茅醇、戊基香茅醇、香兰素、葵子麝香、香叶醇、丁子香椿、异丁子香椿、樱草素等。 6. 药物：青霉素、盐酸氯丙嗪、磺胺噻唑等。 7. 清洁剂：肥皂添加剂、合成清洁剂、咪唑烷基脲（洁美 115）等。 8. 植物：檀木、乌木、柚木、桦树、漆树等。 9. 显影剂：密妥尔（硫酸对甲基苯酚）、三聚甲醛、TSS（二乙基对苯二胺硫酸盐）等。 10. 其他：三氯乙烯、丙烯酸类聚合物、酮类聚合物、异氰化合物、硫酸二甲酯等。

续表

序号	职业病	危害因素
2	牙酸蚀病	酸雾、酸酐。
3	化学性眼部灼伤	酸、碱、金属腐蚀剂、非金属无机刺激及腐蚀剂、氧化剂、刺激性及腐蚀性碳氢化物、起疱剂、催泪剂、表面活性剂、有机溶剂、其他等。
4	β-萘胺所致膀胱癌	β-萘胺。
5	光接触性皮炎	接触光敏物煤焦沥青、煤焦油、吖啶、蒽、菲、补骨脂素类、苯绕蒽酮、嗯醌基染料、氯吩噻嗪、氯丙嗪、卤化水杨酰苯胺、氨苯磺胺、异丙嗪、呋喃香豆素等，并受到日光（紫外线）照射。
6	化学性皮肤灼伤	无机酸、有机酸、无机碱、有机碱、酚类及其他类常见引起化学物灼伤的物质。
7	皮肤溃疡	六价铬化合物、可溶性铍化合物、砷化合物等。
8	黑变病	煤焦油、石油及其分馏产品、橡胶添加剂，某些颜料、染料及其中间体等。
9	痤疮	焦油（或原油）、沥青及高沸点馏分的矿物油（如柴油、机油及各种润滑油）；氯苯、多氯萘、多氯酚、某些溴代芳烃及聚氯乙烯热解物。
10	过敏性肺炎	动物性粉尘（动物蛋白、皮毛、排泄物）、植物性粉尘（燕麦、谷物、木材、纸浆、大豆、咖啡、烟草等）、生物因素（霉菌属类、霉菌孢子、嗜热放线杆菌、枯草杆菌、芽孢杆菌等）以及具有半抗原性质的化学物质等形成的气溶胶。
11	哮喘	1. 异氰酸酯类：甲苯二异氰酸酯（TDI）、二苯亚甲基二异氰酸酯（MDI）、六亚甲基二异氰酸酯（HDI）、萘二异氰酸酯（NDI）等。 2. 酸酐类：邻苯二甲酸酐（PA）、马来酸酐（MAH）、偏苯三酸酐（TMA）、四氯苯酐（TCPA）、六氢苯酐（HHPA）等。 3. 多胺类：乙二胺、二乙烯二胺、三乙基四胺、氨基乙基乙醇胺、对苯二胺、哌嗪等。 4. 金属：铂复合盐、钴盐。 5. 剑麻。 6. 药物：含β-内酰胺类抗生素中的含6-氨基青霉烷酸（6-APA）结构的青霉素类和含7-氨基头孢霉烷酸（7-ACA）的头孢菌素类、铂类抗肿瘤药物。 7. 甲醛。 8. 过硫酸盐：过硫酸钾、过硫酸钠、过硫酸铵等。 9. 生物蛋白：米曲霉α-淀粉酶、枯草杆菌蛋白酶、木瓜蛋白酶、实验动物等。 10. 木尘：西方红雪松、东方白雪松、伊罗科木、黑黄檀木、非洲枫木等。 11. 大型真菌。 12. 天然乳胶。
12	白斑	作为橡胶防护手套原料的抗氧化剂氢醌衍生物、清洁消毒剂、杀虫剂和除臭剂中的对叔丁酚，儿茶酚、对苯二酚和丁基酚等化学物。

如需对 GBZ 188 未包括的其他职业病危害因素开展健康监护，需通过专家评估后确定。应根据危害因素的性质、接触情况，并参考同类因素情况确定。具体评估内容见 GBZ 188—2018 第 4.4.4 章节。

（二）监护目标疾病明确原则

为有效地开展职业健康监护，每个健康监护项目应根据劳动者所接触（或拟从事接触）的职业病危害因素的种类和所从事的工作性质，确定监护的目标疾病。GBZ 188 规定的职业健康监护目标疾病分为职业病和职业禁忌证。在确定职业禁忌证时，应注意以为劳动者提供充分就业机会为原则。从这个意义上讲，应强调有职业禁忌的人员在从事接触特定职业病危害因素作业时会更易导致健康损害的必然性。GBZ 188 规定患有致劳动能力永久丧失的疾病不列为职业禁忌证。

确定职业健康监护目标疾病应根据以下原则：

1. 目标疾病如果是职业禁忌证，应确定监护的职业病危害因素和所规定的职业禁忌证的必然联系及相关程度。

2. 目标疾病如果是职业病，应是国家职业病分类和目录中规定的疾病，应和监护的职业病危害因素有明确的因果关系，并有一定的发病率。

3. 有确定的监护手段和医学检查方法，能够做到早期发现目标疾病。

4. 早期发现后采取干预措施能对目标疾病的转归产生有利的影响。

职业病危害因素对应的目标疾病参见表 2-2。

表 2-2 职业病危害因素对应的目标疾病（参考）

序号	危害因素	目标疾病
一	**粉尘**	
1	矽尘	矽肺
2	煤尘	煤工尘肺
3	石墨粉尘	石墨尘肺
4	炭黑粉尘	炭黑尘肺
5	石棉粉尘	石棉肺、石棉所致肺癌及间皮瘤
6	滑石粉尘	滑石尘肺
7	水泥粉尘	水泥尘肺
8	云母粉尘	云母尘肺
9	陶土粉尘	陶工尘肺
10	铝尘	铝尘肺

续表

序号	危害因素	目标疾病
11	电焊烟尘	电焊工尘肺、金属烟热
12	铸造粉尘	铸工尘肺
13	毛沸石粉尘	毛沸石所致肺癌、胸膜间皮瘤
14	棉尘	棉尘病
15	重晶石粉尘（硫酸钡）	金属及其化合物粉尘肺尘埃沉着病
16	锡及其化合物粉尘	锡及其化合物粉尘肺尘埃沉着病
17	铁及其化合物粉尘	铁及其化合物粉尘肺尘埃沉着病
18	锑及其化合物粉尘	锑及其化合物粉尘肺尘埃沉着病
19	硬质合金粉尘	硬金属肺病、接触性皮肤损害、钴哮喘
20	铝尘（铝、铝合金、氧化铝粉尘）	铝尘肺
21	以上未提及的其他致尘肺病的无机性粉尘	
二	**化学因素**	
1	铅及其无机化合物（不包括四乙基铅）	慢性铅中毒
2	汞及其无机化合物（汞）	汞及其化合物中毒
3	锰及其无机化合物（锰）	锰及其化合物中毒
4	镉及其无机化合物（镉）	镉及其化合物中毒
5	铍及其无机化合物（铍）	铍病
6	铊及其无机化合物（铊）	铊及其化合物中毒
7	可溶性钡盐（氯化钡、硝酸钡、醋酸钡）	急性钡及其化合物中毒
8	钒及其无机化合物（五氧化二钒等）	急性钒中毒
9	磷及其无机化合物（磷）	磷及其化合物中毒
10	砷及其化合物（砷）、砷化氢单列	砷及其化合物中毒、砷及其化合物所致肺癌（或皮肤癌）
11	铀及其化合物（铀）	急性铀中毒
12	砷化氢（胂）	急性砷化氢中毒
13	氯气	急性氯气中毒、职业性刺激性化合物致慢性阻塞性肺疾病
14	二氧化硫	急性二氧化硫中毒、职业性刺激性化合物致慢性阻塞性肺疾病
15	光气（碳酰氯）	急性光气中毒、职业性刺激性化合物致慢性阻塞性肺疾病
16	氨	急性氨中毒、职业性刺激性化合物致慢性阻塞性肺疾病

续表

序号	危害因素	目标疾病
17	偏二甲基肼（1，1-二甲基肼）	急性偏二甲基肼中毒
18	氮氧化合物	急性氮氧化合物中毒、职业性刺激性化合物致慢性阻塞性肺疾病
19	一氧化碳	急性一氧化碳中毒
20	二硫化碳	慢性二硫化碳中毒
21	硫化氢	急性硫化氢中毒
22	磷化氢、磷化锌、磷化铝	磷化氢、磷化锌、磷化铝中毒
23	氟及其无机化合物	氟及其无机化合物中毒
24	氰及其腈类化合物（氰）	急性氰及腈类化合物中毒
25	四乙基铅	急性四乙基铅中毒
26	有机锡	急性三烷基锡中毒
27	羰基镍	急性羰基镍中毒
28	苯	苯中毒、苯所致白血病
29	甲苯	急性甲苯中毒
30	二甲苯（全部异构体）	急性二甲苯中毒
31	正己烷	慢性正己烷中毒
32	汽油	汽油中毒
33	一甲胺	急性一甲胺中毒、职业性刺激性化合物致慢性阻塞性肺疾病
34	有机氟聚合物单体及其热裂解物	急性有机氟中毒
35	二氯乙烷	急性1，2-二氯乙烷中毒
36	四氯化碳	急性四氯化碳中毒
37	氯乙烯	氯乙烯中毒、氯乙烯所致肝血管肉瘤
38	三氯乙烯	三氯乙烯中毒、三氯乙烯药疹样皮炎
39	氯丙烯	慢性氯丙烯中毒
40	氯丁二烯	氯丁二烯中毒
41	苯的氨基及硝基化合物（不含三硝基甲苯）	急性苯的氨基及硝基化合物（不包括三硝基甲苯）中毒
42	三硝基甲苯	慢性三硝基甲苯中毒、三硝基甲苯白内障
43	甲醇	急性甲醇中毒
44	酚类	急性酚中毒、白斑
45	五氯酚及其钠盐（五氯酚）	急性五氯酚中毒

续表

序号	危害因素	目标疾病
46	甲醛	急性甲醛中毒、甲醛哮喘、职业性刺激性化合物致慢性阻塞性肺疾病
47	硫酸二甲酯	急性硫酸二甲酯中毒
48	丙烯酰胺	丙烯酰胺中毒
49	二甲基甲酰胺	急性二甲基甲酰胺中毒
50	有机磷	急性有机磷中毒
51	氨基甲酸酯类	急性氨基甲酸酯类中毒
52	杀虫脒	急性杀虫脒中毒
53	溴甲烷	急性溴甲烷中毒
54	拟除虫菊酯	急性拟除虫菊酯类中毒
55	铟及其化合物（铟）	铟及其化合物中毒
56	溴丙烷（1-溴丙烷）	溴丙烷中毒
57	碘甲烷	急性碘甲烷中毒
58	氯乙酸	急性氯乙酸中毒
59	环氧乙烷	急性环氧乙烷中毒
60	铂化物	哮喘
61	铬及其化合物（铬）（三氧化铬、铬酸盐、重铬酸盐）	六价铬化合物所致肺癌、铬鼻病
62	焦炉逸散物	焦炉逸散物所致肺癌
63	煤焦油	黑变病、煤焦油所致皮肤癌
64	过硫酸盐（过硫酸钾、过硫酸钠、过硫酸铵等）	哮喘
65	二异氰酸甲苯酯	哮喘
66	氯甲醚	氯甲醚所致肺癌
67	双氯甲醚	双氯甲醚所致肺癌
68	乙二胺	哮喘
69	以上未提及的可导致职业病的其他化学因素	
三	物理因素	
1	噪声	噪声聋、爆震聋
2	高温	中暑
3	高气压	减压病
4	高原低氧	高原病

续表

序号	危害因素	目标疾病
5	振动	手臂振动病
6	激光	激光所致眼（角膜、晶状体、视网膜）损伤
7	低温	冻伤
8	紫外线	白内障、电光性眼炎、电光性皮炎
9	微波	白内障
10	以上未提及的可导致职业病的其他物理因素	
四	**生物因素**	
1	艾滋病病毒（限于医疗卫生人员及人民警察）	艾滋病
2	布鲁氏菌	布鲁氏菌病
3	伯氏疏螺旋体	莱姆病
4	森林脑炎病毒	森林脑炎
5	炭疽芽孢杆菌	炭疽
五	**放射性物质类（电离辐射）**	
1	电离辐射（X 射线、γ 射线）	外照射急性放射病、外照射亚急性放射病、外照射慢性放射病、内照射放射病、放射性皮肤病、放射性肿瘤、放射性骨损伤、放射性甲状腺疾病、放射性性腺疾病、放射性复合伤等
2	根据《职业性放射性疾病诊断标准（总则）》可以诊断的其他放射性损伤	
六	**其他因素**	
1	金属烟	金属烟热
2	井下不良作业条件（限于井下工人）	滑囊炎（限于井下工人）
3	刮研作业（限于刮研作业人员）	股静脉血栓综合征、股动脉闭塞症或淋巴管闭塞症（限于刮研作业人员）

（三）监护体检项目明确原则

接触危害因素不同检查项目不同。由于职业健康监护工作的特殊性，不同的职业病危害因素造成的健康损害也不同，检查项目各有其特点。在对受检者进行职业健康检查前，职业健康检查机构要结合用人单位提供的相关资料，明确劳动者接触的职业病危害因素的种类，以确定职业健康检查项目及靶器官，并得到正确的健康监护结果。如：

1. 周围神经毒物：可设置症状询问（重点神经系统）、神经科常规检查、眼底检查、血常规、尿常规、肝功能、心电图、必要时检查头颅 CT 等。

2. 呼吸系统毒物：可设置症状询问（重点呼吸系统）、内科常规（重点呼吸系统常规）、肺功能、血常规、尿常规、肝功能、心电图、胸部 X 射线摄片、肝功能等，必要时检查肺部 CT 等。

3. 肝脏毒物：可设置症状询问（重点消化系统）、内科常规（重点消化系统常规）、血常规、尿常规、肝功能、心电图、腹部 B 超等。

4. 肾脏毒物：可设置症状询问（重点泌尿系统）、内科常规、血常规、尿常规（全套）、肝功能、心电图、肾功能、腹部 B 超等。

5. 如果是化学毒物，不知其毒性，经专家论证后，可设置症状询问、全科常规，根据初步检查情况设置辅助检查项目，如血常规、尿常规、肝肾功能、心电图、胸部 X 射线摄片、腹部 B 超等。

6. 如果是粉尘类物质（非毒性），可设置症状询问（重点呼吸系统）、内科常规（重点呼吸系统常规）、肺功能、血常规、尿常规、心电图、肝功能、胸部 X 射线摄片，必要时检查肺部 CT 等。

7. 如果是多脏器损害，则叠加检查项目。

（四）监护对象人群明确原则

1. 开展强制性健康监护的职业病危害因素的人群，都应接受职业健康监护。

2. 在岗期间定期健康检查为推荐性的职业病危害因素，原则上可根据用人单位的安排接受健康监护。

3. 虽不是直接从事接触需要开展职业健康监护的职业病危害因素的作业，但在工作场所中受到与直接接触人员同样的或几乎同样的接触，应视同职业性接触，需和直接接触人员一样接受健康监护。

4. 根据不同职业病危害因素暴露和发病的特点及剂量—效应关系，主要根据工作场所职业病危害因素的浓度（强度）以及个体累计暴露的时间长度和工种，确定需要开展健康监护的人群；可参考 GBZ/T 229 等标准。

5. 对于致癌性、致敏性的危害因素及具有慢性蓄积作用的毒物，由于其随机性效应及剂量、功能损伤的蓄积性，原则上只要有职业性接触就应开展监护。

6. 对于噪声，其开展职业健康监护的最低暴露水平可按噪声作业即 8h/日或 40h/周的等效声级≥80dB（A）确定。

7. GBZ 2.1—2019 规定：职业接触等级为Ⅲ级（＞50%，≤OEL）、Ⅳ级（＞OEL）的人群，推荐进行职业健康监护。

8. 劳动者接触的职业病危害因素具有慢性健康影响，所致职业病或职业肿瘤常有较长的潜伏期，故脱离接触后仍有可能患职业病。离岗后健康检查时间的长短应根据有害因素致病的流行病学及临床特点（检验指标）、劳动者从事该作业的时间长短、工作场所有害因素的浓度等因素综合考虑确定。

四、职业禁忌证的界定原则

职业禁忌证界定的目的是贯彻预防为先的原则，最大限度保护劳动者的健康，确保从业者选择适合的工作岗位，使工作适应工人，每个工人适应其工作。

职业禁忌证的界定应遵循相关法律、法规，程序应合法；只能针对特定的职业病危害因素、特定的工种或特种工作；应在确定录用劳动者从事接触特定职业病危害因素之后方可界定；职业禁忌证的界定不应该是一次性的。

职业禁忌证的界定应平衡健康与就业权利的关系，尽最大努力保证劳动者平等、公正的就业机会。从这个意义上讲，应强调有职业禁忌证的人员在从事接触特定职业病危害因素作业时会更易导致健康损害的必然性；强调职业病危害因素与疾病或损害间存在的必然联系，并考虑其关联程度。

职业禁忌证主要是对接触特定的具有慢性毒性作用的职业病危害因素，只有急性毒性损害的物质原则上不应有禁忌证。

职业禁忌证的界定是相对的，可因环境、时间而变化，且因个体而异。职业禁忌证需要因时间、健康状况和就业情形的变化多次评价，没有绝对的职业禁忌证。患有致劳动能力永久丧失的疾病不能列为职业禁忌证。

具有下列条件之一者，即可判定为职业禁忌证：

1. 某些疾病、特殊病理或生理状态导致接触特定职业病危害因素时更易吸收（从而增加了内剂量）或对特定职业病危害因素易感，较易发生该种职业病危害因素所致职业病。

2. 某些疾病、特殊病理或生理状态下接触特定职业病危害因素使劳动者原有疾病病情加重。

3. 某些疾病、特殊病理或生理状态下接触特定职业病危害因素能诱发潜在疾病的发生。

4. 某些疾病、特殊病理或生理状态下接触特定职业病危害因素会影响子代健康。

5. 某些疾病、特殊病理或生理状态下进入特殊作业岗位会对生命健康构成危险。

五、疑似职业病的确定原则

实际工作中，有些职业病作出诊断需要较长的诊断观察时间。通常情况下，有下列情况之一者，可视为疑似职业病患者：

1. 劳动者所患疾病或健康损害表现与其所接触的工作场所职业病危害因素的关系不能排除的。

2. 在同一工作环境中，同时或短期内发生 2 例及以上健康损害表现相同或相似病例，病因不明确，又不能以常见病、传染病、地方病等群体性疾病解释的。

3. 同一工作环境中已经发现职业病患者，其他劳动者出现相似健康损害表现的。

4. 职业健康检查机构、职业病诊断机构根据职业病诊断标准，认为需要做进一步的检查、医学观察或诊断性治疗以明确诊断的。

5. 劳动者已出现职业病危害因素造成的健康损害表现，但未达到职业病诊断标准规定的诊断条件，而健康损害还可能继续发展的。

六、职业健康监护的依据

职业健康监护的依据分为法律法规依据和技术依据。

（一）主要法律法规依据

《职业病防治法》

《中华人民共和国工会法》

《中华人民共和国劳动法》

《中华人民共和国社会保险法》

《中华人民共和国劳动合同法》

《中华人民共和国基本医疗卫生与健康促进法》

《中华人民共和国尘肺病防治条例》

《使用有毒物品作业场所劳动保护条例》

《医疗机构管理条例》

《职业病诊断与鉴定管理办法》

《职业健康检查管理办法》

《放射工作人员职业健康管理办法》

《用人单位职业健康监护监督管理办法》

《工作场所职业卫生监督管理规定》

《用人单位职业病防治指南》

《职业健康检查质量控制规范》

《女工劳动保护条例》

以及各地区职业健康检查机构备案实施管理办法等。

（二）主要法律法规内容简介

下面针对职业健康监护涉及的部分法律规范法规作简要介绍。

1.《职业病防治法》《使用有毒物品作业场所劳动保护条例》《用人单位职业健康监护监督管理办法》涉及的有关职业健康监护法律法规依据的相关条款，详见本章节的“七、责任和义务”。

2.《职业健康检查管理办法》（国家卫生健康委员会令第2号）相关条款

第四条：医疗卫生机构开展职业健康检查，应当在开展之日起15个工作日内向省级卫生健康主管部门备案。

第十一条：按照劳动者接触的职业病危害因素，职业健康检查分为以下六类：①接触粉尘类；②接触化学因素类；③接触物理因素类；④接触生物因素类；⑤接触放射因素类；⑥其他类（特殊作业等）。

以上每类中包含不同检查项目。职业健康检查机构应当在备案的检查类别和项目范围内开展相应的职业健康检查。

第十三条：职业健康检查机构应当依据相关技术规范，结合用人单位提交的资料，明确用人单位应当检查的项目和周期。

第十五条：职业健康检查的项目、周期按照《职业健康监护技术规范》（GBZ 188）执行，放射工作人员职业健康检查按照《放射工作人员职业健康监护技术规范》（GBZ 235）等规定执行。

第十六条：职业健康检查机构可以在执业登记机关管辖区域内或者省级卫生健康主管部门指定区域内开展外出职业健康检查。外出职业健康检查进行医学影像学检查和实验室检测，必须保证检查质量并满足放射防护和生物安全的管理要求。

第十七条：职业健康检查机构应当在职业健康检查结束之日起30个工作日内将职业健康检查结果，包括劳动者个人职业健康检查报告和用人单位职业健康检查总结报告，书面告知用人单位，用人单位应当将劳动者个人职业健康检查结果及职业健康检查机构的建议等情况书面告知劳动者。

第十八条：职业健康检查机构发现疑似职业病病人时，应当告知劳动者本人并及时通知用人单位，同时向所在地卫生健康主管部门报告。发现职业禁忌的，应当及时告知用人单位和劳动者。

第十九条：职业健康检查机构要依托现有的信息平台，加强职业健康检查的统计报告工作，逐步实现信息的互联互通和共享。

第二十条：职业健康检查机构应当建立职业健康检查档案。职业健康检查档案保存时间应当自劳动者最后一次职业健康检查结束之日起不少于15年。

职业健康检查档案应当包括下列材料：职业健康检查委托协议书；用人单位提供的相关资料；出具的职业健康检查结果总结报告和告知材料；其他有关材料。

其他涉及的有关职业健康监护法律法规依据的相关条款详见本章节的责任与义务。

3.《工作场所职业卫生监督管理规定》相关条款

第三十条：对从事接触职业病危害因素作业的劳动者，用人单位应当按照《用人单位职业健康监护监督管理办法》《放射工作人员职业健康管理办法》《职业健康监护技术规范》（GBZ 188）、《放射工作人员职业健康监护技术规范》（GBZ 235）等有关规定组织上岗前、在岗期间、离岗时的职业健康检查，并将检查结果书面如实告知劳动者。

第三十一条：用人单位应当按照《用人单位职业健康监护监督管理办法》的规定，为劳动者建立职业健康监护档案，并按照规定的期限妥善保存。

4.《用人单位职业病防治指南》相关条款

第4.8.1条：按规定组织上岗前的职业健康检查。

第4.8.2条：按规定组织在岗期间的职业健康检查。

第4.8.3条：按规定组织离岗时的职业健康检查。

第4.8.6条：未进行离岗前职业健康检查，不得解除或者终止劳动合同。

（三）主要技术依据

《职业病危害因素分类目录》国卫疾控发〔2015〕92号

《职业病分类和目录》国卫疾控发〔2013〕48号

《职业健康监护技术规范》GBZ 188

《放射工作人员职业健康监护技术规范》GBZ 235

《放射工作人员健康要求》GBZ 98

《职业卫生生物监测质量保证规范》

《重金属污染诊疗指南（试行）》

《血铅临床检验技术规范》

《职业禁忌证界定导则》GBZ/T 260

《工作场所有害因素职业接触限值第一部分：化学有害因素》GBZ 2.1

《工作场所有害因素职业接触限值第二部分：物理因素》GBZ 2.2

《工作场所职业病危害作业分级第一部分：生产性粉尘》GBZ/T 229.1

《工作场所职业病危害作业分级第二部分：化学物》GBZ/T 229.2

《工作场所职业病危害作业分级第三部分：高温》GBZ/T 229.3

《工作场所职业病危害作业分级第四部分：噪声》GBZ/T 229.4

《职业性接触毒物危害程度分级》GBZ 230—2010

相关的职业病诊断标准以及各行业标准等。

七、责任和义务

职业健康监护是落实用人单位义务、实现劳动者权益的重要保障，是落实职业病诊断鉴定制度的前提，是社会保障制度的基础，它有利于保护劳动者的健康权益，减少经济损失和社会负担。职业健康监护涉及卫生行政部门、用人单位和开展职业健康检查的医疗卫生机构，均各自承担着不同的责任和义务，必须分工合作，明确职责，才能使职业健康监护工作顺利开展。

为落实用人单位组织开展职业健康监护的义务，《职业病防治法》《中华人民共和国尘肺病防治条例》《使用有毒物品作业场所劳动保护条例》《用人单位职业健康监护监督管理办法》《工作场所职业卫生监督管理规定》以及《职业健康监护技术规范》（GBZ 188）和《放射工作人员职业健康监护技术规范》（GBZ 235）等法律、法规对其均做出了明确要求。

各部门在职业健康监护中的主要职责和义务：

（一）用人单位的责任和义务

用人单位的责任和义务也是用人单位对劳动者享有的权利的保障义务。

对从事接触职业病危害因素的劳动者开展职业健康监护是法律的明文规定，是履行用人单位社会责任和保护劳动者健康的基本要求。用人单位是开展职业健康监护工作的责任主体，应对本单位职业健康监护工作全面负责。用人单位必须根据国家有关法律、法规建立职业健康监护制度，全面贯彻执行《用人单位职业健康监护监督管理办法》，结合本单位职业活动中存在的职业病危害因素，制订年度职业健康监护计划，保证劳动者能够得到与其所接触的职业病危害因素相关的健康监护。

1.《职业病防治法》

第三十五条：对从事接触职业病危害的作业的劳动者，用人单位应当按照国务院卫生行政部门的规定组织上岗前、在岗期间和离岗时的职业健康检查，并将检查结果书面告知劳动者。职业健康检查费用由用人单位承担。

用人单位不得安排未经上岗前职业健康检查的劳动者从事接触职业病危害的作业；不得安排有职业禁忌的劳动者从事其所禁忌的作业；对在职业健康检查中发现有与所从事的职业相关的健康损害的劳动者，应当调离原工作岗位，并妥善安置；对未进行离岗前职业健康检查的劳动者不得解除或者终止与其订立的劳动合同。

第三十六条：用人单位应当为劳动者建立职业健康监护档案，并按照规定的期限妥善保存。

职业健康监护档案应当包括劳动者的职业史、职业病危害接触史、职业健康检查结果和职业病诊疗等有关个人健康资料。

劳动者离开用人单位时，有权索取本人职业健康监护档案复印件，用人单位应当如实、无偿提供，并在所提供的复印件上签章。

第三十七条第二款：对遭受或者可能遭受急性职业病危害的劳动者，用人单位应当及时组织救治、进行健康检查和医学观察，所需费用由用人单位承担。

第四十一条：用人单位按照职业病防治要求，用于预防和治理职业病危害、工作场所卫生检测、健康监护和职业卫生培训等费用，按照国家有关规定，在生产成本中据实列支。

2. 在《职业病防治法》颁布实施之前，为保障从事接触粉尘作业的劳动者的健康权益，1987 年颁布实施了《中华人民共和国尘肺病防治条例》。

第十九条规定：各企业、事业单位对新从事粉尘作业的职工，必须进行健康检查。对在职和离职的从事粉尘作业的职工，必须定期进行健康检查。检查的内容、期限和尘肺病诊断标准，按卫生行政部门有关职业病管理的规定执行。

3.《使用有毒物品作业场所劳动保护条例》（2002 年）第三十一条至第三十六条，对用人单位开展职业健康监护做出了明确规定。

第三十一条：用人单位应当组织从事使用有毒物品作业的劳动者进行上岗前职业健康检查。

用人单位不得安排未经上岗前职业健康检查的劳动者从事使用有毒物品的作业，不得安排有职业禁忌的劳动者从事其所禁忌的作业。

第三十二条：用人单位应当对从事使用有毒物品作业的劳动者进行定期职业健康检查。

用人单位发现有职业禁忌或者有与所从事职业相关的健康损害的劳动者，应当将其及时调离原工作岗位，并妥善安置。

用人单位对需要复查和医学观察的劳动者，应当按照体检机构的要求安排其复查和医学观察。

第三十三条：用人单位应当对从事使用有毒物品作业的劳动者进行离岗时的职业健康检查；对离岗时未进行职业健康检查的劳动者，不得解除或者终止与其订立的劳动合同。

用人单位发生分立、合并、解散、破产等情形的，应当对从事使用有毒物品作业的劳动者进行健康检查，并按照国家有关规定妥善安置职业病病人。

第三十四条：用人单位对受到或者可能受到急性职业中毒危害的劳动者，应当及时组织进行健康检查和医学观察。

第三十五条：劳动者职业健康检查和医学观察的费用，由用人单位承担。

第三十六条：用人单位应当建立职业健康监护档案。

职业健康监护档案应当包括下列内容：

（一）劳动者的职业史和职业中毒危害接触史；

（二）相应作业场所职业中毒危害因素监测结果；

（三）职业健康检查结果及处理情况；

（四）职业病诊疗等劳动者健康资料。

4.《用人单位职业健康监护监督管理办法》

第四条：用人单位应当建立、健全劳动者职业健康监护制度，依法落实职业健康监护工作。

第七条：用人单位是职业健康监护工作的责任主体，其主要负责人对本单位职业健康监护工作全面负责。

用人单位应当依照本办法以及《职业健康监护技术规范》（GBZ 188）、《放射工作人员职业健康监护技术规范》（GBZ 235）等国家职业卫生标准的要求，制订、落实本单位职业健康检查年度计划，并保证所需要的专项经费。

第八条：用人单位应当组织劳动者进行职业健康检查，并承担职业健康检查费用。

劳动者接受职业健康检查应当视同正常出勤。

第九条：用人单位应当选择由省级以上人民政府卫生行政部门批准的医疗卫生机构承担职业健康检查工作，并确保参加职业健康检查的劳动者身份的真实性。

第十条：用人单位在委托职业健康检查机构对从事接触职业病危害作业的劳动者进行职业健康检查时，应当如实提供下列文件、资料：

（一）用人单位的基本情况；

（二）工作场所职业病危害因素种类及其接触人员名册；

（三）职业病危害因素定期检测、评价结果。

第十一条：用人单位应当对下列劳动者进行上岗前的职业健康检查：

（一）拟从事接触职业病危害作业的新录用劳动者，包括转岗到该作业岗位的劳动者；

（二）拟从事有特殊健康要求作业的劳动者。

第十二条：用人单位不得安排未经上岗前职业健康检查的劳动者从事接触职业病危害的作业，不得安排有职业禁忌的劳动者从事其所禁忌的作业。

用人单位不得安排未成年工从事接触职业病危害的作业，不得安排孕期、哺乳期的女职工从事对本人和胎儿、婴儿有危害的作业。

第十三条：用人单位应当根据劳动者所接触的职业病危害因素，定期安排劳动者进行在岗期间的职业健康检查。

对在岗期间的职业健康检查，用人单位应当按照《职业健康监护技术规范》（GBZ 188）等国家职业卫生标准的规定和要求，确定接触职业病危害的劳动者的检查项目和检查周期。需要复查的，应当根据复查要求增加相应的检查项目。

第十四条：出现下列情况之一的，用人单位应当立即组织有关劳动者进行应急职业健康检查：

（一）接触职业病危害因素的劳动者在作业过程中出现与所接触职业病危害因素相关的不适症状的；

（二）劳动者受到急性职业中毒危害或者出现职业中毒症状的。

第十五条：对准备脱离所从事的职业病危害作业或者岗位的劳动者，用人单位应当在劳动者离岗前30日内组织劳动者进行离岗时的职业健康检查。劳动者离岗前90日内的在岗期间的职业健康检查可以视为离岗时的职业健康检查。

用人单位对未进行离岗时职业健康检查的劳动者，不得解除或者终止与其订立的劳动合同。

第十六条：用人单位应当及时将职业健康检查结果及职业健康检查机构的建议以书面形式如实告知劳动者。

第十七条：用人单位应当根据职业健康检查报告，采取下列措施：

（一）对有职业禁忌的劳动者，调离或者暂时脱离原工作岗位；

（二）对健康损害可能与所从事的职业相关的劳动者，进行妥善安置；

（三）对需要复查的劳动者，按照职业健康检查机构要求的时间安排复查和医学观察；

（四）对疑似职业病病人，按照职业健康检查机构的建议安排其进行医学观察或者职业病诊断；

（五）对存在职业病危害的岗位，立即改善劳动条件，完善职业病防护设施，为劳动者配备符合国家标准的职业病危害防护用品。

第十八条：职业健康监护中出现新发生职业病（职业中毒）或者两例以上疑似职业病（职业中毒）的，用人单位应当及时向所在地安全生产监督管理部门报告。

第十九条：用人单位应当为劳动者个人建立职业健康监护档案，并按照有关规定妥善保存。职业健康监护档案包括下列内容：

（一）劳动者姓名、性别、年龄、籍贯、婚姻、文化程度、嗜好等情况；

（二）劳动者职业史、既往病史和职业病危害接触史；

（三）历次职业健康检查结果及处理情况；

（四）职业病诊疗资料；

（五）需要存入职业健康监护档案的其他有关资料。

第二十条：安全生产行政执法人员、劳动者或者其近亲属、劳动者委托的代理人有权查阅、复印劳动者的职业健康监护档案。

劳动者离开用人单位时，有权索取本人职业健康监护档案复印件，用人单位应当如实、无偿提供，并在所提供的复印件上签章。

第二十一条：用人单位发生分立、合并、解散、破产等情形时，应当对劳动者进行职业健康检查，并依照国家有关规定妥善安置职业病病人；其职业健康监护档案应当依照国家有关规定实施移交保管。

5.《工作场所职业卫生监督管理规定》

第三十条：对从事接触职业病危害因素作业的劳动者，用人单位应当按照《用人单位职业健康监护监督管理办法》《放射工作人员职业健康管理办法》《职业健康监护技术规范》（GBZ 188）、《放射工作人员职业健康监护技术规范》（GBZ 235）等有关规定组织上岗前、在岗期间、离岗时的职业健康检查，并将检查结果书面如实告知劳动者。职业健康检查费用由用人单位承担。

第三十一条：用人单位应当按照《用人单位职业健康监护监督管理办法》的规定，为劳动者建立职业健康监护档案，并按照规定的期限妥善保存。

职业健康监护档案应当包括劳动者的职业史、职业病危害接触史、职业健康检查结果、处理结果和职业病诊疗等有关个人健康资料。

劳动者离开用人单位时，有权索取本人职业健康监护档案复印件，用人单位应当如实、无偿提供，并在所提供的复印件上签章。

第三十四条：用人单位应当建立健全下列职业卫生档案资料：（九）劳动者职业健康检查结果汇总资料，存在职业禁忌证、职业健康损害或者职业病的劳动者处理和安置情况记录。

第三十六条：用人单位发现职业病病人或者疑似职业病病人时，应当按照国家规定及时向所在地安全生产监督管理部门和有关部门报告。

6. 为保障职业健康监护工作能够得到有效落实，在职业健康监护经费方面，相关法规、规范亦作出了明确规定。

7.《职业健康检查管理办法》

第十二条：职业健康检查机构开展职业健康检查应当与用人单位签订委托协议书，由用人单位统一组织劳动者进行职业健康检查；也可以由劳动者持单位介绍信进行职业健康检查。

第十四条：在职业健康检查中，用人单位应当如实提供以下职业健康检查所需的相关资料，并承担检查费用：（一）用人单位的基本情况；（二）工作场所职业病危害因素种类及其接触人员名册、岗位（或工种）、接触时间；（三）工作场所职业病危害因素定期检测等相关资料。

第十七条：职业健康检查机构应当在职业健康检查结束之日起30个工作日内将职业健康检查结果，包括劳动者个人职业健康检查报告和用人单位职业健康检查总结报告，书面告知用人单位，用人单位应当将劳动者个人职业健康检查结果及职业健康检查机构的建议等情况书面告知劳动者。

（二）劳动者的权利和义务

1.《职业病防治法》

第三十九条规定了劳动者享有下列职业卫生保护权利：（二）获得职业健康检查、职业病诊疗、康复等职业病防治服务。

用人单位应当保障劳动者行使前款所列权利。因劳动者依法行使正当权利而降低其工资、福利等待遇或者解除、终止与其订立的劳动合同的，其行为无效。

2.《中华人民共和国尘肺病防治条例》

第十九条规定了各企业、事业单位对新从事粉尘作业的职工，必须进行健康检查。对在职和离职的从事粉尘作业的职工，必须定期进行健康检查。

3.《用人单位职业健康监护监督管理办法》第二十条、第二十一条规定了劳动者在职业健康监护中的权利和义务：

第二十条：安全生产行政执法人员、劳动者或者其近亲属、劳动者委托的代理人有权查阅、复印劳动者的职业健康监护档案。

劳动者离开用人单位时，有权索取本人职业健康监护档案复印件，用人单位应当如实、无偿提供，并在所提供的复印件上签章。

第二十一条：用人单位发生分立、合并、解散、破产等情形时，应当对劳动者进行职业健康检查，并依照国家有关规定妥善安置职业病病人；其职业健康监护档案应当依照国家有关规定实施移交保管。

4.《使用有毒物品作业场所劳动保护条例》第三十八条、第四十条规定了劳动者在职业健康监护中的权利与义务：

第三十八条：劳动者享有下列职业卫生保护权利：(一) 获得职业卫生教育、培训；(二) 获得职业健康检查、职业病诊疗、康复等职业病防治服务；(三) 了解工作场所产生或者可能产生的职业中毒危害因素、危害后果和应当采取的职业中毒危害防护措施；(四) 要求用人单位提供符合防治职业病要求的职业中毒危害防护设施和个人使用的职业中毒危害防护用品，改善工作条件；(五) 对违反职业病防治法律、法规，危及生命、健康的行为提出批评、检举和控告；(六) 拒绝违章指挥和强令进行没有职业中毒危害防护措施的作业；(七) 参与用人单位职业卫生工作的民主管理，对职业病防治工作提出意见和建议。用人单位应当保障劳动者行使前款所列权利。禁止因劳动者依法行使正当权利而降低其工资、福利等待遇或者解除、终止与其订立的劳动合同。

第四十条：劳动者有权查阅、复印其本人职业健康监护档案。

劳动者离开用人单位时，有权索取本人健康监护档案复印件；用人单位应当如实、无偿提供，并在所提供的复印件上签章。

(三) 职业健康检查机构的责任和义务

1.《职业健康检查管理办法》

第七条：职业健康检查机构具有以下职责：

(一) 在备案开展的职业健康检查类别和项目范围内，依法开展职业健康检查工作，并出具职业健康检查报告；

(二) 履行疑似职业病的告知和报告义务；

(三) 报告职业健康检查信息；

(四) 定期向卫生健康主管部门报告职业健康检查工作情况，包括外出职业健康检查工作情况；

(五) 开展职业病防治知识宣传教育；

(六) 承担卫生健康主管部门交办的其他工作。

第八条：职业健康检查机构应当指定主检医师。

主检医师负责确定职业健康检查项目和周期，对职业健康检查过程进行质量控制，审核职业健康检查报告。

第九条：职业健康检查机构及其工作人员应当关心、爱护劳动者，尊重和保护劳动者的知情权及个人隐私。

第十一条第二款：职业健康检查机构应当在备案的检查类别和项目范围内开展相应的职业健康检查。

第十二条：职业健康检查机构开展职业健康检查应当与用人单位签订委托

协议书，由用人单位统一组织劳动者进行职业健康检查；也可以由劳动者持单位介绍信进行职业健康检查。

第十三条：职业健康检查机构应当依据相关技术规范，结合用人单位提交的资料，明确用人单位应当检查的项目和周期。

第十五条：职业健康检查的项目、周期按照《职业健康监护技术规范》（GBZ 188）执行，放射工作人员职业健康检查按照《放射工作人员职业健康监护技术规范》（GBZ 235）等规定执行。

第十六条：职业健康检查机构可以在执业登记机关管辖区域内或者省级卫生健康主管部门指定区域内开展外出职业健康检查。外出职业健康检查进行医学影像学检查和实验室检测，必须保证检查质量并满足放射防护和生物安全的管理要求。

第十七条：职业健康检查机构应当在职业健康检查结束之日起 30 个工作日内将职业健康检查结果，包括劳动者个人职业健康检查报告和用人单位职业健康检查总结报告，书面告知用人单位。

第十八条：职业健康检查机构发现疑似职业病病人时，应当告知劳动者本人并及时通知用人单位，同时向所在地卫生健康主管部门报告。发现职业禁忌的，应当及时告知用人单位和劳动者。

第十九条：职业健康检查机构要依托现有的信息平台，加强职业健康检查的统计报告工作，逐步实现信息的互联互通和共享。

第二十条：职业健康检查机构应当建立职业健康检查档案。职业健康检查档案保存时间应当自劳动者最后一次职业健康检查结束之日起不少于 15 年。并规定了职业健康检查档案应当包括的材料。

2. 其他法规、规范还明确了职业健康检查机构的其他责任和义务，包括：

（1）职业健康检查是医学临床行为，从事职业健康检查只能由已取得资格的医疗卫生专业人员进行。因此，职业健康检查机构应保证其专业人员具备相应的专业知识和技能。

（2）职业健康检查机构应维护和保持其工作的独立性和公正性。应保证其所出具的报告的科学性和准确性，保证其检查结论不受用人单位、劳动者和其他行政意见的影响。当职业健康检查机构或医疗卫生专业人员开展工作的独立性受到干扰或破坏时，可向其主管卫生行政部门提出申诉。

（3）职业健康检查机构或医疗卫生专业人员在进行职业健康检查时，应接受劳动者对健康检查结果的询问或咨询，如实向劳动者解释检查结果和提出建议。

（4）在保护劳动者健康这个广义职权范围内，必要时职业健康检查机构或医疗卫生专业人员可以向用人单位建议进行除国家法律、法规规定的最低要求之外的健康检查项目。

（5）职业健康检查机构对卫生行政部门履行监督检查职责时、职业卫生监督执法人员依法执行职务时，应当接受检查并予以支持配合，不得拒绝和阻碍。

（四）职业卫生监督管理部门的责任

职业病防治监督管理体制，是国家对职业病防治实施监督管理采取的组织形式和基本制度。它是国家职业病防治法律规范得以贯彻落实的组织保障和制度保障。

《中华人民共和国宪法》（以下简称《宪法》）给出了卫生行政部门履行监督检查职责的依据，规定：中华人民共和国实行依法治国，建设社会主义法治国家。

《宪法》的这一规定要求，一切行政机关必须依法行政，卫生行政部门也不例外。根据本条规定，县级以上人民政府卫生行政部门履行监督检查职责时：一要依据包括本法在内的职业病防治法律、行政法规和地方性法规的规定进行，按照法定职权、法定程序执法；二要依据由国务院卫生行政部门制定并公布的国家职业卫生标准和卫生要求进行；三要依据职责进行，既不能越权也不能失职。

《职业病防治法》第九条规定：国家实行职业卫生监督制度。

国务院卫生行政部门、劳动保障行政部门依照本法和国务院确定的职责，负责全国职业病防治的监督管理工作。国务院有关部门在各自的职责范围内负责职业病防治的有关监督管理工作。

县级以上地方人民政府卫生行政部门、劳动保障行政部门依据各自职责，负责本行政区域内职业病防治的监督管理工作。县级以上地方人民政府有关部门在各自的职责范围内负责职业病防治的有关监督管理工作。

县级以上人民政府卫生行政部门、劳动保障行政部门（以下统称职业卫生监督管理部门）应当加强沟通，密切配合，按照各自职责分工，依法行使职权，承担责任。

《职业病防治法》《职业健康检查管理办法》等法律法规均给出了国家卫生健康行政部门、省级卫生健康行政部门、市、县级以上卫生健康行政部门以及职业卫生监督机构及被监管单位在职业健康监护中的职责，包括职责主体和职责内容。详见本指南第七章第四节：职业健康检查机构监督检查要点。

2019 年 4 月，国家卫生健康委监督局发布《关于征求〈关于卫生监督体系建设的若干规定〉意见的函》，明确指出县级以上卫生健康行政部门应当设立卫生监督机构，各级卫生监督机构受同级卫生健康行政部门委托承担卫生监督工作任务，并明确了各级监督机构的职责。

第六条：国家卫生监督机构承担的卫生监督工作任务：

（一）参与医疗卫生行业综合监管督察工作任务；

（二）协助开展医疗、公共卫生等监督工作及大案要案的督察督办；

（三）参与卫生监督体系建设，指导地方卫生监督机构规范化建设，组织实施全国卫生监督人员培训工作；

（四）拟定卫生监督工作制度、技术性规范；

（五）承担国家卫生监督信息化建设、管理工作。

第七条：省级卫生监督机构承担的卫生监督工作任务：

（一）参与辖区医疗卫生行业综合监管督察工作任务；

（二）参与对辖区内卫生监督机构规范化建设进行检查督导；

（三）参与辖区内卫生监督队伍建设管理，开展卫生监督人员培训，资格考试和考核工作；

（四）拟定辖区卫生监督工作规划和年度计划、工作制度和规范，并组织实施；

（五）承担辖区国家卫生健康监督信息的汇总、核实、分析、上报工作；

（六）核查辖区内卫生健康大案要案和跨区域案件，指导重大活动的公共卫生监督保障，组织卫生监督应急工作。

第八条：市、县级卫生监督机构承担的卫生监督工作任务：

（一）对公共场所、学校、生活饮用水及涉及饮用水卫生安全用品、餐饮具集中消毒服务机构进行监督检查，查处违法行为；

（二）对医疗机构、采供血机构及其从业人员的执业活动进行监督检查，查处违法行为；依法打击无证行医和非法采供血、打击“两非”行为；

（三）对医疗卫生机构的预防接种、传染病疫情报告、疫情监控措施、消毒隔离制度执行情况、医疗废物处置情况和病原微生物实验室生物安全管理情况等进行监督检查；

（四）对生产经营消毒产品进行监督检查，查处违法行为；

（五）对用人单位和技术服务机构开展职业卫生、放射卫生进行监督检查，查处违法行为；

（六）执行国家随机监督抽查任务。

县级以上卫生监督机构应当设立独立的职业卫生监督部门，承担同级卫生健康行政部门及上级职业卫生监督部门委托的工作任务。

八、职业健康检查的种类和周期

（一）职业健康检查的种类

1. 按照劳动者接触的职业病危害因素，职业健康检查分为以下六类：

（1）接触粉尘类；

（2）接触化学因素类；

（3）接触物理因素类；

（4）接触生物因素类；

（5）接触放射因素类；

（6）其他类（特殊作业等）。

2. 按照检查的对象，不同的规范对职业健康检查有不同的分类方法：

（1）《用人单位职业健康监护监督管理办法》第三条规定：本办法所称职业健康监护，是指劳动者上岗前、在岗期间、离岗时、应急的职业健康检查和职业健康监护档案管理。

（2）《职业健康检查管理办法》第二条规定：本办法所称职业健康检查是指医疗卫生机构按照国家有关规定，对从事接触职业病危害作业的劳动者进行的上岗前、在岗期间、离岗时的健康检查。

（3）《职业健康监护技术规范》（GBZ 188—2018）规定：职业健康监护主要包括职业健康检查、离岗后健康检查、应急健康检查和职业健康监护档案管理等内容。

①上岗前职业健康检查

上岗前职业健康检查的主要目的是发现有无职业禁忌证，建立接触职业病危害因素人员的基础健康档案。

GBZ 188—2018 规定：所有拟从事接触职业病危害因素作业的劳动者的上岗前职业健康检查均为强制性，应在开始从事有害作业前完成。

下列人员应进行上岗前健康检查：拟从事接触职业病危害因素作业的新录用人员、变更工作岗位或工作内容人员；因各种原因较长时间脱离工作后又重新返回工作岗位的人员；接触的危害因素改变（如工艺/产品改变等）；拟从事有特殊健康要求作业的人员，如高处作业、电工作业、职业机动车驾驶作业等。

经济条件允许的用人单位，可以依据劳动者今后可能接触的职业病危害因素种类，将上岗前体检项目整合一类或几类员工上岗前职业健康检查项目套餐，方便劳动者今后的调岗。但要在“职业病危害合同告知”中详细说明。

②在岗期间职业健康检查

长期从事规定的需要开展健康监护的职业病危害因素作业的劳动者，应进行在岗期间的定期健康检查。定期健康检查的目的主要是发现职业病病人或疑似职业病病人或劳动者的其他健康异常；及时发现有职业禁忌的劳动者；通过动态观察劳动者群体健康变化，评价工作场所职业病危害因素的控制效果。定期健康检查的周期应根据不同职业病危害因素的性质、工作场所有害因素的浓度（强度）、目标疾病的潜伏期和防护措施等因素决定。

在岗期间的定期职业健康检查在GBZ 188中分为强制性和推荐性两种，除在各种职业病危害因素相应的项目标明为推荐性健康检查外，其余均为强制性。强制性的定期健康检查是法律规定的用人单位必须履行的法律义务和责任；推荐性的定期职业健康检查项目，用人单位应该认真听取职业健康检查机构和医疗卫生专业技术人员的意见，结合本单位作业场所存在职业病危害因素的实际情况，决定是否开展。本着以人为本和保护劳动力资源持续健康发展的理念，应该鼓励用人单位积极开展在岗期间推荐性定期职业健康检查项目。

GBZ 188—2018规定下列职业病危害因素为在岗期间强制性职业健康检查：

化学因素：铅及其无机化合物、汞及其无机化合物、锰及其无机化合物、铍及其无机化合物、镉及其无机化合物、铬及其无机化合物、砷、磷及其无机化合物、铊及其无机化合物、氟及其无机化合物、苯、二硫化碳、四氯化碳、汽油、正己烷、苯的氨基与硝基化合物、三硝基甲苯、联苯胺、氯气、二氧化硫、氮氧化物、氨、光气、甲醛、一甲胺、氯乙烯、三氯乙烯、氯丙烯、氯丁二烯、二异氰酸甲苯酯、二甲基甲酰胺、氯甲醚、双氯甲醚、丙烯酰胺、有机磷、氨基甲酸酯、酸雾或酸酐、致喘物、焦炉逸散物、溴丙烷、环氧乙烷、铟及其化合物、煤焦油、煤焦油沥青、石油沥青、β－萘胺。

粉尘：游离二氧化硅粉尘、煤尘、石棉粉尘、其他致尘肺病的无机性粉尘、棉尘、有机性粉尘、金属及其化合物粉尘、硬金属粉尘、毛沸石粉尘。

有害物理因素：噪声、手传振动、高温、高气压、紫外辐射、微波。

有害生物因素：布鲁菌、伯氏疏螺旋体。

特殊作业：电工作业、高处作业、压力容器作业、职业机动车驾驶作业、视屏作业、高原作业、航空作业、刮研作业。

GBZ 188—2018规定下列职业病危害因素为在岗期间推荐性职业健康检查：

化学因素：四乙基铅、氧化锌、砷化氢、磷化氢、钒及其无机化合物、三烷基锡、羰基镍、甲醇、溴甲烷、1，2－二氯乙烷、一氧化碳、硫化氢、有机氟、氰及腈类化合物、酚、五氯酚、偏二甲基肼、硫酸二甲酯、拟除虫菊酯类、甲苯、碘甲烷、氯乙酸。

有害物理因素：低温、激光。

有害生物因素：炭疽杆菌、森林脑炎病毒。

砷、磷及其无机化合物、四氯化碳、三硝基甲苯、氯乙烯、氯丁二烯、二甲基甲酰胺等危害因素的毒作用靶器官是肝脏，需要半年一次定期肝功能检查。

③离岗时职业健康检查

劳动者在准备调离所从事的职业病危害作业或岗位前，用人单位应当在劳动者离岗前30日内组织劳动者进行离岗时的职业健康检查。主要目的是确定其在停止接触职业病危害因素时的健康状况。

GBZ 188—2018 规定：如最后一次在岗期间的健康检查是在离岗前的90天内，且该岗位工艺流程、使用原辅材料、操作方式、防护措施无变化的，可视为离岗时检查。

GBZ 188—2018 规定下列职业病危害因素为离岗时强制性职业健康检查：

化学因素：铅及其无机化合物、汞及其无机化合物、锰及其无机化合物、铍及其无机化合物、镉及其无机化合物、铬及其无机化合物、砷、磷及其无机化合物、铊及其无机化合物、苯、二硫化碳、四氯化碳、汽油、正已烷、三硝基甲苯、联苯胺、氯气、二氧化硫、氮氧化物、氨、光气、甲醛、一甲胺、氯乙烯、氯丙烯、二甲基甲酰胺、丙烯酰胺、二异氰酸甲苯酯、酸雾或酸酐、致喘物、焦炉逸散物、溴丙烷、环氧乙烷、铟及其化合物、煤焦油、煤焦油沥青、石油沥青、β－萘胺。

粉尘：游离二氧化硅粉尘、煤尘、石棉粉尘、其他致尘肺病的无机性粉尘、棉尘、有机性粉尘、金属及其化合物粉尘、硬金属粉尘、毛沸石粉尘。

有害物理因素：噪声、手传振动、高气压、紫外辐射、微波、激光。

有害生物因素：布鲁菌、炭疽杆菌、伯氏疏螺旋体。

特殊作业：高原作业、航空作业、刮研作业。

四乙基铅、氧化锌、砷化氢、磷化氢、钡化合物、钒及其无机化合物、三烷基锡、羰基镍、甲醇、溴甲烷、1，2－二氯乙烷、苯的氨基与硝基化合物、一氧化碳、硫化氢、三氯乙烯、有机氟、氰及腈类化合物、酚、五氯酚、偏二甲基肼、硫酸二甲酯、有机磷杀虫剂、氨基甲酸酯类杀虫剂、拟除虫菊酯类等职业病危害因素慢性中毒尚不确定，故暂无强制规定离岗时职业健康检查。

④离岗后健康检查

某些职业病危害因素具有慢性健康影响或具有致癌性，且健康效应潜伏期较长，对人体的损害和病理进程也是缓慢的，健康损害后果出现较晚，甚至在劳动者脱离该作业环境10～30年以后才出现。因此，用人单位还需要对这些劳动者进行离岗后的随访健康检查，也称为“离岗后医学随访”。

随访的目的是了解离岗后的健康状况及健康损害有无进展。随访时间的长短应根据有害因素致病的流行病学及临床特点、劳动者从事该作业时间长短、工作场所有害因素的浓度等因素综合考虑确定。下列人员应进行离岗后的健康检查：

离岗后医学随访年限参见表2－3。

表2－3　离岗后医学随访年限一览表

序号	项目	随访年限
一	**化学因素**	
1	锰及其无机化合物	接触锰及其无机化合物工龄在10年（含10年）以下者，随访6年；接触工龄超过10年者，随访12年，检查周期均为每3年1次。若接触锰工龄在5年（含5年）以下者，且劳动者工作场所空气中锰浓度符合国家卫生标准，可以不随访
2	铍及其无机化合物	随访10年，每2年1次
3	镉及其无机化合物	尿镉＞5μmol/L肌酐者，随访3年；尿镉＞10μmol/L肌酐者，随访6年；检查周期均为每年1次。随访中尿镉≤5μmol/L肌酐，可终止随访
4	铬及其无机化合物	随访10年，每2年1次
5	砷	接触砷工龄在10年（含10年）以下者，随访9年；接触砷工龄在10年以上者，随访21年，随访周期为每3年1次。若接触砷工龄在5年（含5年）以下者，且接触浓度符合国家职业卫生标准可以不随访
6	联苯胺	随访10年，每2年1次
7	氯甲醚、双氯甲醚	随访10年，每2年1次
8	焦炉逸散物	随访10年，每2年1次
9	煤焦油、煤焦油沥青、石油沥青	随访10年，每2年1次
10	β－萘胺	随访10年，每2年1次
二	**粉尘**	
1	游离二氧化硅粉尘	接触矽尘工龄在10年（含10年）以下者，随访10年；接触矽尘工龄超过10年者，随访21年；随访周期为每3年1次。若接触矽尘工龄在5年（含5年）以下者，且接尘浓度达到国家卫生标准可以不随访
2	煤尘	接触煤尘工龄在20年（含20年）以下者，随访10年；接触煤尘工龄超过20年者，随访15年；随访周期为每5年1次；若接尘工龄在5年（含5年）以下者，且接尘浓度达到国家卫生标准可以不随访

续表

序号	项目	随访年限
3	石棉粉尘	接触石棉粉尘工龄在10年（含10年）以下者，随访10年；接触石棉粉尘工龄超过10年者，随访21年；随访周期为每3年1次；若接尘工龄在5年（含5年）以下者，且接尘浓度达到国家卫生标准可以不随访
4	其他致尘肺病的无机性粉尘	接触粉尘工龄在20年（含20年）以下者，随访10年；接触粉尘工龄超过20年者，随访15年；随访周期原则为每5年1次；若接尘工龄在5年（含5年）以下者，且接尘浓度符合国家卫生标准可以不随访
5	毛沸石粉尘	随访10年，每2年1次
三	有害物理因素	
1	高气压	脱离高气压作业时无职业病者进行健康检查的期限延长到3年，每年1次。如果发现可疑病灶，应检查确诊

⑤应急健康检查

应急健康检查目的是了解、确定该事故是否对作业人员的健康造成损害，评价健康危害程度和范围，并对发现的急性职业病病人或观察对象立即进行抢救治疗和医学观察。下列人员应进行应急健康检查：

当发生急性职业病危害事故时，根据事故处理的要求，对遭受或者可能遭受急性职业病危害的劳动者，用人单位应及时组织进行应急健康检查。依据检查结果和现场劳动卫生学调查，确定危害因素，为急救和治疗提供依据，控制职业病危害的继续蔓延和发展。应急健康检查应在事故发生后立即开始。

从事可能产生职业性传染病作业的劳动者，在疫情流行期或近期密切接触传染源者，用人单位应及时开展应急健康检查，随时监测疫情动态。

GBZ 188—2018 规定了需要进行应急健康检查的职业病危害因素，包括：

化学因素：四乙基铅、汞及其无机化合物、铍及其无机化合物、镉及其无机化合物、氧化锌、砷、砷化氢、磷及其无机化合物、磷化氢、钡化合物、钒及其无机化合物、三烷基锡、铊及其无机化合物、羰基镍、氟及其无机化合物、苯、四氯化碳、甲醇、汽油、溴甲烷、1，2－二氯乙烷、苯的氨基与硝基化合物、氯气、二硫化碳、二氧化硫、氮氧化物、氨、光气、甲醛、一甲胺、一氧化碳、硫化氢、氯乙烯、氯丙烯、三氯乙烯、氯丁二烯、氯甲醚、双氯甲醚、有机氟、二异氰酸甲苯酯、二甲基甲酰胺、氰及腈类化合物、酚、五氯酚、丙烯酰胺、偏二甲基肼、硫酸二甲酯、有机磷、氨基甲酸酯、拟除虫菊酯类、酸雾或酸酐、致喘物、甲苯、溴丙烷、碘甲烷、环氧乙烷、氯乙酸、β－萘胺等。

物理因素：噪声、高温、高气压、紫外辐射、低温、激光等。

生物因素：布鲁氏菌、炭疽杆菌、森林脑炎病毒、伯氏疏螺旋体、人免疫缺陷病毒等。

特殊作业：高原作业等。

（二）职业健康检查的周期

GBZ 188 对某些职业病危害因素，根据工作场所职业病危害作业分级规定了不同的健康监护周期。职业健康检查机构应依据 GBZ 188，结合用人单位提交的资料，确定接触职业病危害因素的劳动者应当检查的项目和周期。检查周期不能长于 GBZ 188—2018 中对于检查周期的要求。职业健康检查项目和周期参见表 2－4。

表 2－4　职业健康检查项目和周期一览表

项目	体检周期
锰及其无机化合物、铍及其无机化合物、镉及其无机化合物、铬及其无机化合物、铊及其无机化合物、氟及其无机化合物、苯、二硫化碳、汽油、正己烷、联苯胺、氯气、二氧化硫、氮氧化物、氨、光气、一甲胺、氯丙烯、氯甲醚、双氯甲醚、焦炉逸散物、溴丙烷、环氧乙烷、铟及其化合物、煤焦油、煤焦油沥青、石油沥青、β－萘胺、硬金属粉尘、毛沸石粉尘、高温、高气压、伯氏疏螺旋体、高处作业、高原作业、航空作业、布鲁氏菌、炭疽杆菌、森林脑炎病毒	1 年，高温作业应在每年高温季节到来之前进行
噪声	噪声作业岗位噪声暴露等效声级≥85dB LAeq，8h，1 年 1 次；噪声作业岗位噪声暴露等效声级≥80dB LAeq，8h，噪声作业岗位噪声暴露等效声级＜85dB LAeq，8h，2 年 1 次
酸雾或酸酐、金属及其化合物粉尘、手传振动、紫外辐射、微波、电工作业、压力容器作业、视屏作业、刮研作业	2 年
四乙基铅、氧化锌、砷化氢、磷化氢、钡化合物、钒及其无机化合物、三烷基锡、羰基镍、甲醇、溴甲烷、1，2－二氯乙烷、苯的氨基与硝基化合物、一氧化碳、硫化氢、有机氟、氰及腈类化合物、酚、五氯酚、偏二甲基肼、硫酸二甲酯、拟除虫菊酯类、甲苯、碘甲烷、氯乙酸、激光	3 年
铅及其无机化合物	①血铅 400～600μg/L，或尿铅 70～120μg/L，每 3 个月复查血铅或尿铅 1 次；②血铅＜400μg/L，或尿铅＜70μg/L，每年检查 1 次血铅或尿铅

续表

项目	体检周期
汞及其无机化合物	①作业场所有毒作业分级Ⅱ级及以上，1年1次；②作业场所有毒作业分级Ⅰ级，2年1次
砷	①肝功能检查：每半年1次；②作业场所有毒作业分级Ⅱ级及以上，1年1次；③作业场所有毒作业分级Ⅰ级，2年1次
磷及其无机化合物	①肝功能检查，每半年1次；②健康检查，1年1次
四氯化碳	①肝功能检查，每半年1次；②健康检查，3年1次
三硝基甲苯	①肝功能检查，每半年1次；②健康检查，1年1次
甲醛	①初次接触甲醛的前两年，每半年体检1次，2年后改为每年1次；②在岗期间劳动者新发生过敏性鼻炎，每3个月体检1次，连续观察1年，1年后改为每年1次
氯乙烯	①肝功能检查，每半年1次；②作业场所有毒作业分级Ⅱ级及以上，1年1次；③作业场所有毒作业分级Ⅰ级，2年1次
三氯乙烯	①上岗后前3个月，出现急性皮炎表现或发热者，皮肤科常规检查；②健康检查，3年1次
氯丁二烯	①肝功能检查，每半年1次；②健康检查，1年1次
二甲基甲酰胺	①肝功能检查，每半年1次；②健康检查，1年1次
丙烯酰胺	①工作场所有毒作业分级Ⅱ级及以上，1年1次；②工作场所有毒作业分级Ⅰ级，2年1次
有机磷	①全血或红细胞胆碱酯酶活性测定，半年1次；②健康检查，3年1次
致喘物	①初次接触致喘物的前两年，每半年体检1次，2年后改为每年1次；②在岗期间劳动者新发生过敏性鼻炎，每3个月体检1次，连续观察1年，1年后改为每年1次
棉尘	①劳动者在开始工作的第6~12个月之间应进行1次健康检查；②生产性粉尘作业分级Ⅰ级，4~5年1次；生产性粉尘作业分级Ⅱ级及以上，2~3年1次；③棉尘病观察对象医学观察时间为半年，观察期满仍不能诊断为棉尘病者，按6.5.2.3 b）执行

注：①砷、磷及其无机化合物、四氯化碳、三硝基甲苯、氯乙烯、氯丁二烯、二甲基甲酰胺等职业病危害因素毒作用的靶器官是肝脏，需每半年1次肝功能检查；
②汞及其无机化合物、砷、氯乙烯、丙烯酰胺、所有粉尘等职业病危害因素需根据分级确定体检周期；
③铅及其无机化合物、镉及其无机化合物等职业病危害因素需根据血、尿检查指标确定体检周期。

九、职业健康监护资料的收集与应用

（一）职业健康监护资料的收集

职业健康监护资料的来源是多渠道的，一切能够反映职业人群健康和工作相关的资料都应该包括在健康监护项目中。应注意收集的资料的真实性、连续性、全面性及一致性。

在职业健康检查中，用人单位应当如实提供以下职业健康检查所需的相关资料，并对其真实性负责：

1. 用人单位基本情况，包括主要工程内容、主要生产装置、生产规模及产品方案。

2. 工作场所职业病危害因素种类及其接触人员名册、岗位（或工种）、接触时间。

3. 生产过程中使用的原辅材料名称及用量，产品、副产品、中间品名称和产量及其化学品安全技术/数据说明书（MSDS）资料。

4. 生产工艺流程：包括工艺技术、生产装置的生产过程概述、辅助装置的工艺过程概述、生产装置的化学原理及主要化学反应、生产工艺及设备的先进性（机械化、密闭化、自动化及智能化程度）等。

5. 劳动者个人基本信息，包括：

劳动者个人基本信息资料的采集按照 GBZ 188—2018 的规范性附录 B 执行。

（1）个人资料：包括姓名、性别、出生年月、出生地、身份证号、婚姻状况、教育程度、家庭（通信）住址、现工作单位、联系电话等信息。

（2）职业史：包括起止时间、工作单位、车间（部门）、班组、岗位（或工种）、接触职业病危害（危害因素的名称，接触两种以上应逐一填写）、接触时间、防护措施等。

（3）个人生活史：包括吸烟史、饮酒史、女工月经及生育史。

（4）既往史：包括既往预防接种及传染病史、药物及其他过敏史、过去的健康状况及患病史、手术及输血史、患职业病及外伤史等。

（5）家族史：主要包括父母、兄弟、姐妹及子女的健康状况，是否患结核、肝炎等传染病；是否患遗传性疾病等。

（6）存在职业病危害因素岗位采取的主要防护设施及配备的个人防护用品。

（7）近几年工作场所职业病危害因素定期检测资料，近几年职业病危害现状评价报告，近几年职业病危害控制效果评价报告。

（8）近几年职业健康监护资料。

职业健康检查机构应当做好用人单位提供的职业健康检查所需相关资料的审核，并依据相关技术规范，明确用人单位应当检查的项目和周期。

（二）职业健康监护资料的应用

1. 用于评价用人单位职业病危害状况及控制效果

通过系统的、连续的劳动者的职业健康监护资料，结合系统的、完整的作业场所职业病危害因素监测资料，分析劳动者所暴露的职业病危害因素对其健康影响及其危害程度，进而分析评价用人单位采取的职业病防护设施的有效性，并提出有针对性的改进建议。

2. 提供职业病诊断鉴定的重要依据

《职业病防治法》第四十七条：用人单位应当如实提供职业病诊断、鉴定所需的劳动者职业史和职业病危害接触史、工作场所职业病危害因素检测结果等资料。

第四十八条：职业病诊断、鉴定过程中，用人单位不提供工作场所职业病危害因素检测结果等资料的，诊断、鉴定机构应当结合劳动者的临床表现、辅助检查结果和劳动者的职业史、职业病危害接触史，并参考劳动者的自述、卫生行政部门提供的日常监督检查信息等，作出职业病诊断、鉴定结论。因此，从用人单位举证的角度看，职业健康监护资料是职业病诊断鉴定的重要依据之一。

3. 作为劳动者健康变化的客观记录

根据《用人单位职业健康监护监督管理办法》的要求，用人单位应当为劳动者个人建立职业健康监护档案，并按照有关规定妥善保存。通过连续、系统地记录劳动者接触职业危害状况与健康检查情况，可为劳动者健康状况的变化提供客观依据。

（三）职业健康监护资料应用的注意事项

1. 职业健康监护工作中收集的劳动者健康资料只能用于以保护劳动者个体和群体的职业健康为目的的相关活动，应防止资料的泄露和滥用。

2. 职业健康监护资料应遵循医学资料的保密性和安全性的原则，应注意维护资料的完整和准确并及时更新。

3. 职业健康检查机构应以适当的方式向用人单位、劳动者提供和解释个体和群体的健康信息，以促进他们能从保护劳动者健康和维护就业权方面考虑并提出切实可行的改进措施。

4. 在应用健康监护资料评价劳动者对某一特定作业或某类型工作是否适合时，应首先建议改善工作环境条件和加强个体防护，在此前提下才能评价劳动者是否适合该工作。同时劳动者健康状况和工作环境随时都在发生变化，所以判定是否适合不应只是一次性的。

5. 劳动者有权知道和使用自己的健康监护资料，有权得到资料的复印件，用人单位应当无偿提供，并加盖公章。

6. 职业健康体检报告可用于司法、行政机关在审理、仲裁中，甚至用于商业保险活动中。因此，职业健康检查机构和用人单位在职业健康检查过程中都应严格执行国家的有关职业卫生的法律、法规。

十、职业健康检查报告的种类

职业健康检查报告是指职业健康检查机构依据有关法规，向用人单位出具的职业健康检查结果文书。包括劳动者个人职业健康检查报告、用人单位职业健康检查总结报告和职业健康监护评价报告三种。

职业健康检查机构应根据与用人单位签订的职业健康检查委托协议书，按时向用人单位提交职业健康检查报告。职业健康检查结果的报告和评价应遵循法律严肃性、科学严谨性和客观公正性。

1. 劳动者个人职业健康检查报告

劳动者个人职业健康检查报告是指每个受检对象的体检表，应由主检医师审阅后填写体检结论并签名，并在规定的时间内书面送交用人单位。内容包括受检者姓名、性别、接触有害因素名称、检查异常所见、本次体检结论和建议等。个体体检结论报告应一式两份，一份给劳动者或受检者指定的人员，一份给用人单位。

2. 用人单位职业健康检查总结报告

用人单位职业健康检查总结报告是职业健康检查机构给委托单位（用人单位）的书面报告，是对本次职业健康检查的全面总结和一般分析，内容包括受检单位、职业健康检查种类、应检人数、实检人数、检查时间和地点，体检工作的实施情况，发现的疑似职业病、职业禁忌证和其他疾病的人数与汇总名单、处理建议等。

个体体检结果可以一览表的形式列出花名册。纸质总结报告一式两份，一份交受检单位，一份存档；若电子版存档应为纸质报告的扫描件。

3. 职业健康监护评价报告

职业健康监护评价报告是根据收集到的历年职业健康检查结果、工作场所监测资料及职业健康监护过程中收集到的相关资料，通过分析劳动者健康损害和职业病危害因素的关系，以及导致发生职业危害的原因，预测健康损害的发展趋势，对用人单位劳动者的职业健康状况做出总体评价，并提出综合改进建议。职业健康检查机构可根据受检单位职业健康监护资料的实际情况及用人单位的委托要求，共同协商决定是否出具职业健康监护评价报告。

第二节　职业健康检查过程中的职业病危害因素识别

一、职业病危害因素识别与职业健康监护

职业健康监护是以预防为目的，按照《职业病防治法》《用人单位职业健康监护监督管理办法》《职业健康监护技术规范》等法律法规和技术标准的规定，对用人单位接触有毒有害作业的劳动者，根据其职业接触史，通过定期或不定期的医学健康检查和健康相关资料的收集，连续性地监测劳动者的健康状况，分析劳动者健康变化与所接触的职业病危害因素的相关性，并及时地将健康检查资料、分析结果及相关建议报告用人单位和劳动者本人，做到“早发现、早诊断、早治疗”，以便对检查结果异常的劳动者及时采取措施。

职业健康监护是落实《职业病防治法》“预防为主”的工作方针、开展职业病危害二级预防的重要措施。职业健康监护也是职业健康服务的重要工作内容，不再是简单的医学监护——以健康检查为主要手段检出新病例，而是包括接触控制、医学监护和信息管理三个方面的工作内容。职业健康监护在控制职业病危害、改善劳动条件、保护劳动者健康等方面起着重要的作用。

对职业病危害的预防是建立在职业病危害因素识别和风险评估的基础上的。通过识别和风险评估，确定职业病危害因素的种类及其危害等级，才能据此确定预防控制等级并采取相应的预防措施，制订相应的行动计划。

开展职业健康监护，做好职业健康检查，首要环节就是要做好职业病危害因素识别，分析并确认劳动者接触的职业病危害因素种类及其接触水平，进而按照相关法律法规和技术标准的要求对劳动者进行职业健康检查。

在职业健康监护工作实践中，常常出现一些问题，如用人单位的职业卫生档案资料不全，提供的劳动者的职业接触史不明确，接触的职业病危害因素不清楚、不全面，职业健康检查机构无法确定劳动者职业健康检查项目或者确定的检查项目不准确；有的劳动者在检查后发现的异常指标与其提供的职业接触情况不对应，职业健康检查机构难以给出合理的职业健康检查结论。出现上述问题的原因可能与用人单位的职业卫生管理或职业健康检查机构的管理及其技术能力有关。有的职业健康检查机构并不关注用人单位劳动者的职业病危害接

触水平，简单按照用人单位的要求开展职业健康检查。用人单位提供了劳动者名单、接触的危害因素名称和待检查项目，职业健康检查机构只管据此“开单子”，没有对劳动者职业病危害接触情况进行核查和确认。有的职业健康检查机构技术能力偏低，专业技术人员也不具有职业病危害接触情况核查的能力，甚至没有对劳动者职业病危害接触情况进行识别确认的意识。

职业健康检查机构的主检医师属于职业健康专业技术人员，既需要掌握职业病临床知识，又需要熟悉职业卫生专业理论。按照《职业健康检查管理办法》第八条的规定，主检医师应由职业健康检查机构指定，主要职责为负责确定职业健康检查项目和周期，对职业健康检查过程进行质量控制，审核职业健康检查报告。

目前，大多数主检医师多由临床医师担任，具有丰富的临床工作经验，但其职业病危害因素识别能力明显不足，主要是缺少相关内容的知识培训，缺少深入工作场所进行现场职业卫生学调查和工程分析的机会，对用人单位的工艺流程、生产设备、原辅材料、产品种类、职业病危害来源、职业病防护设施、职业病防护用品以及劳动者在职业活动中职业病危害因素接触状况等认知不足，对用人单位职业卫生管理要求更是知之甚少。很多主检医师在学习掌握职业卫生专业知识、技术标准和法规文件过程中存在较大困难，没有实践机会，或不会正确应用。因此，在职业健康检查中出现“职业史不明确、检查项目不规范、检查结论错误”等问题也屡见不鲜。

有两个比较常见的问题举例说明如下：

1. 如何判定劳动者在工作中接触的甲苯、二甲苯中是否含有苯？职业健康检查项目能否按照“接触苯作业人员”确定？

《职业健康监护技术规范》（GBZ 188—2014）第 5. 19 款规定了接触苯（接触工业甲苯、二甲苯参照执行）作业人员的职业健康监护要求。之所以这样规定，是因为工业级甲苯、二甲苯产品不纯，含有一定量苯的成分。工业甲苯、二甲苯广泛应用于很多行业，所以劳动者的接触机会很多，如：炼油厂生产的甲苯、二甲苯属于工业级（实验级化学试剂需要对工业级原料做进一步加工精制，去除杂质，提高其纯度），含有一定量的苯。如何判定劳动者在工作中接触的甲苯、二甲苯是否属于工业级，是否含有苯，应该通过到生产现场进行职业卫生学调查，并收集相关物料的化学品安全技术/数据说明书（MSDS）资料，通过调查分析评估后再进行判定。

在职业健康检查工作实践中，一些职业健康检查机构的主检医师按照惯性思维，一旦发现用人单位提供的资料中有脂肪族、芳香族、脂环族等有机化工原料，或提供的评价资料中识别了苯，不管其化学品安全技术/数据说明书资料中苯的含量，也不管工作场所中苯的检测结果，更不考虑劳动者的接触水平是否达到行动水平，通通按照接触苯作业进行职业健康检查。这种做法，极易出现检查结果与实际接触情况不一致的问题，导致健康检查结论判定错误。这样的职业健康检查不仅达不到检查目的，还可能造成检查机构、用人单位及劳动者之间的纠纷。

2. 如何确定劳动者职业健康检查周期？

《职业健康监护技术规范》第4.6.1.2款明确规定了在岗期间健康检查的周期应根据不同职业病危害因素的性质、工作场所职业病危害因素的浓度（强度）、目标疾病的潜伏期和防护措施等决定。这就要求职业健康检查周期应根据工作场所职业病危害因素的检测结果及其危害作业分级结果来确定，如，接触煤尘人员，生产性粉尘作业分级Ⅰ级，3年1次；生产性粉尘作业分级Ⅱ级及以上，2年1次。接触氯乙烯人员，有毒作业分级Ⅰ级，2年1次；有毒作业分级Ⅱ级及以上，1年1次。但在实际工作中，很多用人单位不了解国家职业卫生标准规范的具体要求，职业健康检查机构也没有按照标准规范执行，不管工作场所职业病危害作业分级结果如何，都是按照每年查一次。这样做既浪费人力物力，又没有取得应有的工作成果。

职业健康监护工作对于保护劳动者健康、控制职业病风险意义重大，职业健康检查是重要的工作内容，因此，职业健康检查机构应严格按照《职业病防治法》和《职业健康检查管理办法》等法律规范，依据《职业健康监护技术规范》等标准的要求，并结合用人单位提供的资料，明确用人单位不同岗位劳动者应当检查的项目和周期，规范完成职业健康检查工作，保证职业健康监护资料的准确性、完整性和连续性。

综上，职业病危害因素识别判定准确是确定职业健康检查项目和周期的前提。从事职业健康监护工作的医疗卫生技术人员，特别是主检医师，有必要熟练掌握职业病危害因素识别这一专业技能。

二、职业病危害因素识别的定义及意义

劳动者接触的职业病危害与其从事的职业活动有关，职业病危害对劳动者健康的影响需要进行识别、评价、预测和控制。

职业病危害因素识别是对职业活动中存在的或可能存在的职业性有害因素进行识别和确定，其目的就是识别工作场所中存在或产生的职业病危害因素的种类、来源、分布、浓度（强度），为职业健康风险评估、职业病危害评价以及采取针对性预防和控制措施等提供重要依据，因此，准确识别职业病危害因素

是职业病防治工作的基础。

职业病危害因素识别是职业病防治工作的基础，是职业卫生专业技术工作的基本内容，应做到依据充分、方法正确、结果可靠。

职业病危害因素的识别包括两方面含义，一方面是对职业活动中的各种因素或条件是否具有危害性进行识别，发现、确定未知的或新的职业性有害因素；另一方面是对职业活动中是否存在职业性有害因素进行识别、辨别，找出已知的或确认的职业性有害因素。

职业病危害因素来源于生产过程、劳动过程和生产环境，但主要是在生产过程中产生的。在工业生产活动中，因行业不同，生产过程千差万别，有数以万计的生产工艺，其工艺原理、工艺设备极为复杂。按照《国民经济行业分类》（GB/T 4754—2017）的划分，存在职业病危害的行业超过40大类，如石油和天然气采选业、有色金属矿采选业、纺织业、家具制造业、化学原料和化学制品制造业、橡胶和塑料制品业等。各行各业的生产工艺、生产方式差异巨大。同一行业中，即使是生产同一种产品，也可因采用的生产原料、生产工艺、加工设备等不同，生产过程中存在的职业病危害也会有很大差别。我国地域辽阔，即使是相同行业的企业，也可能因为企业所处的地理位置不同，其生产环境受到自然环境、建筑设施、设备布局等多种因素的影响而各有不同。要想全面了解劳动者职业病危害的接触状况，需要有一个识别、分析、评估、判定的过程，才能确定职业病危害因素的种类及其存在的形式，以及对劳动者健康的影响。这个过程就是职业病危害因素识别。

职业病危害因素识别是指在职业卫生工作中，通过科学方法对工作场所中存在的职业病危害因素进行分析确认的过程。分析工作场所中职业病危害因素的种类、来源、存在部位、存在形式，进一步确定接触人员、接触机会、接触方式、接触时间、接触水平（浓度/强度）等。也称为职业病危害因素辨识。

职业病危害因素识别还是根据职业健康检查结果或者生物监测结果准确评估剂量—效应关系的基础依据。可以结合职业人群健康监护资料，发现、识别新的职业性有害因素、开展职业流行病学研究、制定职业接触限值等。

职业病危害因素识别工作的重要性非常突出，同时，职业病危害因素识别还具有专业性强、政策性强的特点，需要严格按照国家的法律法规、规范标准开展职业病危害因素识别工作。因此，职业病危害因素识别工作不仅是职业病防治工作的基础，还应是职业健康专业技术人员熟练掌握的基本技能。

《职业健康检查管理办法》指出了主检医师应当具备的专业条件，其中就包括具有职业病诊断资格和熟悉职业卫生和职业病诊断相关标准。职业病危害因素识别能力可作为主检医师专业技能的一部分。当用人单位提供的职业健康检查技术资料不全或信息不完整时，主检医师应具备发现问题、解决问题的能力，对该用人单位各岗位劳动者接触的职业病危害因素进行认真复核并确认后，再按照有关规定完成职业健康检查工作，避免出现职业健康检查项目不准确、不规范的现象，确保职业健康检查结论正确，避免错误诊疗或延误诊疗等问题。

综上，职业健康检查机构应根据《职业健康监护技术规范》（GBZ 188）中规定的职业健康检查项目和体检周期，结合用人单位劳动者的职业病危害因素实际接触情况，对已识别或确定的职业病危害因素进行分析和判定，制定职业健康检查工作方案。职业健康检查工作方案应采取质量控制措施，确保准确无误，并成为本次职业健康检查工作的依据。职业健康检查完成后，职业健康检查机构应认真分析每人的体检结果，给出职业健康监护结论和下一步工作建议。为了确保工作质量，主检医师应加强学习，提高自身技术能力，熟练掌握职业病危害因素识别的依据、程序和方法，在实际工作中正确应用。

三、职业病危害因素识别的工作程序

职业病危害因素识别的工作程序通常包括收集资料、现场调查、综合分析等定性识别过程和检验检测的定量识别过程。一般可根据工作目的确定收集资料的种类和调查的内容信息，制定详细的工作步骤；还可以根据工作进展情况优化或调整工作顺序和工作内容。职业病危害因素识别的工作程序可参照图 2 – 1 制定，并纳入职业健康检查工作程序。

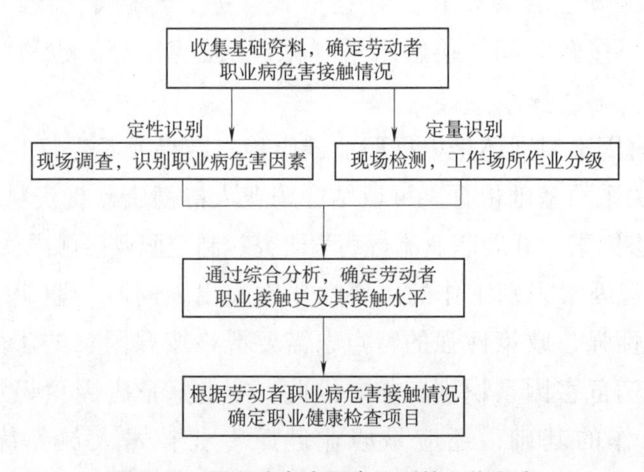

图 2 – 1　职业病危害因素识别的工作程序

在建设项目职业病危害预评价工作中，职业病危害因素识别的目的是预测建设项目可能存在的职业病危害因素及其危害程度，因此，识别步骤主要是收集并研读建设项目的技术资料（可行性研究报告、初步设计方案等），进行工程分析和类比调查，进而分析和确定该建设项目存在的职业病危害因素的种类并预估和评价劳动者的职业病危害接触水平。在建设项目职业病危害控制效果评价、用人单位职业病危害现状评价工作中，职业病危害因素识别的目的是确定工作场所中存在的职业病危害因素的浓度（强度），并评估职业病防护设施的防护效果，因此，识别步骤主要是对建设项目的工作场所进行现场调查，必要时采取气相色谱—质谱联用技术对未知物质进行定性分析，从而确定职业病危害因素的种类、来源及其存在形式；采用专业设备进行工作场所职业病危害因素检测（测量），得出职业病危害因素的浓度（强度）的结果，并进一步确定各岗位劳动者职业病危害接触水平。在职业病危害评价工作中的职业病危害因素识别包含了定性识别和定量识别的内容，专业性要求高，通常由职业卫生技术服务机构完成并出具职业病危害评价报告。按照我国职业卫生监督管理的相关规定，职业病危害评价报告由用人单位纳入职业卫生档案，并作为该单位职业病防治工作完成情况的依据。

职业健康检查工作中职业病危害因素识别的目的是确定劳动者职业接触史及其接触水平，即了解劳动者接触的职业病危害因素种类及其浓度（强度），了解职业病危害因素存在的形式及其进入劳动者体内的途径或者作用于身体的靶器官，在此基础上准确确定职业健康检查项目、检查指标和检查周期。由此可见，职业健康检查机构的主检医师和职业卫生技术服务机构的检测评价人员的工作目的略有差异，主检医师可以参照职业卫生检测评价人员完成的职业病危害因素识别结果和评价结论。因此，在收集资料的过程中可以把用人单位的职业卫生档案或职业病危害评价报告作为识别的依据。如果没有这些资料，则可以通过现场调查进行职业病危害因素识别；需要进行定量识别的，应进行现场检测（可要求用人单位完成现场检测和工作场所职业病危害作业分级，并提供检测结果或分级报告）。

各职业健康检查机构应加强质量管理，在健康监护工作中应制定包括职业病危害因素识别、审核确认的工作程序和主检医师岗位作业指导书，确保危害因素识别准确，健康检查方案符合相关标准规范要求。

四、职业病危害因素识别依据

职业病危害因素识别是职业卫生专业技术工作内容，为了确保识别结果准确，其识别依据应全面，主要包括职业卫生专业的理论知识、技术标准以及相关的法规文件和基础资料。

1. 专业理论

是指职业卫生专业研究领域已经形成的一套学科理论知识，是体现专业特点的专业知识，包括定义术语、方法程序、发病机制、临床表现、防护措施等一系列内容。其中，职业卫生专业的术语定义是职业病危害因素识别的重要依据，日常工作中经常出现的错误就是概念混淆，应引起广泛重视。

职业卫生专业理论的形成和发展与几十年的研究和成果积累有关，尤其是近些年职业流行病研究不断深入，有很多关于劳动者的接触情况、防护情况以及职业人群在不同接触水平（浓度）下的机体反应、中毒病例等研究成果报道，加深了对职业病及其防护效果的认识。

为了做好职业病防治工作，除了要学习掌握职业卫生专业理论，还要学习相关专业的知识，如毒理学、工业通风、化工生产、材料技术等。

随着科技的进步，每天有成百上千种新的化学品出现并应用到工业生产中，开展未知危害因素研究是我们面临的巨大挑战。在此研究过程中，除了明确调查范围外，学习毒理学专业理论知识，开展毒理学研究或收集化学品的毒理学研究资料对我们认识化学品的毒性、致癌性、致敏性，甚至致畸致突变等危害特点有着重要的意义。

职业病具有病因明确的特点，通过预防可以有效控制其发病风险。而工业通风是防尘排毒最常用、最有效的工程控制措施，因此，也是我们要学习和掌握的技术理论。在此基础上，在职业病危害因素识别的时候，识别在采取了通风措施的工作场所是否还存在职业病危害因素以及确定危害因素的浓度（强度），可给予有力的理论支持。

综上，为了做好职业病危害因素识别工作，专业技术人员应加强学习，熟练掌握专业理论知识，确保识别结果准确。

2. 技术标准

自 2002 年《职业病防治法》实施以来，我国制定、修订了一系列与职业病防治工作相关的技术标准，包括职业接触限值、职业病危害因素检测方法、职业病危害评价标准、职业卫生防护标准、职业病诊断标准等，我国职业卫生技术标准体系已基本成形。这些标准可指导职业病危害因素识别工作，均应熟练掌握，如“工作场所有害因素职业接触限值”“工作场所空气有毒物质测定”“工作场所物理因素测量”“职业健康监护技术规范”“职业病诊断标准”等。这些标准对识别危害因素的种类、评估危害程度、确定检查项目及其检查周期等至关重要。

还有一类技术标准是对生产工艺、生产设备、防护设施、防护用品等提出的技术要求，如《焊接工艺防尘防毒技术规范》（AQ 4214）、《制鞋企业防毒防尘技术规范》（AQ 4249）等，此类标准对我们了解生产工艺、生产设备、防护设施、防护用品的技术特点、性能要求等很有帮助，也应纳入资料收集的范围。

随着我国对安全生产和职业病防治工作的重视，很多行业积极推进工艺改革和安全生产、职业病防治技术，出台了一系列行业标准，指导用人单位开展职业病防治工作。如：《火力发电厂职业卫生设计规程》（DL 5454）、《石油化工企业职业安全卫生设计规范》（SH 3047）、《水泥工厂职业安全卫生设计规范》（GB 50577）等，这些标准对指导各行业进行工艺改革，落实职业病危害的工程控制措施和设置相应的职业病防护设施具有重要的指导意义，同时对准确识别职业病危害因素的来源及其存在方式很有帮助，因此，也应纳入资料收集的范围。

3. 法规文件

职业病危害因素识别工作具有很强的政策性，因此，我国行政主管部门颁布的与职业病防治工作相关的法规文件都应成为指导工作场所职业病危害因素识别工作的重要文件，是判定识别结果准确与否的重要依据，如《职业病危害因素分类目录》《职业病分类和目录》。目前现行有效的《职业病危害因素分类目录》是2015年更新并颁布实施的。

日常工作中应关注法规文件的内容及其时效。

4. 基础资料

是指与拟开展职业病危害因素识别的工作场所、工作地点、工作岗位相关的各种资料的总称，也可称为技术资料。一般包括生产工艺、原辅材料、产品副产品、生产设备、建筑布局、防护设施等资料，还包括与劳动者作业方式相关的各种资料，一般包括工作流程、工作方式、工作地点、工作时间、防护用品等资料。

基础资料丰富全面、资料信息完整准确是决定职业病危害因素识别结果准确与否的主要因素。在实际工作中，由用人单位提供的基础资料多数来源于该单位的职业卫生档案，其中应包含在工艺生产过程中使用的原辅材料清单以及供应商提供的化学品安全技术/数据说明书（MSDS）资料，也应包含该单位各建设项目的职业病危害评价报告、各工作场所的职业病危害因素检测评价报告。实际工作中常见问题主要是技术资料未及时归档，或未及时更新。

化学品安全技术/数据说明书（MSDS）、安全技术/数据说明书（SDS）是常用的技术资料，它可提供化学品的理化参数、燃爆性能、健康危害、使用贮存、泄漏处置、急救措施等。在生产过程中使用的化学品均应收集化学品安全技术/数据说明书（MSDS）资料并归档保存。

职业病危害评价报告多由职业卫生技术服务机构编制完成，常见的评价报告包括建设项目职业病危害控制效果评价报告、职业病危害现状评价报告或工作场所职业病危害因素检测与评价报告。这些报告一般可作为职业病危害因素识别的依据或类比资料。

技术资料收集还可以参考同类行业（企业）的技术资料，但应注意的是，两个企业应具有较高的相似性，才能确保技术资料具有较好的可比性。

五、职业病危害因素识别方法

职业病危害因素识别的方法具有科学性、专业性的特点，方法正确是确保职业病危害因素识别结果准确可靠的有效措施。职业病危害因素识别的方法很多，常用方法包括：收集资料法、工程分析法、现场调查法、经验法、类比法、检验检测法、职业流行病学调查法、实验研究法等。每种方法都有优缺点，应根据工作目的和实际情况综合运用。

1. 收集资料法

收集资料法是职业危害因素识别最常用的方法之一。是指收集、分析、研究有关资料，获得信息并作为识别判定职业病危害因素的依据。资料信息应准确、全面、完整，否则，可能导致识别结果不准确。

收集资料的范围可包括：标准规范、专业文献、案例报道、技术资料等。

资料复用法是利用已完成的同类建设项目或从文献中检索到的同类建设项目的职业病危害相关资料进行类比分析、定性或定量识别的方法。该方法属于文献资料类比的范畴，具有简便易行的优点，但此类资料信息的可靠性和准确性比较难控制，尤其是特别少见的资料，应该进行复核。

用人单位的职业卫生档案是重要的资料来源，因此，加强用人单位职业卫生管理、建立健全职业卫生档案的工作非常重要，档案资料应该由专人整理和保管。

2. 工程分析法

工程分析是指对识别对象的工程资料进行全面分析，进而识别各生产工序（或工艺设备）是否存在职业病危害因素，职业病危害因素的种类及其来源、存在形式、危害程度等。

工程分析法是职业病危害因素识别不可缺少的方法之一，若要确定劳动者接触的职业病危害因素种类，必须要结合劳动者工作的工程项目的具体生产岗位。工程分析法通常和收集资料法或现场调查法结合进行，互为补充。在应用新技术、新工艺、新材料的建设项目，找不到类比调查对象和类比资料时，利用工程分析法逐项地进行工程分析并进一步开展职业病危害因素识别，其识别结果可做到准确可靠。

工程分析法首先要关注的是生产工艺及其相关的原料和设备，应详细了解工艺原理及其原料、辅料、添加剂、产品、中间产品、副产品、废弃物等物料的特性、用量（产量）、储存方式等，同时要了解生产设备及其工作原理、设备参数、配套或自带的防护设施，还要分析其自动化、机械化、密闭化水平以及人员的作业方式。随着科技成果在工业生产中的转化，尤其是近几年工业机器人的广泛应用，工业自动化水平有了显著提升，从源头上控制或减少了劳动者接触职业病危害因素的机会或时间。

在进行工程分析过程中，对原辅材料的分析除了了解其化学组分，还要关注其理化特性，尤其是物料形态、挥发性等特性，这些与物料的包装、储存、运输等密切相关。固态物料要根据其粒径大小分析其扬尘性、可吸入性，液态物料要根据其沸点温度分析其挥发性，扬尘性和挥发性会影响工作场所空气中该种物质的浓度，是职业病危害因素识别的重点，应引起高度重视。

在化工、制药等行业进行职业病危害因素识别时，利用其化学反应原理、化学反应方程式进行物料种类、数量的分析是最可靠的方法，尤其是可以分析中间品、副产品、废弃物的名称、含量及其存在形式，进一步推测可能存在的职业病危害因素的名称及其危害程度。

在进行工程分析时经常出现同一种产品有多种生产工艺的现象。举例：聚碳酸酯（PC 树脂）的生产常用的生产工艺有光气法和非光气法两种，其职业病危害因素识别的结果完全不同。①光气法是以二氯甲烷和水的悬浊液作为聚合溶剂，双酚 A（BPA）和钠盐与光气（碳酰氯）进行反应生产 PC 的方法。②非光气法是以 CO_2、环氧乙烷（EO）、双酚 A（BPA）为原料，生产聚碳酸酯（PC 树脂）和乙二醇（MEG）两种产品的工艺方法。而非光气法的中间产品较多，包括碳酸乙烯酯（EC）、二甲基碳酸酯（DMC）、甲醇（MeOH）、二苯基碳酸酯（DPC）和苯酚（PhOH）。由此可见，生产聚碳酸酯（PC 树脂）同一种产品的两种生产工艺存在较大差别，所使用的原料完全不同，因此，生产过程中存在的职业病危害因素也会相应不同。提示我们每一次开展职业病危害因素识别工作，都要结合具体的工程内容进行。

在进行工程分析过程中，对原辅材料的分析应详细了解其组分，尤其是化学品的规格参数。有些化学物质虽然含量较低但毒性很大，尤其是具有致癌性、致畸性等毒性的化学品，应引起高度重视。近年来，关于某些岗位劳动者是否接触苯、如何开展职业健康监护工作的讨论持续不断。这就要结合生产工艺和原辅材料的调查进行综合分析，不能一概而论。大家知道，苯的用途很广，是石油化工行业的重要产品，可用作橡胶、油漆、涂料的溶剂和稀释剂，也可用于制造化工产品的原料，如苯乙烯、苯酚等。因此，在生产、储存、运输、使用等很多环节存在着接触苯的机会。

苯是已确认的人类致癌物，在 2012 年被列入了世界卫生组织国际癌症研究机构（IARC）Ⅰ类致癌物清单。随后，人们在全球范围内行动起来，在工业生产中限制苯的使用。很多企业积极采取控制措施，不再使用含苯的原辅材料，用无毒或低毒物质替代含苯的物料，减少人们接触苯的机会。如制鞋业使用无苯胶、水基胶、热熔胶等黏结剂，替代了原来使用的以苯和甲苯作为溶剂的黏结剂；制药厂用乙醇代替苯作溶剂或萃取剂；生产汽车用油漆、家具用油漆的企业使用不含苯（或含少量苯）的溶剂替代原来含苯的溶剂，即现在广泛使用的“环保油漆”。因此，原来认为存在苯这一职业病危害因素的岗位有很多已变成了不接触苯的岗位。

随着我国汽车工业的飞速发展，汽油成为最主要的消费品，据统计，2010 年我国汽油表观消费量为 6843.5 万吨，2016 年达 11983.1 万吨，并呈继续上升的趋势。近年来接触汽油的劳动者人数也增加了近百倍，除了炼油厂的一线生产工人，还包括加油站从事汽车加油工作的人员，人们非常关注在加油过程中是否接触苯。其身体健康是否存在致癌风险。

为了识别汽油的危害，首先要知道汽油的主要成分及其理化特性。汽油是炼油厂的主要产品，即将原油通过蒸馏（常压蒸馏、减压蒸馏）、裂化（催化裂化、催化重整、加氢裂化）等生产工艺加工而成。汽油按照用途可以分为车用汽油、航空汽油和溶剂汽油。汽油密度为 0.70 ~ 0.78g/cm^3，具有很强的蒸发性。

车用汽油由石油炼制得到的直馏汽油组分、催化裂化汽油组分、催化重整汽油组分等不同汽油组分经精制后与高辛烷值组分调和制得，主要成分为 C5 ~ C12 的脂肪烃和环烷烃类，含有一定量芳香烃。车用汽油具有较高的辛烷值（C8），并按辛烷值的高低分为 92 号、95 号、98 号等牌号。这些年汽油的出厂标准也在不断变化。2000 年 1 月 1 日实施的《车用无铅汽油》（GB 17930—1999）规定苯的含量不大于 2.5%（体积分数）、芳烃含量不大于 40%（体积分数）。欧盟汽油标准 EN 228:2004 中规定了车用汽油中苯含量不得高于 1%（体积分数)。美国加州第3阶段汽油标准(2004年起生效)规定了车用汽油中苯含量平均不高于0.7%(体积分数)、最高不高于1.1%(体积分数)。我国最早在北京、上海出台地方标准(DB 11/238—2007,DB 31/427—2009)规定了车用汽油中苯含量不高于1.0%(体积分数)。目前我国使用的国Ⅳ、国Ⅴ汽油质量标准中规定苯含量不高于1.0%(体积分数)、芳烃含量不大于40%(体积分数)。综上可以看出,现在使用的车用汽油中是含有少量苯的。

劳动者在日常工作中是否真的接触汽油中的苯呢?那还要结合劳动者的工作方式、使用的工具以及工作的环境进行综合分析。

首先,在炼油厂生产的合格的汽油经过储存、装车等环节运输出厂。目前,大型炼油厂和油库的汽油储罐的进料出料均采用输油泵和密闭的输送管道完成,汽油运输采用专用车辆,装车作业采用带有油气回收装置的装车鹤管,车辆和管道的密闭性能良好,装车过程中汽油因泄漏挥发导致的损失量很少。工人在罐区和装车作业区采用巡检的作业方式,且属于露天易扩散的工作环境,因此,在工作环境中工人接触汽油的量都很少,接触汽油中含有的苯的量就更少了,基本可以忽略不计。

其次,由汽车运输的汽油送到加油站,通过汽车自带的卸车泵把汽油卸到加油站的油罐中储存。在此过程中工人需到加油站的油罐罐口观察卸车情况。如果加油站设置了油气回收装置,则工人可避免接触高浓度汽油油气。加油工在给车辆加油过程中使用的加油枪也多带有油气回收装置,密闭性能较好,且加油站也属于露天易扩散的工作环境,因此,加油站加油工接触的工作环境空气中汽油的量很少,接触汽油中含有的苯的量就更少了,基本可以忽略不计。此类加油站大量检测数据显示,加油工加油过程中,空气中苯的检测结果多在小于最低检出浓度的范围。但是,如果加油站没有设置油气回收装置,或油气回收装置的防护效果不好,则可导致汽油大量逸散的现象存在,工人就可能接触到高浓度的油气。工人长期在含有高浓度汽油油气的环境中工作,有可能导致慢性汽油中毒,严重的也有可能导致慢性苯中毒。

张敏红等对广东省某市124家加油站存在的主要化学性危害因素及分布进行了调查,并组织124家加油站的860名作业人员进行了职业健康检查。结果显示,采用气相色谱—质谱联用定性分析方法对加油站销售的油品进行了挥发性有机组分定性分析,92号、95号、98号汽油的挥发性有机组分主要包括苯、正己烷、正庚烷、正戊烷等职业有害因素;柴油的挥发性有机组分中未检出苯。95号、98号汽油的销售量与加油工接触苯的浓度存在显著相关性(95号:$r=0.161$,$P=0.002$;98号:$r=0.143$,$P=0.006$)。职业性健康检查结果显示,

12.9%的作业人员出现了职业相关异常。上述研究结果可以说明，加油站的作业人员存在不同程度的苯接触，应引起大家重视并加强防护。

许振国等为了评估加油站苯接触岗位的职业健康风险，对117家加油站进行了现场职业卫生调查，并检测了工作场所空气中苯的时间加权平均浓度（C_{TWA}），结果显示，117家加油站苯作业岗位空气中苯的C_{TWA}为0.08~2.21mg/m^3，均低于国家职业接触限值（6.00mg/m^3）的50.0%（即行动水平）。在工作场所空气中苯的C_{TWA}小于行动水平的情况下，对加油站苯作业岗位进行了职业健康风险评估。采用ICMM定量法（国际采矿和金属委员会职业健康风险评估法中的定量法）的评估结果为不可容忍风险；采用综合指数法的评估结果为中等风险；采用非致癌风险评估模型评估结果为对作业人员免疫系统的损害风险在中等风险以上；采用致癌风险评估模型评估结果为具有不可接受的致癌风险。由此得出的研究结论为，即使苯的接触水平低于行动水平，加油站苯作业岗位的苯接触对作业人员造成的职业健康风险仍然不容忽视。

综上，加油站作业人员是否接触苯以及苯接触的浓度或风险应该根据各加油站的岗位定员、工作时间、加油设施等具体情况进行综合分析后确定。

同理，对于存在致癌风险或有可能损伤基因的化学物质，均应高度重视其健康风险，应采取最先进的技术措施与个人防护措施，使劳动者尽可能保持最低的接触水平。

溶剂汽油又称溶剂石脑油、工业汽油、溶剂油，是由石油经分馏而得的轻质产品，主要成分为C4~C12脂肪烃和环烃类，并含少量芳香烃和硫化物，主要用作溶剂。

溶剂汽油按其98%馏出温度或干点（100%馏出温度）分为70、90、120、180、190、200等牌号。70号溶剂油的沸程60~70℃，主要成分为饱和烃，常用于油脂加工行业。90号溶剂油也称石油醚，沸程60~90℃，主要用作工业溶剂和化学试剂。120号溶剂油也称橡胶溶剂油，沸程80~120℃，可用于轮胎、胶鞋生产过程中溶解胶料和配制胶浆等，也可用作特殊快干油漆的稀释剂。180号溶剂油（也称航空洗涤油，沸程40~180℃）、190号溶剂油（也称工业汽油，沸程40~190℃）常用于洗涤各种机械零部件。200号溶剂油，俗称松香水，含有甲苯、二甲苯、辛烷等芳烃成分，对干性油、树脂的溶解能力很强，用作油漆的稀释剂。

溶剂油按化学结构可分为链烷烃、环烷烃和芳香烃三种。芳香烃即指苯、甲苯、二甲苯等。除少数几种纯烃化合物溶剂油外，溶剂油都是各种结构烃类的混合物。不同用途、不同厂家的溶剂油对芳烃含量的控制标准不一样。如高芳烃200号溶剂油中芳烃含量可大于20%，而优质的120号溶剂油（工业常用名：白电油）中芳烃含量极低，其主要成分是正己烷，含量可达99.5%以上。因此，劳动者在职业活动中接触到溶剂油的时候，是否可能接触到苯，还应根据具体情况进行调查分析。

溶剂油在使用过程中，一般包含加料、调和、搅拌、浸洗、擦拭等操作工序，因生产设备不密闭，或在开放条件下操作，溶剂油挥发的油气可在工作场所空气中扩散或聚积，劳动者可通过呼吸道吸入、皮肤吸收等途径接触吸收。工人长期接触高浓度溶剂汽油，有可能导致汽油中毒。溶剂油对劳动者的职业病危害与苯、甲苯、二甲苯等有毒物质的含量、工作场所空气中的浓度以及劳动者的接触时间有关。

在进行工程分析过程中，对原辅材料的分析除了了解其化学组分，还要关注其理化特性，尤其是物料形态、挥发性等特性，这些与物料的包装、储存、运输等密切相关。固态物料要根据其粒径大小分析其扬尘性、可吸入性，液态物料要根据其沸点温度分析其挥发性，扬尘性和挥发性可影响工作场所空气中该种物质的浓度，是职业病危害因素识别的重点，应引起高度重视。

3. 现场调查法

又称职业卫生现场调查，即在工程分析的基础上，对工程现场进行实地勘察，对其工艺流程、设备布局、人员作业方式等进行详细调查。

现场调查法一般和收集资料法组合使用，采用“听、看、问、查”的方式进行详细调查。“听”即听取介绍，“看”即现场观察，“问”即交流询问，“查”即查阅资料。

现场调查法的优点非常突出，可真实客观地获取有关信息，且准确性很好。适用于开展各种调查研究工作，是最常用、最可靠的职业病危害因素识别方法。现场调查法的缺点就是仅适用于有生产现场的案例，而且现场调查的工作量很大，有的还要在去现场前做大量的准备工作。同时，这种方法对调查人员的要求也较高，开展大规模调查时需要在调查前对全体调查人员进行集中培训，统一调查标准，确保结果可靠。

4. 经验法

是人们根据自己的工作经验和判断能力对工作场所存在的职业病危害因素进行识别判断的方法。该方法主要适用于一些传统行业或常见生产工艺的职业病危害因素识别。

经验法的优点是简单直接、方便快捷。其缺点也很突出，识别准确性取决于经验的多少。工作经验来源于工作积累，受工作人员自身专业知识、技术能力、工作时间等条件的限制，易出现遗漏和偏差。

为了防止因经验不足导致的工作失误，与经验丰富的专家交流学习是一个高效的办法，可采用召开专家座谈会的方式交流意见、集思广益，各位专家积累的丰富经验，可以帮助指导职业病危害因素识别工作。

5. 类比法

是利用与拟建项目类型相同的现有项目的职业病危害因素资料进行类推的识别方法。通常与现场调查结合法进行，也叫类比调查法。

类比法适用于有可比性好的相同或相似项目作为类比调查对象。类比法在建设项目职业病危害评价工作中应用广泛。如果确定了类比对象，其现有的检测数据可以作为定量识别的依据。

为了确保识别结果准确可靠，选择类比调查对象的原则，即以基本相同或相似的生产工艺、生产设备、生产原辅材料以及生产规模为主要类比内容，为了进一步检测或评估劳动者的职业病危害因素接触水平，还要结合生产班制、接触时间、防护设施及其运行状况、工作场所建筑及布局、职业卫生管理情况等相似性进行综合分析，可比性越好，得出的结论也越可靠。

6. 检测检验法

也叫实测法，即采用仪器设备通过现场采样或测量的方法对职业病危害因素进行定性定量检测，确定其浓度（强度）。

检测检验法可用于对职业病危害因素进行定量识别，也可用于对未知职业病危害因素进行定性识别。一般采用专业仪器设备，多由专业技术人员进行，危害因素识别判定的结果准确度高。

随着检测检验设备越来越先进，灵敏度越来越高，有时可以识别出经验法等难以发现的有害因素。

检测检验法的缺点是经济投入较大，现场采样时可受到设备操作条件、化学品检测检验方法的限制。如果检测结果出现偏差易导致识别结论错误。

检测检验法是进行工作场所职业病危害作业分级的唯一方法，我国也出台了相关的技术标准，包括：《工作场所职业病危害作业分级 第1部分：生产性粉尘》（GBZ/T 229.1—2012）、《工作场所职业病危害作业分级 第2部分：化学物》（GBZ/T 229.2—2012）、《工作场所职业病危害作业分级第3部分：高温》（GBZ/T 229.3—2010）和《工作场所职业病危害作业分级第4部分：噪声》（GBZ/T 229.4—2010）。

工作场所职业病危害作业分级的结果与职业健康监护工作密切相关，应重点关注。

《工作场所有害因素职业接触限值 第1部分：化学有害因素》（GBZ 2.1—2019）中给出了行动水平的定义、职业性有害因素接触的控制原则以及职业接触等级分类及其控制等。行动水平是根据工作场所职业病危害因素检测结果确定的，是采取职业接触监测、职业健康监护、职业卫生培训、职业病危害告知等控制措施的依据，因此，对检测检验法的可靠性提出了更高的要求。

7. 职业流行病学调查法

流行病学是研究疾病发生、分布的规律及其影响因素，借以探讨病因，阐明流行规律，制订预防、控制和消灭疾病的对策和措施的科学。

职业流行病学是流行病学基本原理和方法在职业卫生和职业医学中的实际应用。

职业流行病学调查法是指根据调查目的，采用合适的调查方法，明确调查内容和调查对象，针对某一种职业病危害发生、发展的规律进行的调查研究。

职业流行病学调查法一般要进行调查设计，制定工作方案，多适用于专业研究工作。

我国在20世纪80年代曾组织了多次全国范围内的职业病发病情况调查，如全国尘肺流行病学调查、全国重点职业肿瘤流行病学调查、全国五种职业中毒（铅、苯、汞、有机磷农药和三硝基甲苯）调查等，取得了大量的数据资料。这种大型的调查工作需要投入大量的人员、时间和经费。

8. 实验研究法

实验研究法是一种受控的研究方法。实验的主要目的是建立变量间的因果关系，一般的做法是研究者预先提出一种因果关系的尝试性假设，然后通过实验操作来进行检验。

实验研究法多适用于科研工作。

六、职业病危害因素分类

为了更好地认识和研究职业病危害因素，可以对其进行分类和归纳。例如按照危害因素的理化特性可分为：化学因素、物理因素、放射性因素、生物因素；按照危害因素来源可分为：生产过程、劳动过程、生产环境；按照可导致的职业病种类可分为导致尘肺病的危害因素、导致职业性肿瘤的危害因素等；按照化学品物料在工作场所的存在形态可分为固态、液态、气态（气溶胶）的危害因素……总之，按照研究的目的可进行多种分类方法。常见的几种分类方法介绍如下。

（一）按照危害因素性质分类

2015年，由国家卫生计生委、安全监管总局、人力资源和社会保障部、全国总工会联合组织对职业病危害因素分类目录进行了修订，从2015年11月7日通知下发之日起实施，原卫生部印发的《职业病危害因素分类目录》同时废止。

《职业病危害因素分类目录》按照危害因素性质对职业病危害因素进行分类，分为粉尘、化学因素、物理因素、放射性因素、生物因素、其他因素六大类，共收录了459种职业病危害因素。其中，粉尘52种、化学因素375种、物理因素15种、放射性因素8种、生物因素7种、其他因素3种。除其他因素外，以上每类因素均设有开放条款。多数化学因素和粉尘因素给出了CAS号，以便于进一步确认危害因素的名称；采用开放条款的表述方式进一步涵盖了至今未明确的职业病危害因素。因此，在对任何一个工作场所进行职业病危害因素识别工作时，一定要关注并分析《职业病危害因素分类目录》中未明确的危害因素及其对劳动者健康的影响。

1. 粉尘

即生产性粉尘，是指在生产活动中产生的能较长时间漂浮在生产环境中的颗粒物。粉尘按其性质可分为无机性粉尘、有机性粉尘和混合性粉尘三大类。

（1）无机性粉尘

①金属性粉尘：例如铝、铁、锡、不可溶钡等金属及化合物粉尘；

②非金属的矿物粉尘：石英、石棉、滑石、煤等；

③人工无机性粉尘：水泥、玻璃纤维、金刚砂等。

（2）有机性粉尘

①植物性粉尘：棉、麻、谷物、木尘、烟草、茶、甘蔗等粉尘；

②动物性粉尘：畜毛、羽毛、角粉、骨质、角质等粉尘；

③人工合成有机性粉尘：橡胶、合成树脂、人造有机纤维粉尘等。

（3）混合性粉尘

为多种粉尘的混合物，如金属研磨时产生的粉尘混合物等。

在生产环境中，劳动者接触的粉尘经常以两种或两种以上粉尘混合存在，如金属制品打磨岗位存在的粉尘包括金属尘和磨料尘；有的还是无机性粉尘和有机性粉尘混合存在，如制药厂的压片岗位存在的粉尘包括滑石尘和药物粉尘。

2. 化学因素

《职业病危害因素分类目录》中的化学因素指的主要是生产性毒物，是指在生产过程中产生或存在于工作场所空气中的各种毒物。主要来源于生产过程中的原料、辅料、中间产物、成品、副产品或废弃物。生产性毒物可以是固态、液态也可以是气态的，在生产过程中常以气体、蒸汽、粉尘、烟和雾的形态存在并污染车间空气环境，生产性毒物主要通过呼吸道进入人体，也可经皮肤和消化道吸收。

生产性毒物按其化学性质一般可分为以下七类：

（1）金属与类金属毒物，常见的如：铅、汞、锰、砷、磷等；

（2）刺激性气体毒物，常见的如：氯、氨、氮氧化物等；

（3）窒息性气体毒物，常见的如：一氧化碳、氰化氢、硫化氢等；

（4）有机溶剂毒物，常见的如：苯、甲苯、正己烷、溶剂汽油等；

（5）苯的氨基和硝基化合物毒物，常见的如：苯胺、硝基苯等；

（6）高分子化合物毒物，常见的如：塑料、合成橡胶、合成纤维、黏合剂、离子交换树脂等；

（7）农药，常见的如：有机磷农药、氨基甲酸酯类农药、拟除虫菊酯类杀虫剂、除草剂、灭鼠剂等。

生产性毒物按其毒性还可分为急性毒性、亚急性毒性和慢性毒性三大类，其中急性毒性又可分为剧毒、高毒、中等毒、低毒和微毒等危害因素。原卫生部根据《职业病防治法》和《使用有毒物品作业场所劳动保护条例》的规定，组织制定了《高毒物品目录》（2003 年版），其中包括了氨、苯、氯、甲醛、硫化氢、丙烯腈、一氧化碳等 54 种化学物质。《高毒物品目录》可以作为职业病危害因素识别的依据，指导我们在识别工作中对毒性大的化学物质要重点关注。

3. 物理因素

工作场所常见的物理因素中，除了激光是由人工产生的之外，其他因素在自然界中均存在。正常情况下，这些因素不但对人体无害，反而是人体生理活动或从事生产劳动所必需的，如气温、气压等。但是，当物理因素的强度超过一定范围，则可能导致人体健康损伤，如高温可导致中暑，低温可导致冻伤。

常见的有害物理因素主要包括：噪声、高温（热辐射）、低温、高气压、低气压、高原低氧、振动、超高频电磁场、高频电磁场、工频电磁场、激光、微波、紫外线（紫外辐射）、红外线等。

4. 放射性因素

因电离辐射产生的具有放射性的有害因素，《职业病危害因素分类目录》中包括密封放射源产生的电离辐射（主要产生 γ、中子等射线）、非密封放射性物质（可产生 α、β、γ 射线或中子）、X 射线装置（含 CT 机）产生的电离辐射

（X 射线）、加速器产生的电离辐射（可产生电子射线、X 射线、质子、重离子、中子以及感生放射线等）、中子发生器产生的电离辐射（主要是中子、γ 射线等）、氡及其短寿命子体（限于矿工高氡暴露）、铀及其化合物。

5. 生物因素

生物因素是指生产原料或生产环境中存在的、对职业人群健康有害的动物、植物或微生物的总称。常见的有致病微生物及其毒性产物、动植物产生的刺激性、毒性或变态反应性生物活性物质等。《职业病危害因素分类目录》中列举的生物因素包括艾滋病病毒（限于医疗卫生人员及人民警察）、布鲁氏菌、伯氏疏螺旋体、森林脑炎病毒、炭疽芽孢杆菌等。

6. 其他因素

其他因素可导致的职业病，包括金属烟雾导致的金属烟热、井下不良作业条件导致的滑囊炎和刮研作业人员不良作业方式导致的股静脉血栓综合征、股动脉闭塞症或淋巴管闭塞症三类。

（二）按可导致的职业病分类

2013 年，国家卫生计生委、人力资源和社会保障部、安全监管总局、全国总工会联合印发《职业病分类和目录》（国卫疾控发〔2013〕48 号），由国家卫生健康委、安全监管总局、人力资源和社会保障部、全国总工会联合组织对职业病的分类和目录进行了调整，2013 年 12 月 23 日起施行。原卫生部和原劳动保障部联合印发的《职业病目录》同时废止。

《职业病分类和目录》将职业病目录调整为十类 132 种（含 4 项开放性条款）。按照《职业病分类和目录》对职业病危害因素进行分类，即将导致同一类职业病的职业病危害因素归为一类。

1. 导致职业性尘肺病及其他呼吸系统疾病的危害因素

（1）导致尘肺病的粉尘

目前常见的职业性尘肺病共有 12 种，导致尘肺病的粉尘均为无机性粉尘，尘肺病病因明确，职业病名称与其危害因素（粉尘）名称一一对应，粉尘包括矽尘、石棉尘、煤尘、电焊烟尘、水泥尘等 12 种，详见表 2－5。

（2）导致其他呼吸系统疾病的危害因素

目前确定的其他呼吸系统疾病主要包括过敏性肺炎、棉尘病、哮喘、金属及其化合物粉尘肺尘埃沉着病（锡、铁、锑、钡及其化合物等）、刺激性化学物所致慢性阻塞性肺疾病、硬金属肺病。有机性粉尘可引起呼吸系统疾病，包括过敏性肺炎、棉尘病、哮喘、慢性阻塞性肺疾病；金属性粉尘可导致金属及其化合物粉尘肺尘埃沉着病、硬金属肺病等。

表 2－5　导致尘肺病的粉尘一览表

序号	尘肺病	导致尘肺病的粉尘	粉尘的 CAS 号
1	矽肺	矽尘（游离 SiO_2 含量 > 10%）	14808－60－7
2	煤工尘肺	煤尘（煤矽尘）	
3	石墨尘肺	石墨粉尘	7782－42－5
4	炭黑尘肺	炭黑粉尘	1333－86－4
5	石棉尘肺	石棉粉尘	1332－21－4
6	滑石尘肺	滑石粉尘	14807－96－6
7	水泥尘肺	水泥粉尘	
8	云母尘肺	云母粉尘	12001－26－2
9	陶工尘肺	陶土粉尘	
10	铝尘肺	铝尘（铝、铝合金、氧化铝粉尘）	7429－90－5
11	电焊工尘肺	电焊烟尘	
12	铸工尘肺	铸造粉尘	
13	其他尘肺病		

2. 导致职业性皮肤病的危害因素

目前我国常见职业性皮肤病主要有 8 类，分别是接触性皮炎、光接触性皮炎、电光性皮炎、黑变病、痤疮、溃疡、化学性皮肤灼伤、白斑。常见的危害因素：强酸强碱、铬酸盐、硝酸盐、三氯乙烯等以刺激作用为主的致病物可导致接触性皮炎；镍盐、环氧树脂、酚醛树脂、苯胺染料等以变态反应为主的致病物也可导致接触性皮炎；煤焦油、沥青可导致黑变病；电焊过程产生的紫外辐射可导致电光性皮炎；铬酐、铬酸、铬酸盐、重铬酸盐等六价铬化合物，及氟化铍、氯化铍、硫酸铍等可溶性铍化合物可导致职业性皮肤溃疡；硫酸、盐酸、氢氧化钠等可导致化学性皮肤灼伤。

常见的职业性皮肤病和主要行业与工种分布如下：

（1）电镀铬、铅铬黄化合、锌铬黄制取、火柴制浆、器皿清洗等接触六价铬离子的工种有可能导致接触性皮炎和皮肤铬疮形成；

（2）硫酸、硝酸、盐酸、氢氧化钠等强酸、强碱物质可能导致化学性皮肤灼伤；

（3）甲烷氯化、一氯甲烷氯化与有机试剂配料、提纯、溶解、精制等接触三氯甲烷的工种有可能导致职业性接触性皮炎；

（4）炼焦、煤气净化、煤焦油制取、氧化沥青、丙烷脱沥青、筑路等工种可能发生光敏性皮炎；

（5）手工电弧焊、气体保护焊、氩弧焊、气割、等离子喷涂、电喷涂等接触紫外线的工种有可能发生电光性皮炎；

（6）炼焦、煤气净化、煤焦油制取、氧化沥青、油漆熬炼、树脂溶解、碳素配料、碳素成型、碳素焙烧、筑路等工种可能发生皮肤黑变病或痤疮；

（7）演员可能导致油彩皮炎或痤疮；

（8）桑蚕煮茧、腌咸菜、家禽宰杀、农业生产等高温、高湿作业工种有可能导致职业性浸渍、糜烂；

（9）棉、毛、麻原料仓储运输，饲料及粮食加工，纺织，生皮、原毛及羽毛仓储运输等工种有可能导致职业性痒疹；

（10）柠檬酸制取、坯皮浸酸、皮革鞣制、金属家具清洗等接触有机溶剂的工种有可能发生职业性角化过度、皲裂。

3. 导致职业性眼病的危害因素

职业性眼病主要包括化学性眼部灼伤、电光性眼炎和白内障。

常见的职业性眼病和主要行业与工种分布如下：

（1）硫酸、硝酸、盐酸、氢氧化钠等强酸、强碱以及多种刺激性化合物可能导致化学性眼部灼伤；

（2）手工电弧焊、气体保护焊、氩弧焊、气割、等离子喷涂、电喷涂等接触紫外线的工种有可能导致电光性眼炎；

（3）接触激光可导致眼角膜、晶状体、视网膜损伤；

（4）长期接触放射性物质、非电离辐射如红外线、微波、紫外线等可能导致职业性白内障。长期接触某些毒物可引发中毒性白内障，最常见致病因素为三硝基甲苯，除此以外，接触萘、铊、二硝基酚等也可导致眼晶状体损伤。

4. 导致职业性耳鼻喉口腔疾病的危害因素

职业性耳鼻喉口腔疾病主要包括噪声聋、铬鼻病、牙酸蚀病和爆震聋。其中，导致噪声聋的危害因素是噪声；导致铬鼻病的危害因素是铬酸、铬酐、重铬酸盐等六价铬化合物；导致牙酸蚀病的主要是酸雾、酸酐或其他酸性物质；导致爆震聋的危害因素主要是瞬间发生的短暂而强烈的冲击波或强脉冲噪声。

常见的主要行业与工种分布如下：

（1）凿岩工、爆破工、装载、研磨、破碎，机械加工的锯切、冲压、热轧、冷轧、挤压、穿孔、矫直、焊管、卷取、剪切等接触高强度噪声的工种，可能发生职业性听力损伤或职业性噪声聋；

（2）电镀铬、铬酸盐制造、皮革鞣制、制革配料、皮革铲磨、皮毛熟制等接触铬酸盐的工种可能发生职业性铬鼻病；

（3）氟硼酸合成、氢氟酸合成、磷酸合成、磷矿粉制备、磷矿酸解、过磷酸钙合成、钙镁磷肥合成、磷酸二钙合成、玻璃酸处理、玻璃酸抛光、玻璃腐蚀等接触各类酸雾的工种有可能发生职业性牙酸蚀病等。

5. 导致职业性化学中毒的危害因素

我国现行职业病分类目录中列举的常见职业性化学中毒个论有59种，还有一个开放性条款——“上述条目未提及的与职业有害因素接触之间存在直接因果联系的其他化学中毒”。可见职业性化学中毒种类繁多，有的可能是隐匿性的，病因判定需要借助实验室分析甚至毒理学分析。导致职业性化学中毒的原因主要是生产性毒物通过呼吸道、皮肤进入人体后导致中毒作用。生产性毒物的分类参考前边的内容。

6. 物理因素所致职业病

物理因素所致职业病主要包括中暑、减压病、高原病、航空病、手臂振动病、激光所致眼（角膜、晶状体、视网膜）损伤、冻伤等。

（1）高温、热辐射可导致中暑（热射病、热痉挛和热衰竭）；

（2）深水养殖、打捞沉船、海底施工等进行的深潜作业或潜涵作业可导致减压病；

（3）长期在低气压环境（高山、高原、高空）作业可导致高原病、航空病；

（4）手臂振动病；

（5）长时间在低温环境作业或接触冷冻物料可导致冻伤。

7. 导致职业性放射性疾病的危害因素

由放射性危害因素导致职业性放射性疾病常见的包括外照射急性放射病、外照射亚急性放射病、外照射慢性放射病、内照射放射病、放射性皮肤疾病、放射性肿瘤（含矿工高氡暴露所致肺癌）、放射性骨损伤、放射性甲状腺疾病、放射性性腺疾病、放射复合伤等。其致病因素均属于放射性危害因素，主要包括X射线、α射线、β射线、γ射线或中子等电离辐射。

8. 导致职业性传染病的危害因素

常见的职业性传染病主要包括5种，即炭疽、森林脑炎、布鲁氏菌病、艾滋病（限于医疗卫生人员及人民警察）、莱姆病。

导致职业性传染病的职业病危害因素均为生物因素，其发病特点与职业活动密切相关。其中，森林脑炎多见于我国东北和西北的林区，常发生在林业工人、筑路工人、农牧民等从事野外作业的职业人群，因被携带森林脑炎病毒的蜱叮咬而致病。艾滋病是医疗卫生人员或人民警察在正常工作中因感染艾滋病病毒所致。布鲁氏菌病多见于内蒙古地区，常见的职业人群包括农牧民、挤奶工、屠宰工、兽医等，因感染布鲁氏菌而致病。

9. 导致职业性肿瘤的职业病危害因素

国际癌症研究机构（IARC）自1972年开始陆续发布《对人类的致癌风险评估专著》，对环境因素致癌性做出最具权威性的评价。截至2016年6月，已公布的116卷评价专著共定性分类990种因素，其中与工农业生产有关的人类确认化学致癌物或生产过程有40余种。我国《职业病分类和目录》中法定的职业性肿瘤为11种。

常见的主要行业与工种分布如下：

（1）接触石棉的工种可能发生职业性肺癌、间皮瘤；

（2）酸性染料合成、硫化染料合成、胺类中间体合成等可能接触联苯胺的工种有可能发生职业性膀胱癌；

（3）使用氯甲基化原料的化工行业中可能接触氯甲甲醚的工种有可能发生肺癌；

（4）油漆制造、喷漆、胶黏剂生产与使用等接触苯的工种可能发生职业性白血病；

（5）砷矿的开采、砷化合物的制造与应用等接触砷化物的工种可能发生职业性肺癌和职业性皮肤癌；

（6）氯乙烯生产、聚氯乙烯合成等接触氯乙烯的工种可能导致肝血管肉瘤；

（7）焦炉炼焦、熄焦、煤气净化等接触焦炉烟气的工种可能发生焦炉工人肺癌；

（8）铬酸盐制造、铅铬黄化合、锌铬黄制取等工种可能发生肺癌；

（9）生产过程中接触毛沸石的工种可能发生肺癌、胸膜间皮瘤；

（10）生产或使用煤焦油、煤焦油沥青、石油沥青的工种可能导致皮肤癌；

（11）接触β-萘胺的工种可能发生膀胱癌。

10. 导致“其他职业病”危害因素

目前其他职业病主要指：金属烟热、滑囊炎（限于井下工人）和股静脉血栓综合征、股动脉闭塞症或淋巴管闭塞症（限于刮研作业人员）。其中，导致金属烟雾热常见的危害因素是氧化锌，其他的主要与劳动者的工作环境和工作条件相关。

（三）按危害因素来源分类

1. 生产工艺过程中产生的职业病危害因素包括化学因素、物理因素和生物因素

（1）化学因素：包括生产性毒物（金属与类金属、刺激性气体、窒息性气体、

有机化合物和农药）和生产性粉尘（无机性粉尘、有机性粉尘和混合性粉尘）。

（2）物理因素：

异常气象条件：高温、高湿、低温；

异常气压：高气压、低气压等；

噪声及振动；

非电离辐射：可见光、紫外线、红外线、微波、高频（超高频）辐射、紫外辐射、激光等；

电离辐射：X射线、γ射线等。

（3）生物因素：动物皮毛上的炭疽杆菌、布氏杆菌；其他如艾滋病毒、森林脑炎病毒等传染性病原体。

2. 劳动过程中的有害因素

（1）劳动组织和制度不合理；

（2）精神（心理）性职业紧张；

（3）劳动强度过大或生产定额不当，不能合理地安排与劳动者身体状况相适应的作业；

（4）个别器官或系统过度紧张，如视力紧张等；

（5）长时间处于不良体位或姿势，或使用不合理的工具劳动。

限于刮研作业人员发生的“股静脉血栓综合征、股动脉闭塞症或淋巴管闭塞症”，这种职业病就与刮研作业过程中，工人使用的工具以及特殊的作业姿势有关。

3. 生产环境中的有害因素

（1）自然环境中存在的有害因素，如炎热季节的高温热辐射，高原环境的低气压；

（2）厂房建筑或布局不合理，如有毒工段与无毒工段安排在一个车间；

（3）由不合理生产过程所致环境污染。

在实际生产过程中，很多企业只为了追求工艺方便，其生产环境不符合职业病防治的要求，很多工序、设备布置在一个厂房里，工作场所中存在的粉尘、有毒气体、噪声等危害因素可在整个车间扩散或传播，影响范围增大了，影响人员增加了，不利于职业病危害的控制。劳动者在某岗位从事生产加工活动，所接触的有害因素有的就是来自相邻岗位或生产区域，有时可因此加重危害因素对劳动者健康的不良影响。

七、职业病危害因素识别的质量控制

确定劳动者职业接触情况是职业健康检查工作的重要组成部分，而职业病危害因素识别准确是确保职业健康检查项目准确、检查周期准确的必要前提。为了确保职业病危害因素识别结果准确，应对识别工作采取质量控制措施。质控措施应结合实际工作需要，在职业病危害因素识别的关键环节，按照职业健康检查机构的质量管理要求制定和实施，并保存质控记录。

职业病危害因素识别应该在开展职业健康检查前的准备阶段完成，因此，其质控措施可结合职业健康检查工作程序以及作业指导书制定。

1. 人员要求及岗位职责

从事职业病危害因素识别工作的人员应具有职业卫生专业知识，并经培训合格后开展相关工作。

针对一个用人单位或某一个岗位的劳动者开展职业病危害因素识别工作，应该由 2 人或 2 人以上人员组成项目组，明确分工及质控措施。

从事职业健康检查的主检医师应负责核实确认用人单位接触职业病危害人员的职业接触史及其接触水平，并据此确定每个参加体检人员的职业健康检查项目，制定用人单位职业健康检查工作方案。

从事职业健康检查的技术负责人、质量负责人应对职业病危害因素识别结果、用人单位职业健康检查工作方案进行审核和批准。

质量监督员应该充分发挥质量监督作用，定期开展质量监督工作，重点针对新上岗人员、新方法、新设备等进行质量监督，并做好记录，发现问题，及时纠正，确保质量管理体系有效运行。

2. 工作程序及作业指导书

职业健康检查机构应建立职业病危害因素识别工作程序，或将职业病危害因素识别工作纳入职业健康检查工作程序中。承担职业健康检查的部门应制定岗位作业指导书，规范识别工作步骤，提出工作质量要求，制定并采取质控措施，确保劳动者接触的职业病危害因素识别准确，为下一步制定职业健康检查工作方案打好基础，确保职业健康检查项目准确全面。

在作业指导书或质量管理制度中应明确采取质控措施的关键环节，如收集资料、现场调查、方案制定、结果报告等。三级审核是行之有效的质控措施，可由有经验、有能力的人承担复核、校核的责任，由技术负责人、质量负责人、高级职称人员承担审核的责任，对职业病危害因素识别结果、职业健康检查方案等进行审核和确认，确保职业健康检查工作过程规范，结果准确。

3. 设备要求

对职业病危害因素进行定量识别并进行采样、检测的，采样设备、分析设备以及环境设施等均应符合质量管理的要求。设备应定期进行检定、校准和维护，确保量值溯源和检测结果的真实可靠。

4. 培训要求

对从事职业健康检查的人员应定期组织岗位培训，学习新知识、新标准、新方法，确保知识及时更新，保持应有的技术能力水平。

第三章　职业健康检查机构基本条件

第一节　职业健康检查机构备案条件

《职业病防治法》第三十五条第三款规定：职业健康检查应当由取得《医疗机构执业许可证》的医疗卫生机构承担。卫生行政部门应当加强对职业健康检查工作的规范管理，具体管理办法由国务院卫生行政部门制定。

《职业健康检查管理办法》第五条规定了承担职业健康检查的医疗卫生机构（以下简称职业健康检查机构）应当具备以下条件：

（一）持有《医疗机构执业许可证》，涉及放射检查项目的还应当持有《放射诊疗许可证》；

（二）具有相应的职业健康检查场所、候检场所和检验室，建筑总面积不少于400平方米，每个独立的检查室使用面积不少于6平方米；

（三）具有与备案开展的职业健康检查类别和项目相适应的执业医师、护士等医疗卫生技术人员；

（四）至少具有1名取得职业病诊断资格的执业医师；

（五）具有与备案开展的职业健康检查类别和项目相适应的仪器、设备，具有相应职业卫生生物监测能力；开展外出职业健康检查，应当具有相应的职业健康检查仪器、设备、专用车辆等条件；

（六）建立职业健康检查质量管理制度；

（七）具有与职业健康检查信息报告相应的条件。

职业健康检查机构基本条件的具体要求，将在本书第四章的第二节至第五节详细阐述。

第二节　职业健康检查机构备案程序

职业健康检查机构备案，是指开展职业健康检查的医疗卫生机构按照《职业健康检查管理办法》的要求，将机构管理组织、职业健康检查项目以及与之相关的设备设施、专业技术人员、质量管理制度等信息报告给省级卫生健康行政部门进行备案的过程。

一、备案程序

（一）备案

医疗卫生机构开展职业健康检查，应当按照《职业健康检查管理办法》第四条规定，在开展之日起15个工作日内向省级卫生健康主管部门备案，提供证明其符合条件的有关材料。

符合条件的医疗卫生机构，可以按照《职业健康检查管理办法》的规定对其职业健康检查技术水平、设施设备条件、职业健康检查人员及专业特点进行自评估并填写《职业健康检查机构备案表》（见附录六），注明相应的职业健康检查类别和项目，向省级卫生健康主管部门备案。

（二）受理

1. 资料审核

省级卫生健康委受理部门（以下简称“受理部门”）应按照有关规定对申请资料的完整性、是否符合法定形式进行审核。

（1）对符合受理要求的，应在5个工作日内向申请单位出具受理通知书，受理通知书一式两份，一份交申请单位，一份随申请资料一并存档。

（2）申请资料不全的，受理部门应向申请单位出具补正材料通知书。补正材料通知书一式两份，一份交申请单位，一份存档。

（3）不符合受理要求的，受理部门应向申请单位出具不予受理通知书。不予受理通知书应写明不受理原因，不予受理通知书一式两份，一份交申请单位，一份存档。

2. 告知

受理部门应在10个工作日内完成备案，并进行以下程序：

（1）受理部门通知申请单位凭“受理通知书”领取“省级职业健康检查机构备案回执”；“回执”需载明：机构名称、法定代表人、机构地址、备案的职业健康检查类别及项目、有效期、外出开展职业健康检查工作区域范围等内容；

（2）受理部门告知卫生健康主管部门，卫生健康主管部门应当在该机构的《医疗机构执业许可证》副本备注栏注明检查类别和项目等信息；

（3）受理部门应当在属地官方网站及时向社会公布备案的医疗卫生机构名单、地址、检查类别和项目等相关信息，接受社会监督；

（4）职业健康检查机构超出《医疗机构执业许可证》发证机关辖区开展外

出职业健康检查的，应经省级职业健康质量控制中心对其具备远程职业健康检查和样本处理能力进行核定后，再经省卫生健康委指定其开展外出职业健康检查的区域，并完成备案工作。

备案资料一式三份，即原件一份、复印件一份、电子版一份。

（三）变更

属于《职业健康检查管理办法》规定的备案范围的职业健康检查机构，当机构名称、机构地址、法定代表人、主检医师、备案的职业健康检查类别及项目等备案信息发生变化，或不再从事职业健康检查工作的，职业健康检查机构应当自信息发生变化起10个工作日内向受理部门提出书面申请，提交申请资料，并填报“职业健康检查机构备案变更表”（见附录七）。

已备案的职业健康检查机构不再从事职业健康检查工作或已不具备备案条件的，受理部门应在30个工作日内完成注销备案工作，并及时在属地官方网站向社会公布注销备案的职业健康检查机构相关信息。同时应告知核发其《医疗机构执业许可证》的卫生健康主管部门。卫生健康主管部门应当及时注销该机构《医疗机构执业许可证》的相关信息。

变更备案资料一式三份，即原件一份、复印件一份、电子版一份。

二、提交材料

（一）备案材料

医疗卫生机构进行职业健康检查备案时，应当提交证明其符合条件的有关资料，并对备案的职业健康检查信息的真实性、准确性、合法性承担全部法律责任。各项内容应当完整、清楚，各种证件应当清晰，与原件一致。包括：

1. 《医疗机构执业许可证》及《放射诊疗许可证》（含副本）复印件；

2. 《法人登记证书》或法人授权资格证明材料复印件及《组织机构代码证》（含副本）复印件；

3. 备案单位简介：包括从事职业健康检查的机构、工作条件及相关科室设置和实验室有关资料；

4. 提供资料真实性承诺书；

5. 由中国疾病预防控制中心、省级职业健康检查质量控制中心或省级临床检验中心出具的实验室间比对（室间质控）有效期合格证明或盲样考核有效期合格证明；

6. 省级职业健康检查机构备案表（含人员情况表、仪器和设备清单）；

7. 省级职业健康检查机构开展外出职业健康检查项目备案表；

8. 与备案职业健康检查类别和项目相适应的工作场所、候检场所和检验室资料，附平面布局图，每个房间需注明用途，并标明使用面积；

9. 与备案开展的职业健康检查类别和项目相适应的执业医师、护士等医疗卫生技术人员情况表及相应人员执业证书（复印件）；主检医师任命文件、主检医师中级以上职称文件（复印件）、主检医师从事职业健康检查相关工作 3 年以上且熟悉职业卫生和职业病诊断相关标准的证明材料；

10. 具有开展外出职业健康检查工作的相应职业健康检查项目的仪器、设备、专用车辆等条件证明；

11. 备案职业健康检查质量管理制度资料，包括质量手册、程序文件、作业指导书及各类表格清单；

12. 职业健康检查信息管理系统（省级体检信息平台）资料；

13. 省级卫生健康主管部门规定提交的其他资料。

（二）考核盲样类别

省级职业健康检查质量控制中心出具的盲样考核类别包括：

1. 粉尘类：尘肺 X 射线胸片阅片；

2. 化学类：《职业健康监护技术规范》（GBZ 188）中规定的生物材料检测；

3. 物理因素类：纯音听阈测试图阅图；

4. 放射因素类：染色体分析及微核分析阅片。

（三）外出体检仪器设备、车辆仪器

申请外出职业健康检查的，应当满足以下条件：

职业健康检查机构在《医疗机构执业许可证》发证机关辖区内开展外出职业健康检查工作的，应具有开展相应职业健康检查项目的仪器、设备、专用车辆等条件（至少有 DR 车一辆，移动测听室车辆一辆，无线局域网信息化体检系统一套等）。

（四）变更备案材料

变更备案时提交的有关材料包括：

1. 变更申请报告（注明申请变更的理由），并附《医疗机构执业许可证》正、副本复印件及《职业健康检查机构备案回执》；

2. 单位名称、地址变更，提交当地机构编制部门或其他相关部门下发的有效证明材料及复印件；

3. 法定代表人变更的，提交单位主管（上级）部门下发的相关文件或其他有效证明材料复印件；

4. 增加职业健康检查类别和项目的，需详细说明具备开展职业健康检查工作所需的工作场所、专业技术人员和仪器设备等条件，按首次备案申请的要求，提供相关证明资料；

5. 其他需要提交的证明材料。

各省可参考本省（自治区、直辖市）卫生健康委受理部门对医疗卫生机构开展职业健康检查的备案要求。

第四章　职业健康检查机构质量管理

职业健康检查是落实《职业病防治法》“预防为主、防治结合”工作方针的重要工作，职业健康检查的工作质量关系着劳动者的健康以及职业病防治工作的效果评估。因此，加强质量管理，确保职业健康检查工作的标准化、规范化是非常必要的。《职业健康检查管理办法》第十条规定了省级卫生健康主管部门应当指定机构负责本辖区内职业健康检查机构的质量控制管理工作，组织开展实验室间比对和职业健康检查质量考核。《职业健康检查管理办法》也将职业健康检查质量控制情况纳入了监督检查的主要内容之一。

第一节　职业健康检查机构质量管理体系

《职业健康检查管理办法》第五条第六款规定：承担职业健康检查的医疗卫生机构应当建立职业健康检查质量管理制度。《质量控制规范（试行）》（中疾控公卫发〔2019〕45 号）第二章第三条明确规定：职业健康检查机构应建立职业健康检查质量管理体系，健全各项规章制度，对职业健康检查工作进行全过程质量管理并保持质量管理体系持续有效运行。为了保证职业健康检查工作行为规范，结果准确，出具的报告公正客观，职业健康检查机构应对职业健康检查全过程采取必要的质量控制措施，建立健全质量管理体系文件。

质量管理体系文件是描述质量体系的一整套文本性文件，是职业健康检查机构的纲领性文件，是保持职业健康检查机构有序实施职业健康检查工作的重要基础，是开展质量管理活动和采取质量控制措施的主要依据。建立并完善质量管理体系文件是为了进一步明确职责与权限，协调各部门之间的关系，保证职业健康检查工作的规范性，确保各项活动能够顺利、有效地实施，使整体机构能够经济、高效地运行，以满足服务对象的需要。

职业健康检查质量管理体系建设包括组织架构、资源配置、内部质量管理、档案管理、信息化建设、外部质量管理等方面的内容。职业健康检查全过程质量管理应当包括职业健康检查前、检查中、检查后等工作环节。外出职业健康检查进行医学影像检查和实验室检测，职业健康检查机构必须保证检查质量并满足放射防护和生物安全的管理要求。

质量管理是依据申请备案的职业健康检查机构的资质条件、技术考核项目、判定标准及工作方案，对申请备案机构的组织机构、人员、仪器设备与工作场所、实验室检验能力、工作规范及资料档案、职业健康检查报告和处理以及日常管理和资料档案管理等要素进行严格审定，做出客观、公正、科学、全面的评价和结论，为职业健康检查机构质量管理检查、实现行业自律提供重要依据。

一、质量管理体系文件编制与要求

（一）质量管理体系文件的特性

质量管理体系文件是机构运行和管理的规范要求，是机构进行内部审核和接受外部审核的依据，是保持职业健康检查机构服务质量持续改进的前提与保障，是规范工作人员行为并实施内部管理的有效方法，是进行对外宣传和进行对内培训的最佳材料。因此质量管理体系文件应该具有以下特征：

1. 法规性

首先质量管理体系文件所涉及的内容和要求要与法律法规相一致，保证质量管理体系文件的权威性和合法性。并且质量管理体系文件是一个机构实施质量管理、开展质量保证活动的法规或行为准则。因此，质量管理体系文件要经过一定的审批程序，正式颁布实施。

2. 唯一性

一个职业健康检查机构只能有唯一的质量管理体系文件，每项活动只能规定唯一的程序；每项规定只能有唯一的理解或解释；一项任务只能指定唯一的部门或者人员负责。所以在执行质量管理体系文件的版本必须是唯一现行有效的。

3. 适用性

职业健康检查机构应根据自身的资源、性质、任务和特点，制定适合自身质量方针以及检查工作需要的质量管理体系文件，要求确保质量管理体系文件的可操作性，质量管理体系文件所述内容和程序必须与工作实际相一致。

（二）质量管理体系文件的编写要求

职业健康检查机构所编写的质量管理体系文件应该能够反映该机构质量体系的系统特征，应对影响服务质量形成过程的技术、管理和人员等因素的控制做出统一的规定。不同文件在各个层次和文件质量方面应做到层次清楚、接口明确、结构合理、协调有序、要素和内容取舍得当。在质量管理体系文件的编写中要体现以下特性：

1. 整体性

职业健康检查机构应该对健康检查中涉及的全部工作和全部要素、要求和规定，都要有系统、有条理地制订成各项方针和程序，编写的文件是一个有机整体，保证整体的协调性，不能有疏漏或突出。所有的质量管理文件必须按规定的方法编辑成册。

2. 系统性

质量管理体系文件应根据职业健康检查机构的实际质量管理体系的系统特征，通过各要素之间相互作用、相互依赖关系来描述该质量管理体系和规范各项质量活动。要充分考虑文件本身及相互之间的内在联系，相辅相成，不能相互脱节或相互矛盾。

3. 层次性

质量管理体系文件中各类文件的地位、作用、层次是不同的。各层次文件应分布合理、相互协调、互相印证。每类文件除了重视各层次间的衔接外，主要是解决本层次的问题。比如，质量手册是处于最高层次的纲领性文件，不涉及纯技术性的细节；作业指导书则是最基础的操作性文件，要对各项作业给予尽可能详细的指导，而不需要原则性、概括性的阐述。

4. 溯源性

职业健康检查机构为接触职业病危害因素的劳动者进行的上岗前、在岗期间及离岗时的健康检查，其检查数据具有一定的法律效力，这就要求职业健康检查机构所建立的质量管理体系应既要满足劳动者的需求，也要满足相关管理部门的监管需要。因此，各项质量活动应具有可溯性和见证性，以便通过各项记录及时发现偏离程序的未受控环节以及质量管理体系的缺陷和漏洞，对质量管理体系进行自我监督、自我完善和自我提高。

5. 持续性

质量管理体系文件具有相对稳定性，但不是一成不变的。随着职业健康检查机构外部环境及内部条件的变化，质量管理体系文件应有一定的适应能力，因而具有一定的动态性。处理好稳定性和动态性的关系，保证适宜性，是确保质量管理体系有效性的关键。所以一般情况下质量管理体系文件要采用活页装订，要注明版本号等，主要是为了便于修改。通过定期内部审核等质量管理活动，找出现行文件的不足，不断对体系文件进行改进，保证其先进性和适用性。

（三）质量管理体系文件的编写思路

质量管理体系文件的编写是职业健康检查机构的一项重要的工作，它既要符合国家法律、法规、规范、标准，也是职业健康检查机构内部的资源调配和运行的操作指南。因此质量管理体系文件的编写是一项浩大而复杂的系统工程，需要管理者做好前期的组织与策划，明确各部门的职责分工、确定指导思路，做好培训与指导。质量管理体系文件涉及机构的方方面面，若没有机构最高管理者的重视和支持，是肯定做不到的。因此，最高管理者应直接抓该项工作，立足全局才能使得编写工作顺利进行。在组织编写的过程中要遵循以下原则：

1. 明确服务对象满意原则

质量管理体系文件建立的根本就是以最优质的服务做好接触职业病危害因素劳动者的职业健康检查工作，所以在这种服务对象满意的思想指引下，才能更好地开展体系文件编写工作。质量管理体系文件中应处处体现这一思想，通过质量手册、工作程序、作业指导书、质量记录等，把这一思想落到实处。如果指导思想不端正，仅仅为应付检查、审核，是不可能编写出好的质量管理体系文件的。

2. 明确质量目标与质量方针

要编出好的质量管理体系文件，一定要有一个明确的目标。质量目标和质量方针是职业健康检查机构的核心力量，是机构发展和改进的动力。编写质量管理体系文件，不仅要考虑标准要求，更要考虑机构的实际情况和发展方向，质量目标和方针的确定应保证适宜性，才有利于机构实施标准化和规范化的管理，提升机构管理水平和能力，从而提高市场竞争力。

3. 做好组织落实和资源保证

为编写好质量管理体系文件，要有相应的组织。通常应该是机构主管领导统筹，负责编写原则的确定和终审。同时建立两个小组，一个是组织策划小组，主要负责基础格式的确定以及质量管理体系文件的汇总、初审等，一般由负责质量管理的部门实施；另一个是文件编写小组，负责具体的文件编写工作，一般主要由各部门负责人和具体工作人员组成。编写小组成员要求对工作认真负责，对工作情况掌握，对法律法规熟悉，具有较强的文字能力。对于质量管理体系文件编写所需的必要办公条件要给予保证，包括调查研究、培训学习、资料收集、电脑排印等所需费用以及时间保证。

4. 做好质量管理体系文件编写计划

在质量管理体系文件编写前要做好编写的策划，确定编写的顺序，是从质量手册、程序性文件、作业指导书这几层文件自上而下编写还是自下而上编写，还是以每项工作为线条逐条编写。这三种编写模式各有利弊，要根据本机构的实际情况和编写人员的水平确定。要列出所要编制的文件目录、责任人和完成时间，统一格式模板。要求编写的质量管理体系文件完整、规范、操作性强。

二、质量管理体系文件结构与内容

质量管理体系文件一般分四个层次，包括质量手册、程序性文件、作业指导书（操作规程）及相关记录表格。所有与职业健康检查工作有关的人员均应熟悉质量体系文件，并执行相关程序和要求。

（一）质量手册

1. 质量手册的作用

质量手册是指导职业健康检查机构内部实施质量管理的法规性文件，它具有代表检查机构对外做出服务承诺的证明性文件。它明确质量方针和质量目标，是内部质量管理体系审核的主要依据和内部相关人员培训的教材，是整个质量管理体系文件的纲领和精髓。

2. 质量手册的编制原则

质量手册要求准确全面和扼要地阐明职业健康检查机构概况、质量方针和质量目标、质量体系的适用范围，组织和管理结构、质量管理体系要求及其相互作用、有关职责和权限，质量手册中应包含《职业健康检查管理办法》和《质量控制规范（试行）》中涉及要素的管理要求及其相关的程序文件。职业健康检查机构的质量手册可参照《医学实验室——质量和能力的专用要求》（ISO 15189:2007）的要素和要求进行编写，质量手册有必要覆盖标准要求，即对每一个条款都做出机构如何遵循的描述。

3. 质量手册的编写与批准

质量手册由质量管理负责人或专门负责质量管理的部门编制。质量手册的内容形式及要求对整体质量管理体系文件起到至关重要的作用，是质量管理体系文件的核心环节。质量手册由职业健康检查机构负有执行职责的最高管理者签署和发布。

4. 质量手册的格式

质量手册一般结构包括概述（前言）、正文和附件三部分。各构成部分包含的内容：

（1）概述

①封面：包括机构名称、手册名称、文件编号、版本号、发布实施日期、编写人、审核人、签发人、受控标识、发放编号、持有人等信息，并且封面应加盖单位公章。

②批准页：由职业健康检查机构最高管理者作为批准人发布颁发令，并且在批准页中要阐明质量手册的基本内容、重要性、意义、适用范围以及对各部

门的实施要求，明确何年何月何日起实施。

③目录：在目录中列出各章节的题目和页码。

④公正性声明：由该机构最高管理者对机构行为的公正性和诚信度进行承诺。

⑤质量方针和质量目标：阐明机构的质量方针和质量目标，以及对客户的服务承诺。

⑥机构简介：阐述该机构的基本情况，如机构名称（工商法人登记证的全称）、地址、规模、通信方式、历史沿革、所获荣誉等。

⑦质量手册的管理说明：阐述质量手册是由哪个部门负责编制，哪个部门负责审批、更改、发放、保管、作废等以及如何控制。

⑧编制依据：说明质量手册的编制标准依据及相关法规文件。

⑨术语和缩写：质量管理方面的术语应采用《质量管理体系基础和术语》ISO 9000:2015 中的定义。

（2）正文

正文部分是质量手册的核心，应按照《医学实验室——质量和能力的专用要求》ISO 15189:2007 和《职业健康检查管理办法》所涉及的要求内容进行逐条描述。其中包括：

①组织机构

明确机构设置及各部门的职责、职权，应有组织结构图进行直观说明并与实际相符，要涉及所有职能部门和业务部门，不能有遗漏。

职业健康检查机构应设置质量管理部门，并应配有专职或兼职的质量监督员和档案管理人员；应具有专门的职业健康检查科室建制，岗位设置合理。

②职能分工

描述机构各部门的职责和工作内容、质量管理关键岗位人员的职责和任职条件，以及各部门间的关系，必要时应该有职责分配表加以说明，明确责任、避免推诿扯皮。

职业健康检查机构应确定机构的技术负责人和质量负责人，其资质条件应符合《职业健康检查管理办法》的规定要求。技术负责人、质量负责人应为本医疗机构在册的执业医师，具有副高级以上卫生专业临床技术职务任职资格、熟悉职业病诊断相关法律法规、标准、技术规范。

在人员任职条件方面应规定：执业医师、护士等医疗卫生技术人员与备案开展的职业健康检查类别和项目相适应；主检医师符合《职业健康检查管理办法》的要求；承担职业健康检查的实验室检测人员中至少有一名具有中级以上专业技术职称。

③质量管理体系要求

这是正文的主要部分。要对所依据标准的各条要求，就如何进行管理和控制一一予以阐述，质量手册中各项内容的先后顺序尽可能与标准内容顺序一致，以便对照。编制质量手册时必须注意覆盖标准要求，不能随意取舍而不加任何说明。

这部分是质量手册的核心，一般会按照《职业健康检查管理办法》所涉及的要求内容进行逐条描述。

（3）附件（支持性文件）

包括附录和附加说明。附录部分在于补充说明正文的内容。如机构法律地位文件、各种关键岗位人员授权文件、机构岗位人员一览表、仪器设备一览表、单位布局图、程序文件目录等质量手册涉及的图表等。

5. 质量手册的内容

职业健康检查机构的质量手册编写顺序和要素应参照以下内容：

第0章　序章

0.1　目录

0.2　发布令

0.3　公正性声明

0.4　修订页

第1章　职业健康检查机构简介

第2章　质量方针、目标和承诺

2.1　质量方针

2.2　质量目标

2.3　服务承诺

第3章　术语与定义

第4章　管理要求

4.1　组织结构

4.2　人员

4.3　仪器设备

4.4　工作场所

4.5　能力考核与培训

4.6　管理制度

4.6.1　管理体系建立

4.6.2　质量手册的管理

7.14 程序文件清单

7.15 作业指导书清单

7.16 职业健康检查工作流程图

7.17 职业健康检查体检流程图

7.18 职业健康检查须知

7.19 授权签字人一览表

7.20 职业健康监护适用法规/标准一览表

支持性资料应包括但不限于以下内容：

1. 最高管理者授权书
2. 技术负责人任命书
3. 质量负责人任命书
4. 主检医师任命书
5. 审核人、质量监督员任命书
6. 授权签发人任命书
7. 授权签字人任命书及签字识别（手模）

在“部门责任和岗位职责”中应包含但不限于以下内容：

1. 体检中心主任岗位职责
2. 主检医师岗位职责
3. 技术负责人职责
4. 质量负责人职责
5. 体检中心前台岗位职责
6. 岗位职责（测听室、肺功能室、测血压岗等）
7. 护士岗位职责
8. 医师岗位职责（内、外、妇、眼、耳鼻喉、口腔、皮肤等）
9. 技师岗位职责（含X射线诊断、心电诊断、超声诊断及检验）
10. 质控人员（可由各专业人员兼）工作职责
11. 仪器设备管理员工作职责
12. 档案管理员工作职责

在“管理制度”中应包含但不限于以下内容：

1. 职业健康检查机构公正与诚信制度
2. 保护用人单位及受检者隐私和所有权管理制度
3. 职业性健康检查工作制度
4. 职业健康体检档案管理制度

5. 职业健康检查信息管理系统管理制度
6. 职业健康检查告知制度
7. 岗位培训制度
8. 职业健康监护质量管理制度
9. 职业健康检查专用章使用管理制度
10. 职业禁忌证告知及疑似职业病报告制度
11. 仪器设备使用管理制度
12. 安全管理制度
13. 投诉管理制度
14. 质量管理体系内部审核和管理评审制度
15. 职业健康检查医学常规检查工作制度
16. 检验科工作制度
17. 放射科工作制度
18. 职业性健康检查特殊检查室工作制度

（二）程序性文件

1. 程序文件的作用

程序文件是对质量手册的展开，相对于质量手册和作业指导书起着承上启下的作用。它规定了实施质量活动的具体内容、方法和步骤，即对应该做什么（What），由谁去做（Who）和怎样做（How）提出了管理要求。程序文件将机构内部各种质量活动和质量工作的内容、顺序、方法及要求作出具体明确规定，对涉及各个部门的接口问题，都作出明确规定，使各部门能够相互配合，促进工作顺利进行，起到协调机构内部各项活动的作用。

2. 程序文件的编制原则

程序文件是指把为完成某项质量活动而规定的顺序、内容和方法写成书面材料并正式颁布而形成的文件，涉及保证机构科学、公正、诚信开展工作的所有程序和规范，是质量手册的支持性文件。这就要求程序文件的内容必须同质量手册的规定要求相一致，同时应简练、准确，具有很强的可操作性要求。一般来说，质量手册对质量管理体系的描述是纲领性、原则性的，不涉及工作上的具体细节，而程序文件则要细致得多，是直接针对某个部门的，是各部门质量活动的具体要求，本着“5W + 1H”的原则即 Who、When、Where、Why、What、How，不仅要说明应该做什么，还应提出怎样做，由谁做，如何控制和记录，产生什么报告或文件等要求。至于某个具体工作、某项作业如何能够达到标准的要求，即具体做法的指导原则是作业指导书的内容。

3. 程序文件的编写与批准

根据《质量控制规范（试行）》要求，职业健康检查机构要在建立健全职业健康检查质量管理总制度的基础上，对职业健康检查技术服务合同、报告审核、授权签发、专用章使用、实验室管理、仪器使用、人员培训、档案管理、安全与环境管理、疑似职业病报告等重要环节分别制定详细的质量管理分项制度以及相关的标准化操作程序。

程序文件一般应由各职能部门负责人编写，由机构质量负责人或者是管理者代表进行管理要求和职责审核。在文件的编制过程中，有必要召开每个程序所有相关部门的会议，统一思想，明确责任，共同认可，这样才能保证制定的工作程序符合工作实际，能够被接受和执行。程序文件的发布一般由机构的质量负责人或者是管理者代表批准实施。

4. 程序文件的格式

程序文件由三部分组成：文头部分、正文部分、文尾部分。

（1）文头部分

①名称：程序文件名称。

②编号：该程序文件的文件编号。

③页码：注明该文件共几页、第几页。

④版次：注明受控文件版次。

⑤日期：注明该文件发布、生效或修改日期。

（2）正文部分

①目的（Why）：主要说明机构为什么开展这项活动，要达到什么目的。

②范围（Where）：开展此项质量工作的工作范围，涉及哪些方面，有哪些注意和禁止事项。

③职责（Who）：明确由哪些人来实施此项工作及其责任和权力。要特别注意明确谁归口主管，谁辅助配合。

④工作程序（What、How、When）：主要说明工作的顺序。每个工作程序应包括完成该活动的工作内容、方法和质量控制的要求。包括采用什么设备、工具以及如何控制等。

⑤相关文件：引用与质量活动密切相关的文件编写及文件名称。

⑥报告和记录：要明确规定本质量活动所产生的报告和记录，以及应该采用的表格和记录格式。

（3）文尾部分

①截止标识：截止线。

②编制标识：编制人、审核人、批准人。

③程序性文件的内容。

职业健康检查机构制定的程序文件中应包含但不限于以下内容：

（1）公正性保证程序

（2）客户机密和保护所有权程序

（3）人员管理与培训程序

（4）仪器设备管理程序与仪器设备维修程序

（5）量值溯源程序

（6）期间核查程序

（7）标准物质、质控品管理程序

（8）设施与环境条件控制程序

（9）环境保护程序

（10）安全作业管理程序

（11）文件控制程序

（12）合同评审程序

（13）服务和供应品采购控制程序

（14）投诉处理程序

（15）不符合工作控制程序

（16）纠正措施控制程序

（17）预防措施控制程序

（18）改进控制程序

（19）记录控制程序

（20）内部审核程序

（21）管理评审程序

（22）职业健康检查方法与方法确认程序

（23）允许偏离标准（规范）控制程序

（24）开展新项目评审程序

（25）计算机控制及数据控制程序

（26）职业健康检查工作与质量监督控制程序

（27）标本采集控制程序

（28）标本处理管理程序

（29）职业健康检查结果报告管理程序

（30）记录、档案的管理程序

（31）网络直报工作程序

（32）外出体检工作与质量保证程序

（33）报告书（单）管理程序

主要的应急程序中应包含但不限于以下内容：

（1）医护人员发生针刺伤（职业暴露）时的应急程序

（2）处理投诉及纠纷的应急程序

（3）突发晕厥、虚脱的应急程序

（4）体检中心工作人员紧急调配预案

（5）重大意外伤害事件的应急程序

（三）作业指导书

1. 作业指导书的作用

作业指导书是质量管理体系文件中最具体的操作性文件，它是对程序文件的支持与具体说明，具体描述每个职业健康检查活动的操作过程、环节和要求。一套好的作业指导书应该包括所开展职业健康检查及实验室检验活动的具体实施步骤。作业指导书对工作环节细节的正确描述，能够保证现场操作人员在实施操作过程中各个环节准确无误地进行，避免出现不必要的差错。同时，它既是工作人员的操作指南，也是管理者实施检查的依据。作业指导书的培训与实施有助于提升整体工作质量和员工素质。

2. 作业指导书的编制原则

作业指导书应保证所写内容与现行标准一致。作业指导书包含了具体的操作方法、设备使用与管理、样品管理、数据处理等工作环节，是针对某一具体工作做的详细规定。作业指导书的编写应体现以下原则：

适宜性原则：并不是每一项工作、岗位都需要作业指导书，一般是在较复杂、技术要求高、容易出现问题的工作环节上使用。一般以没有工作文件就不能保证服务质量为原则。

指导性原则：工作文件应详细而准确地描述工作或作业，规定作业目的、作业前的准备工作、需确认的事项、作业的顺序、作业时应注意的事项等方面，使操作人员对作业有清楚而准确的了解。

可操作性原则：作业指导书的目的就是给操作者足够的指导，帮助他们完成工作，所以应具有很强的可操作性。

3. 作业指导书的编写与批准

作业指导书应由具体工作人员编写，经科室负责人审核，由技术负责人批准发布实施。国家和地方颁布的各类检验、检查标准和方法可直接按照职业健康检查内部作业指导书应用和管理。并且作业指导书应该在受控管理的同时方便操作人员查阅和使用。

4. 作业指导书的格式

作业指导书应该简洁明了、容易理解、方便操作，必要时需要有工作程序图加以辅助说明。

作业指导书由三部分组成：文头部分、正文部分、文尾部分。

（1）文头部分

①名称：作业指导文件的名称；

②编号：该作业指导书的文件编号；

③页码：表明该文件共几页、第几页；

④版次：标出受控文件版次；

⑤日期：注明该文件发布、生效或修改日期。

（2）正文部分

与程序文件一致同样采用“5W +1H”形式进行编写；

①目的（Why）：阐明该作业文件的目的或主题是什么；

②范围（Where）：阐明应该何地何种工作实施该作业文件；

③职责（Who）：明确由哪些人来实施此项工作及其责任和权力；

④内容（What）：该作业文件的内容是什么；

⑤时间（When）：什么时候使用该作业文件；

⑥方法（How）：描述具体的操作过程，这部分往往是一个作业指导书的核心；

⑦相关文件：支持本作业文件的标准或方法；

⑧支持的记录表格：要明确规定本作业应该采用的表格和记录格式。

（3）文尾部分

①截止标识：截止线；

②编制标识：编制人、审核人、批准人。

5. 作业指导书的内容

职业健康检查机构制定的作业指导书/操作规程中应包含但不限于以下内容：

（1）职业健康检查业务受理工作细则

（2）职业健康检查技术合同（委托书）草拟、核签细则

（3）职业健康检查登记与条形码扫描工作细则

（4）职业健康现场检查（含复查）工作细则

（5）劳动者个人基本信息资料的采集检查方法

（6）噪声作业职业健康检查工作规程

（7）有机性粉尘、无机性粉尘作业职业健康检查工作规程

（8）苯作业及其他常见有机溶剂作业职业健康检查工作规程

（9）重金属（锰、铅、镉、汞、砷等）作业职业健康检查工作规程

（10）高温作业职业健康检查工作规程

（11）职业史及相关症状询问方法

（12）尿 β_2－微球蛋白检验方法

（13）×××型肺功能仪操作规程

（14）×××型纯音听力计操作规程

（15）高 KV 胸片摄影/DR 操作规程

（16）×××型彩色分辨视野计操作规程

（17）职业健康检查资料处理细则

（18）职业健康检查个体健康评定细则

（19）职业健康检查总结报告与总结报告书编写、核签细则

（20）职业健康检查报告或总结报告书发放细则

（21）职业健康检查档案管理细则

（22）职业健康检查保密打印系统操作细则

（23）上岗前、离岗时职业健康检查报告打印工作细则

（24）应急职业健康检查工作细则

（四）相关记录表格

1. 记录表格的作用

记录作为职业健康检查机构质量管理体系文件的组成部分，在质量管理体系运行中发挥着极其重要的作用。记录表格包括在质量管理活动产生的质量记录和在检查操作技术活动过程中产生的技术记录，是质量管理活动和业务活动的文本载体，是职业健康检查机构质量管理体系有效运行的证明，是检查报告和质量活动的溯源依据。记录应贯穿于质量、结果形成的全过程，能完整体现健康检查机构管理体系运行的状况，反映结果的质量状况。

2. 记录表格的编制原则

（1）可溯源性

记录表格要体现全部的工作过程，其重要作用为再现和溯源，记录表格的信息要完整，要将工作过程的全部环节体现出来，比如环境条件、人员、仪器设备及状况、体检检查操作过程等信息要表达充分，要有完整的过程记录，要

使记录能达到可复现的目的。

（2）实用性

记录要求必须是实时记录，记录的设计应该是简洁清晰的，填写应该是方便简单的，这样才能保证工作人员在操作过程中能够不花费太多的时间和精力研究如何填写，才能确保表格记录被很好地使用。

（3）统一性

同一项工作内容或者同一类工作，在记录表格的设计上应该是一致的，便于记录、管理和统计。并且表格的设计必须与作业指导书的内容要求相一致，具有关联性。

3. 记录表格的编写与批准

记录表格应由具体工作人员编写，经科室负责人审核，由技术负责人批准发布实施。记录表格的管理应方便使用者的查找和使用。

4. 记录表格的格式

记录一般以表格的形式体现，包含的信息有记录的文件编号、体检者（样品）识别、检查（操作）过程记录、数据、结果、意见以及实施人员的签字确认、时间确认等信息。

记录表格编号应具有唯一性，且应作为受控文件进行管理。

5. 记录表格的内容

职业健康检查机构记录表格中应包含但不限于以下内容：

（1）职业健康检查服务合同（协议）

（2）职业健康服务合同评审意见

（3）职业健康检查登记表

（4）职业健康检查表

（5）职业健康检查复查结果讨论记录

（6）职业健康检查复查通知书

（7）职业健康检查结果汇总表

（8）职业健康检查异常结果登记表

（9）职业健康检查报告发放登记表

（10）报告书（单）补发申请表

（11）报告书（单）更改申请表

（12）职业健康检查报告书补发登记表

（13）年度职业健康检查结果汇总表

（14）年度职业健康检查发现职业禁忌人员汇总表

（15）职业健康检查发现疑似职业病患者汇总表

（16）年度职业健康检查发现疑似职业病患者汇总表

（17）职业健康检查报告书归档清单

（18）职业健康检查报告书借阅登记表

（19）仪器、设备一览表

（20）仪器、设备使用登记表

（21）仪器、设备日常保养登记表

（22）仪器、设备维修登记表

（23）仪器、设备校准记录表

（24）化学试剂存放一览表

（25）仪器、设备期间核查记录

（26）设施与环境条件记录

（27）不符合工作记录

（28）纠正措施记录

（29）预防措施跟踪记录表

（30）质量管理体系内部审核表

（31）新项目确认评审表

（32）职业健康检查工作质量控制记录表

（33）质量监督员使用的质量监督记录

（34）群体职业健康检查执行质量记录表

（35）个体职业健康检查执行质量记录表

（36）样品采集（送检）记录表

（37）留样登记表

（38）样品异常损坏、丢失报告表

（39）职业健康检查人员一览表

（40）职业健康监护适用法规/标准一览表

（41）获得的资质/认可/认证一览表

三、质量管理体系文件管理与维护

质量管理体系文件是职业健康检查机构开展质量活动的重要依据，必须要保证体系文件的有效性。所以，除了外送给受检者或有关单位的质量手册外，各类质量管理体系文件均应实施受控管理。质量管理体系文件应按规定的程序批准后执行，及时替换作废文件，防止误用。各类文件的发放、修改、作废等均要履行严格的手续，保证现场使用的都是现行有效的文件。质量管理体系文件应当随内外部情况的变化及时修订。

（一）质量体系文件分类

1. 管理性文件：包括《质量管理手册》《程序文件》《规章制度》以及《质量记录》等，国家、地方和行业的有关法律、法规、管理办法以及职业健康检查机构在管理工作过程中形成的文件，如工作计划、总结报告、体检人员教育培训计划、体检项目管理计划、体检设备和物资采购计划、质量控制计划、体检仪器设备检定或校准计划等。

2. 技术性文件：包括作业指导书、技术标准/规范、检验方法、操作规程以及职业健康检查机构在实施技术服务过程中形成的技术文件及所形成的各种记录（技术记录）、报告（体检报告）、生物安全与防护手册、方法细则和补充细则、样品处置方法、业务受理单、各类统计报表等。

以上所有质量管理体系文件都应该按照体系文件的管理要求，按其作用目的、使用人员、责任部门不同纳入不同层次的体系文件中，并实施受控管理。

（二）质量体系文件的编号原则

鉴于质量体系文件层次多、数量大，为体现质量管理体系文件的系统性和层次性，便于实施受控管理，这就要求每个文件（包括表格）都应该具有唯一性的编号进行标识，利于管理、方便查用和避免混淆，并且编订形成《受控文件一览表》。应按照体系文件的四个层次进行编号。

1. 《质量管理手册》（第一层次文件）的编号表示为：XXZYTJ－QM

编码释义：XXZYTJ——某职业体检机构的代号（下同）；

QM——质量管理手册的代号。

2. 《程序文件》（第二层次文件）的编号表示为：XXZYTJ－CX－序号

编码释义：CX——程序文件的代号；

序号——一般是从001开始的阿拉伯数字（下同）。

3. 《作业指导书》（第三层次文件）的编号表示为：XXZYTJ－科室代号－ZY－序号

编码释义：科室代号——由机构统一编制的科室代号；

ZY——技术类别文件（作业指导书）的代号。

机构统一编制管理的作业指导书可以省略科室代号。如果机构的作业指导书太过庞大也可以在ZY下再做一个层次的分类，如XXZYTJ－科室代号－ZY－FF－序号，代表所有的检查方法的作业指导书，XXZYTJ－科室代号－ZY－GC－序号，代表所有的仪器操作规程的作业指导书。

4.《记录表格》（第四层次文件）的编号表示为：XXZYTJ-（科室代号）-JL-序号

编码释义：JL——记录的代号。

记录表格同样可以进行下一个层次的编号，方便管理和使用。

（三）质量管理体系文件的发放与管理

职业健康检查机构应明确规定不同体系文件的发放范围，一般《质量管理手册》和《程序文件》发放到管理层，《作业指导书》和《记录表格》发放到具体工作人员。要做到让操作者和执行人员能方便得到相关有效的体系文件，同时做好发放登记以保证文件能够处在受控状态，在体系文件有修改的情况下能够得到及时的回收和变更，保证所有操作人员使用的文件都是现行有效版本。对受控文件均盖有“受控”字样的图章，以示受控。对外提供的非受控文件，应盖有“非受控”字样的图章，以示不受控。文件更改时对非受控文件不再进行更改。

（四）质量管理体系文件的修改与换版

职业健康检查机构应设定专人对国家标准和上级政策法规进行收集和整理，及时按照最新的标准和管理要求变更文件并进行发放和替换。一般文件的更改由原制定部门提出，并填写申请单，经原审批人（岗位）批准后，交体系文件管理部门负责具体更改工作，以保持各部门都使用有效版本。

当《质量管理手册》《程序文件》和《作业指导书》修改次达到第10次时，如再修改则需更换版次。版次的更改应在封面或刊头上进行标识，版次状态也在目录上标识。记录更改时，每更改一次，记录的版次状态号也要改；当《程序文件》更换版次时，则记录也应同时更改版次，版次状态也应在目录上标识。

当内部环境发生重大变化和质量管理体系标准发生变化时，《质量管理手册》应进行整册修改换版；当《质量管理手册》换版时，《程序文件》也相应进行换版。届时，各文件均统一为新的版次状态，修改次均从0重新开始。所有更改后的文件，确保在所有使用部门都得到更改。过期、作废的文件应由发放部门统一收回处理。

四、质量管理体系文件实例模板

质量管理体系文件实例模板见附录八（略）。

第二节　职业健康检查机构质量管理要求

职业健康检查机构的质量管理应覆盖职业健康检查工作的全过程，包括机构质量管理、过程质量管理和结果质量管理。从体检前的准备工作到体检的整个过程以及体检后的服务都要严谨规范，结合质量控制的主要环节，从六个方面规范职业健康检查工作，即：组织结构健全、责任分工明确、规章制度严密、工作流程畅通、检查设备齐全和技术队伍完整。以“全程无缝服务”和“高标准工作质量”做好职业健康检查工作，做到“事事有人管、事事有记录”，不断提高职业健康检查工作的质量。

职业健康检查机构的质量管理主要包括组织机构、人员、仪器设备、工作场所、管理制度以及能力考核与培训六个方面。

一、组织机构

1. 从事职业健康检查的医疗卫生机构（以下简称职业健康检查机构）应具有法定代表人资格或经法人授权，其负责人应由法定代表人或经法人授权的人员担任。应对其出具的体检结果负责，并承担相应法律责任。

2. 持有《医疗机构执业许可证》和《放射诊疗许可证》。

3. 设置与职业健康检查相关的科室，包括内科（含职业病科）、外科、眼科、耳鼻咽喉科、口腔科、皮肤科、医学影像科（含 X 射线诊断、心电诊断及超声诊断）及医学检验科等。

4. 建有与其备案的职业健康检查类别和项目相适应的管理、技术和质量控制部门。

5. 岗位及人员设置合理，职责明确，并有效运行。

6. 建立完善的职业健康检查信息管理系统，配备信息化管理人员，制定信息化管理制度，做好网络安全预案，实现信息集中管理，实现职业健康检查机构的信息系统与中国疾病预防控制中心的“职业病与职业卫生信息监测系统”及省级职业健康管理平台的互联互通和数据完整对接。

二、人员

1. 具有与备案开展的职业健康检查类别和项目相适应的医疗卫生技术人员。如：内科（含职业病科）、外科、眼科、耳鼻咽喉科、口腔科、皮肤科、医学影像科（含 X 射线诊断、心电诊断及超声诊断）、医学检验科及护理等专业类别的执业医师、技师、护士等。

粉尘类：至少 1 名具备职业性尘肺病诊断医师资格的主检医师及内科（含职业病科）、心电诊断、肺功能检查、X 射线诊断及医学检验科、护理等专业类别的执业医师、技师、护士。

化学因素类：至少 1 名具备职业性化学中毒诊断医师资格的主检医师及内

科（含职业病科）、外科、眼科、耳鼻咽喉科、口腔科、皮肤科、心电诊断、超声诊断、肺功能检查、X 射线诊断及医学检验科、护理等专业类别的执业医师、技师、护士。

物理因素类：至少 1 名具备物理因素所致职业病诊断医师资格的主检医师及内科（含职业病科）、外科、眼科、耳鼻咽喉科、皮肤科、心电诊断、超声诊断、肺功能检查、听力检查、X 射线检查及医学检验科、护理等专业类别的执业医师、技师、护士。

生物因素类：至少 1 名具备综合类职业病诊断医师资格的主检医师及内科（含职业病科）、外科、妇科、皮肤科、心电诊断、超声诊断、X 射线检查及医学检验科、护理等专业类别的执业医师、技师、护士。

放射因素类：至少 1 名具备职业性放射性疾病诊断医师资格的主检医师及内科（含职业病科）、外科、眼科、皮肤科、心电诊断、超声诊断、X 射线诊断及医学检验科、护理等专业类别的执业医师、技师、护士。

特殊作业：至少 1 名具备综合类职业病诊断医师资格的主检医师及内科（含职业病科）、外科、眼科、耳鼻咽喉科、心电诊断、肺功能检查、听力检查、X 射线检查及医学检验科、护理等专业类别的执业医师、技师、护士。

2. 设专（兼）职管理人员及质量监督人员，并职责明确。

3. 每个检查项目（含实验室检测）至少有 1 名中级职称以上卫生技术人员。

4. 技术负责人：应具有副高级以上卫生专业临床技术职务任职资格及职业病诊断资格，全面负责技术运作；应经法人授权，为本机构签有劳动合同的在编人员，并熟悉相关法律法规、标准、技术规范及本单位的岗位职责和管理制度。

5. 质量负责人：应具有副高级以上卫生专业临床技术职务任职资格，负责保证质量管理体系实施；应经法人授权，为本机构签有劳动合同的在编人员，并熟悉相关法律法规、标准、技术规范及本单位的岗位职责和管理制度。

6. 主检医师：必须是具有相应资格的职业病诊断医师，职业健康检查机构应当指定主检医师负责确定职业健康检查项目和周期，对职业健康检查过程进行质量控制，审核职业健康检查报告，授权签发职业健康检查总结报告和个体结论报告。主检医师应为本机构签有劳动合同的在编人员，并符合《职业健康检查管理办法》第八条规定的主检医师应当具备的条件。

主检医师应当具备以下条件：

（1）具有执业医师证书；

（2）具有中级以上专业技术职务任职资格；

（3）具有职业病诊断资格；

（4）从事职业健康检查相关工作三年以上，熟悉职业卫生和职业病诊断相关标准。

拟担任主检医师的职业健康检查医师应参加省级相关部门组织的专业培训（含职业病诊断医师培训），并考试合格。

对备案多类职业健康检查类别的医疗卫生机构，可以指定多名主检医师。

7. 审核人：应具有职业病诊断医师资格。对不同类别的职业病诊断医师可互为主检医师和审核人。如，对同时接触苯和粉尘的，对粉尘类，尘肺病诊断师为主检医师，职业中毒诊断师为审核人；对苯类，职业中毒诊断师为主检医师，尘肺病诊断师为审核人，并可同时在报告相应的位置签字。

8. 报告签发人：一般由分管院长或职业健康检查中心/科主任担任，应经法人授权。

9. 从事职业健康检查的医、护、技人员应具有相应的执业资格，医生和护士应按时注册。

10. 从事职业健康检查的医、护、技人员应认真履行其职责，在备案的范围内从事职业健康检查工作，工作内容应与执业范围一致，不得超出备案范围；具备职业病诊治专业知识，熟悉相关法律、法规、标准和技术规范；了解工作场所可能存在的职业病危害因素及其相关健康影响；分析劳动者的健康状况与其所从事的职业活动的关系，判断其是否有职业健康损害；定期参加职业健康检查相关专业知识培训，持有培训合格证。

11. 建立人员管理制度。对人员资格确认、任用、授权和能力保持等进行规范管理。与人员建立劳动关系，明确技术人员和管理人员的岗位职责、任职要求和工作关系，使其满足岗位要求并获得所需的权力和资源。

12. 建立职业健康检查专业人员技术档案，并由专人负责。

三、仪器设备

（一）仪器设备基本要求

1. 配备满足并符合备案要求的职业健康检查类别和项目相适应的仪器设备。

2. 仪器设备的种类、数量、性能、量程、精确度等技术指标满足工作需要，并能正常运行。

3. 开展化学因素类、放射因素类职业健康检查的，应按照相应标准设置职业卫生、放射卫生生物样本分析实验室。

4. 开展化学因素类职业健康检查的，应取得相应备案项目生物监测 CMA 认证，并能够开展相应的职业卫生生物监测；开展放射因素类职业健康检查的，实验室的染色体、微核检查应具备符合国家有关要求的净化工作台或生物安全柜及其配套显微镜、血液样品前处理的仪器设备。

5. 开展外出职业健康检查的，应具有相应的职业健康检查仪器、设备、专用车辆（X 射线大车）等条件，包括：DR 车一辆，移动隔声室车辆一辆，能与省级职业健康管理平台数据完整对接的无线局域网信息化体检系统一套。

（二）仪器设备管理与档案管理

1. 对放射诊疗设备定期进行性能检测及评价。

2. 医疗仪器、检验试剂及消耗品购置和使用符合国家相关规定。

3. 建立和保持职业健康检查仪器设备管理制度，并由专人负责，确保设备的配置、维护和使用满足职业健康检查工作要求。对职业健康检查的设备（包括用于测量环境条件等辅助测量设备）应定期进行维护保养、计量检定和校验，同时记录设备状态。

4. 对所使用的设备编制操作规程。

5. 设备应由经过授权的人员操作并对其进行维护。若设备脱离了职业健康检查机构的直接控制（如设备外借、外出体检），应确保该设备返回后，及时进行核查。出现故障或者异常时，应采取相应措施，如设备停用、设备隔离应加贴停用标签、标记直至修复，并通过检定、校准及核查表明设备能正常工作为止；同时核查这些缺陷或超出规定限度对以前职业健康检查结果的影响。

6. 建立健全仪器设备的使用、维修保养档案，专人负责，并实施动态管理，及时补充相关信息。仪器档案至少包括以下信息：

（1）仪器设备履历表，包括仪器设备名称、型号/规格、制造商、出厂编号、仪器设备唯一性识别号、购置日期、验收日期、启用日期、放置地点、用途、主要技术指标、保管人等；

（2）仪器购置申请、招标文件、说明书原件、产品合格证、保修单；

（3）验收记录、安装调试报告；

（4）检定/校准记录、期间核查记录、仪器设备检定/校准计划；

（5）有效的检定证书；

（6）仪器设备操作规程、作业指导书及维护规程；

（7）使用、保养、维护、维修记录。

（三）仪器设备配备标准

从事职业健康检查工作的医疗卫生机构按照标准规范要求，配备专用仪器设备，是做好职业健康检查工作，确保工作质量的前提。为了方便职业健康检查机构选择使用，同时为了卫生健康主管部门监督管理，现将职业健康检查项目及设备（仪器）配备进行分类并编制对照表，供大家参考使用。详见附录九至附录十二。

（四）仪器设备计量检定

为了保证检测设备的准确度和量值可溯源性，应对计量器具和测试设备定期进行计量、检定和校准。列入强检目录的应定期进行计量检定，并张贴标识；不属于强制检定的，应有相应校验方法并定期自校。

1. 国家对仪器设备计量检定要求

1987 年 5 月 28 日，国家计量局发布的《中华人民共和国强制检定的工作计量器具检定管理办法》第十六条规定了用于安全防护、医疗卫生、环境监测方面的 55 项 111 种强检工作计量器具目录。其中，与职业健康检查有关的强制检定的工作计量器具包括：玻璃液体温度计、天平、血压计、眼压计、心（脑）电图仪、超声功率计（含医用超声源）、听力计、酸度计、光焰光度计、分光光度计、比色计、血球计数器（含电子血球计数器）等。

2. 省级对仪器设备计量检定要求

以天津市为例，2019 年 11 月，天津市市场监管总局发布了《关于实施强制管理的计量器具目录的公告》（2019 年第 48 号）（以下简称《公告》），市场监管总局组织对依法管理的《中华人民共和国计量器具目录（型式批准部分）》《中华人民共和国进口计量器具型式审查目录》《中华人民共和国强制检定的工作计量器具明确目录》进行了调整，制定了《实施强制管理的计量器具目录》（以下简称《目录》）。《公告》要求：

（1）列入《目录》且监管方式为 P（型式批准）和 P + V（型式批准 + 强制检定）的计量器具应办理型式批准或进口计量器具型式批准，其他计量器具不再办理型式批准或进口计量器具型式批准；

（2）2020 年 11 月 1 日后以上产品尚未取得型式批准证书的，责令停止制造、销售和进口，并依照有关规定给予处罚；

（3）列入《目录》且监管方式为 V（强制检定）和 P + V（型式批准 + 强制检定）的计量器具，使用中应接受强制检定，其他计量器具不再实施强制检定，使用者可自行选择非强制检定或者校准的方式，保证量值准确；

（4）2020 年 11 月 1 日后以上产品未按照规定申请强制检定的，责令停止使用，并依照有关规定给予处罚；

（5）各级市场监管部门对不在《目录》型式批准范围内的计量器具，已经受理但尚未完成型式批准的，依法终止行政许可程序；各级计量技术机构对不在《目录》强制检定范围内的计量器具，已经受理但尚未完成检定的，继续完成检定工作；

（6）自本公告发布之日起，《中华人民共和国依法管理的计量器具目录》（型式批准部分）（质检总局公告2005年第145号）、《中华人民共和国进口计量器具型式审查目录》（质检总局公告2006年第5号）、《中华人民共和国强制检定的工作计量器具明细目录》（国家计量局〔1987〕量局法字第188号）、《关于调整〈中华人民共和国强制检定的工作计量器具目录〉的通知》（质技监局政发〔1999〕15号）、《关于调整〈中华人民共和国强制检定的工作计量器具目录〉的通知》（国质检量〔2001〕162号）、《关于将汽车里程表从〈中华人民共和国强制检定的工作计量器具目录〉取消的通知》（国质检法〔2002〕386号）、《关于颁发〈强制检定的工作计量器具实施检定的有关规定〉（试行）的通知》（技监局量发〔1991〕374号）废止。

其中，用于职业健康检查工作的型式批准（P）与强制检定（V）的计量器具包括：

体温计：P＋V（其中玻璃体温计只做型式批准和首次强制检定，失准报废）；

血压计/表：无创自动测量血压计：P＋V；

无创非自动测量血压计：P＋V；

眼压计：P＋V；

听力计（纯音听力计、阻抗听力计）：P＋V；

医用诊断X射线设备（非数字化医用诊断X射线仪）：V；

心（脑）电测量仪器（心电图仪、脑电图仪、多参数监护仪）：V。

各省可参考本省（自治区、直辖市）医疗机构医用强检计量器具分类目录。

四、工作场所

1. 有开展职业健康检查工作相应的职业健康检查场所、候检场所和检验室，并能够独立开展相应的技术服务工作。

2. 为确保其工作环境满足职业健康检查的要求，应设立独立的职业健康检查区域，并与门诊、急诊场所分开。

3. 设有等候区、体检区、检验区、办公区、登记室、取血室、检查室、实验室、报告收发室、档案室等。

4. 实验室、检查室与办公室分开。

5. 建筑总面积不少于400平方米，每个独立的检查室使用面积不小于6平方米。工作场所布局合理，采光良好。体检场所应在醒目位置公示体检功能区布局和体检基本流程，引导标识应准确清晰。

6. X 射线特殊检查室最小有效使用面积及最小单边长度按 GBZ 130—2013 执行。

7. 职业健康检查标准或者技术规范对环境条件有要求时或环境条件影响职业健康检查结果时，应监测、控制和记录环境条件。当环境条件不利于职业健康检查的开展时，应停止职业健康检查活动。

8. 职业健康检查工作场所应张贴体检功能区布局图、职业健康检查工作流程图和职业健康检查注意事项等告知内容；X 射线特殊检查室外显著位置张贴当心电离辐射警示标识、温馨提示等标识。

9. 实验室和其他辅助检查的环境，应满足以下要求：

（1）检验区域布局合理，检验区和非检验区标识清晰，检验环境能够保证检验设备正常运行；

（2）检验区有生物安全标识，并符合相关生物安全要求；

（3）生化、理化、血清免疫检验室具备有效的通风、排毒设施；

（4）废弃物处理符合国家相关规定；

（5）尿液分析仪应相对独立，并有局部排风设施；

（6）静脉取血室消毒符合要求（紫外线或臭氧消毒 30 分钟；有每日消毒记录）；

（7）纯音听阈测试测听室环境条件≤30dB，并符合 GB/T 16403—1996 的规定要求；

（8）眼科检查应设置暗室；

（9）肺功能检查室通风良好，并符合院感控制要求；

（10）X 射线摄影检查室必须配备医、检双方放射防护设施，并有效使用；

（11）X 射线读片室观片灯为＞3000CD 三联式，并符合 GBZ 70—2015 中附录 G 的规定；

（12）体检环境应有保护受检者隐私的相关设施，需要暴露受检者躯体的体格检查和辅助仪器检查项目应配置遮挡帘等设施。

五、管理制度

1. 省级卫生健康主管部门应当指定机构负责本辖区内职业健康检查机构的质量控制管理工作，组织开展实验室间比对和职业健康检查质量考核。

2. 职业健康检查机构应建立和实施规范的职业健康检查质量控制管理体系，确保职业健康检查结果质量，促进职业健康监护工作的规范化、标准化。

3. 建立质量管理体系文件，包括：质量手册、程序文件、作业指导书（操作规程）及相关记录表格（简称“四层文件”）；所有与职业健康检查工作有关的人员均应熟悉体系文件，执行相关程序和要求；并及时更新，保持其持续有效运行。

4. 针对职业健康检查各环节制定质量方针和质量目标，使管理体系要求融入职业健康检查的全过程；建立职业健康检查质量控制自我评价与持续改进制度，促进职业健康检查质量的持续改进；根据目标要求进行检查，对重点环节和影响职业健康检查质量的高危因素进行监测、分析和反馈，提出持续改进措施；确保管理体系所需的资源及实现其预期结果能够满足相关法律法规、标准的要求，提升用人单位及受检者满意度；同时做好培训、执行及改进记录。

5. 建立健全职业健康检查管理制度，明确职责、专人负责，并有效落实；包括：

（1）职业健康检查卫生技术人员管理制度与培训制度。对人员资格确认、任用、授权和能力保持等进行规范管理；制订并落实各类人员的培训计划。每年定期对从事职业健康检查的专业技术人员和管理人员进行职业病防治知识的培训或参加其相关专业技术培训；并建立培训档案。

（2）检验科工作及质量控制制度，仪器设备和标准物质（质控物）使用及管理制度。加强检验科管理，确保设备的配置、维护和使用及标准物质（质控物）使用满足职业病诊断工作要求。

（3）职业健康检查档案管理制度。明确双人双锁及保密等职责，严格执行档案保存、借阅、复印、利用、统计等制度。

（4）职业健康检查信息报告管理制度，包括信息化管理及职业卫生信息系统上报管理制度。设置或者指定部门承担疑似职业病的报告工作；任命职业病信息报告人员；制定职业病及健康危害因素监测信息报告工作程序；做好网络安全预案，实施信息集中管理。

（5）疑似职业病登记、告知、报告、培训、质量控制等管理制度，内容应包括疑似职业病诊断报告的部门、工作职责、工作流程，相关信息网络直报及报告卡的存档、登记、审核、自查等；制定疑似职业病及健康危害因素监测信息报告工作程序，并提供必要的保障条件。

（6）职业健康检查质量管理制度。应每年度组织质量管理体系的内部审核和管理评审，对本机构职业健康检查质量管理要求执行情况进行评估，持续改进，有效运行；同时做好培训、执行及改进记录；内部审核/质控记录（体检表、报告书、体检结果报告、送达签收等过程质控记录）应规范、完整。

（7）公正与诚信制度。确保职业健康检查机构及其人员遵守《职业健康检查管理办法》和《职业病诊断与鉴定管理办法》的规定，遵循客观独立、公平公正、诚实信用原则，恪守职业道德，承担社会责任；避免因人际关系、商业利益等不利因素造成的影响，确保职业健康检查结果的真实、客观、准确和可追溯性。

（8）保护当事人秘密和所有权制度。包括保护职业健康检查结果电子信息；职业健康检查机构及其人员应对其在职业健康检查活动中所知悉的国家秘密、商业秘密和技术秘密负有保密义务，并制定和实施相应的保密措施。

（9）投诉管理制度。设置受理投诉岗位，公布投诉电话。

（10）其他与职业健康检查相关的管理制度。包括：职业性健康检查工作制度，委托协议签署制度，报告卡和登记簿、核对、自查等工作制度，质量管理体系内部审核和管理评审制度，职业健康检查质量内部公示制度，职业健康检查告知与疑似职业病报告制度，职业健康检查报告审核签发制度，专用章使用管理制度，仪器设备和标准物质（质控物）管理制度，质量管理体系内部审核和管理评审制度，职业健康检查医学常规检查工作制度，检验科工作及质量控制制度，放射科工作制度，职业性健康检查特殊检查室工作制度等。

6. 制定行业公认的质量控制规范和操作规程。体检机构应根据各地质控中心确定的基本规章制度和操作规程，制定符合本机构实际需要的制度和规范，使职业健康检查质量监管具有统一的衡量标准；对职业健康检查全过程采取必要的质量控制措施，包括职业健康检查前、检查中、检查后及外出职业健康检查等环节。

7. 对职业健康检查技术服务合同/协议书、报告审核、授权签发、专用章使用、实验室管理、仪器使用、人员培训、档案管理、安全与环境管理、疑似职业病报告、职业禁忌证告知等重要环节分别制定详细的质量管理分项制度及相关的标准化操作程序。

8. 建立职业健康检查总结报告、个体结论报告审核机制，并满足《职业健康监护技术规范》（GBZ 188）的要求。

9. 质量管理文件的执行和质量保证制度的落实必须做到领导重视，全员参与（机构的质量管理部门及各相关科室）；建立监督机制，定期质量审核；落实纠正措施，完善管理体系。

六、能力考核与培训

1. 应具备与备案的职业健康检查类别或项目相符合的临床检查及检验能力。职业健康检查和实验室检测能力应当符合 GBZ 188—2018 和 GBZ 235—2011 等标准和技术规范的要求。

2. 检查医师具备针对职业病危害因素作用人体靶器官损害情况的检查/监测能力。

3. 具备常规职业卫生生物监测能力，化验室应具备与备案的项目相一致的特殊项目的检查、检验能力。

4. 主检医师对其备案的职业健康检查的职业病危害因素所致职业病、职业禁忌证有判别和诊断能力。

5. 从事粉尘作业职业健康检查的阅片人员应具备尘肺诊断阅片能力。

6. 通过中国疾病预防控制中心，或省级职业健康检查质量控制机构，或省级临床检验中心组织的实验室间比对（室间质控）和职业健康检查质量考核。

7. 开展外出职业健康检查的，应当具有相应的职业健康检查仪器、设备，专用车辆等条件。

8. 具有职业健康检查报告编写能力。

9. 建立人员培训制度，制订并落实各类人员教育和培训计划，参与职业健康检查人员应定期参加有关职业健康检查法律法规和专业理论知识的继续教育和专项工作培训，培训应包括职业健康检查相关法律法规、规范、标准，专业技术及岗位职责和管理制度等内容，使其掌握与备案开展的职业健康检查类别、项目相关的专业知识和技能。培训计划应满足职业健康检查机构当前和预期工作任务的需要，并适时评价培训活动的有效性。

10. 建立人员专业知识更新、专业技能维持与培养的继续教育制度和记录。保留技术人员的相关资格、能力确认、授权、教育、培训记录及外部培训证明材料等。

能力考核可以通过定期现场操作（如尘肺片阅读、肺功能、电测听、其他检查及化验室操作等）、模拟报告、室内质控、室间比对和专项盲样检测等方式进行。

第三节　职业健康检查过程质量控制

职业健康检查过程质量控制应包括职业健康检查前、检查中、检查后的全过程，既包括在固定工作场所开展的健康检查，也包括外出进行的职业健康检查，职业健康检查过程中的每一个环节均应纳入质量控制范围。

一、职业健康检查工作流程

职业健康检查的全过程应该是“全程无缝服务”，其内容包括：签订职业健康检查协议/合同、体检方案制定和体检前准备、实施职业健康检查、检查后信息整理及报告编制、复查结果处理、报告发放、报告与告知及资料存档几个方面的内容。流程见图 4 –1：

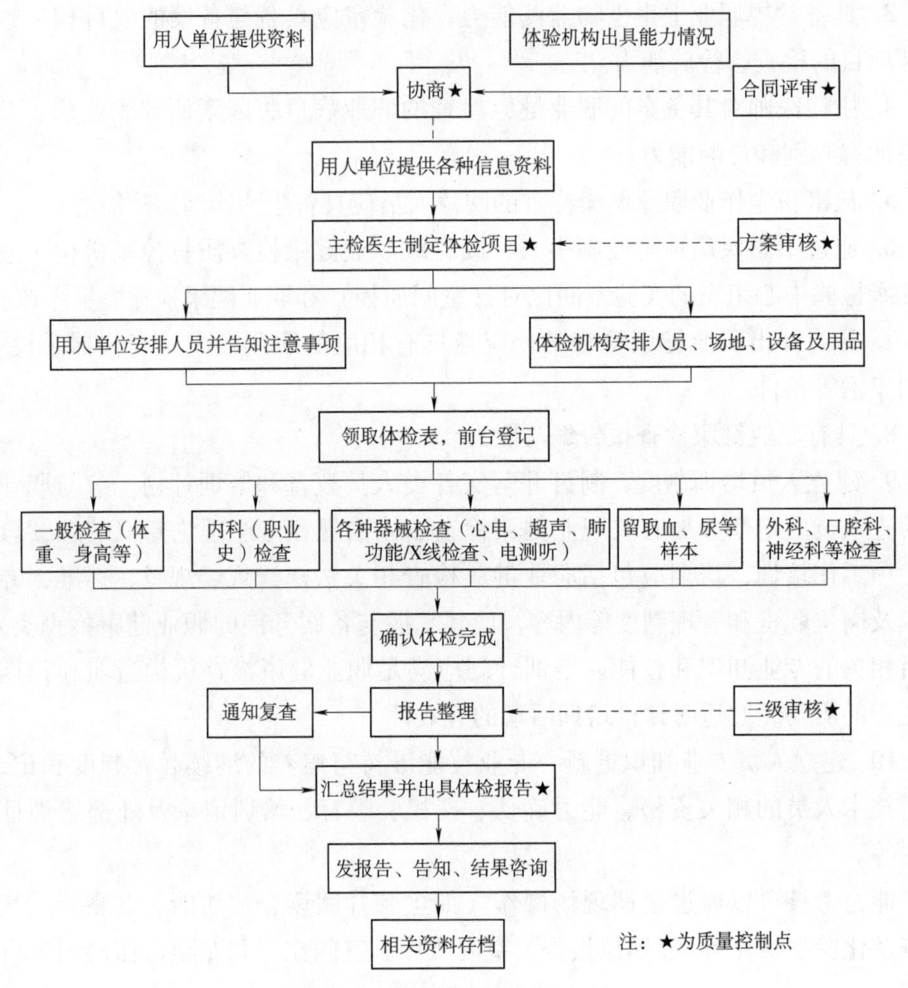

图 4 –1　职业健康检查工作流程

二、职业健康检查前质量管理

（一）签订职业健康检查协议

在职业健康检查过程中，用人单位（以下简称“受检单位”）应当向职业健康检查机构提供职业健康检查所需的相关资料；健康检查机构提供相关能力信息（体检环境、人员、设备等），完成职业健康检查，并出具职业健康检查报告。

1. 接受委托

职业健康检查机构接受受检单位委托，并依据 GBZ 188—2018 和 GBZ 235—

2011 规定，结合用人单位提供的职业健康检查相关资料（必要时体检机构可进行现场职业卫生学调查），签订职业健康检查协议书/合同，明确双方应当履行的责任和义务，并对协议书/合同进行评审，重点关注受检单位的要求是否符合国家有关职业病防治法律、法规、规章、规范及标准要求；同时注意是否超出职业健康检查能力的范围，其资质条件、人员专业能力、仪器设备、车辆及环境条件、检测方法及标准物质、技术服务期限等是否满足受检单位提出的职业健康检查要求的需要；确认双方的责任与义务以及职业健康检查协议费用是否符合有关收费规定或标准等。

由劳动者个体持用人单位介绍信进行职业健康检查的，介绍信应存档。

2. 资料审核

用人单位提供的职业健康检查所需的相关资料应包括：用人单位基本情况（经济类型、企业规模、使用原辅料、中间体、产品、副产品及用量、生产工艺、采取的职业病防护设施、既往职业病诊断情况等），工作场所职业病危害因素种类及其接触人员名册、岗位（或工种）、接触时间，工作场所职业病危害因素定期检测等相关资料，包括现状评价报告及控制效果评价报告。提供的资料均需加盖用人单位公章。

职业健康检查机构应当做好用人单位提供的职业健康检查所需相关资料的审核，并依据 GBZ 188—2018 和 GBZ 235—2011 等相关技术规范，明确用人单位应当检查的项目和周期。

3. 签订协议

委托协议书/合同应包括：编号（与检查报告一致）、委托单位、受检单位、承检单位、各单位基本信息、职业健康检查依据、委托检查类别、接触职业病危害因素种类、接触人数、健康检查的人数、检查项目（必检、选检、加项）、检查时间和地点、检查项目与价格、委托方和被委托方的责任和义务、报告交付日期、健康检查费用及结算方式、违约责任、争议解决方式、协议终止时间、其他、协议附件以及委托方和被委托方盖章及法定代表人或经法人授权签字、委托日期、报告的送达等。

4. GBZ 188—2018 以外项目要求

如需对 GBZ 188—2018 未包含的其他职业病危害因素开展健康监护，职业健康检查机构需组织专家进行评估后确定。评估内容应符合 GBZ 188—2018 第 4.4.4 的要求。

（二）体检方案制定

职业健康检查方案是指导职业健康检查工作的技术文件，应在受检单位提供的相关资料的基础上完成，并经质控技术审核后确定。一个正确、完整的体检方案是做好职业健康检查工作的前提条件，是职业健康检查质量控制的重点环节。

要做好职业健康检查，最重要的是了解劳动者的职业接触情况，进行职业病危害因素识别判定，它不仅是开展职业健康检查工作的前提与基础，也是职业健康工作者的基本功和综合素质考核的重要指标。实际工作中，主检医师对职业病危害因素的识别主要是依据受检单位提供的相关资料。

依据识别的职业病危害因素，按照 GBZ 188—2018 的要求确定职业健康检查项目与周期。要注意的是 GBZ 188—2018 中的必检项目是职业体检项目的最低要求，应根据实际情况适当添加项目。

职业健康检查方案应包括以下主要内容：

1. 受检单位职业健康检查的目标和要求；

2. 受检单位提供体检人员名单［包括个人身份证号、岗位（工种）、接触的危害因素种类、接害因素作业工龄、体检类别等信息］、受检单位基本情况等职业健康检查所需相关资料；

3. 编制依据：明确适用于职业健康检查的法律、法规、规章、规范、标准。体格检查依据《职业健康监护技术规范》确定检查项目，放射工作人员职业健康检查按照《放射工作人员职业健康监护技术规范》规定；实验室检验按照《医疗机构临床检验项目目录》执行；涉及的生物监测指标参照 GBZ/T 173—2006 要求；

4. 主检医师确定不同岗位人员的体检项目（必检项目、选检项目、推荐项目和加项等）；

5. 与受检单位协商体检时间、地点（是否外出）、场地安排、日程安排、体检用房间、数量及要求，体检注意事项的告知；

6. 体检机构依据受检者年龄性别结构、人员数量及项目类别数量安排参检人员数量及各自职责分工，体检场地情况，所用设备、车辆、体检用品等数量要求进行准备；

7. 记录用人单位体检信息（受检单位基本情况、体检开始时间等），并对受检者检前培训和注意事项告知，突发应急的预案准备等。

质量控制部门应对职业健康检查方案进行技术审核，包括：识别的职业病危害因素的审核、检查类别和项目评审，并经技术负责人（或指定审核人）审核并签字，主检医师再确认或执行，以保证职业健康检查质量。方案末页签署职业健康检查机构名称、日期，并盖章，存档。

（三）注意事项

1. 根据受检人群需求，协调相关参检科室，合理安排医护人员。体检中心依据受检者的特点，安排资历深、有多学科经验、综合能力强的全科医生，为受检者进行问诊、查体、答疑、咨询、出具综合体检报告；

2. 体检机构需完善体检流程，简化体检程序，设计最佳的体检路线，在省时、省力上实行绿色通道，尽最大可能缩短体检时间；

3. 体检过程有专人负责，注重体检全过程的细节服务；

4. 提前告知用人单位及受检者体检注意事项，包括：

（1）为减少影响体检结果的因素，职业健康检查前3日内保持正常饮食，不吃过于油腻、高蛋白食品，不要饮酒，晚上应早休息，避免疲劳；注意采血时间、避免剧烈运动、避免精神紧张。

（2）职业健康检查前需禁食至少8h，否则将影响血糖、血脂、肝功能及腹部B超的检查结果。原服用的药物可继续服用（但体检时需向内科医生讲明），如：高血压、糖尿病患者体检未按时服药，血压高、血糖高，导致职业禁忌不能工作。

（3）晕针晕血者稳定情绪后再采血；为晕厥人员设独立采血室，防止干扰，减少恐惧。

（4）需饮水憋尿的，告之憋尿的重要性。

（5）听力测试应在受试者脱离噪声环境至少14h后进行；在岗期间纯音听阈测试的复查应在受试者脱离噪声环境至少48h后进行，两次检查间隔时间至少3天。

（6）进行X光检查时不能佩戴含金属的饰物、上衣（包括有印花的衣服）；怀孕的女性不做放射检查。

（7）留取的尿液原则上应该是晨尿，特殊情况，不能取得晨尿的，也应留取在膀胱内停留4h以上的尿液。留尿前不要大量饮水，以免影响检查结果。

（8）为了保证职业健康检查后，能对受检者健康状况作出准确评估，职业健康检查前，受检者和用人单位（甲方）应把职业健康检查职业史表填写完整，字迹要清楚，项目要填全。

（9）职业健康检查完成后，仔细核对指引单，确认无漏项后签名将体检表交至“收表处”。对放弃的检查项目，受检者要签字确认。

职业健康检查过程中，如有问题，请咨询工作人员。对于有特殊检查的项目，建议不要随意舍弃。

（四）应急机制建立

职业健康检查工作属于医疗范畴。医疗安全也是质量控制的重要方面，晕针、低血糖反应、高血压危象等突发事件在体检中心时有发生，这些突发意外的受检者如不能得到及时救治，就可能危及生命。为了降低职业健康检查风险，应健全突发危险因素的及时报告制度、建立应急组织，确立内科、外科、采血室人员为现场急救的核心，体检前做好急救药品及急救器材的准备，定期检查。

（五）其他

1. 用人单位对劳动者接触的职业病危害因素及职业史进行确认；

2. 做好受检人员信息录入、导诊单及材料、仪器设备、场所等的准备；

3. 如需外出体检，做好现场考察准备。

三、职业健康检查时质量管理

（一）职业健康检查流程

职业健康检查工作由多个医、护、技人员及管理人员共同协作完成，是多个相对独立又相互联系的检查环节的序贯组合。

所有工作人员应佩戴身份识别卡，在职业健康检查全程中每一环节采取适宜方法对受检者身份进行实名确认，条件具备时可采用身份证识别和拍照存档等方式记录受检者身份信息。

对受检者自行放弃基本检查项目，应由受检者本人签字，予以确认。对职业健康检查的重点必检项目正常情况下不允许放弃检查。

职业健康检查流程如下：

受检者→企业体检区/医院体检区→报到→填表→抽血、B 超→各检查室→留尿→交表→签名确认→核对→体检完成。

1. 前台登记：受检者进入医院体检登记处（或企业体检登记处），工作人员条形码扫描登记/扫码录入照相，领取体检表和导诊单。应该注意的是，微机的应用不能替代体检当时的记录，导诊单在体检过程的应用尤为重要，这是体检质量控制可溯源性的要求。

2. 填写有关项目：了解受检者基本情况，询问职业史、既往史、个人史等，尤其是职业史中接触职业病危害因素的填写和确认尤为重要。受检者拿到体检表（或已填好）按照医务人员要求填写个人基本信息并核对，确认体检项目，工作人员对受检者身份及体检项目进行核实。

3. 完善各项检查：进行采血、留尿，内科、外科、皮肤科、耳鼻喉科、眼科、口腔科及身高、血压、体重、心电图、肺功能、电测听、肌电图、超声和放射科等检查。工作人员要合理调配人力，体检时有效引导、分流参检人群，体检中不忘核实体检人员身份，掌握每位受检人员的体检过程，重点为血压、胸部 X 射线检查、采血及电测听等。

4. 职业史应有医生的核对，受检者签名确认，用人单位盖章。

5. 交回体检表：体检结束，工作人员核实受检者项目实施情况，核实是否有漏检项，受检者签名确认，完成体检。

6. 发现急症等特殊问题及时会诊，必要时及时加项检查。

7. 餐前必检项目：抽血、B超。

（二）体格检查

1. 问诊：按 GBZ 188—2018 的附录 B 规定执行。

2. 体格检查应操作规范、准确，检查内容全面。职业健康检查的一般医学生理指标检测、内科常规检查、相关专科的常规检查等按照 GBZ 188—2018 执行，放射工作人员职业健康检查按照 GBZ 235—2011 等规定执行。

3. 放射工作人员职业健康检查中涉及的医学常规检查方法（眼科检查除外）按 GBZ 188—2018 的相应规定执行，眼科检查按《职业性放射性白内障的诊断》（GBZ 95—2014）的规定执行。

（三）实验室检查及质量控制

1. 实验室检查

（1）依据《医疗机构临床实验室管理办法》，建立质量管理制度及检验项目作业指导书，遵照实施并进行记录。检验项目应符合《医疗机构临床检验项目目录》要求，涉及的生物监测指标应参照 GBZ/T 173—2006 要求开展检验工作。

（2）实验室常规检查按照 GBZ 188—2018 执行，放射工作人员职业健康检查中涉及外周血淋巴细胞染色体畸变分析和外周血淋巴细胞微核试验技术要求的应符合《放射工作人员职业健康检查外周血淋巴细胞染色体畸变检测与评价》（GBZ/T 248—2014）和《淋巴细胞微核估算受照剂量方法》（WS/T 187—1999）的规定。

（3）建立和落实实验室质量控制制度。定期开展实验室室内质量控制及参加实验室能力验证或室间质评（室间质控）活动。应遵循临检质控中心的各项要求，通过分析质量控制数据；当发现偏离预先判断时，应采取有计划的措施来纠正出现的问题，防止出现错误的结果。质量控制应有适当的方法和计划并加以评价。

（4）建立和落实仪器设备和标准物质（质控物）管理制度。定期检定、校准、维护、保养，并及时记录。必要时对仪器设备和标准物质（质控物）进行期间核查。

（5）建立和落实标本采集管理制度，以确保标本采集过程质量符合相关规定要求。

（6）建立和落实生物标本处置管理制度。应有生物标本标识系统，并在检验整个期间保留该标识。标本在运输、接收、制备、处置及存储过程中应予以控制和记录，以保护生物标本的完整性并为用人单位及受检者保密。

（7）对样品检测过程中的相关记录应当妥善保存，确保可溯源。

2. 质量控制

（1）标本采集的质量控制

①采血环境卫生消毒的质量控制

采血环境的室内空气、物体表面、工作人员手指、采血者手臂及使用的消毒液和无菌物品的卫生消毒质量等，直接关系到标本采集过程中的细菌污染和医源性感染控制，直接影响着标本采集的质量。

做好采血环境与所用物品的消毒管理工作，严格感染管理制度。主要采取的措施是：加强卫生消毒管理，规范消毒技术规程，细化各种规章制度；交替更换使用消毒溶液和消毒方法，保持采血环境清洁与通风，每日使用紫外线照射消毒（每日紫外线灯臭氧消毒 30 分钟），或通过提高物体表面消毒溶液浓度，使消毒效果符合院感控制要求。

②血液标本采集的要求

医护人员在执行标本采集时，应按实验室提供的采血操作程序执行，如静脉采血时的采血部位、血液的采取顺序、抗凝剂的选择、标本送检及标本处理等，以保证血液分析结果的准确可靠。医护人员对标本的采集、储存、处置等应均不发生非常的变质和损坏。

③尿液样本的采集

留取尿液时应采用医院提供的清洁容器，并在留尿后 30 分钟内检查。所以受检者应在体检中心内留尿，防止尿液时间过长或用不清洁的容器，使尿液中的某些化学成分或有形成分被破坏，如葡萄糖分解、红细胞溶解等，影响尿液检查结果。同时留取的尿液应是在膀胱内停留 4h 以上的尿液。所以，留尿前不要大量饮水，以免稀释尿液，影响细胞数量。成年女性留取尿液时，应避开月经期，防止阴道分泌物混入而影响结果判断。受检者应在清洗外阴后，取中段尿液送检。尿液常规标本检查，应根据不同检测目的选择不同的防腐剂，如：甲醛用于尿液有形成分检查，甲苯常用于尿糖和尿蛋白等化学成分的定性或定量检查。

④标本运送

全血标本应尽快从采血现场运送至实验室；标本运送过程中要注意标本的包装、温度要求、处理方法等；要确保分析成分的稳定性；标本管在运送过程中要保持管口封闭，向上垂直放置。

（2）临床检验实验室的质量控制

①保证检验结果的准确性和可靠性

提高临床检验质量是检验医学界永久的主题。质量控制，不仅仅是室内质量控制（IQC）和室间质量控制（EQA），还包括其他更多的作业技术活动，诸如分析前、分析中、分析后的质量控制工作。只有做好了这些质量控制工作，才能保证检验结果的准确性和可靠性，才能保证检验质量。

②检验分析中的质量控制

质量控制的目的在于控制检验分析人员的实验误差，使之达到规定的范围，以保证测试结果的精密度和准确度能在给定的置信水平下，达到客观评限规定的质量要求。

分析中的质量控制是从接受标本开始，包括人员的培训、仪器的维护、试剂的准备，分析过程中质量控制等到检测结果出来。检验人员要有相应的上岗资格、要做好仪器的日保养，周保养、月保养；检测项目的试剂一定要按操作规程或说明书来配制，不用试剂时要立即放回冰箱中以免试剂挥发，同时对项目做得少的试剂要观察它的稳定性及有效期内使用。分析过程中每一个环节都处于受控状态。得到准确、及时、客观的检验结果。仪器应处于正常工作状态，做好室内、室间质控，如有失控现象必须有失控调查记录及改正措施。所有检验项目和仪器都应有标准操作程序。

③分析后的质量控制

分析后的质量控制是职业健康检查检验分析的最后一关，要有很好的医学理论和专业理论知识以及专业技能和工作经验，并能及时与临床沟通、交流，这样发出的报告单才能为临床提供有价值的检测依据。

在检验报告单发出前通过对检验结果进行严格的审核，对检验结果的准确性具有把关的作用。

（四）其他辅助检查及质量控制

1. 其他辅助检查

辅助仪器检查包括心电图、肺功能、电测听、超声波检查和 X 射线检查等。

（1）各检查室应独立或相对独立，医、检分离。

（2）放射检查项目设置合理，先行告知受检者可能存在的安全隐患，并严格按照《卫生部办公厅关于规范健康体检应用放射检查技术的通知》执行。

（3）其他特殊检查、加压试验和氧敏感试验等按照 GBZ 188—2018 执行。

（4）电测听检查和肺功能检查应有检查操作方法的告知。电测听检查严格按照 GB/T 16403—1996 规定执行。

（5）GBZ 188—2018 规定：听力测试应在受试者脱离噪声环境至少 14h 后进行；语频平均听阈大于 40dBHL 者，且听力损失曲线为水平样或近似直线者应复查，复查应在受试者脱离噪声环境至少 48h 后进行。

（6）检查过程按照各专业操作规程规范执行，不得遗漏检查项目。

（7）对职业健康检查过程中的相关记录应当妥善保存，确保可溯源。

2. 质量控制

（1）肺功能测定质量控制

肺功能测定的操作最关键的是“规范”。肺功能检查参照《肺功能检查实用指南》。

环境条件要求：肺功能测定要有相对固定的仪器及环境条件，并通风良好。

检查人员要求：操作人员、出报告人员应经专业培训，并考试合格；肺功能测定人员应严格按照标准、规范执行，人员应相对固定；要有能力判断受检者是否用了最大的力量吹气；判断有无停顿；判断是否吹够了时间（至少 6s）；判断是否曲线合格。测定结束应标明此次检查配合的满意度。

受检者要求：测定肺功能时必须按指导步骤操作，直至其完全掌握要领。

（2）电测听测定质量控制

电测听设备要符合标准要求，并定期检定；听力检查环境噪声控制和要求应符合《声学 测听方法 纯音气导和骨导听阈基本测听法》的要求。

受检者要求：保证筛查时间和复查时间，使受检者体检前一天避免接触噪声，以提高测定的准确性。需做听力检查的应在听力测试受试者脱离噪声环境至少 14h 后进行；语频平均听阈大于 40dBHL 者，且听力损失曲线为水平样或近似直线者应复查，复查应在受试者脱离噪声环境至少 48h 后进行，两次检查间隔时间至少 3 天。受检者理解与配合非常重要。

检查人员要求：有责任心、耐心，严格按照有关标准、规范执行，检查结果要进行性别和年龄修正。

（3）超声检查质量控制

超声诊断规范是超声诊断质量控制体系的核心内容。从接待受检者到发出检查报告，全过程均要规范操作。检查前核对姓名、准备情况等，以免出现差错。阅读申请单，了解检查部位以及检查目的等。安排体位以利于检查、方便受检者为原则。检查中调节仪器，显示观察标准切面，检测基本内容，需要时检测特殊内容。要求遵守检查操作规范，细致检查，全面观察，深入分析，谨慎诊断。检查后存档检查资料，整理发出报告，要求准确、规范。对可能影响检查质量的状况进行特别说明，如腹腔积气较多、患者被动体位、意识不清等。

（4）尘肺摄片的质量控制

高千伏胸片和数字化摄影胸片按 GBZ 70—2015 附录 C 及附录 E 实行。要保证拍摄优质的胸片，必须认真做到以下几点：

①技术人员的技术素质：要熟练掌握投照条件，充分考虑受检者的胸壁厚度、人员胖瘦、胸部类型、年龄、性别等因素，再根据 X 射线机的容量性能、暗室条件、胶片感光性能来综合考虑，制定一个最佳摄片条件。

②基本设施，如电源、X 射线机、滤线栅、滤过板、暗盒增感屏等技术参数均要达到拍摄高千伏胸片条件的要求。

③暗室技术严格质量控制：随时掌握显定影液的使用情况，温度控制保持在稳定状态。尽可能使用自动洗片机洗片，手洗时防止划伤，红灯下时间不宜过长等。

④加强对 X 射线摄影人员的专业技术培训，熟练掌握尘肺病诊断标准中附录的内容，以及有关密度、对比度、清晰度、分辨率和感光曲线等基本含义以及影响因素，特别是高千伏摄影对它们的影响。总之要拍摄好优质的胸片必须严格操作规范，必须按规定全面管理，保证胸片的高质量。

⑤影响 X 射线胸片照相的因素主要有 X 射线机、辅助设备及其电源质量。包括：

a. 输出功率 mA/kV 最大值、整流形式、补偿精度与可靠性、时间准确性、焦点性能、安装调试的正确性、滤线栅及束光器的性能。

b. 摄片材料：胶片的感光性能、增感屏的增感率、显影液、定影液、红灯的安全性。

c. 技术人员：包括理论基础、实践经验、熟练程度、工作责任心。

d. 受检者因素：性别、年龄、个体差异、病理因素。

（5）微核检测和染色体畸变检测的质量控制

①微核检测执行《淋巴细胞微核估算受照计量方法》（WS/T 178—1999），染色体畸变检测执行《放射工作人员职业健康检查外周血淋巴细胞染色体畸变检测与评价》（GBZ/T 248—2014）；

②实验室应通过计量认证或国家实验室认可，并定期参加国家组织的实验室间比对；

③实验室应有 2 名以上专业技术人员，经严格训练，能掌握电离辐射生物效应的基础知识，熟练识别各种类型的染色体畸变，熟练识别微核；

④对影响微核检测质量的实验室条件、仪器设备条件、试剂配制等要求应

符合《淋巴细胞微核估算受照计量方法》（WS/T 178—1999）要求；对影响染色体畸变检测质量的实验室条件、仪器设备条件、试剂配制和实验前准备等要求应符合《放射工作人员职业健康检查外周血淋巴细胞染色体畸变检测与评价》（GBZ/T 248—2014）附录 C 要求。

（五）外出体检

1. 外出体检要求与质量控制

外出进行职业健康检查时，应提出相应的控制要求，并实地勘察，以确保环境条件满足职业健康检查标准或者技术规范的要求；必须具备与外出体检相适应的职业健康检查仪器、设备和专用车辆（X 射线大车）等。

（1）环境条件要光线适宜、噪声小，电源连接方便，体检相关用品配备充足，并设置好体检标识及体检流程。体检过程中要注意无菌操作，避免污染及交叉感染。体检过程中要掌握每个环节的运行状况，注意实际体检环境对体检的影响，做好及时应对。

（2）仪器设备及诊疗床、标示牌、手提电脑、读卡器等应根据检查人数配备，并提前查看安放地点。

（3）外出职业健康检查进行医学影像学检查和实验室检测，必须保证检查质量并满足放射防护和生物安全的管理要求。

（4）X 射线车：外出体检 X 射线车要提前与厂方做好沟通，并注意电压的稳定和安全。X 射线车应停放在开阔无人地带，尽量避开人员聚集场所；车辆周围设置临时控制区，边界设立清晰可见的警示牌，提示过往人员有射线危害禁止靠近。检查结束时进行 DR 胸片数据存储，在工作站停止工作后通知厂方拆除电源。

（5）电测听室：尽量选择相对安静的场所做好听力筛查，需要复查的回职业健康检查机构电测听室进行。

（6）B 超室：要求室内光线较暗，必要时配备遮光窗帘，室内温度 20～25℃，男女分开。

（7）心电图室：室内温度 20～25℃，男女分开。

（8）眼科检查室：满足暗室条件。

（9）肺功能检查室：通风良好。

（10）外出体检标本的采集、保存运输及交接是关系体检质量的关键环节。

（11）外出生物样本采样容器应进行本底值检测。

（12）体检结束后将外出数据全部导入本机构服务器中。

2. 外出体检生物样品质量控制

（1）生物样品采样容器质量控制

如果样品需要冷冻保存，则不宜用玻璃容器，以防冻裂。采样用的容器应进行本底值抽检，空白值要低于方法的检出限。在采样容器上必须贴上统一的标签，标签上注明采样日期、样品编号（与采样记录用统一的编号）、加入防腐剂类型及用量等项目。

（2）生物样品保存质量控制

外出体检采集的生物样品运送过程应防止剧烈震动和大的温度改变，并翔实记录（注明温度、时间）。

①血液样品保存

a. 温度及时间：样品收集后尽可能在较短的时间内运送到实验室。当收集样品区温度超过22℃时，更应迅速将样品从收集区取走。血清和血浆应尽快地、自然地从与细胞接触的全血中分离出来。从采集标本算起，必须在2h内完成送检及离心分离血清/血浆。对于需要特殊条件保有运送的检测项目，如冷藏（2～8℃）、冰冻（-20℃）、避光等，建议参考相关文献报道的保存条件进行稳定性评估。

b. 试管放置方向：试管必须加管塞，管口朝上垂直放置。这种放置位置能促进凝血完全，减少试管内容物的振动、外溅，避免溶血，减少污染，防止打翻。

c. 样品管的振荡及溶血：温和地处理已收集的样品有助于减少红细胞的破坏；样品管的振荡可能造成溶血。中度溶血（有1%红细胞破坏）血清或血浆可见红色。

d. 暴露于光线下：有些对光线敏感的分析物应避免使血标本暴露于人造光或太阳光（紫外线）照射下，例如：维生素A、维生素B_6、β-胡萝卜素、卟啉、胆红素。上述检测样品应该用黑纸、铝箔或类似物质包裹保护。

②尿液样品保存

a. 尿液样品采集后应在1h内完成检验（最好30分钟内完成），避免使用防腐剂；

b. 如尿液样品在1h内不能完成检测，宜置于温度为2～8℃条件下保存，但不能超过6h；

c. 对样品收集后1h内无法进行尿液分析或要分析的尿液成分不稳定时，可根据检测项目采用相应的防腐剂；

d. 用于微生物学检查的样品于温度为2～8℃中最长可保存24h，含防腐剂的样品无须低温保存；

e. 实验室应保证样品标识的完整性，保证从收到样品到分析前，样品的状况良好。

（3）生物样品运送质量控制

①血液样品运送

从外出体检单位或体检中心到实验室，或实验室之间样品运送应遵循上述所规定的标准。

外出体检要配备送血车，要保证生物样品及时送检。送血车应根据需要配备冰排或车载冰箱。

外出体检送检样品保存条件及时间要求应遵循实验室对该检测项目的具体要求。若无特殊要求则遵循上述所规定的标准。

样品需冷藏时，应立即将样品放置于冰屑或冰水混合物中，必须保证样品与制冷物充分接触，不可用大体积的冰块代替冰水；在容器中的制冷物也必须保证达到样品的高度。

样品在转运中由转运人员负责其质量和生物安全，以防止人为造成样品的不能检测，以及在转运途中的环境污染。

对特殊实验，应参考有关规定做特殊处理，例如：胰岛素、前胰岛素、C 肽等检测项目的样品，应立即置冰盒内送检，及时在 4℃分离血清，并保持冰冻至测定时为止。转运过程中应注意对样品的包装和处理方法，以确保被分析成分的稳定性。运送温度不可过高过低，同时必须注意防止污染。

②尿液样品运送

尿液收集后应减少运送环节并缩短保存时间，样品的传送应由经过培训的专人负责且有制度约束，应尽量避免样品因震荡产生过多泡沫，以防引起细胞破坏。运送尿液样品时，容器需有严密的盖子以防尿液渗漏。

四、职业健康检查后质量管理

体检结束后形成了大量的受检者体检信息，职业健康检查机构应依法出具职业健康检查报告。

1. 检查报告的整理

各科室对受检者信息要及时整理、核对与汇总；对体检结果进行及时报告，分贴化验单、结果录入等工作，对相关项目进行归纳整理、录入数据库、统计分析，完成对体检数据的最终评价。

职业健康检查在完成检查后要及时整理体检者的所有资料，并按照受检者个人信息和检查时间、序号等整理、发放和归档。

职业健康检查机构应配备专（兼）职统计人员，通过职业健康检查信息报告平台，完成职业健康检查数据的上报；建立信息化管理制度，配备专（兼）职信息系统维护人员，做好局域网的维护及网络安全预案，完善各项信息系统问题处理记录。

对体检完成后发现与职业禁忌证和疑似职业病相关需要复查的人员，要及时通知用人单位对该人员进行复查或进一步检查以明确诊断，出具体检报告；对未复查者通知用人单位，以免影响总结报告的出具。

2. 检查报告的审核

职业健康检查报告实行三级审核及签发制度。审核人员要审核每一环节，确保体检原始资料及数据的真实性和准确性。必要时，质量监督员应对体检报告实施质量监督审核。

报告所使用记录的表格审核都应当受控，审核记录应按要求填写、签字确认，所有审核记录和修改痕迹均应保留。

报告及原始资料均应完整归档，并按要求保存。报告应有唯一性标识，并按要求打印和签发。

审核内容应包括：格式、内容是否规范，单位名称、编号是否正确，依据是否适用并现行有效，文字是否恰当，统计数据是否精准，检查类别、检查人数、检查日期、检查地点是否准确，职业健康检查结论是否正确，职业禁忌证、疑似职业病判定是否准确，主检医师、技术负责人及报告签发人签字是否有漏项，报告编制是否符合职业健康监护技术规范要求，诊断及处理意见是否具有针对性等。

3. 结果的处理

当受检者与目标疾病有关的检查指标异常时，可安排复查/复检。是否需要复查/复检由主检医师确定。若发现其他疾患者应建议到有关医院检查治疗。

对复查/复检者应出具书面通知，明确检查的内容和时间，与目标疾病有关的复查/复检者，应在总结报告出具前进行。如复查/复检发现可能患有职业病，需提交职业病诊断机构进一步明确诊断；如发现有职业禁忌的患者，需写明具体疾病名称并明确指出不宜从事何种有害作业，并提出脱离接触建议；如复查/复检仍不能确定为目标疾病者，可建议作为重点监护人群，增加监护频次，进一步观察。

对于检查中发现的急性病症应按临床规范要求及时处理，对于需要鉴别诊断的疾病移交相应科室处理，需要观察的人群则应按照职业流行病学要求进行进一步调查、干预和追踪。

如用人单位在体检机构依据规范、标准规定的时间内未组织复查/复检，可视为放弃，体检机构可按首次检查结果出具报告，但应在报告中注明。

GBZ 188—2018 规定的复检项目参见表 4-1。

表 4-1　GBZ 188—2018 复检项目一览表

序号	名称		复检项目
一			**化学因素**
1	铅及其无机化合物	岗前	空腹血糖异常或有周围神经损害表现者可选择：糖化血红蛋白、神经—肌电图。
		岗中	血铅≥600μg/L 或尿铅≥120μg/L 者可选择尿 δ-氨基-γ-酮戊酸（δ-ALA）、血液锌原卟啉（ZPP），血糖异常或有周围神经损害表现者可选择：糖化血红蛋白、神经—肌电图。
2	砷	岗前	空腹血糖异常或有周围神经损害表现者可选择：糖化血红蛋白、神经—肌电图。
		岗中	空腹血糖异常或有周围神经损害表现者可选择：糖化血红蛋白、神经—肌电图。
3	铊及其无机化合物	岗前	空腹血糖异常或有周围神经损害表现者可选择：糖化血红蛋白、神经—肌电图。
		岗中	双眼视力下降明显者可选择视野检查；血糖异常或有周围神经损害表现者可选择：糖化血红蛋白、神经—肌电图。
4	苯	岗中	受检人员血液指标异常者，应每周复查一次，连续复查 2 次。
			血常规异常者可选择下列检查：血细胞形态及分类、骨髓穿刺细胞学检查。
5	二硫化碳	岗前	空腹血糖异常或有周围神经损害表现者可选择：糖化血红蛋白、神经—肌电图。
		岗中	空腹血糖异常或有周围神经损害表现者可选择：糖化血红蛋白、神经—肌电图；眼底检查异常者可选择视野检查。
6	甲醇	岗前	眼底检查异常者可选择视野检查。
7	汽油	岗前	空腹血糖异常或有周围神经损害表现者可选择：糖化血红蛋白、神经—肌电图。
		岗中	空腹血糖异常或有周围神经损害表现者可选择：糖化血红蛋白、神经—肌电图。
8	正己烷	岗前	空腹血糖异常或有周围神经损害表现者可选择：糖化血红蛋白、神经—肌电图。
		岗中	空腹血糖异常或有周围神经损害表现者可选择：糖化血红蛋白、神经—肌电图、尿 2，5-己二酮。

续表

序号	名称		复检项目
9	苯的氨基与硝基化合物	岗中	有泌尿系统异常的临床表现或指标异常者，可选择尿脱落细胞检查（巴氏染色法或荧光素吖啶橙染色法）、膀胱B超。
10	联苯胺	岗中	出现无痛性血尿或尿常规异常者，可选择尿脱落细胞检查（巴氏染色法或荧光素吖啶橙染色法）；膀胱B超异常者可选择膀胱镜检查。
11	氯丙烯	岗前	空腹血糖异常或有周围神经损害表现者可选择：糖化血红蛋白、神经—肌电图。
		岗中	空腹血糖异常或有周围神经损害表现者可选择：糖化血红蛋白、神经—肌电图。
12	氯甲醚、双氯甲醚	岗中	胸部X射线摄片异常者可选择胸部CT。
13	丙烯酰胺	岗前	空腹血糖异常或有周围神经损害表现者可选择：糖化血红蛋白、神经—肌电图。
		岗中	空腹血糖异常或有周围神经损害表现者可选择：糖化血红蛋白、神经—肌电图。
14	焦炉逸散物	岗中	胸部X射线摄片异常者可选择胸部CT。
15	溴丙烷（1-溴丙烷或丙基溴）	岗前	空腹血糖异常或有周围神经损害表现者可选择：糖化血红蛋白、神经—肌电图。
		岗中	空腹血糖异常或有周围神经损害表现者可选择：糖化血红蛋白、神经—肌电图。
16	环氧乙烷	岗前	空腹血糖异常或有周围神经损害表现者可选择：糖化血红蛋白、神经—肌电图。
		岗中	空腹血糖异常或有周围神经损害表现者可选择：糖化血红蛋白、神经—肌电图。
17	β-萘胺	岗中	出现无痛性血尿或尿常规异常者，可选择尿脱落细胞检查（巴氏染色法或荧光素吖啶橙染色法）；膀胱B超异常者可选择膀胱镜检查。
二			粉尘
1	游离二氧化硅粉尘[结晶型二氧化硅粉尘，又称矽尘（游离二氧化硅含量≥10%的无机性粉尘）]	岗中	后前位胸片异常者可选择胸部CT。
2	煤尘	岗中	后前位胸片异常者可选择胸部CT。
3	石棉粉尘	岗中	后前位X射线胸片异常者可选择：侧位X射线高千伏胸片、胸部CT、肺弥散功能。
4	其他致尘肺病的无机性粉尘	岗中	后前位胸片异常者可选择胸部CT。

续表

序号	名称		复检项目
5	金属及其化合物粉尘	岗中	后前位胸片异常者可选择胸部 CT。
6	硬金属粉尘	岗中	有过敏史或胸部 X 射线摄片检查异常者可选择胸部高分辨 CT。
7	毛沸石粉尘	岗中	后前位 X 射线胸片异常者可选择：侧位 X 射线胸片、胸部 CT、肺弥散功能。
三			**有害物理因素**
1	噪声		下列情况需进行听力复查： ①初测纯音听力结果双耳高频平均听阈≥40dB 者； ②听力损失以高频为主，语言频率平均听力损失 > 25dB 者，听力损失可能与噪声接触有关时； ③语言频率平均听力损失 >40dB 者，怀疑听力损失中耳疾患所致； ④听力损失曲线为水平样或近似直线者。 纯音听阈测试的筛选时间：受试者脱离噪声环境 48h。 纯音听阈测试的复查时间：受试者脱离噪声环境后一周，两次检查间隔时间至少 3 天。
		岗前	纯音听阈测试异常者可选择：声导抗声反射阈测试、耳声发射、听觉脑干诱发电位。
		岗中	纯音听阈测试异常者可选择：声导抗声反射阈测试、耳声发射、听觉脑干诱发电位、多频稳态听觉电位。
2	手传振动	岗前	血糖异常或有周围神经损害表现者可选择：糖化血红蛋白、神经—肌电图，有白指主诉或手指发绀等雷诺病表现者可选择白指诱发试验。
		岗中	血糖异常或有周围神经损害表现者可选择：糖化血红蛋白、神经—肌电图，有白指主诉或手指发绀等雷诺病表现者可选择白指诱发试验。
3	高气压（参见 GB 20827）	岗中	根据症状体征确定增加 X 射线摄片部位。
4	低温	岗前	有雷诺病表现者可选择白指诱发试验、冷水复温试验、指端收缩压、甲襞微循环。
		岗中	有雷诺病表现者可选择白指诱发试验、冷水复温试验、指端收缩压、甲襞微循环。
四			**生物因素**
1	布鲁菌属		出现下列情况之一者，应复查： 1）有波状热、多汗、关节痛、肌肉酸痛等，或有低热、疲乏无力、失眠、淡漠、烦躁不安等症状者； 2）外科检查发现关节红肿，或滑囊炎、腱鞘炎、关节周围炎，或睾丸炎、附睾炎者； 3）神经科检查发现周围神经损害者； 4）妇科 B 超检查发现卵巢炎、附件炎者。

续表

序号	名称		复检项目
2	炭疽芽孢杆菌（简称炭疽杆菌）		出现下列情况之一者，应临床观察并复查： a）皮肤暴露部位有丘疹、斑疹、水疱、黑痂者，尤其是皮肤坏死、溃疡、焦痂和周围组织广泛水肿者； b）有腹胀、腹痛、呕吐、水样腹泻等急性胃肠炎的症状者； c）有发热、胸闷、气急、咳嗽、咯痰、胸痛、呼吸困难等呼吸系统症状者； d）体格检查肺部有细小湿啰音者； e）胸部 X 射线摄片检查提示肺部炎症者； f）荚膜抗体检测或血清抗毒性抗体检测结果阳性或可疑阳性者。
五			**特殊作业**
1	视屏作业	岗中	有临床表现或颈椎正侧位 X 射线摄片异常者可选择：颈椎双斜位 X 射线摄片、正中神经传导速度。
2	航空作业	岗中	纯音听阈测试异常者可选择：声导抗声反射阈测试、耳声发射、听觉脑干诱发电位、多频稳态听觉电位。

4. 检查报告的领取

职业健康检查报告必须按照《职业健康检查管理办法》的要求，在体检结束之日起 30 个工作日内完成体检报告的制作、审核，并将劳动者个人职业健康检查报告和用人单位职业健康检查总结报告，书面告知用人单位；领取报告时要做好签收、告知并签署告知送达函；30 个工作日内未完成报告的要说明原因。

送达函应包括：体检机构名称、用人单位名称、体检日期；注明用人单位的职责；做好送达函复印件的存档。

做好复查通知书、职业禁忌告知、疑似职业病告知书的签收，登记并存档。

5. 疑似职业病报告

职业健康检查机构应明确疑似职业病、职业禁忌证及重要异常结果（危急值）及时告知的时间和制度，对本次检查检出的疑似职业病填写疑似职业病报告卡并上报有关部门，专人负责。疑似职业病的告知和报告按照《职业健康检查管理办法》第十八条执行，网络职报由专人负责，并填写报告登记本。

劳动者健康监护后有关文书包括：

（1）职业健康监护网络直报卡；

（2）疑似职业病报告卡；

（3）职业禁忌告知书；

（4）复查通知书；

（5）职业健康体检个体报告、总结或监护评价报告。

6. 职业健康检查工作情况及信息报告

职业健康检查汇总信息由依法承担职业健康检查的医疗卫生机构在给用人单位出具职业健康检查报告后15日内填卡网络直报。通过职业健康检查信息报告平台上传职业健康检查数据，填报的用人单位职业健康监护表报告卡机构存档。

具体的职业健康检查工作情况，包括外出职业健康检查工作情况报告按照《职业健康检查管理办法》第七条（四）执行。

第四节　职业健康检查结果质量控制

职业健康检查报告是指职业健康检查机构依据有关法规，向用人单位出具的职业健康检查结果文书。主要包括劳动者个人职业健康检查报告（个体结论报告）和用人单位职业健康检查总结报告（体检总结报告）。

职业健康检查报告是职业健康检查机构依照《职业健康检查管理办法》和《职业健康监护技术规范》对接触或拟接触职业病危害因素的劳动者进行上岗前、在岗期间和离岗时健康检查后，向劳动者、政府部门和用人单位出具的表述受检者职业健康状况的规范性文书。分为劳动者个人职业健康检查报告和用人单位职业健康检查总结报告，总结报告要将职业性与其他健康检查结果及建议分开。

职业健康检查报告常常被司法、行政机关在审理、仲裁甚至商业保险活动中采用。报告书的结论是对劳动者职业健康检查的评定，是接触职业病危害因素的劳动者健康状况的真实记录，内容应真实、客观、准确、公正。因此职业健康检查的质量保证是职业健康检查报告书内容真实、客观、准确、公正的必要条件。

体检报告的编制是体检质量控制的重点环节。根据受检者接触的职业病危害情况及职业健康检查结果综合分析后，主检医师对每个受检者的健康状况严格按照GBZ 188—2018的要求出具个体结论性意见。体检发现疑似职业病、职业禁忌证、需要复查者和有其他异常结果的劳动者要出具体检结论报告。同时为用人单位出具总结性报告，对职业病危害因素的危害程度、防护措施效果等进行综合评价，分析劳动者健康损害和职业接触的因果关系和健康危险度，指出在生产工艺、作业环境、防护设施方面存在的问题，提出改进的意见和干预措施的建议。

个体结论报告和体检总结报告均应实行分级审核制，至少包括检查医师、主检医师及技术负责人三级审核，共同负责。必要时，质量监督员应对体检报告实施质量监督审核，并在规定的时间内以书面形式送交用人单位。

有关职业健康检查机构、人员、工作场所、仪器设备、质量管理、工作规范性、能力以及报告与告知等质量控制的检查内容详见表4－2。

1. 个体报告

劳动者个人职业健康检查报告是指每个受检对象的体检表，应由主检医师审阅后填写体检结论并签名。

职业健康检查个体报告是综合分析健康检查结果后，对每个接受健康检查的劳动者出具的结论性意见，为评估受检者从事职业病危害因素作业环境对人体的影响情况提供重要依据。

体检结果信息应全面、准确。体检报告应包含受检者的基本信息，如姓名、性别、年龄、族别、婚否、身份证号码、职业健康检查种类、工作单位及所接触的职业病危害因素种类（职业史）、体检基本项目以及检查异常所见、本次体检结论和建议等信息。各项检查内容记录规范、完整，必须有职业史内容和受检者签字；接触的职业病危害因素应由用人单位盖章确认；报告中各项结果应记录检查医师或操作者姓名和实施时间，应有手工签名或电子签名；体检结论应突出重点及个体化，不能偏离 GBZ 188—2018 要求的 4 种结论。

根据职业健康检查结果，对劳动者个体健康检查结论可分为以下 4 种：

（1）目前未见异常：本次职业健康检查各项检查指标均在正常范围内；

（2）疑似职业病：职业健康检查发现劳动者可能患有职业病，应提交职业病诊断机构进一步明确诊断；

（3）职业禁忌证：职业健康检查发现有职业禁忌的患者，需写明具体疾病名称；

（4）其他疾病或异常：除目标疾病之外的其他疾病或某些检查指标的异常。

2. 总结报告

职业健康检查总结报告是职业健康检查机构给委托单位（受检单位）的书面报告，是对本次职业健康检查的全面总结和一般分析，内容应包括：受检单位、职业健康检查种类、职业健康检查的目的、职业健康检查依据、委托健康检查人数、实际检查人数、检查时间和地点、健康检查工作的实施情况、职业健康检查相关体检结果、发现的疑似职业病、职业禁忌证和其他疾病的人数和汇总名单、处理建议等。

总结报告结论部分应有主检医师、技术负责人及报告签发人签字。

职业健康检查结果与非职业健康检查结果分开。

个体职业健康检查结果可以以一览表的形式列出。

纸质总结报告一式两份，一份交受检单位，一份存档；若电子版存档应为纸质报告的扫描件。

委托单位对体检报告持有异议的，职业健康检查机构应认真了解委托单位申述的理由，做好记录，及时对体检报告进行分析和复查，并做好分析和复查记录。

第五节　职业健康检查档案管理

一、职业健康监护档案概述

职业健康监护档案是职业健康监护的主要内容之一，是职业健康监护全过程的客观记录资料；是职业卫生监督执法、职业健康检查技术服务、职业健康监护活动中形成的具有保存价值的文字材料、图纸、图表、报表、照片、录音、录像、影片、医学影像学资料、计算机数据等文件材料；可以系统地观察劳动者健康状况的变化，是评价个体和群体健康损害的依据；是区分健康损害责任和进行职业病诊断鉴定的重要证据；是法院审理健康权益案件的物证；同时也是评价用人单位治理职业病危害成效的一个依据。职业健康监护档案具有极强的保存价值。

职业健康监护档案应保持资料的完整性和连续性，应精确可信；并满足连续、动态观察劳动者健康状况、诊断职业病及职业健康监督执法的需要。

二、职业健康监护档案的法律依据

1.《职业病防治法》相关条款

第二十条：用人单位应当采取下列职业病防治管理措施：（四）建立、健全职业卫生档案和劳动者健康监护档案。

第三十六条：用人单位应当为劳动者建立职业健康监护档案，并按照规定的期限妥善保存。

劳动者离开用人单位时，有权索取本人职业健康监护档案复印件，用人单位应当如实、无偿提供，并在所提供的复印件上签章。

第七十一条：用人单位违反本法规定，有下列行为之一的，由卫生行政部门责令限期改正，给予警告，可以并处五万元以上十万元以下的罚款：（四）未按照规定组织职业健康检查、建立职业健康监护档案或者未将检查结果书面告知劳动者的；（五）未依照本法规定在劳动者离开用人单位时提供职业健康监护档案复印件的。

2.《职业健康检查管理办法》相关条款

第二十条：职业健康检查机构应当建立职业健康检查档案。职业健康检查档案保存时间应当自劳动者最后一次职业健康检查结束之日起不少于15年。

第二十一条：县级以上地方卫生健康主管部门应当加强对本辖区职业健康

检查机构的监督管理。按照属地化管理原则，制定年度监督检查计划，做好职业健康检查机构的监督检查工作。监督检查主要内容包括：（六）职业健康检查档案管理情况等。

第二十七条：职业健康检查机构有下列行为之一的，由县级以上地方卫生健康主管部门给予警告，责令限期改正；逾期不改的，处以三万元以下罚款：（二）未按要求建立职业健康检查档案的。

三、职业健康监护档案内容

职业健康监护档案包括劳动者职业健康监护档案、用人单位职业健康监护管理档案和职业健康检查机构职业健康检查档案。

（一）劳动者职业健康监护档案

用人单位应当在劳动者（含临时工）开始从事接触职业病危害因素作业之前完成上岗前职业健康检查，并为劳动者个人建立职业健康监护档案。劳动者名册应按照上岗前、在岗期间和离岗时分别建立存档，做到“一人一档”，并按规定妥善保存。

劳动者职业健康监护档案至少应包括下列内容：

1. 劳动者个人信息：包括劳动者姓名、性别、年龄、籍贯、婚姻、文化程度、嗜好等基本情况；

2. 劳动者职业史、既往史和职业病危害接触史；

3. 历次职业健康检查结果及处理情况；

4. 历次职业健康体检结果及处理情况、职业病诊疗等个人健康资料；

5. 需要存入职业健康监护档案的其他有关资料，如相应工作场所职业病危害因素检测结果、劳动合同告知书和教育培训考核等资料。

（二）用人单位职业健康监护管理档案

用人单位职业健康监护管理档案应包括单位管理档案和职业健康检查档案。

1. 用人单位管理档案，至少应包括下列内容：

（1）用人单位职业卫生管理组织组成、职责；

（2）职业健康监护制度和年度职业健康监护计划；

（3）历次职业健康检查的文书，包括委托协议书、职业健康检查机构的健康检查总结报告和评价报告；

（4）工作场所职业病危害因素监测结果；

（5）职业病诊断证明书和职业病报告卡；

（6）职业病、疑似职业病及职业禁忌证者和已出现职业相关健康损害劳动者的处理和安置记录；

（7）用人单位在职业健康监护中提供的其他资料和职业健康检查机构记录整理的相关资料；

（8）卫生行政部门要求的其他资料。

2. 用人单位职业健康检查档案，至少应包括下列内容：

（1）医疗卫生机构经省级卫生健康行政部门向社会公布的备案的职业健康检查机构资料；

（2）职业健康检查结果汇总表；

（3）职业健康检查异常结果登记表（附职业健康监护结果评价报告）；

（4）职业病患者、疑似职业病患者一览表（附职业病诊断证明书、职业病诊断鉴定书等）；

（5）职业病和疑似职业病人报告回执/存根；

（6）职业病危害事故报告和处理记录；

（7）职业健康监护档案汇总表。

（三）职业健康检查机构职业健康检查档案

职业健康检查机构的职业健康检查档案资料应包括机构管理档案和职业健康检查档案：

1. 机构管理档案，至少应包括下列内容：

（1）医疗机构执业许可证；

（2）医疗卫生机构职业健康检查备案回执；

（3）职业健康监护质量管理体系文件和规章制度；

（4）国家有关职业病防治工作的法律、法规、规范、标准清单及有关文本；

（5）职业健康检查机构人员花名册；

（6）仪器设备的台账、检定记录、使用记录和维修保养记录；

（7）职业健康检查工作计划、总结和卫生健康主管部门要求上报的资料；

（8）历次卫生健康主管部门监督检查文书。

2. 职业健康检查机构职业健康检查档案

《职业健康检查管理办法》第二十条规定：职业健康检查档案应当包括下列材料：

（1）职业健康检查委托协议书；

（2）用人单位提供的相关资料；

（3）出具的职业健康检查结果总结报告和告知材料；

（4）其他有关材料。

这里的告知材料应包括：复查人员告知书、用人单位职业健康检查结果告知书、职业禁忌证告知书及签字回执、疑似职业病告知书及签字回执、送达函或签收单、用人单位领取报告交接单以及疑似职业病报告快递存根等。

影像资料（粉尘作业人员的 DR 胸片光盘）也应保存在档案中。

在职业健康检查中，有关用人单位应当提供的职业健康检查所需的相关资料，《职业健康检查管理办法》第十四条也做了明确规定。

3. 放射工作人员职业健康监护档案应包括以下内容：

（1）职业史、既往病史、职业照射接触史、应急照射、事故照射史；

（2）历次职业健康检查结果评价及处理意见；

（3）职业性放射性疾病诊治资料（病历、诊断证明书和鉴定结果等）、医学随访资料；

（4）怀孕声明，如有；

（5）工伤鉴定意见或结论。

一份完整的职业健康检查档案应当包括但不限于下列内容：

（1）封面（用人单位名称、地址、档案编号、检查种类、检查时间等）；

（2）目录；

（3）用人单位职业健康检查委托书（或介绍信）；

（4）职业健康检查协议书/合同；

（5）用人单位提供的相关资料：包括用人单位职业卫生调查表（含基本情况、生产工艺流程、使用的原辅材料及化学品安全技术/数据说明书（MSDS）资料等）；工作场所职业病危害因素种类及其接触人员名册（含岗位/工种、接触时间）；工作场所职业病危害因素检测数据（含现状评价报告或控效评价报告）等；

（6）协议书/合同评审记录；

（7）职业健康检查方案及评审记录；

（8）职业健康检查汇总报告完成质量监控记录；

（9）职业健康检查总结报告/评价报告；

（10）告知材料：用人单位职业健康检查结果告知书、职业禁忌证告知书、复查人员告知书、复查结果、疑似职业病告知书；

（11）各类告知材料的签字回执或快递存根、送达体检资料回执或送达函条码或签收单；

（12）用人单位领取报告交接单；

（13）其他有关资料。

四、职业健康检查档案的管理及保存

（一）档案管理制度

依据《职业病防治法》《中华人民共和国档案法》《中华人民共和国档案法实施办法》及《职业健康检查管理办法》等有关法律、法规、规范规定，职业健康检查机构应建立职业健康检查档案管理制度；建立职业健康检查档案，并按制度规定妥善保存。

1. 设置专门科室，专人管理。管理人员应保证档案只能用于保护劳动者健康的目的，并保证档案的保密性。

2. 根据国家保密制度规定，做好档案保密工作，严格执行档案保存、借阅、复印、利用、统计等制度。

3. 规范档案管理与设置（双人双锁）。及时归档，资料应完整、齐全，并按规定长期保存；应设专用档案室（柜）保存。

4. 建立和完善体检信息管理系统。充分运用计算机辅助档案管理手段，提高档案管理的现代化水平。

5. 建立档案管理流程：收集→整理→归档→编研→利用。

6. 设定档案管理原则。以收集齐全、分类合理、阅卷科学、归档及时、保管安全、使用方便为原则。

7. 体检报告应使用规范的医学名词术语以便于数据储存、统计和分析。职业健康检查报告、告知函、签收单等及相关用人单位资料信息须有备份并保存。

8. 归档资料应为原件，做到完整、齐全、系统、准确。如原件无法归档的，必须在复印件上注明原件存放地并由提供者和提取者双方签名。

9. 职业健康检查档案应当装订成册，一案一卷，一卷一号，归档资料纸张质量和规格符合要求，卷内文字应当以钢笔、签字笔或毛笔签字，必须使用碳素墨水、蓝黑墨水等符合档案要求的材料，不得使用铅笔、圆珠笔、彩笔、纯蓝墨水、红墨水、涂改液等，不能漏签。

10. 归档资料排列、编号、编目应规范有序，编制正确，符合资料归档要求，无空号或重复号，按时间、单位（项目）、体检编号排列装盒，盖章齐全（含骑缝章），以查找方便为原则。若为电子版，应为纸质报告的扫描件。

11. 借阅人应当爱护档案，严禁涂改、污损、转借和擅自翻印，并负责维护劳动者的职业健康隐私权和保密权。

12. 卫生行政部门、职业病诊断机构、职业病诊断鉴定办事机构、用人单位和劳动者等需要提供相关的档案资料时应提供复印件，注明“与原件相同”，并盖职业健康检查机构公章。

13. 体检部门必须对归档质量进行控制，确保职业健康检查档案的齐全、完整、准确和规范，字迹、用纸符合归档要求。

14. 每年的职业健康档案资料暂时存放在科室内，于年终统一移交档案室。

（二）保存期限

《职业健康检查管理办法》第二十条规定：职业健康检查机构应当建立职业健康检查档案。职业健康检查档案保存时间应当自劳动者最后一次职业健康检查结束之日起不少于15年。

第六节　职业健康检查机构质量控制检查要点

为规范职业健康检查质量管理和质量控制工作，国家卫生健康委办公厅下发了《关于贯彻落实职业健康检查管理办法的通知》（国卫办职健函〔2019〕494号），通知对“抓好质量控制，有效规范管理”提出要求。通知要求各省级卫生健康主管部门应当指定负责本辖区职业健康检查质量控制的机构，明确其职责和相关要求，按照《质量控制规范（试行）》要求，细化质量控制管理工作方案、质量考核标准和实施计划，客观、公正地开展实验室间比对和质量考核工作，并将结果及时向社会公布。

本指南依据《职业病防治法》《职业健康检查管理办法》《放射工作人员职业健康管理办法》《医疗机构管理条例》《基本医疗卫生与健康促进法》《放射诊疗管理规定》《医疗机构临床实验室管理办法》《放射诊疗管理规定》等法律、法规要求，参照《质量控制规范（试行）》《职业健康监护技术规范》《放射工作人员职业健康监护技术规范》以及天津市地方标准《职业健康检查质量控制规范》（DB12/T 694）和《天津市职业健康检查报告编写规范》（DB12/T 609—2015），为了方便职业健康检查机构开展质量管理和质量控制工作，同时为了卫生健康主管部门监督管理，现将职业健康检查机构质量控制检查内容、检查方法、检查结果和检查依据按照组织机构、人员、仪器设备、工作场所、质量管理、工作规范性、能力、报告与告知分类并编制检查要点一览表，供大家参考使用。

表4-2 职业健康检查机构质量控制检查一览表

被检查单位名称：　　　　　　　　　　地址：

序号	检查内容		检查方法	检查结果	检查依据
一	**组织机构**				
1	医疗机构执业许可证		查看是否有《医疗机构执业许可证》（含正副本），是否校验；机构名称、法定代表人/主要负责人、地址等发生变化后是否及时变更	是□ 否□	《职业病防治法》第三十五条第三款 《医疗机构管理条例》第二十条、第二十二条和第二十四条 《职业健康检查管理办法》第五条第一款第（一）项 《基本医疗卫生与健康法》第三十八条
2	放射诊疗许可证		涉及放射检查项目的，查看是否持有《放射诊疗许可证》（含正副本）；是否在《医疗机构执业许可证》上办理相应的诊疗科目登记；是否《医疗机构执业许可证》和《放射诊疗许可证》同时校验；是否有法定代表人资格或法定代表人授权资格证明材料；机构名称、法定代表人/主要负责人、地址、许可项目等变化是否及时变更	是□ 否□	《职业健康检查管理办法》第五条第一款第（一）项 《放射诊疗管理规定》第四条第二款、第十六条第二款、第十七条第一款和第二款
3	机构设置及职责		核查承担职业健康检查工作的组织机构设置是否明确；质量管理/控制、技术、档案管理机构/部门是否明确；相关科室、人员、岗位职责是否明确	是□ 否□	《质量控制规范（试行）》第六条第（一）项
4	备案	备案	核查医疗卫生机构开展职业健康检查，是否在开展之日起15个工作日内向省级卫生健康主管部门或者各省自行规定的相关部门备案	是□ 否□	《职业健康检查管理办法》第四条第一款
5		类别和项目	核查《医疗机构执业许可证》副本备注栏是否注明职业健康检查类别和项目	是□ 否□	《医疗机构管理条例》第二十七条 《职业健康检查管理办法》第四条第二款
6		信息变更	核查当备案信息发生变化时，职业健康检查机构是否自信息发生变化之日起10个工作日内提交变更信息	是□ 否□ 合理缺项□	《职业健康检查管理办法》第六条第二款

续表

序号	检查内容	检查方法	检查结果	检查依据
二	**人员**			
1	具有与备案开展的职业健康检查类别和项目相适应的执业医师、护士等医疗卫生技术人员	核查是否具有与备案开展的职业健康检查类别和项目相适应的执业医师、护士等医疗卫生技术人员，核查是否有《医师执业证书》《护士执业证书》《专业技术资格证书》资质证书，是否本地注册	是□ 否□	《职业健康检查管理办法》第五条第一款第（三）项和第（四）项
2	专/兼职质量监督员	核查质量管理部门是否有专职或兼职的质量监督员及任命文件，职责是否明确，是否有活动记录	是□ 否□	《质量控制规范（试行）》第六条第（四）项
3	专/兼职档案管理员	核查是否有专职或兼职的档案管理员及任命文件，职责是否明确	是□ 否□	
4	技术负责人	核查技术负责人是否有副高级以上卫生专业临床技术职称，是否有职业病诊断资格证书及相关证明资料；是否为本机构注册、签有合同及在编证明和任命文件	是□ 否□	
5	质量负责人	核查质量负责人是否具有副高级以上卫生专业临床技术职务任职资格及相关证明资料；是否为本机构注册的执业医师，是否有任命文件	是□ 否□	
6	主检医师	核查是否指定相应类别的主检医师；主检医师是否取得相应的职业病诊断医师资格证书；持有职业病诊断医师资格证书的执业医师数量是否满足备案的职业健康检查类别和项目需要；主检医师是否为本机构注册、签有合同及在编证明和任命文件；是否具有中级以上专业技术职务任职资格，从事职业健康检查相关工作三年以上，熟悉职业卫生和职业病诊断相关标准；抽查已出具的职业健康检查报告，核查体检对象和类别，是否有主检医师超资质范围审阅填写体检结论的情况	是□ 否□	《质量控制规范（试行）》第六条第（四）项 《职业健康检查管理办法》第八条

续表

序号	检查内容	检查方法	检查结果	检查依据
7	实验室检测人员	核查承担职业健康检查的实验室检测人员是否至少有一名具有中级以上专业技术职称	是□ 否□	《质量控制规范（试行）》第六条第（四）项
8	工作内容与医师执业范围一致	核查工作内容与医师执业范围是否一致	是□ 否□	《质量控制规范（试行）》第六条第（四）项 《医疗机构管理条例》第二十八条
9	专业人员技术档案	核查是否建立职业健康检查专业人员技术档案	是□ 否□	《质量控制规范（试行）》第六条第（四）项 DB12/T 694—2016 第 4. 2. 1 款
三	**仪器设备**			
1	具有与备案开展的职业健康检查类别和项目相适应的仪器、设备	核查仪器设备是否与备案的职业健康检查类别和项目一致；仪器设备的种类、数量、性能、量程、精确度等技术指标是否满足备案的职业健康检查类别和项目的要求；是否运行良好	是□ 否□	GBZ 188—2018 GBZ 235—2011 《质量控制规范（试行）》第六条第（二）项 《职业健康检查管理办法》第五条第一款第（五）项
2	染色体、微核检查仪器设备	核查染色体、微核检查是否具备符合国家有关要求的净化工作台或生物安全柜及其配套显微镜、血液样品前处理仪器设备	是□ 否□ 合理缺项□	GBZ 235—2011 第 5. 2. c 和第 5. 2. d 《职业健康检查管理办法》第五条第一款第（五）项
3	仪器设备定期计量检定和校验	核查强检设备是否有有效期计量检定/校验证书；自检设备是否有定期校验记录及自检记录；是否有相应的校验方法；是否具有状态标识	是□ 否□	《质量控制规范（试行）》第六条第（二）项 《医疗机构临床实验室管理办法》第二十四条 《中华人民共和国强制检定的工作计量器具检定管理办法》第七条 《职业健康检查管理办法》第五条第一款第（五）项
4	放射诊疗设备进行定期性能检测及评价	核查放射诊疗设备是否有有效期性能检测及评价资料	是□ 否□	《放射诊疗管理规定》第二十条第（二）项
5	设备操作规程/作业指导书	核查是否有设备操作规程/作业指导书	是□ 否□	《质量控制规范（试行）》第六条第（三）项 《职业健康检查管理办法》第五条第（六）项

续表

序号	检查内容	检查方法	检查结果	检查依据
6	仪器设备管理制度及仪器设备档案	核查是否有仪器设备管理制度，仪器设备档案是否齐全，是否专人负责保管	是□ 否□	《质量控制规范（试行）》第六条第（三）项 DB12/T 694—2016 第 4. 3. 5 款和第 4. 3. 8 款
四	**工作场所**			
1	职业健康检查场所、候检场所和检验室	现场核查是否具有相应的职业健康检查场所、候检场所和检验室	是□ 否□	《质量控制规范（试行）》第六条第（二）项 《职业健康检查管理办法》第五条第一款第（二）项
2	职业健康检查场所相对独立	现场核查职业健康检查场所是否相对独立，是否与门诊、急诊分开	是□ 否□	《健康体检服务规范》第 5. 4. 1 《职业健康检查管理办法》第五条第一款第（二）项
3	职业健康检查场所建筑总面积	现场核查职业健康检查场所建筑总面积是否不少于 400m^2，每个独立的检查室使用面积不少于 6m^2	是□ 否□	《职业健康检查管理办法》第五条第一款第（二）项
4	X 射线检查室面积及最小单边长度	现场核查 X 射线检查室有效使用面积及最小单边长度是否符合 GBZ 130 要求	是□ 否□	《医用 X 射线诊断放射防护要求》第 5. 2 《职业健康检查管理办法》第五条第一款第（二）项
5	检验区域布局及标识	现场核查检验区域布局是否合理，检验区和非检验区标识是否清晰	是□ 否□	《检测实验室安全第 1 部分：总则》第 5. 3. 9 《职业健康检查管理办法》第五条第一款第（二）项
6	检验区生物安全	现场核查检验区是否有生物安全标识，是否符合相关生物安全要求	是□ 否□	
7	废弃物处理	现场核查检验室废弃物处理是否符合国家相关规定	是□ 否□	《医疗废物管理条例》第十六条 《医疗卫生机构医疗废物管理办法》第五条 《职业人群生物监测方法 总则》第 4. 3 《检测实验室安全第 5 部分：化学因素》第 5. 6. 3

续表

序号	检查内容	检查方法	检查结果	检查依据
8	职业健康检查流程及告知	现场核查是否张贴“职业健康检查工作流程图”“职业健康检查场所布局图”和职业健康检查注意事项等告知内容；X射线特殊检查室外显著位置是否张贴当心电离辐射警示标识	是□ 否□	DB12/T 694—2016 第 4. 4. 2
9	静脉取血室	现场核查紫外线/臭氧消毒是否符合相关要求，是否有每日消毒记录	是□ 否□	《职业人群生物监测方法总则》附录 A. 3 《医院空气净化管理规范》第 6. 3 《消毒管理办法》第四条 《职业健康检查管理办法》第五条第一款第（二）项
10	纯音听阈测试工作场所环境条件	现场核查纯音听阈测试工作场所环境条件是否有有效期计量检测报告	是□ 否□	《声学 测听方法 纯音气导和骨导听阈基本测听法》第 11. 1 《职业健康检查管理办法》第五条第一款第（二）项
11	肺功能检查室	现场核查肺功能检查室通风是否良好	是□ 否□	《肺功能检查实用指南》 《肺功能学》 《职业健康检查管理办法》第五条第一款第（二）项
12	眼科检查暗室	现场核查眼科检查暗室设置是否符合规范要求	是□ 否□	GBZ 188—2018 附录 B. 5. 1. 3 《职业健康检查管理办法》第五条第一款第（二）项
13	保护受检者隐私设施	现场核查体检环境是否有保护受检者隐私的遮挡帘等设施	是□ 否□	DB12/T 694－2016 第 4. 4. 4
14	X 射线读片灯	现场核查是否有＞3000CD 三联式观片灯	是□ 否□	《职业性尘肺病的诊断》附录 G

续表

序号	检查内容	检查方法	检查结果	检查依据
15	X 射线摄影检查室医、检双方放射防护设施	现场核查 X 射线摄影检查室医、检双方放射防护设施是否齐全；是否有效使用	是□ 否□	《医用 X 射线诊断放射防护要求》第 5.9 和第 7.2 《放射诊疗管理规定》第九条第（三）项和第二十五条
16	实验室通风	现场核查检测实验室是否具备有效通风、排毒设施	是□ 否□	《检测实验室安全第 1 部分：总则》第 5.3.5.4.1 《检测实验室安全第 5 部分：化学因素》第 5.3.5 《职业健康检查管理办法》第五条第一款第（二）项
17	尿液分析仪设置	现场核查尿液分析仪是否相对独立或有效隔离，是否有有效的局部排风设施	是□ 否□	《医疗机构临床实验室管理办法实施细则》第十条第（三）项 《检测实验室安全第 1 部分：总则》第 5.3.5.4.1 《检测实验室安全第 5 部分：化学因素》第 5.3.5 《职业健康检查管理办法》第五条第一款第（二）项
18	环境条件监测、控制和记录	核查职业健康检查标准或者技术规范对环境条件有要求时或环境条件影响职业健康检查结果时，是否监测、控制和记录环境条件。当环境条件不利于职业健康检查的开展时，是否停止职业健康检查活动	是□ 否□ 合理缺项□	DB12/T 694—2016 第 4.4.3

续表

序号	检查内容	检查方法	检查结果	检查依据
五	**质量管理**			
1	质量管理文件	核查质量管理文件是否包括职业健康检查质量管理手册、程序性文件、作业指导书（操作规程）及记录表格	是□ 否□	《质量控制规范（试行）》第四条和第六条第（三）项 《职业健康检查管理办法》第五条第（六）项
2	质量管理手册	核查质量管理手册是否及时更新；是否包括质量方针、组织机构图、部门设置及职能、人员岗位职责、工作流程图、仪器设备一览表、人员一览表、人员任命书及“字模”等；是否有效运行	是□ 否□	
3	工作程序	核查是否有明确的职业健康检查工作程序，是否有效运行	是□ 否□	
4	作业指导书/操作规程	核查仪器设备操作规程、作业指导书是否齐全、规范；是否具有可操作性；是否有效运行	是□ 否□	
5	记录表格	核查记录表格是否齐全，是否及时更新持续有效运行	是□ 否□	
6	支持性文件	核查支持性文件是否齐全	是□ 否□	
7	法律法规、规章、规范性文件及标准	核查是否有职业健康检查工作相关的法律、法规、标准、规范等资料；核查是否及时更新补充；是否有最新版的尘肺诊断标准片；是否参照执行	是□ 否□	《职业健康检查管理办法》第十五条
8	内部审核	随机抽查本年度临床检验项目是否进行室内质量控制，并绘制质量控制图；出现质量失控现象时，是否及时查找原因，采取纠正措施，并详细记录；核查是否有职业健康检查全过程的内部审核/质控记录	是□ 否□	《医疗机构临床实验室管理办法》第二十五条 《检测实验室安全第1部分：总则》第4.13 《质量控制规范（试行）》第六条第（三）项
9	质量管理制度	核查是否建立职业健康检查质量管理制度。至少包括：委托协议签署制度、职业健康检查报告审核签发制度、专用章使用管理制度、职业健康检查告知与疑似职业病报告制度、人员培训制度、实验室管理制度、仪器使用管理制度、档案管理制度、质量管理体系内部审核和管理评审制度和本省（市）职业卫生信息系统上报管理制度等	是□ 否□	《质量控制规范（试行）》第六条第（三）项 《职业健康检查管理办法》第五条第（六）项

续表

序号	检查内容		检查方法	检查结果	检查依据
10	实验室间比对和职业健康检查质量考核		核查是否有省级以上职业健康检查质量控制机构组织开展的实验室间比对和职业健康检查质量考核的有效期证明材料	是□ 否□	《质量控制规范（试行）》第七条 《医疗机构临床实验室管理办法》第二十八条 《职业健康检查管理办法》第十条第一款
11	设备操作及维护，及期间核查		核查设备操作维护人员是否经授权，是否有期间核查和维护保养程序及相应记录等	是□ 否□	《职业卫生生物监测质量保证规范》第3.3.2 《检验检测机构资质认定能力：评价检验检测机构通用要求》第4.4.6
12	检查过程和样品检测过程记录和结果		核查职业健康检查过程和样品检测过程中的相关记录和结果是否规范完整，是否妥善保存，是否可溯源	是□ 否□	《质量控制规范（试行）》第六条第（六）项 《职业卫生生物监测质量保证规范》第7.4
13	受检者隐私		有无泄露个人隐私信息的行为	是□ 否□	《职业健康检查管理办法》第九条
14	档案管理	档案管理制度	核查是否建立有效的职业健康检查档案管理制度	是□ 否□	《质量控制规范（试行）》第六条第（三）项 《职业健康检查管理办法》第五条第一款第（六）项
15		专职/兼职档案管理人员	核查是否有专职或兼职的档案管理人员；是否有任命文件	是□ 否□	
16		职业健康检查档案	随机抽查10份职业健康检查档案。核查档案资料是否及时归档，规范、齐全（纸质档案为原件；电子档案为原件的影印版）；是否15年长期保存；是否包括：1. 职业健康检查委托协议书。2. 用人单位提供的相关材料：①用人单位基本情况；②工作场所职业病危害因素种类及其接触人员名册、岗位、工种、接触时间；③工作场所职业病危害因素定期检测等相关材料。3. 出具的职业健康检查结果总结报告和告知材料。4. 其他相关材料	是□ 否□ 合理缺项□	《质量控制规范（试行）》第六条第（三）项 《职业健康检查管理办法》第二十条
17	人员培训		核查是否制订并落实各类人员的培训计划；核查是否每年定期对从事职业健康检查的专业技术人员和管理人员进行职业病防治知识的培训或参加其相关专业技术培训；核查培训档案或者培训证明材料	是□ 否□	《质量控制规范（试行）》第六条第（三）项和第（五）项

续表

序号	检查内容	检查方法	检查结果	检查依据
18	投诉管理	现场查看是否设立有效的投诉电话或投诉岗位，投诉记录及改进措施	是□ 否□	DB12/T 694—2016 第 4. 6. 2
六	**工作规范性**			
1	委托协议书或介绍信	抽样不少于 10 份报告职业健康检查档案。核查是否有与用人单位签订的委托协议书或单位介绍信；委托协议书内容是否包括编号（与检查报告一致）、委托单位、受检单位、承检单位、各单位基本信息、委托检查类别、接触职业病危害因素种类、接触人数、健康检查的人数、检查项目（必检、选检、加项等）、检查时间和地点、委托方和被委托方的责任和义务、委托方和被委托方盖章及经办人签字、委托日期、报告的送达等	是□ 否□	《职业健康检查管理办法》第十二条
2	检查项目和周期确定	抽样不少于 10 份报告职业健康检查档案。核查职业健康检查机构是否依据 GBZ 188—2018 和 GBZ 235—2011 规范，结合用人单位提交的资料，明确用人单位应当检查的项目和周期	是□ 否□	《职业健康检查管理办法》第十三条和第十五条
3	体检方案	抽样不少于 10 份体检方案，是否完整、规范	是□ 否□	DB12/T 694—2016 第 5. 1. 3
4	不超备案范围体检	抽样不少于 10 份职业健康检查报告。核查已出具的职业健康检查报告是否存在超备案范围体检	是□ 否□	《职业健康检查管理办法》第七条第（一）项和第十一条第二款
5	必检项目	根据劳动者接触的职业病危害因素，核对必检项目是否齐全	是□ 否□	GBZ 188—2018 第 5、第 6、第 7、第 8 和第 9 《职业健康检查管理办法》第十五条
6	受检者自行放弃的必检项目	核查对受检者自行放弃的必检项目，是否有受检者本人签字的相关资料	是□ 否□ 合理缺项□	DB12/T 694—2016 第 5. 2. 1
7	报告用语、计量单位	核查报告用语、计量单位是否规范	是□ 否□	《职业卫生名词术语》GBZ/T 224 - 2010 GBZ 188—2018 第 3、第 5、第 6、第 7、第 8 和第 9

续表

序号	检查内容		检查方法	检查结果	检查依据
8	个体报告规范	内容	随机抽查不少于10份个体报告。核查报告内容是否完整，格式是否规范，编号、检查表填写完整，且无缺项，记录是否真实清楚；是否有受检人签字；是否有检查医师在相应栏内签名	是□ 否□	DB12/T 609—2015 附录 A DB12/T 694—2016 第6.1 GBZ 188—2018 第4.8.2、第4.8.3和附录B 《质量控制规范（试行）》第六条第（八）项 《职业健康检查管理办法》第七条第（一）项
9		结论与建议	随机抽查不少于10份个体报告。核查报告检查结论处是否有主检医师填写体检结论、处理意见或建议并签名；签名是否与《质量管理手册》中任命的主检医师一致；个体报告检查结论是否偏离目前未见异常、疑似职业病、职业禁忌证、其他疾病或异常4种结论		
10		一式两份	核查个体报告领取登记，是否个体体检结论报告一份给劳动者或受检者指定人员，一份给用人单位	是□ 否□	GBZ 188—2018 第4.8.3
11	总结报告规范	内容	抽样不少于10份总结报告。核查报告格式是否统一、规范，内容是否齐全；检查依据标准是否正确、最新版本，无遗漏；是否有汇总表；记录是否真实清楚，盖章及相关人员签字等内容是否齐全（包括涂改）	是□ 否□	DB12/T 609—2015 附录 B DB12/T 694—2016 第6.2 GBZ 188—2018 第4.8.2、第4.8.3和附录B 《质量控制规范（试行）》第六条第（八）项 《职业健康检查管理办法》第七条第（一）项
12		结论与建议	抽样不少于10份总结报告。核查职业健康检查种类、结论和处理意见是否确切；是否有主检医师、技术负责人及报告签发人三级签名并机构盖章；签名是否与《质量管理手册》中任命的主检医师、技术负责人及报告签发人一致	是□ 否□	
13		与其他检查结果及报告分开	抽样不少于10份总结报告。核查是否职业健康检查结果及报告与其他检查结果及报告分开	是□ 否□	DB12/T 609—2015 第5、第6
14	放射人员健康体检结论判定		抽样不少于10份报告。核查放射人员健康体检适宜或不适宜判定是否符合规范要求	是□ 否□ 合理缺项□	GBZ 235—2011 第6.1.5和第6.1.6 《职业健康检查管理办法》第十五条

续表

序号	检查内容	检查方法	检查结果	检查依据
15	分级审核	抽样不少于10份分级审核记录，核查是否分级审核	是□ 否□	《质量控制规范（试行）》第六条第（三）项 DB12/T 609—2015
16	GBZ 188—2018未包括的其他职业病危害因素如需开展健康监护需经专家评估后确定	核查是否有专家论证、评估资料	是□ 否□ 合理缺项□	GBZ 188—2018第4.4.4 《职业健康检查管理办法》第十五条
17	职业禁忌和疑似职业病判定	抽样不少于10份报告。核查职业禁忌和疑似职业病判定是否客观准确	是□ 否□	GBZ 188—2018第3.4、第5、第6、第7、第8和第9 《职业健康检查管理办法》第十五条
18	复查/复检者书面通知	核查复查/复检者是否书面通知，书面通知是否明确检查内容和时间，是否在总结报告出具前进行	是□ 否□ 合理缺项□	
19	疑似职业病建议	核查发现可能患有职业病的，是否出具“疑似职业病”检查结论及建议；是否提交职业病诊断机构进一步明确诊断	是□ 否□ 合理缺项□	
20	职业禁忌建议	核查发现职业禁忌，是否提出脱离接触建议	是□ 否□ 合理缺项□	GBZ 188—2018附录A.4 《职业健康检查管理办法》第十五条
21	复查/复检仍不能确定为目标疾病者的建议	核查复查/复检仍不能确定为目标疾病者，是否建议作为重点监护人群，增加监护频次	是□ 否□ 合理缺项□	
22	规定时间内未复查/复检处理	核查规定时间内未复查/复检者，体检机构是否按首次检查结果出具报告	是□ 否□ 合理缺项□	

续表

序号	检查内容		检查方法	检查结果	检查依据
23	主检医师履职		核查主检医师是否按规定确定职业健康检查项目和周期，对职业健康检查过程进行质量控制、审核职业健康检查报告	是□ 否□	《职业健康检查管理办法》第八条第二款
24	虚假证明文件		抽样不少于10份职业健康检查档案。核查是否必检项目未做且未出具职业健康检查个体结论，无出具虚假证明文件行为，并核查相应的原始材料	是□ 否□	《职业健康检查管理办法》第七条第（一）项和第十五条
25	外出体检	在指定区域内开展外出体检	职业健康检查机构开展外出职业健康检查是否在执业登记机关管辖区域内或者省级卫生健康主管部门指定区域内	是□ 否□	《职业健康检查管理办法》第十六条
26		相应的职业健康检查仪器、设备，专用车辆	核查开展外出职业健康检查的仪器、设备，专用车辆是否满足要求；车载式医用X射线诊断系统（X射线车）是否有有效期性能检测报告（状态检测报告）	是□ 否□	《质量控制规范（试行）》第六条第（二）项 《放射诊疗管理规定》第二十条第（四）项 《职业健康检查管理办法》第五条第一款第（五）项
27		医学影像学检查质量及放射防护管理	核查进行外出医学影像学检查是否保证检查质量，是否满足放射防护管理要求；体检X射线车是否停放在开阔无人地带，车辆周围是否设置临时控制区，边界是否设立清晰可见的警示牌	是□ 否□	《质量控制规范（试行）》第六条第（二）项 《车载式医用X射线诊断系统的放射防护要求》GBZ 264—2015第6.2.2 《职业健康检查管理办法》第十六条 《放射诊疗管理规定》第十条第（三）项和第（四）项
28		实验室检测质量及生物安全管理	核查进行外出实验室检测是否保证检查质量；生物样品采集、保存、运送样品等环节是否满足生物安全管理要求	是□ 否□	《质量控制规范（试行）》第六条第（二）项 《职业健康检查管理办法》第十六条
29		本底值检测	核查外出体检生物样本采样容器是否进行样品空白对照或本底值检测	是□ 否□	《职业人群生物监测方法 总则》第4.3 DB12/T 694—2016第9.2

续表

序号	检查内容	检查方法	检查结果	检查依据
七	**能力**			
1	临床检查及检验等能力	核查机构是否具备与开展的职业健康检查类别或项目相符合的临床检查及检验等能力的人员（资质、职称）与设备	是□ 否□	GBZ 188—2018 《职业健康检查管理办法》第七条第（一）项、第十三条和第十五条
2	人体靶器官损害情况的检查/监测能力	核查检查医师是否具备针对性的对职业病危害因素作用人体靶器官损害情况的检查/监测能力（资质、职称）	是□ 否□	
3	主检医师的职业病、职业禁忌证诊断和判断能力	核查主检医师对其开展的职业健康检查的职业病危害因素所致职业病、职业禁忌证是否有诊断和判断能力（资质、职称）	是□ 否□	
4	职业卫生生物监测能力	核查是否能开展相应的职业卫生生物监测（备案的），是否具备相应设备和人员（资质、职称），如：尿铅、血铅、尿镉、尿铬、尿铊等	是□ 否□ 合理缺项□	GBZ 188—2018 《质量控制规范（试行）》第六条第（二）项 《职业健康检查管理办法》第五条第一款第（五）项
5	尘肺诊断阅片能力	核查从事粉尘作业职业健康检查的主检医师是否具备尘肺诊断阅片能力（取得国家级或国家卫健委委托地方有资质培训机构颁发的尘肺病诊断师资格证书）	是□ 否□	《职业健康检查管理办法》第八条
6	报告编写能力	核查报告编写是否符合规范要求	是□ 否□	GBZ 188—2018 DB12/T 609—2015 附录 A 和附录 B 《职业健康检查管理办法》第七条第（一）项
7	放射工作人员职业健康检查能力	现场核查放射工作人员职业健康检查是否辐射细胞遗传学检验设备和用生物学方法估算受照人员剂量能力；是否具备生物剂量估算设备和淋巴细胞微核或染色体畸变检测的人员（资质、职称）与设备	是□ 否□ 合理缺项□	GBZ 235—2011 第 5. 1. d 《职业健康检查管理办法》第五条第（三）项和第（五）项

续表

序号	检查内容	检查方法	检查结果	检查依据
八	**报告与告知**			
1	信息平台	核查是否建立完善的职业健康检查信息管理系统（省级体检平台）；是否与中国疾病预防控制中心的“职业病与职业卫生信息监测系统”及省级职业健康管理平台互联互通和数据完整对接	是□ 否□	《质量控制规范（试行）》第六条第（七）项 《职业健康检查管理办法》第五条第一款第（七）项、第十九条
2	专/兼职统计人员	核查是否配备专/兼职信息系统维护人员	是□ 否□	DB12/T 694—2016 第 5. 3. 1
3	网络直报	核查是否有专门的部门或者人员承担职业病报告工作及任命文件；核查是否 15 日内按规定完成网络报告；核查是否按有关规定登记，登记资料是否齐全	是□ 否□	DB12/T 694—2016 第 5. 3. 1 和第 5. 3. 3 中国疾病预防控制中心职业卫生与中毒控制所关于执行职业病报告卡（2018 年版）的通知（中疾控职科便函〔2018〕180 号）
4	报告职业健康检查信息	核查职业性健康检查信息是否 15 日内上传	是□ 否□	《职业健康检查管理办法》第七条第（三）项、第（四）项和第十九条 中国疾病预防控制中心职业卫生与中毒控制所关于执行职业病报告卡（2018 年版）的通知（中疾控职科便函〔2018〕180 号）
5	职业病、疑似职业病报告和登记制度	核查是否有报告卡和登记簿、核对、自查等工作制度，包括专门部门、人员工作职责、工作流程要求等	是□ 否□	中国疾病预防控制中心职业卫生与中毒控制所关于执行职业病报告卡（2018 年版）的通知（中疾控职科便函〔2018〕180 号） 《职业健康检查管理办法》第五条第（六）项、第七条第（二）项和第（三）项
6	职业禁忌告知	抽样不少于 10 份报告。如有职业禁忌则需核查告知用人单位和劳动者的证明材料	是□ 否□	《职业健康检查管理办法》第十八条
7	疑似职业病告知	抽样不少于 10 份报告。如有疑似职业病则需检查是否告知劳动者本人并及时通知用人单位的书面材料（需当事人签字）	是□ 否□ 合理缺项□	《职业病防治法》第五十五条第一款 《职业健康检查管理办法》第七条第（二）项和第十八条

续表

序号	检查内容	检查方法	检查结果	检查依据
8	疑似职业病报告	抽样不少于10份报告。核查是否出具职业健康检查报告后15日内向所在地卫生健康行政部门报告及证明材料；不漏报、迟报、误报、虚报本应通知劳动者和用人单位的证明材料	是□ 否□ 合理缺项□	《职业病防治法》第五十条 《职业健康检查管理办法》第七条第（二）项和第十八条
9	职业健康检查报告书面告知用人单位	抽样不少于10份报告登记。核查《职业健康检查个体报告》和《职业健康检查总结报告》是否在职业健康检查结束之日起30个工作日内出具，并书面告知用人单位	是□ 否□	《职业健康检查管理办法》第十七条
10	定期向卫生健康行政部门报告职业健康检查工作情况	核查是否定期向卫生健康行政部门报告职业健康检查工作情况（包括外出职业健康检查工作情况）	是□ 否□	GBZ 188—2018 第 4. 8. 5 《职业健康检查管理办法》第七条第（四）项
11	各类通知书、告知书填写及送达、签收	核查复查通知书、疑似职业病告知书是否填写准确；送达函、签收单是否满足规范要求	是□ 否□ 合理缺项□	DB12/T 694—2016 第 5. 3. 2 和第 6. 3
12	职业病、疑似职业病报告登记	核查职业病、疑似职业病报告登记信息是否完整	是□ 否□	DB12/T 694—2016 第 5. 3. 1
13	职业健康检查登记信息	核查职业健康检查登记信息是否完整，是否包括体检单位、人数、疑似职业病、职业禁忌证、复查及报告发出登记	是□ 否□	《职业健康检查管理办法》第七条第（三）项

检查人员：　　　　　　　　　　检查时间：　　年　　月　　日

第五章　职业健康检查信息管理

依据《职业病防治法》《职业健康检查管理办法》以及《职业病诊断与鉴定管理办法》等法律法规要求，用人单位、医疗卫生机构（包括承担职业病诊断、职业健康检查的医疗卫生机构及其他医疗卫生机构）、各级疾病预防控制（职业病防治）机构具有依法报告职业病、疑似职业病，报告职业健康检查信息（含职业健康检查结果）的责任与义务。卫生健康主管部门具有对上述单位、机构依法履行职业病或疑似职业病报告及职业健康检查信息报告情况进行监督管理的职责。

2016 年 12 月，国务院办公厅颁布了《关于印发国家职业病防治规划（2016—2020 年）的通知》（国办发〔2016〕100 号），明确了规范职业病报告信息管理工作，提高上报信息的及时性、完整性和准确性的工作任务，提出了制定职业病报告、职业健康管理等工作规范的保障措施。

2019 年 12 月，中国疾病预防控制中心下发了《关于印发职业病报告技术规范的通知》（中疾控公卫发〔2019〕118 号），进一步明确了职业病报告信息[包括各类职业病和疑似职业病（不含职业性放射性疾病）诊断、职业病鉴定以及职业健康检查等内容]、报告原则、组织机构职责、信息采集与报告、质量控制、信息利用与保存、考核与评估等内容。

职业病、疑似职业病及相关职业健康检查信息报告作为国家卫生信息统计的一部分，与国家的经济发展，与政府、公众日益关注、重视保护劳动者生命健康权益的程度息息相关。职业健康检查信息报告可及时、准确地掌握用人单位职业病危害因素分布特征、接触职业病危害因素人群数量、接受职业健康监护人数以及职业病或疑似职业病发生、发展的趋势；反映、评价职业病防治的工作状态及采取的预防和干预措施的效果；同时为政府及有关部门制定或修订职业病防治规划、防治策略、职业卫生标准及科学管理提供技术及数据支持，为职业健康监督部门提供信息来源。其信息报告的地位和作用在职业病防治管理中显得越来越重要。

第一节 职业健康检查信息报告工作规定和程序

一、法律依据

（一）信息报告工作要求的法律依据

1.《职业病防治法》

第五十条：用人单位和医疗卫生机构发现职业病病人或者疑似职业病病人时，应当及时向所在地卫生行政部门报告。确诊为职业病的，用人单位还应当向所在地劳动保障行政部门报告。接到报告的部门应当依法作出处理。

2.《职业健康检查管理办法》

第五条：承担职业健康检查的医疗卫生机构应当具备以下条件：（七）具有与职业健康检查信息报告相应的条件。

第七条：职业健康检查机构具有以下职责：（二）履行疑似职业病的告知和报告义务；（三）报告职业健康检查信息；（四）定期向卫生健康主管部门报告职业健康检查工作情况，包括外出职业健康检查工作情况。

第十八条：职业健康检查机构发现疑似职业病病人时，应当告知劳动者本人并及时通知用人单位，同时向所在地卫生健康主管部门报告。发现职业禁忌的，应当及时告知用人单位和劳动者。

3.《职业病诊断与鉴定管理办法》

第十二条：职业病诊断机构的职责是：（二）报告职业病；（三）报告职业病诊断工作情况。

第三十四条：职业病诊断机构发现职业病病人或者疑似职业病病人时，应当及时向所在地卫生行政部门和安全生产监督管理部门报告。

第五十条：鉴定结论与诊断结论或者首次鉴定结论不一致的，职业病鉴定办事机构应当及时向相关卫生行政部门和安全生产监督管理部门报告。

4.《中华人民共和国统计法》

第七条：国家机关、企业事业单位和其他组织以及个体工商户和个人等统计调查对象，必须依照本法和国家有关规定，真实、准确、完整、及时地提供统计调查所需的资料，不得提供不真实或者不完整的统计资料，不得迟报、拒报统计资料。

第九条：统计机构和统计人员对在统计工作中知悉的国家秘密、商业秘密和个人信息，应当予以保密。

5.《突发公共卫生事件应急条例》

第二条：本条例所称突发公共卫生事件（以下简称突发事件），是指突然发生，造成或者可能造成社会公众健康严重损害的重大传染病疫情、群体性不明原因疾病、重大食物和职业中毒以及其他严重影响公众健康的事件。

第十九条：国家建立突发事件应急报告制度。

第二十一条：任何单位和个人对突发事件，不得隐瞒、缓报、谎报或者授意他人隐瞒、缓报、谎报。

（二）信息报告管理要求的法律依据

1.《职业病防治法》

第五十一条：县级以上地方人民政府卫生行政部门负责本行政区域内的职业病统计报告的管理工作，并按照规定上报。

2.《职业健康检查管理办法》

第十九条：职业健康检查机构要依托现有的信息平台，加强职业健康检查的统计报告工作，逐步实现信息的互联互通和共享。

二、报告组织体系与职责

（一）组织体系

2005年，卫生部颁发《关于进一步加强职业病报告工作的通知》（卫法监发〔2005〕399号），指定中国疾病预防控制中心负责全国职业病报告统计工作。

2006年，卫生部将“职业病及其影响因素的监测”纳入“中国疾病预防控制信息系统”，启用该系统下的“健康危害监测信息系统—职业卫生专业”子系统，实现了职业病报告的网络管理。

自2012年起，“健康危害监测信息系统—职业卫生专业”系统升级，形成“中国疾病预防控制信息系统”下独立管理的子系统，即“职业病与职业卫生信息监测系统”，并于2014年5月1日起正式启用。

该通知明确了报告体系、报告内容及报告方式。

职业病与职业卫生信息的报告实施逐级上报机制，各级报告机构负责网络直报的分级审核确认，汇总后报送同级卫生行政部门，并同时报上一级报告机构；省级报告机构在汇总报送省级卫生行政部门的同时报中国疾病预防控制中心。

省级实施二级网络直报系统。

报告内容为职业病确诊病例及疑似职业病病例（不包括职业性放射性疾病）、农药中毒等个案资料，以用人单位为报告单元的职业健康监护汇总资料，以及各职业病诊断、鉴定机构的诊断、鉴定情况资料。

报告方式为网络直报。依托“中国疾病预防控制信息系统”下的独立子系统“职业病与职业卫生信息监测系统”实现数据的报告、修正、删除、查询、查看、导出、异地查询、报告卡套打、日志管理、预警、实时统计分析等功能。各直报单位上报数据后，通过县级、市级、省级逐级审核完成报告卡终审。

（二）职责

1. 国家卫生健康委负责全国职业病、疑似职业病及相关职业健康检查信息报告的管理。

2. 县级以上地方人民政府卫生健康行政部门职责：

（1）负责本行政区域内医疗卫生机构（含职业病诊断机构、职业健康检查机构、职业病诊断与鉴定办事机构及其他发现疑似职业病的医疗卫生机构）职业病、疑似职业病及相关职业健康检查信息报告的管理；

（2）组织制定本行政区域内职业病、疑似职业病及相关职业健康检查信息报告的实施方案；

（3）落实职业病、疑似职业病及相关职业健康检查信息统计报告工作；

（4）定期组织本行政区域内职业病、疑似职业病及相关职业健康检查信息报告工作的监督检查；

（5）负责指定同级职业病防治机构（疾病预防控制中心和职业病防治院/所）作为本行政区域内职业病、疑似职业病及相关职业健康检查信息报告管理单位；

（6）各级卫生健康行政部门和有关部门落实必要的政策、人员及经费等保障条件。

3. 中国疾病预防控制中心职责：

（1）负责全国职业病、疑似职业病及相关职业健康检查信息报告的技术指导工作；

（2）负责协助国家卫生健康行政部门制定职业病、疑似职业病及相关职业健康检查信息报告技术指导方案；

（3）负责职业病、疑似职业病及相关职业健康检查信息报告国家级信息平台的建设和维护；

（4）负责全国职业病、疑似职业病及相关职业健康检查信息报告的数据管理、统计分析、质量控制、业务督导和评估等工作。

4. 各级职业病、疑似职业病及相关职业健康检查信息报告管理单位职责：

（1）建立职业病、疑似职业病及相关职业健康检查信息报告管理组织，制定相关管理考核和信息资源共享制度；

（2）协助辖区同级卫生健康行政部门制定并落实本行政区域内职业病、疑似职业病及相关职业健康检查信息报告实施方案；

（3）负责本行政区域内职业病、疑似职业病及相关职业健康检查信息报告的数据管理、统计分析、技术指导、人员培训、质量控制、考核评估等工作。

5. 职业病、疑似职业病及相关职业健康检查信息报告单位职责：

承担职业病诊断的医疗卫生机构和职业病鉴定办事机构是职业病报告单位，承担职业健康检查的医疗卫生机构是疑似职业病和职业健康检查信息报告单位。

（1）在各自职责内负责职业病、疑似职业病及相关职业健康检查信息报告资料的采集和报告；

（2）建立健全登记、报告、培训、质量控制等制度；

（3）在各自职责内制定职业病、疑似职业病及相关职业健康检查信息报告工作程序；

（4）在各自职责内提供职业病、疑似职业病及相关职业健康检查信息报告必要的保障条件。

6. 卫生监督执法机构作为本行政区域内医疗卫生机构职业病、疑似职业病及相关职业健康检查信息报告的监督检查单位，依法查处违法行为。

7. 各级卫生健康行政部门和有关部门落实必要的政策、人员及经费等保障条件。

三、报告范围及要求

职业病报告遵循分级负责、属地管理、及时准确的原则。并依法报告、统一规范、逐级审核、汇总、分析，符合安全要求。

1.《职业病报告技术规范》（中疾控公卫发〔2019〕118 号）规定：

（1）职业病报告单位在完成信息采集后，登录“中国疾病预防控制信息系统”进行网络直报。

（2）承担职业病诊断的医疗卫生机构应在作出职业性尘肺病、其他各类职业病诊断后 15 日内分别上报《职业性尘肺病报告卡》或《职业病报告卡（不含放射性疾病）》；在收到职业病鉴定办事机构反馈的《职业病诊断鉴定书》后进行核实，在 15 日内对与鉴定结论不一致的原诊断报告信息进行更正；按季度汇总上报《职业病诊断、鉴定相关信息报告卡》中的职业病诊断信息。

（3）职业病鉴定办事机构应按相关规定及时将鉴定结果信息告知原职业病诊断机构；按季度汇总上报《职业病诊断、鉴定相关信息报告卡》中的职业病鉴定信息。

（4）承担职业健康检查的医疗卫生机构应在向用人单位出具职业健康检查报告后15日内上报《职业健康检查汇总表》。

（5）医疗卫生机构在诊疗过程中发现疑似职业病的，应在15日内上报《疑似职业病报告卡》；发现职业病危害事故导致急性健康损害的，在24h内上报《疑似职业病报告卡》。

（6）职业病报告单位暂不具备网络直报条件的，应在规定时限内将纸质职业病报告卡送交当地县级职业病报告业务管理单位代其进行网络报告，县级无职业病报告业务管理单位的，送交至市级职业病报告业务管理单位代其进行网络报告。

2. 其他规定：

（1）急性中毒报告

①国家建立突发事件应急报告制度。依据《突发公共卫生事件应急条例》规定，发生或者可能发生重大职业中毒事件的，省、自治区、直辖市人民政府应当在接到报告1h内，向国务院卫生行政主管部门报告。

②医疗卫生机构和有关单位发现有发生重大职业中毒事件的情形，应当在2h内向所在地县级人民政府卫生健康行政部门报告；接到报告的卫生健康行政主管部门应当在2h内向本级人民政府报告，并同时向上级人民政府卫生健康行政主管部门和国务院卫生健康行政主管部门报告。

③《国家突发公共卫生事件相关信息报告管理工作规范（试行）》规定，职业中毒报告范围为发生急性职业中毒10人及以上或者死亡1人及以上的。信息报告主要内容包括：事件名称、事件类别、发生时间、地点、涉及的地域范围、人数、主要症状与体征、可能的原因、已经采取的措施、事件的发展趋势、下步工作计划等。

（2）法定职业病和疑似职业病报告

法定职业病和疑似职业病报告单位为依法承担职业病诊断、职业健康检查的医疗卫生机构和用人单位。报告范围为《职业病分类和目录》规定10类132种。

2013年，原国家安全监管总局办公厅颁布了《职业卫生档案管理规范》（安监总厅安健〔2013〕171号），要求用人单位采取纸质报告方式，在接到体检结果、诊断结果5日内依法向所在地卫生行政部门报告。

2018年，中国疾病预防控制中心颁布了“中国疾病预防控制中心职业卫生与中毒控制所关于执行职业病报告卡（2018年版）的通知（中疾控职科便函

〔2018〕180号）”，报告要求如下：

①法定职业病报告

a. 职业病病例（包括职业性尘肺病晋期诊断病例）由依法承担职业病诊断的医疗卫生机构在作出职业病诊断后15日内填卡网络直报。职业性尘肺病病例需收集尘肺病人的合并症信息进行填报。

b. 职业病死亡病例由用人单位或死亡者近亲属向本行政区域内职业病防治机构报告，由职业病防治机构填卡网络报告。

c. 疑难转诊病例一律由确诊单位填卡网络报告。

②疑似职业病病例报告

a. 依法承担职业健康检查机构在职业健康检查中发现的健康损害，怀疑为职业病需提交职业病诊断机构进一步确诊的，在出具职业健康检查报告后15日内填卡网络直报；

b. 依法承担职业病诊断机构在职业病诊断过程中，无法明确职业病诊断，又无法排除与职业接触有关的，在15日内填卡网络直报；

c. 医疗卫生机构在门诊或住院诊疗过程中，发现的健康损害可能与职业接触有关，并排除其他原因的，在15日内填卡网络直报。

（3）农药中毒报告

农药中毒报告单位为最初接诊农药中毒患者的医疗卫生机构，采取网络直报方式。报告范围为在农、林业等生产活动中使用农药或生活中误用各类农药而发生中毒者（不包括食物农药残留超标和属于刑事案件的中毒患者）；不包括生产农药而发生中毒者；仅限于生产性自用和生产性受雇引起的农药中毒。农药中毒病例由最初接诊农药中毒患者的医疗卫生机构，在患者确诊后24h内填卡网络直报。

（4）职业健康检查汇总报告

职业健康检查汇总报告单位为依法承担职业健康检查的医疗卫生机构，采取网络直报方式。报告范围为所有可能产生职业性有害因素的生产和工作的用人单位。职业健康检查汇总信息由依法承担职业健康检查的医疗卫生机构在给用人单位出具职业健康检查报告后15日内填卡网络直报。

（5）职业病诊断、鉴定相关信息报告

职业病诊断、鉴定相关信息报告单位为依法承担职业病诊断、鉴定的机构，采取网络直报方式。职业病诊断、鉴定相关信息由依法承担职业病诊断、鉴定的机构于每个季度结束前完成本季度数据的审核并填卡网络直报。

职业病鉴定结论与职业病诊断结论或者首次职业病鉴定结论不一致，职业病鉴定办事机构应当及时向所在地卫生行政部门报告，并由疾病预防控制机构或职业病防治机构逐级审核后，对原已报告内容进行更新报告。

（6）报告卡填报

报告单位按照《国家卫生健康委员会办公厅关于印发全国卫生资源与医疗服务等五项统计调查制度的通知》（国卫办规划函〔2018〕388号）要求，填报《职业性尘肺病报告卡》（卫健统47-1表）、《职业病报告卡》（卫健统47-2表）、《职业病诊断、鉴定相关信息报告卡》（卫健统47-3表）、《职业健康检查汇总表》（卫健统47-4表）、《疑似职业病报告卡》（卫健统47-5表）、《农药中毒报告卡》（卫健统47-6表）。

报告机构在填写“报告卡”的同时应进行网络直报，报告卡由报告机构存档、登记。

目前，国家职业卫生报告卡及规范用语系统尚处于完善阶段，待正式颁布后，执行国家职业卫生报告卡填报系统。

四、信息管理与质量控制

（一）信息管理

职业病报告工作是国家统计工作的一部分，是国家制定职业病防治政策，评估职业危害趋势的重要依据。负责职业病统计报告的工作人员应当相对稳定、经过培训，严格遵守职业病统计报告管理工作制度。负责职业病报告的有关部门、单位和个人，必须树立法制观念，严格按照规定程序、时限，及时、准确地报告管辖区域内所发生的职业病病例信息，不得以任何借口虚报、瞒报、漏报、拒报、迟报、伪造和篡改。

从事职业病、疑似职业病及相关职业健康检查信息报告管理、使用的部门和个人应建立信息使用登记和审核制度，不得利用职业病报告信息从事危害国家安全、社会公共利益和他人合法权益的活动。任何人不得擅自泄密、公布。

各级职业病报告业务管理单位应定期对本行政区域内职业病报告单位和下级职业病报告业务管理单位进行督导、考核和评估，考核结果报同级卫生健康行政部门。

职业病报告单位应将职业病报告管理纳入内部工作考核范围，定期进行自查和评估，发现问题应及时整改。

（二）质量控制

《职业病报告技术规范》（中疾控公卫发〔2019〕118号）对职业病报告工作的质量控制规定如下：

1. 职业病报告单位应加强质量控制，确保数据报告及时、准确和完整。职业病报告单位未在规定时限内报告各类信息的为报告不及时。变量中任何一项出现逻辑错误、各类报告卡终审后重卡数超过 1% 的为不准确。报告信息缺少“职业病与职业卫生信息监测系统”规定的必填项中任何一项的为不完整。

2. 职业病报告单位上报的《职业性尘肺病报告卡》《职业病报告卡》《疑似职业病报告卡》《职业病诊断、鉴定相关信息报告卡》实行县、市、省三级确认审核，《职业健康检查汇总表》实行县、市两级确认审核。

3. 县级职业病报告业务管理单位对报告卡信息的缺项、错项、逻辑错误、重复报告等进行审核，对有疑问的报告信息及时向职业病报告单位核实。市级、省级职业病报告业务管理单位对报告卡信息的逻辑错误、重复报告等进行审核，对有疑问的报告信息及时向下一级职业病报告业务管理单位核实。

4. 各级职业病报告业务管理单位在 3 个工作日内完成审核。审核不合格的，在 1 个工作日内通过“职业病与职业卫生信息监测系统”或其他方式反馈职业病报告单位及下一级职业病报告业务管理单位。

5. 省级职业病报告业务管理单位应在 1 月 10 日、4 月 10 日、7 月 10 日、10 月 10 日前组织完成本行政区域内上一季度全部报告卡的审核、反馈及修订工作。

6. 职业病报告单位应在 3 个工作日内完成对审核后反馈的不合格信息的修订，发现有漏报信息的，应在 3 个工作日内进行补报。

（三）信息利用与保存

各级职业病报告业务管理单位按年度对本行政区域内职业病报告信息进行统计分析，以简报或报告等形式报同级卫生健康行政部门和上一级职业病报告业务管理单位。

职业病报告业务管理单位发现职业病危害事故所致疑似职业病的，应于 24h 内告知同级卫生健康行政部门。

职业病报告单位的《职业性尘肺病报告卡》的原始纸质资料至少保存 15 年，其他各类报告卡纸质资料至少保存 3 年。

暂不具备网络直报条件的职业病报告单位，其职业病报告卡由代报单位留存，原报告单位进行登记备案。职业病报告单位的各类报告卡的电子档案应永久保存。

第二节　职业健康检查信息报告监督检查要点

依据《职业病防治法》《职业病诊断与鉴定管理办法》《职业健康检查管理办法》等规定，职业健康监督部门负责对用人单位、医疗卫生机构（包括承担职业病诊断、职业健康检查医疗卫生机构及其他医疗卫生机构）、各级疾病预防控制（职业病防治）机构依法履行职业病、疑似职业病报告及相关信息报告工作职责进行监督管理。

一、对用人单位检查的主要内容

（一）管理组织与制度

1. 用人单位是否设置或者指定职业卫生管理机构或者组织，配备专职或者兼职的职业卫生管理人员承担职业病、疑似职业病报告工作；

2. 用人单位是否建立职业病、疑似职业病报告和处置制度。

（二）职业病、疑似职业病报告工作情况

1. 用人单位发现职业病病人或者疑似职业病病人，是否按照要求向所在地卫生行政部门报告；

2. 用人单位是否存在虚报、瞒报、漏报、拒报、迟报等情况。

二、对医疗卫生机构（包括承担职业病诊断、职业健康检查机构及其他医疗卫生机构）检查的主要内容

（一）管理组织与制度

1. 医疗卫生机构是否设置或者指定部门或者人员承担职业病、疑似职业病及职业健康检查信息报告工作；

2. 医疗卫生机构是否建立职业病、疑似职业病、职业健康检查信息的报告和登记审核制度，包括职业病、疑似职业病、职业健康检查信息报告工作职责、工作流程，相关信息网络直报及报告卡的存档、登记、审核、自查等工作制度。

（二）职业病、疑似职业病、职业健康检查信息报告工作情况

1. 医疗卫生机构是否按要求网络直报并将相关报告卡存档、登记、审核、自查等；

2. 医疗卫生机构是否存在虚报、瞒报、漏报、拒报、迟报等情况。

三、对各级疾病预防控制机构（职业病防治）检查的主要内容

（一）管理组织与制度

1. 疾病预防控制（职业病防治）机构是否设置或者指定专门的部门或者人员承担职业病、疑似职业病、职业健康检查信息报告工作；

2. 疾病预防控制（职业病防治）机构是否建立本行政区域内的职业病、疑似职业病、职业健康检查信息报告的业务指导、技术培训、质量控制和日常管理工作制度。

（二）职业病、疑似职业病、职业健康检查信息报告工作情况

1. 疾病预防控制（职业病防治）机构是否对网络直报的职业病、疑似职业病、职业健康检查信息报告数据进行审核、汇总统计和调查分析等工作；

2. 疾病预防控制（职业病防治）机构是否及时、准确地将相关结果报送同级卫生行政部门，是否存在虚报、瞒报、漏报、拒报、迟报、伪造和篡改、擅自泄密、公布等情况。

第三节　法律责任

有关职业病报告、疑似职业病报告及相关职业健康检查信息（含职业健康检查结果）报告的法律责任详见本指南第八章——职业健康检查机构违法行为及法律责任。

第六章　职业健康检查实践

第一节　粉尘作业职业健康检查实践

一、生产性粉尘对机体的影响

生产性粉尘是指在人类生产活动中产生的能够较长时间漂浮于生产环境中的固体微粒。它可以通过呼吸道、皮肤和消化道进入机体，进入机体的途径主要是呼吸道吸入。进入机体的粉尘根据生产性粉尘的不同理化特性，可能引起机体的不同损害，主要有以下几个方面：

（一）对呼吸系统的影响

粉尘对机体影响最大的是呼吸系统损害，可引起尘肺、粉尘沉着症、上呼吸道炎症、支气管炎或支气管哮喘、肺癌和间皮瘤等肺部疾病。尤其是致纤维化作用，职业性尘肺病是在职业活动中长期吸入不同致病性的生产性粉尘并在肺内潴留而引起的以肺组织弥漫性纤维化为主的一组职业性肺部疾病的统称。游离二氧化硅具有极强的细胞毒性和致纤维化特点，使肺组织发生弥漫性、进行性的纤维组织增生，引起呼吸功能严重受损。

（二）局部作用

粉尘作用于呼吸道黏膜，可造成呼吸道抵御能力下降。皮肤长期接触粉尘可导致阻塞性皮脂炎、粉刺、毛囊炎、脓皮病，亦可刺激皮肤和眼角膜。金属粉尘还可造成角膜损伤、混浊。沥青粉尘等可引起光敏性皮炎。

（三）中毒作用

吸入铅、砷、锰等粉尘，可在呼吸道黏膜很快溶解吸收，导致全身中毒，呈现出相应毒物的急、慢性中毒症状或慢性影响。

二、职业健康检查粉尘类型的判定方法

生产性粉尘可致多种职业病，职业健康检查主检医师在制定体检项目时，主要依靠用人单位提供的职业卫生评价或检测报告中辨识的危害因素作为依据，来确定粉尘的类型，并制定相应的职业健康检查项目，并最终给出结论及建议。

（一）《职业健康监护技术规范》（GBZ 188）中职业健康检查粉尘的分类

1. 游离二氧化硅粉尘：结晶型二氧化硅粉尘，又称矽尘（游离二氧化硅含量≥10%的无机性粉尘）。

2. 煤尘。

3. 其他致尘肺病的无机性粉尘：可分为碳素系粉尘（石墨粉尘、炭黑粉尘）、硅酸盐粉尘（滑石粉尘、云母粉尘、水泥粉尘）、金属粉尘［铝尘（铝、铝矾土、氧化铝）］、混合性粉尘（铸造粉尘、陶瓷粉尘、电焊烟尘）等。

4. 石棉尘：分为蛇纹石类石棉和角闪石类石棉，蛇纹石类石棉主要是温石棉（chrysotile）；角闪石类石棉又分为：直闪石石棉（anthophyllite）、青石棉（crocidolite）、透闪石石棉（tremolite）、阳起石石棉［actinolite（amiante）］、铁石棉（amosite）等。

5. 棉尘：包括亚麻、软大麻、黄麻粉尘。

6. 有机性粉尘：包括生物性粉尘和人工合成有机性粉尘。生物性粉尘包括动物性粉尘（动物蛋白、皮毛、排泄物）、植物性粉尘（燕麦、谷物、木材、纸浆、大豆、咖啡、烟草粉尘等）、生物因素（如霉菌属类、霉菌孢子、嗜热放线杆菌、枯草杆菌、芽孢杆菌等）以及具有半抗原性质的化学物质等形成的气溶胶；人工合成有机性粉尘包括有机材料（橡胶、合成纤维、人造有机性粉尘等）产生的粉尘。

7. 金属及其化合物粉尘（锡、铁、锑、钡及其化合物等）。

8. 硬金属粉尘（以碳化钨为主要成分，以钴为黏结材料加入不等量的其他金属钛、镍、铬、钒等）。

9. 毛沸石粉尘。

（二）职业健康检查粉尘类型的判定方法

由于《工作场所有害因素职业接触限值 第1部分：化学有害因素》（GBZ 2.1）、《职业病危害因素分类目录》及《职业健康监护技术规范》（GBZ 188）中的粉尘分类不一致。如：GBZ 2.1 中的“其他粉尘”是指游离二氧化硅低于10%，不含石棉和有毒物质，且尚未制定容许浓度的粉尘；GBZ 188 中的“其他粉尘”是指除矽尘、煤尘、石棉尘以外其他致尘肺病的无机性粉尘。因此主检医师在判定生产性粉尘种类时，需要将职业卫生评价或检测报告辨识的“其他粉尘”按照GBZ 188 的“其他粉尘”重新归类。如果粉尘作业种类判断错误会导致职业健康检查结论完全错误。

在职业健康监护过程中，判定粉尘作业类别时应重点关注以下几个方面：

1. 用人单位提供的相关资料中须明确生产性粉尘的具体成分。

2. 判别生产性粉尘的成分是否含有有毒物质，如为 GBZ 188 中必检的化学有毒物质，应按化学有毒物质要求制定体检项目，其可致职业病为各种职业中毒等。

3. 生产性粉尘的粒径大于 15 微米的不会经呼吸道进入体内，无须职业健康监护。

4. 如为游离二氧化硅含量≥10% 的粉尘，按照游离二氧化硅含量≥10% 的无机性粉尘作业制定体检项目，其可致职业病为矽肺。

5. 如含有石棉或毛沸石粉尘，按照石棉尘或毛沸石粉尘作业制定体检项目，可致职业病为肺癌、间皮瘤，石棉尘还可致石棉肺。

6. 如为动物性粉尘、植物性粉尘、生物因素以及具有半抗原性质的化学物质等形成的气溶胶粉尘或为聚丙烯、酚醛树脂等人造有机性粉尘，按照有机性粉尘作业制定体检项目，可致职业病为职业性哮喘、职业性过敏性肺炎。

7. 如为棉尘（包括亚麻、软大麻、黄麻粉尘）按照棉尘作业制定体检项目，可致职业病为棉尘病。

8. 如为煤尘、石墨粉尘、陶瓷粉尘、电焊烟尘等无机性粉尘，按照煤尘或其他致尘肺病的无机性粉尘作业制定体检项目，可致职业病为煤工尘肺、石墨尘肺、炭黑尘肺、滑石尘肺、云母尘肺、陶工尘肺、铝尘肺、电焊工尘肺、铸工尘肺及根据《尘肺病诊断标准》可以诊断的其他尘肺病；一些无机性粉尘由于矿物性粉尘的种类不同，其理化性质也有差别，主要是矿物粉尘中游离二氧化硅的含量不同。粉尘致肺组织纤维化的能力主要决定于游离二氧化硅的含量。二氧化硅含量低于 10%，其致肺纤维化的作用较弱，但也可以致肺纤维化，导致尘肺病。

9. 如为铝尘（铝、铝矾土、氧化铝），按照其他致尘肺病的无机性粉尘作业制定体检项目，可致职业病为铝尘肺。

10. 如为锡、铁、锑、钡及其化合物等金属尘，按照金属及其化合物粉尘作业制定体检项目，可致职业病为金属及其化合物粉尘（锡、铁、锑、钡及其化合物等）肺尘埃沉着病。在实际工作中钡及其化合物如为可溶性的（醋酸钡等）应按照有毒化学物质处理。

11. 如以碳化钨为主要成分，以钴为黏结材料加入不等量的其他金属钛、镍、铬、钒等金属粉尘，按照硬金属粉尘作业制定体检项目，可致职业病为硬金属肺病。

12. 一些工作场所的生产性粉尘成分是混合性的，如喷漆作业中粉尘有的既有滑石粉（其他可致尘肺病的无机性粉尘）也有二氧化钛及酚醛树脂（人造有机性粉尘），有的油漆还含有游离态的二异氰酸酯类物质等，我们要依据标准分别归类，应同时按照各粉尘类型制定相应的体检项目和结果判定，其中的二异氰酸酯类物质按化学有毒物质（致喘物）进行健康检查。因此，一些混合性粉尘可能是几种粉尘的混合体，甚至有化学毒物，针对以上的问题，建议在职业健康检查前与受检单位确认职业病危害因素时在各种粉尘后面标注一下具体的成分，并按照 GBZ 188 进行粉尘分类并制定相应的检查项目，从而正确地分析和判断，避免职业健康检查体检结论错误。

判别职业健康监护粉尘作业类型的方法见图 6－1。

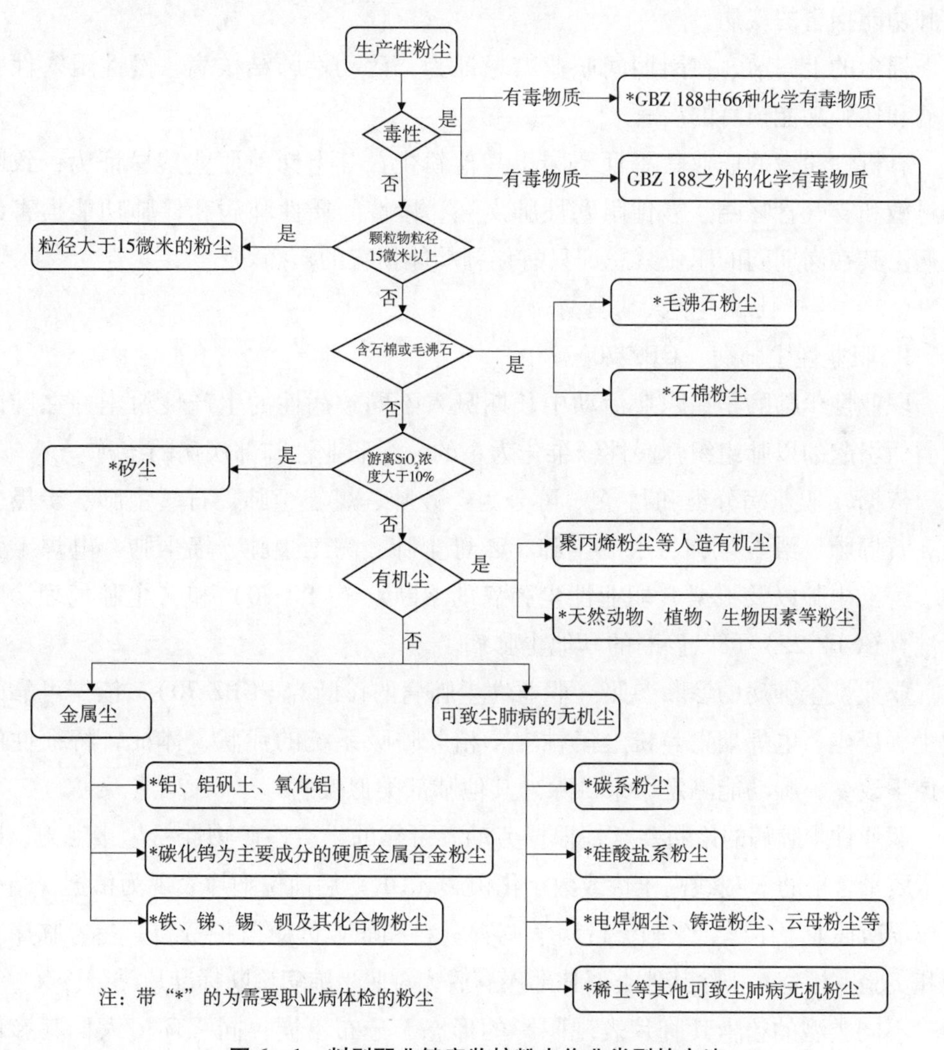

图 6－1　判别职业健康监护粉尘作业类型的方法

三、生产性粉尘职业健康检查目标疾病

（一）粉尘作业职业禁忌证

粉尘作业的类型不同，职业健康检查的要求不同，观察的内容也不同，评估判断的职业禁忌证也不一样。

矽尘、煤尘、石棉尘、其他致尘肺病的无机性粉尘、金属及其化合物（锡、铁、锑、钡及其化合物等）粉尘、硬金属粉尘和毛沸石粉尘的上岗前、在岗期间职业禁忌证均为：活动性肺结核病、慢性阻塞性肺疾病、慢性间质性肺病和伴肺功能损害的疾病。

棉尘的上岗前、在岗期间职业禁忌证为：活动性肺结核病、慢性阻塞性肺疾病和伴肺功能损害的疾病。

有机性粉尘的职业禁忌证不同于其他粉尘，其上岗前职业禁忌证为：致喘物过敏和支气管哮喘、慢性阻塞性肺疾病、慢性间质性肺病和伴肺功能损害的疾病。其在岗期间的职业禁忌证只有伴肺功能损害的疾病。

（二）生产性粉尘所致职业病

1. 职业性尘肺病（GBZ 70）

职业性尘肺病是在职业活动中长期吸入不同致病性的生产性粉尘并在肺内潴留而引起的以肺组织弥漫性纤维化为主的一组职业性肺部疾病的统称。

依据《职业病分类和目录》可分为：矽肺、煤工尘肺、石墨尘肺、炭黑尘肺、石棉肺、滑石尘肺、水泥尘肺、云母尘肺、陶工尘肺、铝尘肺、电焊工尘肺、铸工尘肺以及根据《职业性尘肺病的诊断》（GBZ 70）和《尘肺病理诊断标准》（GBZ 25）可以诊断的其他尘肺病。

职业性尘肺病的诊断参照《职业性尘肺病的诊断》（GBZ 70），依据可靠的矽尘、煤尘、电焊烟尘等粉尘接触史，相关呼吸系统的症状、体征，特征性的影像学改变，肺功能测定结果，除外其他肺部类似疾病。

职业性尘肺病的诊断要点是根据劳动者可靠的生产性矿物性粉尘接触史，以技术质量合格的 X 射线高千伏或数字化摄影（DR）后前位胸片表现为依据，结合工作场所职业卫生学、尘肺流行病学调查资料和职业健康监护资料，参考临床表现和实验室检查，排除其他类似肺部疾病后，对照尘肺病诊断标准片进行诊断。

不同类型的粉尘其胸片表现阴影的形态、分布不同，同一环境人群其影像学改变有共同性，并有群发性。

尘肺病患者虽可有不同程度的呼吸系统症状和体征及某些实验室检查的异常，但均不具有特异性，因此只能作为尘肺病诊断的参考。临床检查和实验室

检查的重点是进行鉴别诊断，以排除X射线胸片表现与尘肺病相类似的其他肺部疾病，因此X射线后前位胸片表现是诊断尘肺的主要依据。肺部CT检查对尘肺病的诊断及鉴别诊断具有非常重要的价值。

2. 金属及其化合物粉尘（锡、铁、锑、钡及其化合物等）肺尘埃沉着病（GBZ 292）

锡、铁、锑、钡等金属及其化合物肺尘埃沉着病，依据3年以上职业接触锡、铁、锑、钡及其化合物粉尘职业接触史，X射线高千伏或数字摄影（DR）后前位胸片表现为双肺弥漫性的小结节影。可伴有不同程度咳嗽、胸闷等呼吸系统损害临床表现。

本病患者多无明显的临床症状，偶可伴有不同程度的咳嗽、胸闷等呼吸系统损害临床表现，但不具有特异性。临床和实验室检查的重点是鉴别诊断，以排除其他X射线影像学表现与本病相类似的疾病。

3. 硬金属肺病（GBZ 290）

硬金属粉尘以碳化钨（WC）为主要成分，以钴（Co）为黏结材料，加入少量其他金属（如钛、镍、铌、钽、钼、铬、钒等）碳化物，经粉末冶金工艺制成的一类硬质金属合金。硬金属尘肺病具备反复或长期吸入硬金属粉尘的职业接触史，伴有呼吸系统症状及胸片改变的肺间质性疾病，其特征性病理改变为巨细胞间质性肺炎。

硬金属接触至发病的时间差异较大，表现为过敏性哮喘或过敏性肺炎者发病时间较短，慢性起病者接触时间较长，一般1年以上。硬金属肺病的诊断：肺部影像学表现异常为必需条件。首先以胸片筛查，胸片无法确诊者，再行胸部高分辨CT（HRCT）检查。HRCT能更加清晰显示肺部的异常改变，特别是早期病变，可以防止漏诊、误诊，提高诊断准确率。

硬金属作业职工接触性过敏性皮炎、过敏性鼻炎发病率较高，职业健康检查应特别注意。有过敏史更易发生钴哮喘或硬金属肺病，但多数随接触时间延长而逐渐脱敏。

4. 石棉肺（GBZ 70）

石棉肺诊断要点：劳动者可靠的石棉粉尘接触年限（职业史），技术质量合格的X射线高千伏或数字化摄影（DR）后前位胸片表现，并结合工作场所职业卫生学、尘肺流行病学调查资料和职业健康监护资料，参考临床表现和实验室检查，排除其他类似肺部疾病后，对照尘肺病诊断标准片诊断。石棉肺以不规则小阴影表现为主，突出影像特点为胸膜改变，可表现为胸膜斑、胸膜增厚、粘连、钙化、良性胸腔积液等。石棉所致肺癌和间皮瘤的诊断另述。

5. 过敏性肺炎（GBZ 60）

过敏性肺炎分为急性过敏性肺炎和慢性过敏性肺炎。根据短时间或反复多次吸入生物性有机性粉尘或特定的化学物质的职业史，出现以呼吸系统损害为主的临床症状、体征和胸部影像学表现，结合实验室辅助检查结果，参考现场职业卫生学调查，综合分析，排除其他原因所致的类似疾病后，方可诊断。

接触反应：吸入生物性有机性粉尘或特定的化学物质数小时后出现呼吸困难、干咳、胸闷，胸部影像学检查未见肺实质和间质改变。上述症状多于脱离接触致病物质后1～3天自然消失。

急性过敏性肺炎：常在短时间吸入生物性有机性粉尘或特定的化学物质数小时后，出现下列表现：干咳、胸闷、呼吸困难，并可有高热、畏寒、寒战、出汗、周身不适、食欲不振、头痛、肌痛等，肺部可闻及吸气性爆裂音；胸部影像学检查显示双肺间质浸润性炎症改变。

慢性过敏性肺炎：常有急性过敏性肺炎发作的病史，亦可由反复吸入生物性有机性粉尘或特定的化学物质后隐匿发生。出现下列表现：渐进性呼吸困难及咳嗽、咯痰，体重明显下降，双肺可闻及固定性吸气性爆裂音：胸部影像学检查显示肺间质纤维化改变。

过敏性肺炎的诊断主要是根据疾病的潜伏期、病程、呼吸系统症状、体征及胸部影像学检查等主要指标进行综合判定。必要时可结合支气管肺泡灌洗和肺活检检查结果。慢性过敏性肺炎多由反复吸入生物性有机性粉尘或特定的化学物质引起，接触时间多在数周至数月以上，也可由急性型迁延形成。胸部X射线检查可以发现肺部异常改变。胸部HRCT检查对诊断有较大价值，故结合HRCT检查结果进行判定可提高诊断准确率，并注意与急性气管支气管炎、反应性气道功能不全综合征、粟粒性肺结核、结节病等进行鉴别。

6. 职业性哮喘（GBZ 57）

根据确切的职业性变应原接触史和哮喘病史及临床表现，结合特异性变应原试验结果，参考现场职业卫生学调查资料，进行综合分析，排除其他病因所致的哮喘或呼吸系统疾患后诊断。

诊断职业性哮喘时应排除工作前存在的支气管哮喘病史，并与上呼吸道感染、慢性阻塞性肺疾病、心源性哮喘、外源性变应性肺泡炎等病进行鉴别。

7. 职业性棉尘肺（GBZ 56）

根据长期接触棉、麻等植物性粉尘的职业史，具有工作期间发生胸部紧束感/胸闷、气短、咳嗽等特征性呼吸系统症状为主的临床表现和急性或慢性肺通气功能损害，结合工作场所职业卫生学调查结果及健康监护资料，综合分析并排除其他原因所致类似疾病，方可诊断。

棉尘病是以支气管痉挛、气道阻塞为主要临床特征的疾病，多在周末或放假休息后再工作时发生。临床上具有特征性的胸部紧束感/胸闷、气短、咳嗽等症状，伴有急、慢性肺通气功能损害。

棉尘病发病早期具有特征性呼吸系统症状，是指发生于工休后第一个工作日工作数小时之后出现的胸部紧束感/胸闷、气短、咳嗽等症状，由急性支气管痉挛所致，随着病情发展，除第一个工作日外其他工作日也出现类似症状。曾发生过“棉纺热”的工人易发生棉尘病，对棉尘病的诊断有参考意义。

8. 职业性肿瘤（石棉及毛沸石所致肿瘤，GBZ 94）

有明确的致癌物长期职业接触史，出现原发性肿瘤病变，结合实验室检测指标和现场职业卫生学调查，经综合分析，原发性肿瘤的发生应符合工作场所致癌物的累计接触年限要求，肿瘤的发生部位与所接触致癌物的特定靶器官一致并符合职业性肿瘤发生、发展的潜隐期要求诊断。

石棉肺合并肺癌或间皮瘤者的，应诊断为石棉所致肺癌或间皮瘤。不合并石棉肺的肺癌或间皮瘤患者，有原发性肺癌诊断有明确的石棉粉尘职业接触史，累计接触年限1年以上（含1年）；潜隐期15年以上（含15年）也可以诊断。

毛沸石所致肺癌、胸膜间皮瘤诊断时应同时满足以下三个条件：原发性肺癌诊断明确；有明确的毛沸石粉尘职业接触史，累计接触年限1年以上（含1年）；潜隐期10年以上（含10年）。

另外，具有化学活性的粉尘，是为粉状固体毒物等，根据其具体的成分特性归到化学有毒物质所致职业病，不在此论述。如铅、砷、铜尘等可致铅中毒、砷中毒、金属烟雾热等；此章节仅讨论GBZ 188中的生产性粉尘作业。

四、职业健康检查要点

（一）症状询问

重点询问呼吸系统、心血管系统疾病史、吸烟史，同时应该重点询问花粉、药物等过敏史、哮喘病史；呼吸系统疾病的主要症状是咳嗽、咯痰、咯血、气促、喘鸣、胸痛等。这些症状在不同的呼吸系统疾病中各有不同的特点。

1. 咳嗽：急性发作的刺激性干咳伴发热、声嘶者，常见于急性喉炎、气管炎、支气管炎；长年咳嗽，秋冬季加重，多考虑慢性支气管炎；体位改变时咳嗽、咯痰加剧，在支气管扩张或肺脓肿中多见；咳嗽伴胸痛，多见于肺炎、胸膜炎；发作性干咳（尤其在夜间规律发作），提示咳嗽变异型哮喘；高亢的干咳伴有呼吸困难可能是支气管肺癌累及气管或主支气管；持续而逐渐加重的刺激性咳嗽伴有气促，则考虑特发性肺间质纤维化或支气管肺泡癌。

2. 咯痰：痰的性状、量及气味对诊断有一定帮助。一般痰由白色泡沫或黏液状转为脓性多为细菌性感染；大量黄脓痰常见于肺脓肿或支气管扩张。

3. 咯血：痰中经常带血是肺结核或肺癌的常见症状。咯鲜血多见于支气管扩张，也可见于肺结核；急性支气管炎、肺炎、肺栓塞、二尖瓣狭窄引起的肺淤血亦可咯血，但都是短期的。

4. 呼吸困难：呼吸困难主要表现在呼吸频率、深度及节律等方面。按其发作快慢分为急性、慢性和反复发作性。急性气促伴胸痛常提示肺炎、气胸、胸腔积液；慢性进行性气促见于慢性阻塞性肺疾病、弥漫性肺间质纤维化；支气管哮喘发作时，常出现呼气性呼吸困难，且伴哮鸣音，缓解时可完全消失，下次发作时症状再次出现。喉头水肿、喉气管炎症，肿瘤或异物引起上呼吸道狭窄时，出现吸气性喘鸣音；哮喘或喘息性支气管炎引起下呼吸道广泛支气管痉挛，则引起呼气性哮鸣音。

（二）胸片检查及读片

粉尘作业的胸片检查是职业健康检查的必检项目之一，亦是评价肺部损伤情况的最关键项目。下列测试环节中任一项有错误，均可直接导致体检结论错误。

1. 胸片质量

基本要求：

（1）必须包括两侧肺尖和肋膈角，胸锁关节基本对称，肩胛骨阴影不与肺野重；

（2）片号、日期及其他标志应分别置于两肩上方，排列整齐，清晰可见，不与肺野重叠；

（3）照片无伪影、漏光、污染、划痕、水渍及体外物影像。

解剖标志显示：

（1）两侧肺纹理清晰、边缘锐利，并延伸到肺野外带；

（2）心缘及横膈面成像锐利；

（3）两侧胸壁从肺尖至肋膈角显示良好；

（4）气管、隆突及两侧主支气管轮廓可见，并可显示胸椎轮廓；

（5）心后区肺纹理可以显示；

（6）右侧膈顶一般位于第十后肋水平。

光密度：

（1）上中肺野最高密度应在1.45~1.75；

（2）膈下光密度小于0.28；

（3）直接曝光区光密度大于2.50。

粉尘作业职业健康筛查胸片要求为Ⅰ级片、Ⅱ级片，Ⅲ级片不能作为筛查依据。

2. 游离二氧化硅粉尘（矽尘）、煤尘、石棉尘及其他致尘肺病的无机性粉尘作业胸片特点

这些类型粉尘作业职业健康检查均为后前位X射线高千伏胸片或数字化摄影（DR胸片），胸片表现是诊断尘肺病的主要依据。胸片的摄影技术、质量评定和读片要求详见《职业性尘肺病的诊断》（GBZ 70）。

尘肺病、石棉肺胸片的影像学改变都是一个渐变的过程，动态系列胸片能系统地观察病变过程，更准确地判定小阴影的性质，能为诊断提供更为可靠的依据。因此，职业性尘肺病的诊断，原则上要求具有两张以上间隔时间超过半年的动态胸片，以免误诊。但特殊情况下，有可靠的生产性无机性粉尘接触史和职业卫生学调查资料支持，对照尘肺诊断标准片，有典型的尘肺病X射线胸片表现，并有明确的临床资料可排除其他疾病，亦可考虑做出诊断。

3. 金属及其化合物粉尘（锡、铁、锑、钡及其化合物等）作业胸片影像学特殊改变

金属及其化合物粉尘（锡、铁、锑、钡及其化合物等）作业职业健康检查应该为后前位X射线高千伏胸片或数字化摄影（DR胸片），胸片表现是诊断尘肺病的主要依据。胸片的摄影技术、质量评定和读片要求详见《职业性尘肺病的诊断》（GBZ 70）。其影像学改变也是一个渐变的过程，动态系列胸片能系统地观察病变演变过程，更准确地判定小阴影的性质，能为诊断提供更为可靠的依据。

胸片表现的“弥漫性的小结节影”，是指双肺广泛分布的小结节阴影，多呈点状、圆形或类圆形，其直径通常小于5mm，可伴有不规则阴影，无融合团块影改变。患者脱离接触后病变多无进展，部分患者数年后肺内结节阴影可逐渐变淡、减少，甚至消失。四种不同粉尘沉着病所引起的影像学改变在共性的基础上，可有不同的特征性改变。

锡所致肺尘埃沉着病的“铸型征”较为突出，即肺野内可见指向肺门的条索状阴影，可能是锡尘沿支气管、血管周围沉着的阴影，宛如金属铸型；铁所致肺尘埃沉着病为分布均匀、密度较低的小结节影，有时可出现磨玻璃影；锑所致肺尘埃沉着病常见边缘清楚的小结节影、网状纹理和磨玻璃影的改变；钡所致肺尘

埃沉着病表现为致密小结节影，部分肺门阴影明显致密而呈块状阴影。胸部 CT 检查，有助于本病的诊断与鉴别诊断。本病的胸部 CT 表现为双肺弥漫分布小结节，可呈磨玻璃样或高密度结节，部分可表现为树芽征；小结节主要呈小叶中心性分布，也可沿淋巴管分布，可伴有支气管血管束增粗紊乱，以及小叶间隔增厚。

4. 过敏性肺炎的影像学改变特点

急性期典型胸片改变为双肺野磨玻璃样改变，可见边缘模糊的粟粒样或腺泡状小结节影，或片状致密影。慢性期主要表现为线状、细网状或网结节影。晚期或严重病例可见弥漫性间质纤维化、牵拉性支气管扩张及蜂窝状肺。

必要时可加做高分辨 CT（HRCT）呼气相扫描，有助于发现肺部空气残留改变。

HRCT：急性期可表现为肺野薄雾状密度减低或磨玻璃影、斑片状影、弥漫模糊小结节影。慢性期可见磨玻璃影、线条影、网格影、小结节影及实变影，可局限或弥漫分布。可见小叶间隔不规则增厚，支气管血管束增粗、僵直、扭曲，不规则索条影，局限性肺气肿，晚期可见囊状影/蜂窝样改变。

慢性过敏性肺炎的病理基础是广泛肺间质纤维化改变，X 射线胸片表现为双肺弥漫性网状、结节状、条索状阴影，后期为蜂窝肺影像，肺容积明显缩小。

（三）肺功能检查

1. 肺功能仪器的技术要求

肺功能仪器测量的流量、容积、时间、压力、气体浓度等指标的量程、精度、重复性、零位计算标准、误差允许范围等参数应达到一定的技术质控标准，并且定期进行标化，以确保其工作处于正常状态之中。

（1）测试环境的校准：由于气体容积受环境温度、压力、湿度等因素的影响而变化，故肺量计检查时需将测试环境校准为生理条件，即正常体温（37℃）、标准大气压（760mmHg，1mmHg = 0.133kPa）饱和水蒸气状态（BTPS）。若仪器已内置温度计和压力计，需确认其可靠性。

（2）肺量计校准：是对实际测量值与理论值之间的误差进行校准。用于校准肺量计的校准仪，常称为定标筒，须精确到总量程的 ±0.5%。校准时应确保肺量计与定标筒的连接无漏气、无阻塞。若校准超出范围，应及时查找原因，必要时请专业人员检修。

（3）容量计的质量控制：每天检查是否漏气；每天用定标筒检查容积精确度，误差应≤±3%，每个季度检查容积线性。

2. 检查前需排除的影响因素

检查前应详细询问受试者病史，判断是否符合肺功能检查的适应证，并注意排除有无检查的禁忌证。如：近3个月内患心肌梗死、休克者，近4周内严重心功能不稳定、心绞痛、大咯血、癫痫大发作者，较高的高血压（收缩压>200mmHg，舒张压>100mHg）、心率>120次/min及主动脉瘤患者等禁忌做用力肺功能检查；气胸、巨大肺大疱（发生在肺实质内直径超过1cm的气肿性肺泡）且不准备手术治疗者、妊娠中期及妊娠晚期妇女慎做用力呼气的肺功能检查。鼓膜穿孔患者及气胸或脓胸闭式引流术后不建议做肺功能检查。

检查前需了解受试者最近的用药情况，包括使用的药物名称、类型、剂量、最后使用的时间等，判断是否会影响检查结果。支气管舒张剂（如肾上腺素能受体兴奋剂、胆碱能受体拮抗剂类药物）、气管收缩剂（如肾上腺素能受体抑制剂）、抗过敏类药物等均应根据检查的目的、项目及药物的半衰期停药。如果检查目的是评价气道的反应性或可逆性，则避免用药。此外，检查前2h应禁止大量进食，检查当天禁止饮用可乐、咖啡、浓茶等，检前1h禁止吸烟，检前30 min禁止剧烈运动，预约检查时就应告知患者。

3. 对操作者要求

操作者的指导是影响肺功能检查质量的重要因素，为获得准确的测试结果，操作者应具备以下素质：

（1）检查技术：操作者应具备掌握呼吸生理的基础理论知识，了解各项肺功能检查的临床意义，把握肺功能检查的正确操作步骤和质量要求。此外，操作者还应该了解肺功能检查标准的变化，不断学习新的技术，掌握质量控制标准。

（2）服务态度：操作者应有良好的服务态度，耐心地向测试者解释，以取得受试者的信任与配合。

（3）指导技巧：良好的示范也是检测成功的关键之一，操作者可向受试者演示完全吸气和用力连续呼气动作，让受试者正确掌握动作要领，并在指导受试者测试的过程中适当运用肢体语言来不断提示和鼓励受试者完成测试动作。

（4）肺功能检查前应记录受试者的民族、性别、年龄（岁）、身高（m或cm）和体重（kg），便于计算肺功能预计值。测试者的体位也会影响结果，坐位或立位均可进行检查。采用坐位检查更为安全，可避免因晕厥而摔伤。应注意双脚必须能平踏实地，双脚悬空者不能达到最大力量的呼吸配合。有些受试者因受伤或其他原因不能站立或坐起来，只能采取卧位检查，这种情况下所检查出的结果偏低，应在报告中记录检查时的体位。

（5）质控方法：在检查过程中，操作者应对受试者的努力及配合程度做出迅速判断，最好能实时观察受试者的测试图形，判断测试是否达到质控标准。

每次测试记录图形，判定是否最大用力，有无停顿、换气、漏气或其他影响测试结果的异常，并应记录下来。对测试结果应给予评价，如满意、不满意、不能合作或拒绝合作等。测试后，操作者应能迅速读取数据，并判断其变异，以了解测试的重复性，保证检查结果的准确性。

（四）肺功能报告

1. 职业健康检查中的肺功能项目主要包括：

（1）用力肺活量（FVC）：是指尽力最大吸气后，尽力尽快呼气所能呼出的最大气量，是最大吸气后所能呼出的最大的气量。

（2）第一秒时间肺活量（FEV1），将用力肺活量第一秒呼出的气量称为第一秒时间肺活量。

（3）第一秒肺活量占整个肺活量百分比（FEV1/FVC%）：是一秒钟用力呼气容积与用力肺活量的比值，吸入支气管扩张剂后，低于70%表明存在气道阻塞。

2. 肺功能测试结果

肺功能测试报告主要是判定有无通气功能障碍；区分阻塞性、限制性或混合性通气功能障碍；并对肺功能不全分级。

肺功能障碍类型：阻塞性通气功能障碍、限制性通气功能障碍及混合性通气功能障碍。阻塞性通气功能障碍以流速（FEV1/FVC%）降低为主，而限制性功能障碍以肺容量（如VC）减少为主，混合性则二者兼而有之。

通气功能障碍的类型主要依据肺功能检查测试数据，同时需要结合临床及胸片结果做出正确的结论。

3. 职业性哮喘、职业性过敏性肺炎与肺功能

肺功能改变与职业密切相关，即在从事该项工作数月后出现哮喘，及时脱离职业性变应原后症状能自行或通过治疗很快缓解，再接触后可复发。接触职业性变应原人员非特异性气道反应性测定呈气道高反应性者，出现频繁发作的鼻塞、鼻痒、流清涕、连续喷嚏等症状者，应按GBZ 188要求的检查周期密切观察并追踪发生职业性哮喘的可能性。

棉尘作业肺功能改变的特点是工作期间发生胸部紧束感/胸闷、气短、咳嗽等特征性的呼吸系统症状，脱离工作后症状缓解，第一秒用力呼气容积（FEV1）上班后与班前比较下降15%以上，或支气管舒张试验阳性。严重的呼吸系统症状持续加重，且脱离工作环境后症状不能完全缓解，并伴有慢性肺通气功能损害，第一秒用力呼气容积（FEV1）及用力肺活量（FVC）小于预计值的80%。棉尘作业急性肺通气功能损害主要表现为班后FEV1降低，经休息后可

恢复，属于可逆性改变。慢性肺通气功能损害主要以 FEV1 及 FVC 水平的持续下降为特征，多为不完全可逆性改变，应随访，间隔 2 周后重复测定，综合评价。

五、处理意见（供临床参考）

（一）上岗前职业健康检查

1. 体检结果符合粉尘作业对健康的要求，体检结论为“未检出粉尘作业职业禁忌证”，处理意见为“可从事粉尘作业工作”。

2. 有下列情况者，体检结论为“发现粉尘作业职业禁忌证”，处理意见为“不宜从事粉尘作业工作”。

（1）矽尘、煤尘、石棉尘、其他致尘肺病的无机性粉尘、金属及其化合物粉尘、硬金属粉尘和毛沸石粉尘作业，在职业健康检查中胸片结果为活动性肺结核病、慢性阻塞性肺疾病、慢性间质性肺病等影像学改变，并结合肺功能损害情况及劳动者自身症状。

（2）棉尘作业在职业健康检查中胸片显示为活动性肺结核病、慢性阻塞性肺疾病等影像学改变，并结合肺功能损害情况及劳动者自身症状。

（3）有机性粉尘的职业禁忌证不同于“其他粉尘”，职业健康检查结果的临床症状、血液检查结果及肺功能损害情况为致喘物过敏和支气管哮喘、慢性阻塞性肺疾病、慢性间质性肺病和伴肺功能损害的疾病。

3. 如伴有不影响从事粉尘作业的其他健康问题，可酌情建议相应的检查或治疗。

（二）在岗期间职业健康检查

1. 有下列情况者，体检结论为“未发现职业禁忌证及疑似职业病”，处理意见为“可继续从事原岗位工作”或“可继续从事粉尘作业工作”。

（1）矽尘、煤尘、其他致尘肺病的无机性粉尘阅片结果为“未发现疑似尘肺病”；

（2）石棉尘阅片结果为“未发现肺部肿瘤、间皮瘤”及“未发现疑似石棉肺”；

（3）金属及其化合物粉尘（注明金属类别）阅片结果为“未发现疑似金属及其化合物粉尘肺尘埃沉着病”；

（4）硬金属粉尘（注明金属类别）阅片结果为“未发现疑似硬金属肺病”；

（5）毛沸石粉尘阅片结果为“未见肺部肿瘤、间皮瘤”。

2. 有下列情况者，处理意见为“建议提供既往健康监护资料，去职业病诊断机构进一步检查”。

（1）矽尘、煤尘、其他致尘肺病的无机性粉尘阅片结果为“疑似尘肺病”；

（2）石棉尘阅片结果为“疑似石棉肺或肺部肿瘤、间皮瘤”；

（3）金属及其化合物粉尘（注明金属类别）阅片结果为“疑似金属及其化合物粉尘肺尘埃沉着病”；

（4）硬金属粉尘（注明金属类别）阅片结果为“疑似硬金属肺病”；

（5）毛沸石粉尘阅片结果为“疑似肺部肿瘤、间皮瘤”；

（6）有机性粉尘、棉尘为“疑似职业性哮喘或过敏性肺炎”。

3. 如伴有不影响从事粉尘作业的其他健康问题，可酌情建议相应的检查或治疗。

（三）离岗时职业健康检查

1. 未发现疑似职业病的，体检结论为“未发现疑似职业病”，处理意见为“可离岗”；

2. 发现疑似职业病的，处理意见为“建议提供既往健康监护资料，去职业病诊断机构进一步检查”。

（四）离岗后健康检查（推荐性）

同离岗时职业健康检查。

第二节　化学因素作业职业健康检查实践

一、铅及其无机化合物（CAS 号：7439－92－1）

（一）常见接触机会

1. 职业性接触：职业性铅中毒是我国常见职业中毒之一。在铅锌矿冶炼、铅熔炼和浇铸加工、铅酸蓄电池制造、铅颜料和铅塑料稳定剂生产等生产过程中，铅及其无机化合物以铅烟、铅尘或粉尘的形式存在于工作场所空气中，如颜料密陀僧（PbO）、黄丹（Pb_2O_3）、铅白［$PbCO_3 \cdot Pb(OH)_2$］。铅烟和铅尘易经呼吸道吸入，引起职业性铅中毒。

2. 污染性接触：铅的污染主要来自铅的生产和加工业；城市交通含四乙基铅动力汽油尾气排放；含铅颜料、油漆等的广泛使用对生活环境的污染。

3. 生活性接触：生活性铅接触日益增多，如油漆家具、塑料制品、化妆品染发剂、皮蛋加工等，均可含少量铅；某些地区饮用水、食物、蔬菜中含铅量高。

4. 药源性接触：服用含铅中成药、含铅丸剂樟丹、黑锡丹治疗银屑病、癫痫、支气管哮喘等，如达到中毒剂量，可引起急性、亚急性或慢性中毒。

5. 母源性接触：铅可经胎盘和乳腺分泌传递给胎儿和婴儿，损害正常发育和引起中毒。

职业健康监护主要针对接触铅的职业人群，其他途径的铅接触可加重铅对劳动者的不良健康影响。

（二）主要健康影响

职业性接触铅及其化合物主要引起慢性中毒，由于接触水平和中毒程度不同，临床表现可有一定差异。以神经系统、消化系统和造血系统的临床表现为主，其中，神经系统是铅毒作用最敏感和主要的靶系统。

1. 神经系统：中枢神经系统损害早期主要表现为神经衰弱综合征，严重的铅中毒时可出现中毒性脑病，发生脑损害综合征的症状与体征；外周神经损害早期出现感觉和运动神经传导速度减慢，肢端麻木或呈手套、袜套样感觉迟钝或缺失，肌运动无力，重者瘫痪，呈"腕下垂"。

2. 消化系统：有食欲不振，恶心、腹胀、腹隐痛、腹泻或便秘；腹绞痛见于较重病例或急性发作，多数为突发性剧烈绞痛，部位常在脐周，腹软、喜按，多伴呕吐、面色苍白、全身冷汗，每次持续数分钟甚至数小时，一般止痛药不易缓解；齿龈铅线，口内金属味。

3. 造血系统：血、尿卟啉代谢产物异常增多；点彩红细胞、网织红细胞增多；贫血多属轻度低血色素性正常细胞性贫血。

（三）职业健康监护技术规范指标

参照 GBZ 188—2018。

（四）职业健康监护注意事项

1. 职业史询问应区分接触的是铅烟、铅尘或是铅的无机化合物，铅烟对人体的危害较大。

2. 症状询问：注意无力型类神经症样症状、消化道症状、周围神经受损症状。

3. 体格检查：注意高血压、贫血、腹痛、肌无力等相关体征检查及鉴别诊断；铅中毒患者的高血压、贫血均为继发性，一般程度和血铅水平相关，驱铅治疗后可恢复。

4. 铅作业职业健康检查的主要问题是生物标志物的检测质量问题，应注意血、尿铅、尿卟啉代谢指标等特异指标检查的质量控制，定期做实验室室内、室间质控；血铅等是近期接触指标，如脱离接触时间较长，生物标志物检查可能与临床表现不平行，建议做驱铅实验。

二、四乙基铅（CAS 号：78－00－2）

（一）常见接触机会

1. 在制造四乙基铅、配制乙基液（含四乙基铅 5%）、乙基汽油（含四乙基铅 1.3%～3.3%）、保管、运输四乙基汽油等生产过程中，未按操作规程作业，或设备管道年久失修而发生意外泄漏或打翻事故；

2. 在防护不周甚至无防护情况下进入储油罐内清洗或维修；

3. 误将乙基汽油充代普通溶剂汽油，在通风不良的环境中大量使用；

4. 在以虹吸法分装乙基汽油的生产中，偶有因操作不慎误服而引起急性中毒。

（二）主要健康影响

四乙基铅可引起急性中毒和慢性中毒，其中，急性中毒较为常见。

1. 急性中毒的潜伏期与接触量、接触时间及个体敏感性有关。一般在接触后数小时或数天发病，长者 2～3 周才出现明显症状，接触极高浓度可立即昏迷。

2. 轻度中毒或中毒初期，除有失眠、噩梦、头痛、头晕、健忘、食欲不振、恶心、呕吐外，并有轻度兴奋、急躁、易怒、焦虑不安、癔症样发作等精神或情绪上的改变；基础体温、血压和脉率可降低。

3. 重度中毒患者常迅速出现精神症状，表现为兴奋不眠、躁动不安、定向力减退、幻觉、妄想或全身震颤；极严重者很快昏迷，常伴阵发性全身抽搐、角弓反张、牙关紧闭、口吐白沫、瞳孔散大；每次发作数分钟或呈癫痫持续状态；患者大汗、高热，甚至出现呼吸循环衰竭。

4. 口服中毒者除有神经精神症状外，还可伴有肝脏肿大和肝功能异常。

（三）职业健康监护技术规范指标

参照 GBZ 188—2018。

（四）注意事项

1. 四乙基铅为有机铅，与无机铅不同，询问病史时应注意区分；但在某些情况下，有机铅可以转化为无机铅；

2. 四乙基铅引起的中毒主要为急性或亚急性中毒，因此日常健康监护的主要目的是筛查职业禁忌；

3. 症状询问主要是中枢神经和精神症状，体征多不特异；兼有体温、脉搏、血压偏低的“三低征”并不多见，且亦不持久或恒定。

三、汞及其无机化合物（CAS 号：7439－97－6）

（一）常见接触机会

汞中毒是常见的职业中毒之一，主要是长期在生产过程中吸入汞蒸气或汞化合物粉尘所致。生产性汞中毒多见于汞矿开采、汞冶炼过程。而近几十年职业性汞中毒的发生更多见于汞应用过程。

1. 化学工业：主要用作有机合成触媒或原料，如氯碱行业的水银电解法制碱、有机合成工业的乙炔法生产氯乙烯，制造溴化汞、甘汞、水杨酸汞、醋酸苯汞等含汞化合物；

2. 仪表及电器行业：温度计、血压计、照明灯、电子管、振荡器的制造和维修过程都用到汞；

3. 冶金工业：以矿石冶炼生产汞为主，采用汞齐法提取金银等贵金属也较常见。

其他接触汞的机会还包括制药、制镜、核反应堆冷却剂等。

（二）主要健康影响

汞中毒包括急性中毒和慢性中毒，而且急、慢性汞中毒的靶器官不同，其临床表现可有不小差异。

1. 急性汞中毒

（1）全身症状：口内金属味、头痛、头晕、恶心、呕吐、腹痛、腹泻、乏力、全身酸痛、寒战、发热（38～39℃），严重者情绪激动、烦躁不安、失眠甚至抽搐、昏迷或精神失常。

（2）呼吸道：咳嗽、咯痰、胸痛、呼吸困难、发绀，听诊可于两肺闻及不同程度干湿啰音或呼吸音减弱。

（3）消化道：齿龈肿痛、糜烂、出血、口腔黏膜溃烂、牙齿松动、流涎、可有“汞线”、唇及颊黏膜溃疡；可有肝功能异常及肝脏肿大；口服中毒可出现全腹痛、腹泻、排黏液或血性大便；严重者可因胃肠穿孔导致泛发性腹膜炎，可因失水等原因出现休克，个别病例出现肝脏损害。

（4）中毒性肾病：由于肾小管上皮细胞坏死，一般口服汞盐数小时或吸入高浓度汞蒸气 2～3 天出现水肿、无尿、氮质血症、高钾血症、酸中毒、尿毒症等，直至急性肾衰竭并危及生命；对汞过敏者可出现血尿、嗜酸性粒细胞尿，伴全身过敏症状，部分患者可出现急性肾小球肾炎，严重者有血尿、蛋白尿、高血压以及急性肾衰竭（ARF）。

（5）皮肤：皮肤表现多于中毒后 2～3 天出现，为红色斑丘疹，早期于四肢及头面部出现，进而全身，可融合成片状或溃疡、感染伴全身淋巴结肿大；严重者可出现剥脱性皮炎。

2. 亚急性汞中毒

常见于口服及涂抹含汞偏方及吸入汞蒸气浓度不甚高（0.5～1.0mg/m^3）的病例，常于接触汞1～4周后发病；临床表现与急性汞中毒相似，程度较轻；但可见脱发、失眠、多梦、三颤（眼睑、舌、指）等表现；一般脱离接触及治疗数周后可治愈。

3. 慢性汞中毒

（1）神经精神症状：有头晕、头痛、失眠、多梦、健忘、乏力、食欲缺乏等精神衰弱表现；经常心悸、多汗、皮肤划痕试验阳性、性欲减退、月经失调；进而出现情绪与性格改变，表现易激动、喜怒无常、烦躁、易哭、胆怯、羞涩、抑郁、孤僻、猜疑、注意力不集中，甚至出现幻觉、妄想等精神症状。

（2）口腔炎：早期齿龈肿胀、酸痛、易出血、口腔黏膜溃疡、唾液腺肿大、唾液增多、口臭，继而齿龈萎缩、牙齿松动、脱落，口腔卫生不良者可有“汞线”。

（3）震颤：起初穿针、书写、持筷时手颤，方位不准确、有意向性，逐渐向四肢发展，患者饮食、穿衣、行路、骑车、登高受影响，发音及吐字有障碍，从事习惯性工作或不被注意时震颤相对减轻；肌电图检查可有周围神经损伤。

（4）肾脏损伤：表现一般不明显，少数可出现腰痛、蛋白尿、尿镜检可见红细胞；临床出现肾小管肾炎、肾小球肾炎、肾病综合征的病例少见；一般脱离汞及治疗后可恢复；部分患者可有肝脏肿大，肝功能异常。

（三）职业健康监护技术规范指标

参照GBZ 188—2018。

（四）注意事项

1. 职业性汞中毒主要以长期吸入汞蒸气引起的慢性中毒为主，早期常有神经、精神症状，体征以“震颤”最为常见；

2. 尿汞测定对慢性汞中毒的诊断有重要意义，但有时与临床表现不一定平行，特别是在脏肾功能损伤情况下，也不是诊断慢性汞中毒的必须指标；

3. 汞及化合物对肾脏的损害早期多为肾小管损害，所以常规肾功能不敏感，应测定尿β_2－微球蛋白或α_1－微球蛋白或尿视黄醇结合蛋白；口服或皮肤接触可导致膜性肾病，临床表现为肾病综合征，或无症状、非肾病范围的蛋白尿。

四、锰及其无机化合物（CAS 号：7439－96－5）

（一）常见接触机会

锰为灰白色、硬脆、有光泽的金属，广泛存在于自然界中；锰矿石开采、粉碎，锰化合物生产、应用等均有锰及其化合物的接触机会；国内以含锰焊条生产、焊接作业、锰钢生产、干电池生产、染料工业等发生中毒的病例报道较多。

（二）主要健康影响

锰及其无机化合物可引起急性中毒和慢性中毒，其中，慢性中毒较为常见。

慢性锰中毒一般在接触锰的烟、尘 3～5 年或更长时间后发病；早期症状有头晕、头痛、肢体酸痛、下肢无力、沉重、多汗、心悸和情绪改变；病情发展，出现肌张力增高、手指震颤、腱反射亢进，对周围事物缺乏兴趣和情绪不稳定；后期出现典型的帕金森综合征，有四肢肌张力增高和静止性震颤、言语障碍、步态困难等以及有不自主哭笑、强迫观念和冲动行为等精神症状。

（三）职业健康监护技术规范指标

参照 GBZ 188—2018。

（四）注意事项

1. 慢性锰中毒的靶器官主要是中枢神经系统。开展职业健康检查一定要设置神经科检查，重点检查锥体外系损害的阳性体征，注意肌力、肌张力的变化和共济失调征，不典型者需要反复检查才能确定。

2. 慢性锰中毒发病潜伏期一般较长，早期症状多不典型，注意询问中枢神经症状特别是椎体外系症状。

五、铍及其无机化合物（CAS 号：7440－41－7）

（一）常见接触机会

铍是银灰色稀有金属，因具有重量轻、强度高、性能好的优点，近年在航天、原子能和军事等特殊领域大量使用。职业性接触铍主要是在开采、熔炼、铸造、加工等生产环节。

（二）主要健康影响

铍的化合物如氧化铍、氟化铍、氯化铍、硫化铍、硝酸铍等毒性较大，而金属铍的毒性相对比较小些。铍是全身性毒物。毒性的大小，取决于侵入人体的途径、不同铍化合物的理化性质及实验动物的种类。一般而言，可溶性铍的毒性大，难溶性的毒性小；静脉注入时毒性最大，呼吸道次之，经口及经皮毒性最小。铍进入人体后，难溶的氧化铍主要储存在肺部，可引起肺炎。可溶性的铍化合物主要储存在骨骼、肝脏、肾脏和淋巴结等处，它们可与血浆蛋白作用，生成蛋白复合物，引起脏器或组织的病变而致癌。铍从人体组织中排泄出去的速度极其缓慢。铍的化学性质和镁相似，所以会在酶中取代镁，破坏酶的功能。若在短时间内吸入大量或长期吸入少量的铍粉尘，都会引致肺部和循环系统肉芽肿病，是为铍中毒。铍中毒的症状潜伏期较长。

铍中毒也称铍病，职业性铍中毒可分为急性铍病、慢性铍病和铍性皮炎。

（三）职业健康监护技术规范指标

参照 GBZ 188—2018。

（四）注意事项

1. 铍及其无机化合物具有刺激性和腐蚀性，直接接触可引起皮肤损害，表现为接触性皮炎或“鸟眼样”溃疡，皮肤损害也是铍及其无机化合物接触的标志，应注意检查。

2. 吸入铍化合物的靶器官主要是肺脏，应注意询问呼吸系统症状，如症状明显者，普通胸部 X 射线摄片未发现异常，可建议加做肺部 CT 检查。

六、镉及其无机化合物（CAS 号：7440 -43 -9）

（一）常见接触机会

镉为银白色金属，工业上镉大量用于钢构件的电镀防蚀层、镍镉电池、银镉电池、光电池、钎焊合金、易熔合金及其他镉合金、镉化合物的制造。银铟镉合金用作原子反应堆的控制棒；镉化合物用于制造颜料、塑料稳定剂、荧光粉等；接触镉的工业有镉的冶炼、喷镀、焊接和浇铸轴承表面，核反应堆的镉棒或覆盖镉的石墨棒作为中子吸收剂，镉蓄电池和其他镉化合物制造等。

（二）主要健康影响

镉及其无机化合物可引起急性中毒和慢性中毒。

1. 急性镉中毒系吸入所致，先有上呼吸道黏膜刺激症状，脱离接触后上述症状减轻；经 4 ~ 10h 的潜伏期，出现咳嗽、胸闷、呼吸困难，伴寒战、背部和四肢肌肉和关节酸痛，胸部 X 射线检查有片状阴影和肺纹理增粗；严重者出现肺水肿和心力衰竭；口服镉化合物引起中毒的临床表现酷似急性胃肠炎，有恶心、呕吐、腹痛、腹泻、全身无力、肌肉酸痛，重者有虚脱。

2. 慢性镉中毒早期脏肾损害表现为尿中出现低分子蛋白（β_2 - 微球蛋白、视黄醇结合蛋白、α_1 - 微球蛋白、溶菌酶和核糖核酸酶等）排出量增多，即所谓“肾小管性蛋白尿”，还可出现葡萄糖尿、高氨基酸尿和高磷酸尿；晚期患者出现慢性肾功能衰竭。肺部表现为慢性进行性阻塞性肺气肿，最终导致肺功能减退；明显的肺功能异常多出现在蛋白尿发生之后。慢性中毒者常伴有牙齿颈部黄斑、嗅觉减退或丧失、鼻黏膜溃疡和萎缩，其他尚有食欲减退、恶心、体重减轻和高血压。

3. 长期接触镉者见有肺癌发病率增高。

（三）职业健康监护技术规范指标

参照 GBZ 188—2018。

（四）注意事项

1. 急性镉暴露中毒较少见，如吸入高浓度氧化镉烟尘等，可引起迟发性肺水肿。

2. 慢性镉中毒主要靶器官是肾脏和骨骼，典型表现为近端肾小管功能障碍，检测指标为尿 β_2 - 微球蛋白、尿视黄醇结合蛋白，常规肾功指标（尿素氮、肌酐）不敏感。

3. 血镉是急性镉中毒的生物标志，尿镉是慢性镉中毒的生物标志。尿镉测定需要注意：一定用同一份尿测定尿肌酐，并用尿肌酐矫正；有肾脏功能损害时，尿镉与临床表现不一定平行。

4. 因慢性镉中毒潜伏期长，病程迁延，所以对尿镉增高者随访有益。

5. 目前治疗药物对镉中毒的驱排治疗效果均不理想。

七、铬及其无机化合物（CAS 号：7440 - 47 - 3）

（一）常见接触机会

铬为银灰色金属，因具有很好的耐腐蚀性，广泛应用在电镀工业中。职业性接触铬及其化合物主要是铬矿石开采和铬冶炼过程产生的粉尘、电镀过程产生的铬酸雾。

（二）主要健康影响

铬的毒性与其存在的价态有关，金属铬对人体几乎没有毒作用，3 价铬是人体必需的元素，6 价铬有毒，且其毒性比 3 价铬毒性高约 100 倍。铬对人体健康的急慢性有害作用都是由 6 价铬引起的。

1. 皮肤损害：6 价铬化合物对皮肤有刺激和致敏作用，皮肤出现红斑、水肿、水疱、溃疡，皮肤斑贴试验阳性。铬疮是一种小型较深的溃疡，发生在面部、手部、下肢等部位。铬溃疡又称“铬疡”，多发生在手指、手背易擦伤部位，溃疡边缘隆起而坚硬，中间凹陷，其上覆盖黄褐色结痂，外观呈“鸡眼状”，可深达内膜；治愈后留有边界清楚的圆形疤痕；还有手腕、前臂及颈部等暴露部位发生皮炎，表现为片块状红斑、丘疹。

2. 呼吸系统损害：铬酸盐及铬酸的烟雾和粉尘对呼吸道有明显损害，可引起鼻黏膜肿胀、溃疡；通气不畅；鼻中隔一侧或双侧点状糜烂面，甚至穿孔；病情加重时，鼻腔干燥，嗅觉减退，鼻出血等现象；还可引起咽炎、肺炎，患者咳嗽、头痛、气短、胸闷、发热、面色青紫、两肺广泛哮鸣音、湿性啰音；及时治疗，症状可持续2周。

3. 消化系统损害：长期接触铬酸盐，可出现胃痛、胃炎、胃肠道溃疡，伴有周身酸痛、乏力等，味觉和嗅觉可减退，甚至消失。

4. 铬可引起肺癌；日本曾报道铬引起鳞状上皮癌2例。

（三）职业健康监护技术规范指标

参照GBZ 188—2018。

（四）注意事项

1. 铬化合物作业一定要识别准确是几价铬化合物。低价铬化合物对人体的危害较小，但可以引起过敏，接触6价铬化合物对人体危害较大，最常见的是皮肤黏膜的刺激和腐蚀作用，严重者表现为铬溃疡或铬疮、鼻中隔穿孔，可作为铬暴露的体检标志；6价铬化合物作业体检一定要设置皮肤科和鼻及咽部常规检查科目，由专业医师承担主检。

2. 对接触6价铬化合物者的离岗后随访健康检查，主要目的是发现6价铬化合物所致肺癌，建议加做肺癌肿瘤标志物、低剂量肺部CT筛查。

八、砷（CAS号：7440－38－2）

（一）常见接触机会

1. 职业性接触：常见于砷矿冶炼、农药制造、冶金工业、半导体工业、医药工业，砷还可以用作颜料工业的原料、玻璃工业的脱色剂等；

2. 生活性接触：长期服用含砷药物，误食含砷的毒鼠、灭螺、杀虫药，或食用了刚喷洒过上述杀虫药的瓜果蔬菜，或误食了被上述杀虫药毒死的禽、畜、肉类等。

职业健康监护主要针对接触砷的职业人群，生活性接触可加重砷对劳动者的不良健康影响。

（二）主要健康影响

职业性接触砷及其无机化合物可引起急性中毒和慢性中毒。

1. 急性砷中毒

职业性急性砷中毒主要是砷化物烟雾、粉尘经皮肤黏膜、呼吸道吸收引起的。主要表现为眼与呼吸道的刺激症状和神经系统症状，严重者甚至咽喉、喉头水肿，以致窒息，或是发生昏迷、休克。消化道症状发生相对较晚且较轻。接触或暴露部位皮肤出现红斑、丘疹，多密集成片，伴灼热、瘙痒或刺痛。急性中毒40~60天，几乎所有患者的指、趾甲上都有白色横纹（Mees纹），随生长移向指（趾）尖，约5个月后消失。

2. 慢性砷中毒

（1）突出表现为多样性皮肤损害和多发性神经炎。砷化合物粉尘可引起刺激性皮炎，好发在胸背部、皮肤皱褶和湿润处，如口角、腋窝、阴囊、腹股沟等；皮肤干燥、粗糙处可见丘疹、疱疹、脓疱，少数人有剥脱性皮炎，日后皮肤呈黑色或棕黑色的散在色素沉着斑；毛发有脱落，手和脚掌有角化过度或蜕皮，典型的表现是手掌的尺侧缘、手指的根部有许多小的、角样或谷粒状角化隆起，俗称砒疔或砷疔，其可融合成疣状物或坏死，继发感染，形成经久不愈的溃疡；黏膜受刺激可引起鼻咽部干燥、鼻炎、鼻出血，甚至鼻中隔穿孔；还可引起结膜炎、齿龈炎、口腔炎和结肠炎等；同时可发生中毒性肝炎（极少数发展成肝硬化），骨髓造血再生不良，四肢麻木、感觉减退等周围神经损害表现。

（2）经久不愈的溃疡可转变为皮肤原位癌。

（三）职业健康监护技术规范指标

参照GBZ 188—2018。

（四）注意事项

1. 职业接触所导致的砷中毒主要是慢性中毒，急性中毒多见于口服，主要是接触砷的氧化物或砷酸盐引起；

2. 长期接触低剂量砷及其化合物常见皮肤黏膜特征性改变：包括皮肤弥漫不均匀色素沉着，手、脚掌皮肤过度角化，指、趾甲Mees纹等，这些特征往往是发现慢性砷中毒的外部标志，因此砷作业职业健康检查须设置皮肤科常规检查科目；

3. 砷及其化合物可导致周围神经损害，其特点以感觉异常为主要表现，应注意检查；

4. 砷及其化合物可导致肺癌、皮肤癌，离岗后随访非常有必要；皮肤癌主要发生在角化物脱落或砷疔长期不愈合形成溃疡恶变而来；对肺癌的筛查普通胸片容易漏诊，建议加做肺癌肿瘤标志物、低剂量肺部CT筛查。

九、砷化氢（砷化三氢，CAS 号：7784－42－1）

（一）常见接触机会

砷化氢（AsH_3）又称砷化三氢、砷烷，是最简单的砷化合物，是无色、无明显刺激性、高浓度有蒜臭味的气体。砷化氢在工业上无直接用途，多是工业生产过程中产生的废气。砷化氢在冶金行业最为多见，主要是含砷矿石在冶炼、加工、储存过程中遇酸（硫酸、盐酸等）或遇水发生反应产生砷化氢气体。近年来，随着半导体工业的发展，砷烷作为重要原料被广泛使用。

（二）主要健康影响

砷化氢中毒有很强的隐蔽性且后果严重。主要危害是短期吸入较高浓度砷化氢气体所致的急性血管内溶血，对肾脏、肝脏、心脏、神经、肺脏等重要脏器也有间接或（和）直接的毒性作用，严重者可发生 ARF；若中毒剂量过大，或诊治不当，可发生多器官功能衰竭。

砷化氢属高毒类，中毒程度与吸入砷化氢的浓度密切相关，潜伏期愈短则临床表现也愈严重，多呈急性发病过程。

目前未见慢性砷化氢中毒的病例报告。但也有报道长期接触砷化氢者易发生贫血、头痛、头晕、乏力、恶心、腹痛及周围神经病，实验室检查可见 Hb 降低，网织红细胞增加，血清间接胆红素增加，尿砷增加。

（三）职业健康监护技术规范指标

参照 GBZ 188—2018。

（四）注意事项

1. 急性砷化氢中毒多属于意外。砷化氢既不是工业原料也不是产品，多数属于生产过程产生的废气或含砷矿石或金属遇酸，或含砷废渣遇水等情况下产生，因此在问询职业史时应特别注意询问所用原材料所含杂质的成分等，不同批次、不同产地的原材料均不同。

2. 急性砷化氢中毒过程可概括为变性血红蛋白血症—继发性血管内溶血—继发性肾脏损害，因此其职业禁忌主要筛查能够导致变性血红蛋白血症的代谢性疾病：葡萄糖－6－磷酸脱氢酶缺乏症等和慢性肾脏疾病。

十、三烷基锡

（一）常见接触机会

三烷基锡属于有机锡化合物（RnSnX4－n），R 为烷基的化合物，计有甲基、乙基、丙基、丁基等。当 n 为 1～4 时，则分别有一、二、三、四烷基锡的相应化合物。X 可以是氧、硫、氯、溴、碘和有机酸。这类物质广泛用于聚乙烯树脂的稳定剂、催化剂，还可用于防氧化剂、防锈剂、杀菌剂、防腐剂等。

（二）主要健康影响

烷基锡化合物的毒性强度是：三烷基锡≥四烷基锡 > 二烷基锡 > 一烷基锡。本类毒物以中枢神经系统为主要靶器官，但由于不同种类的三烷基锡的毒作用部位不尽相同，而致中毒临床表现亦不完全相同；存在潜伏期，早期可仅有轻度类神经症状或过度兴奋表现，症状无特异性，常易误诊。故对短期内接触较大量三烷基锡者，即使无局部刺激症状或全身中毒表现，亦应严密观察 5 ~ 7 天；病程中如腹壁反射或提睾反射由正常转为减弱或消失，提示病情恶化，应及时处理。

1. 三甲基锡主要影响边缘系统和小脑。边缘系统受损时，可出现明显的记忆障碍、烦躁、焦虑、忧郁、易激惹、暴怒、攻击行为、虚构、定向障碍、食欲亢进、性功能障碍、癫痫（复杂部分性发作及全身性强直—阵挛性发作）；小脑损害时主要出现眼球震颤、运动失调性构音障碍（爆发性言语或吟诗状言语）、共济失调；可有耳蜗性听力障碍，出现听力减退或耳鸣。

2. 三乙基锡具髓鞘毒，引起脑白质水肿，临床上以颅内高压表现为主，严重者出现意识障碍。

3. 四乙基锡在肝内转化为三乙基锡而起毒作用，故中毒机制与三乙基锡相似，但发病可较慢。

（三）职业健康监护技术规范指标

参照 GBZ 188—2018。

（四）注意事项

1. 有机锡中毒多见于三烷基锡，其中三甲基氯化锡（TMT）中毒报道最多。有机锡主要用作塑料稳定剂，其主要成分是毒性较低的二甲基锡及其衍生物，但其合成过程中会产生少量 TMT。因此在塑料制品生产、使用、回收等过程加热环节中，有可能接触 TMT。由于 TMT 污染导致的急性有机锡中毒事件也时有发生。

2. 有机锡主要损害中枢神经系统，突出表现为边缘系统和小脑损害，早期可有神经精神症状：幻听、幻视、行为异常，低血钾等；脑电图呈弥漫性损害；颅脑 MR 具有特征性改变“火焰征”。

十一、氟及其无机化合物（CAS 号：7782－41－4）

（一）常见接触机会

自然界的氟常以无机化合物的形式存在。氟及其无机化合物主要来源于萤石、冰晶石和磷灰石，可以气态、酸雾或粉尘的形式接触导致人体健康损害。水溶性越大吸收越快，毒性越大。

氟化氢是氟化工的基本原料，氟及其无机化合物主要用于制造药物、农药、灭菌剂、杀虫剂、催化剂、防腐剂、冷冻剂、氟塑料和氟橡胶生产，玻璃制造和腐蚀、搪瓷和釉料、火箭高能燃料制造、提取磷和硅酸盐、金属等。

职业性急性氟及其无机化合物中毒最常见的为氟化氢或氢氟酸，氟化氢常温下为无色、具有刺激味的气体，无水氟化氢吸潮发烟，极易溶于水，其水溶液称氢氟酸，40%的氢氟酸在空气中发生烟雾，具有强烈腐蚀性。其他导致中毒的还有元素氟、三氟化硼、四氟化硅、氟硅酸、二氟化氧、三氟化氮、五氟化硫、六氟化硫、十氟化硫和六氟化铀等。

（二）主要健康影响

1. 急性中毒：生产中吸入较高浓度的氟化物气体或蒸气，立即引起眼、鼻及呼吸道黏膜的刺激症状等；重者可发生化学性肺炎、肺水肿或反射性窒息等；眼睛和皮肤接触氢氟酸则致化学灼伤，也有过敏性皮炎的报告；口服氟盐中毒者，表现恶心、呕吐、腹痛、腹泻等急性胃肠炎症状，严重者可发生抽搐、休克及急性心力衰竭等；

2. 慢性影响：工作中长期接触过量无机氟化合物，可引起以骨骼病变为主的全身性病损，称为工业性氟病。临床上眼、上呼吸道、皮肤出现刺激症状和慢性炎症；腰背、四肢酸痛，神经衰弱综合征，食欲不振、恶心、上腹痛等消化道症状较常见；尿氟量常超过当地居民的正常值；骨骼的改变，可由 X 射线摄片检查发现，最先出现于躯干骨，尤其是骨盆和腰椎，继之格骨、尺骨和胫骨、腓骨也可累及；骨密增高，骨小梁增粗、增浓，交叉呈网织状，似“纱布样”或“麻袋纹样”，严重者如“大理石样”。上述骨膜、骨间膜、肌腱和韧带出现大小不等、形态不一（萌芽状、玫瑰刺状或烛泪状等）的钙化或骨化等骨周改变。

（三）职业健康监护技术规范指标

参照 GBZ 188—2018。

（四）注意事项

1. 问询职业史时应注意区分无机氟化合物与有机氟化合物，两者的毒作用不同。

2. 无机氟化物低浓度长期接触主要引起骨骼异常—氟骨症，早期即可出现骨关节疼痛，尿氟量常超过正常值，骨骼 X 射线检查可见骨密度明显增高，呈“纱布样”或“麻袋纹样”改变。

3. 氢氟酸，具有很强刺激性和腐蚀性，直接接触可导致皮肤、眼化学灼伤；早期为无痛性，局部表现轻微，常常误导医生对灼伤程度的判定，随病情进展往往疼痛剧烈，此时损伤往往深达骨骼；吸入可引起急性中毒，由于腐蚀性强，易发生肺破裂，应引起高度重视；急性暴露后常引起气道异构，反应性增强。

4. 氢氟酸属于毒性较大的强酸，有的职业健康检查机构在确定氢氟酸检查项目时，除了参照 GBZ 188—2018 设定无机氟化物体检指标外，还增加了酸雾酸酐的体检指标。这理论上可以，但牙酸蚀症更多发生在接触了盐酸、硫酸制造或使用过程中产生的酸雾，而氢氟酸还来不及出现牙反应时就出现急性中毒表现了。

5. 对于上岗前、在岗期间职业禁忌之一的“骨关节疾病”有时不太好界定，因患骨关节疾病者甚多，都作为职业禁忌显然不妥。笔者建议应根据疾病及功能损伤程度，以及工作场所接触无机氟化合物可能产生的影响，综合评价是否适合从事该工作。

十二、苯（CAS 号：71－43－2）

（一）常见接触机会

苯属于芳香烃类化合物，由石油裂解或煤焦油提炼生成，是最常用的有机溶剂和化工原料，在工业生产中有很多接触机会。

1. 煤焦油分馏或石油裂解生产苯及其同系物甲苯、二甲苯时。

2. 用作化工原料，如生产酚、硝基苯、香料、药物、合成纤维、塑料、染料等。

3. 苯用作溶剂及稀释剂，如制药、橡胶加工、有机合成及印刷等工业中用作溶剂；在喷漆、制鞋行业中用作稀释剂；有时用作清洗剂、黏合剂，如汽车内饰的黏合等。

4. 在现代生活中，住宅装潢、工艺品等制作也有广泛应用。

5. 工业用甲苯、二甲苯等原料中可含有一定量的苯。

（二）主要健康影响

苯可导致急性中毒和慢性中毒。

1. 苯对中枢神经系统产生麻痹作用，引起急性中毒。轻者会出现头痛、恶心、呕吐、神志模糊、知觉丧失、昏迷、抽搐等，严重者会因为中枢系统麻痹而死亡；少量苯也能使人产生睡意、头昏、心率加快、头痛、颤抖、意识混乱、神志不清等；摄入含苯过多的食物会导致呕吐、胃痛、头昏、失眠、抽搐、心率加快等症状，甚至死亡；吸入20000ppm的苯蒸气5～10分钟会有致命危险。

2. 慢性中毒主要为中枢神经系统和造血系统表现。长期接触苯会对血液造成极大伤害，引起慢性中毒及神经衰弱综合征。苯可以损害骨髓，使白细胞、血小板、红细胞数量减少，并使染色体畸变，从而出现再生障碍性贫血，甚至致白血病；苯可以导致大量出血，从而抑制免疫系统的功用，使疾病有机可乘；有研究报告指出，苯在体内的潜伏期可长达12～15年；妇女吸入过量苯后，会导致月经不调达数月，卵巢缩小；对胎儿发育和对男性生殖力的影响尚未明了；孕期动物吸入苯后，会导致幼体的重量不足、骨骼延迟发育、骨髓损害，对皮肤、黏膜有刺激作用。

3. 国际癌症研究中心（IARC）确认苯为致癌物。

（三）职业健康监护技术规范指标

参照GBZ 188—2018。

（四）注意事项

苯作业职业健康检查是最常见的，也是存在问题最多的。主要问题来源于两大方面：一是苯的职业接触史认定或是否苯作业问题；二是检查发现的血液系统异常如白细胞减少、血小板减少、全血细胞减少、再生障碍性贫血、白血病等的诊断与鉴别诊断问题，是否属于职业性接触导致的。笔者认为：

1. 由于苯的致病性特别是致白血病的作用较强，许多国家已将其职业接触限值降至1ppm以下，而我国现行国家标准相对较高。

2. 目前我国存在职业病危害的用人单位有毒物质的日常监测开展尚不规范，仅靠每年一次技术服务机构的检测数据多不能反映劳动者的实际接触水平，因此不能因检测数据不超标或未达到行动水平就不开展职业健康监护，更不能仅依据“检测数据”就贸然否定健康检查结果，应结合生产情况、接害情况、健康检查情况等进行综合分析。必要时可进行复测、复查。

3. 同环境同工种多人发病对苯中毒诊断是强有力证据，如同时使用同一品牌黏合剂的女工，多人出现“再生障碍性贫血”，则高度提示该黏合剂中含有苯。

4. 所用原材料中苯的成分测定较客观，对认定是否为苯作业有重要价值。

5. 工业用甲苯、二甲苯等原料中可能含有一定量的苯，应按照苯作业开展职业健康监护。

6. 苯的接触不仅来自呼吸，皮肤接触同样是重要途径，有的甚至是主要途径，如箱包、皮鞋生产等。

7. 白血病有一定的个体差异，能够导致白细胞较少的原因很多，应做好鉴别诊断。

8. 苯导致的白细胞减少是骨髓造血功能障碍引起的，应首先排除白细胞破坏增多类疾病，如脾功能亢进、自身免疫性疾病等；白细胞波动较大，应做好质控，动态观察，连续测定三次。

9. 在岗期间职业健康检查发现造血系统异常，一定要综合分析，有充分理由排除苯引起的，才能作为职业禁忌给予妥善处理，否则容易引起纠纷。

10. 对于接触苯，但检测结果低于行动水平（1/2 职业接触限值）的作业，建议应对接害人员开展职业健康监护，但职业健康检查周期可适当延长。

十三、四氯化碳（CAS 号：56－23－5）

（一）常见接触机会

四氯化碳又名四氯甲烷，为无色透明的脂溶性油状液体，有类似氯仿的微甜气味，不易燃，易挥发。主要用作灭火剂、萃取剂、有机物氯化剂、有机溶剂、制冷剂、干洗剂、熏蒸杀虫剂、清洗剂、金属切削润滑剂和化学分析等。

（二）主要健康影响

四氯化碳可引起急性中毒和慢性中毒，但慢性中毒较为少见。

四氯化碳为公认的肝脏毒物，急性四氯化碳中毒多因职业活动中吸入高浓度蒸气所致，以中枢性麻醉症状及肝肾损害为主要特征。

四氯化碳的毒性易感性差别很大，吸入其高浓度蒸气后，可迅速出现昏迷、抽搐等急性中毒症状，并可发生肺水肿、呼吸麻痹；稍高浓度吸入，有精神抑制、神志模糊、恶心、呕吐、腹痛、腹泻；中毒第 2～4 天呈现肝肾损害征象，严重时出现腹水、急性重型肝炎和肾功能衰竭；少数可有心肌损害、心房颤动、心室早搏；经口中毒者，肝脏症状明显；慢性中毒表现为神经衰弱症候群及胃肠功能紊乱，少数可有肝大及肝功异常，肾功能损害罕见，视神经炎及周围神经炎也为数很少。

（三）职业健康监护技术规范指标

参照 GBZ 188—2018。

（四）注意事项

1. 四氯化碳是最典型的肝脏毒物，其脂溶性较强，易通过完整皮肤吸收中毒，在评估其职业接触史和暴露量时应充分考虑；

2. 发现肝功能异常时应做好鉴别诊断，复查时应检查排除病毒性肝病、酒精性肝病、药物性肝病等；

3. 同工种多人发病支持中毒性肝病；

4. 常见错误是在职业健康检查中把肝功能异常作为一般检查项目，不作为靶器官效应指标，结论作为职业禁忌证来处理。

十四、汽油（CAS号：8006-61-9）

（一）常见接触机会

汽油由原油分馏及重质馏分裂化制得，原油加工过程中，蒸馏、催化裂化、热裂化、加氢裂化、催化重整、烷基化等单元都产出汽油组分。根据制造过程，汽油组分可分为直馏汽油、热裂化汽油（焦化汽油）、催化裂化汽油、催化重整汽油、叠合汽油、加氢裂化汽油、烷基化汽油和合成汽油（如醚化汽油）等。催化裂化汽油含有较多的芳香烃和烯烃，有较高的辛烷值，目前是车用汽油的主要原料，催化重整汽油也有较高的辛烷值，与催化裂化汽油一起用来调制车用汽油。

汽油按照其用途分为交通用汽油和溶剂汽油两大类，交通用汽油又分为航空汽油和车用汽油。溶剂汽油主要作为溶剂，用于橡胶、油漆、印刷、制鞋等生产，也可用作机械零件的清洗剂或油脂加工的萃取剂。

为提高汽油的辛烷值，一种方法是增加汽油中的芳烃的含量，减少正构烷烃的含量；另一种方法是加入添加剂（防爆剂）。早期多使用四乙基铅，在汽油中加0.2%～0.5%（质量分数）的四乙基铅（常被染成红色或蓝色），由于四乙基铅对人体的毒性较大，还会造成铅环境污染，这种方法目前在车用汽油中已禁用，但航空汽油仍在生产和使用，而代之以MMT（甲基环戊二烯三羰基锰）、MTBE（甲基叔丁基醚）。目前则主要推广乙醇汽油，一是提高辛烷值；二是乙醇含氧量高，可以改善燃烧，减少发动机内的碳沉淀和一氧化碳等不完全燃烧污染物排放。一般情况下，汽油中加入体积比为10%的乙醇。

综上可见，劳动者接触汽油的机会很多，一般可分为产品生产和原料使用两部分。

（二）主要健康影响

汽油可导致急性中毒和慢性中毒。

1. 急性中毒：对中枢神经系统有麻醉作用。轻度中毒症状有头晕、头痛、恶心、呕吐、步态不稳、共济失调；高浓度吸入出现中毒性脑病；极高浓度吸入引起意识突然丧失、反射性呼吸停止，可伴有中毒性周围神经病及化学性肺炎，部分患者出现中毒性精神病。液体吸入呼吸道可引起吸入性肺炎；溅入眼内可致角膜溃疡、穿孔，甚至失明；皮肤接触致急性接触性皮炎，甚至灼伤；吞咽引起急性胃肠炎，重者出现类似急性吸入中毒症状，并可引起肝肾损害。

2. 慢性中毒：神经衰弱综合征、植物神经功能症状类似精神分裂症、皮肤损害。

（三）职业健康监护技术规范指标

参照 GBZ 188—2018。

（四）注意事项

1. 职业史问询时应了解所接触汽油的种类、来源、组分、添加剂等，特别要了解其芳香烃、硫化物、防爆剂含量。如苯的含量大于1%，对于汽油暴露量较大环境又通风不良，建议加强对工作场所空气中苯浓度的检测/监测，劳动者职业健康检查应注意观察苯的危害效应；对含有四乙基铅的防爆汽油则应注意其相应毒性；MTBE、MMT 均为低毒，但动物实验已发现一些生物效应，建议对其慢性或长期毒性效应进行人群流行病学观察。

2. 职业性急性汽油中毒效应容易诊断，而慢性危害效应则常常被忽视，主要表现为神经衰弱综合征、自主神经功能紊乱、中毒性周围神经病和慢性皮肤损害。汽油作业劳动者职业健康检查一定要设置神经科和皮肤科检查，特别要注意周围神经损害检查。

十五、1，2－二氯乙烷（CAS 号：107－06－2）

（一）常见接触机会

1，2－二氯乙烷由氯与乙烯在金属催化剂存在下反应蒸馏而得，为无色透明油状液体，味甜，易挥发，高毒（1，1－二氯乙烷属微毒），半数致死量（大鼠，经口）670mg/kg，蒸气对呼吸道有刺激性，为2B 类致癌物；1，2－二氯乙烷是一种工业上广泛使用的有机溶剂，主要用于黏合剂、有机溶剂、清洗剂、萃取剂，也用作谷物和粮仓的熏蒸剂，土壤消毒剂等；是杀菌剂稻瘟灵和植物生长调节剂矮壮素的中间体；用作氯乙烯、乙二醇、乙二酸、乙二胺、四乙基铅、多乙烯多胺及联苯甲酰的原料。

近年来，1，2－二氯乙烷所引起的职业中毒事件时有发生。目前我国尚未出台1，2－二氯乙烷的生物接触限值。

（二）主要健康影响

1，2－二氯乙烷可以经过呼吸道、消化道、皮肤吸收引起急性、亚急性中毒。对眼睛及呼吸道有刺激作用，吸入可引起肺水肿，抑制中枢神经系统，刺激胃肠道，引起肝肾和肾上腺损害。

1. 急性中毒：主要表现为头痛、恶心、呕吐、精神异常，继之记忆力下降、谵妄、昏迷，颅脑 MR 有特征性改变，符合急性、亚急性中毒性脑病，严重者很快发生中枢神经系统抑制而死亡；有的表现以胃肠道症状为主，呕吐、腹痛、腹泻，严重者可发生肝坏死和肾病变。

2. 慢性影响：长期低浓度接触引起神经衰弱综合征和消化道症状。可致皮肤脱脂皲裂、接触性皮炎。

（三）职业健康监护技术规范指标

参照 GBZ 188—2018。

（四）注意事项

1. 二氯乙烷有两种同分异构体，1，1－二氯乙烷和 1，2－二氯乙烷，两者毒性差别较大，中毒基本都是后者引起，国内中毒病例多来源于含有二氯乙烷的黏合剂；

2. 二氯乙烷易经皮吸收，引起急性、亚急性中毒，国内报道的病例多数为亚急性中毒性脑病；

3. 二氯乙烷经肝脏代谢，具有氯代烷烃的共性，职业健康检查应注意观察肝功能变化。

十六、正己烷（CAS 号：110－54－3）

（一）常见接触机会

正己烷在工业生产中常见的接触机会包括食品制造业的粗油浸出、石油加工业的催化重整、塑料制造业的丙烯溶剂回收、日用化学产品制造业的花香溶剂萃取以及粘胶剂的制造和应用过程等。

（二）主要健康影响

正己烷可引起急性中毒和亚急性或慢性中毒，但急性中毒较为少见。

亚急性或慢性正己烷中毒的典型表现为以运动障碍型为主的多发周围神经病。长期接触出现头痛、头晕、乏力、胃纳减退，其后四肢远端逐渐发展成感觉异常，麻木，触、痛、震动和位置等感觉减退，尤以下肢为甚，上肢较轻；进一步发展为下肢无力，肌肉疼痛，肌肉萎缩及运动障碍，肢体“软瘫”。近年来，我国正己烷慢性中毒多见。

（三）职业健康监护技术规范指标

参照 GBZ 188—2018。

（四）注意事项

1. 正己烷是最常见的周围神经损害毒物，主要表现为运动型为主的多发周围神经病。国内已报道多起“群体瘫痪事件”，苏州“毒苹果”事件，即溶剂中正己烷所致。

2. 职业健康检查应设置神经科常规检查，重点检查周围神经；发现异常者，应加做神经—肌电图特检，出现神经源性损害有助于确诊。

3. 正己烷所致的低位周围神经损害，早期脱离接触，积极治疗，可恢复；高位的回复较慢，且常遗留功能损伤。

4. 应注意与糖尿病、药物中毒等其他原因导致的周围神经损害相鉴别；能够引起周围神经损害的化学毒物较多，应注意鉴别，以明确病因。

十七、苯的氨基与硝基化合物

（一）常见接触机会

属于苯的衍生物，主要用于制造染料、药物、橡胶、炸药、涂料、鞋油、油墨、香料、农药、塑料等化学工业；在生产条件下，本类毒物以粉尘或蒸气的形态存在于环境中，在生产过程中直接或间接污染皮肤是引起中毒的主要原因；其蒸气经呼吸道吸入也可引起中毒；少见的是经消化道进入体内，如误食污染的食物而发生意外中毒。

（二）主要健康影响

1. 血液系统损害：形成高铁血红蛋白：苯胺、硝基苯直接氧化或间接氧化HB，血红蛋白携带氧能力下降，HB释放氧能力降低，表现为发绀；具有溶血作用。

2. 肝脏损害：直接损伤肝细胞引起中毒性肝病，如三硝基甲苯、硝基苯；溶血作用是血红蛋白及其分解产物沉积于肝脏引起肝脏损害；还可造成肝硬化、肝萎缩。

3. 泌尿系统损害：肾脏实质性损害，肾小球肾炎，如邻硝基乙苯；大量溶血，引起继发性肾损害。

4. 神经系统损害：脂溶性强，易进入神经系统、神经细胞，神经细胞脂肪变性，视神经区损害，视神经炎和视神经周围炎。

5. 皮肤损害和致敏作用：苯二胺、二硝基氯苯接触引起支气管哮喘，皮肤刺激和致敏作用，接触性皮炎和过敏性皮炎。

6. 晶体损害：三硝基甲苯、二硝基酚可引起白内障。

7. 致癌作用：联苯胺、β－萘胺致膀胱癌。

（三）职业健康监护技术规范指标

参照 GBZ 188—2018。

（四）注意事项

1. 苯的氨基、硝基化合物是一大类毒物，其共同急性毒性是引起高铁血红蛋白血症，相比而言硝基化合物对肝脏毒性更强些。

2. 上岗前职业健康检查主要是为了筛查职业禁忌，主要是肝脏、肾脏、血液器质性病变；在岗期间职业健康检查主要效应病变是肝脏损害，容易被忽视；氨基化合物有的具有膀胱毒性。

3. 高铁血红蛋白测定是本类毒物的必检生物标志物，但其结果与临床并不一定平行。

4. 应注意采样时机，采样后需尽快测定。

十八、氯气（CAS 号：7782－50－5）

（一）常见接触机会

氯气接触机会广，常见有：氯气的制造，如食盐电解；氯的运输和贮存，液氯钢瓶、液氯蒸发罐和缓冲罐的意外爆炸，输氯管道爆裂，液氯钢瓶超装、错装、运输途中曝晒；氯碱工业、漂白剂、消毒剂、溶剂、颜料、塑料、合成纤维等的制造；制药业、皮革业、造纸业、印染工业以及医院、游泳池、自来水消毒等方面的应用。

（二）主要健康影响

氯气是刺激性气体的典型代表毒物，主要经呼吸道吸入引起急性中毒，主要靶器官为呼吸系统。

1. 轻度中毒：主要表现为支气管炎或支气管周围炎，有咳嗽、咯少量痰、胸闷等；两肺有散在干性啰音或哮鸣音，可有少量湿性啰音；肺部 X 射线表现为肺纹理增多、增粗、边缘不清，一般以下肺野较明显；经休息和治疗，症状可于 1～2 天消失。

2. 中度中毒：主要表现为支气管肺炎、间质性肺水肿或局限的肺泡性肺水肿；眼及上呼吸道刺激症状加重，胸闷、呼吸困难、阵发性呛咳、咯痰，有时咯粉红色泡沫痰或痰中带血；伴有头痛、乏力及恶心、食欲不振、腹痛、腹胀等胃肠道反应；轻度紫绀，两肺有干性或湿性啰音，或两肺弥漫性哮鸣音。上述症状经休息和治疗 2～10 天逐渐减轻而消退。

3. 重度中毒：吸入高浓度氯数分钟至数小时出现肺水肿，可咯大量白色或粉红色泡沫痰，呼吸困难、胸部紧束感，明显紫绀，两肺有弥漫性湿性啰音；

喉头、支气管痉挛或水肿造成严重窒息；休克及中度、深度昏迷；反射性呼吸中枢抑制或心跳骤停所致猝死；出现严重并发症如气胸、纵隔气肿等。

（三）职业健康监护技术规范指标

参照 GBZ 188—2018。

（四）注意事项

1. 氯气是最常见的刺激性气体，刺激性较强且有一定的腐蚀作用，易发生群体中毒事故；

2. 以往大家在氯气作业职业健康检查中，仅仅关注了其急性中毒，而忽视了慢性损害，长时间接触低浓度氯气或液态氯所导致职业性皮肤损害最常见，从刺激性接触性皮炎到氯痤疮等易被忽视；接触液氯可致化学灼伤；吸入较高浓度的氯气可致气道损伤。所以在岗期间职业健康检查的筛查目标疾病为刺激性气体相关的慢性阻塞性肺疾病，应重点询问高风险氯气接触史；

3. 对氯气及其他刺激性气体作业的职业健康检查询问病史时应注意询问因“跑、冒、滴、漏”、采样、装卸等短时高浓度暴露所导致的“吸入反应”或“刺激反应”史，该接触者尽管尚未达到急性中毒的程度，但往往存在气道的慢性损害，如不及时处理，可演变成“刺激后慢性阻塞性肺疾病”或“刺激后哮喘”；

4. 在岗期间的职业健康检查重要目标疾病是慢性阻塞性肺疾病，因此肺功能筛查非常重要，目前职业健康检查中肺功能测定存在诸多不规范的问题，应特别强调肺功能测定的质量控制。

十九、氨（CAS 号：7664－41－7）

（一）常见接触机会

氨是重要的化工原料，用途很广，常用于合成氨生产、化肥制造、合成纤维、制革、医药、塑料、染料等制造业中。氨在常态下为无色、具有强烈刺激性臭味的气体，通常将气态的氨气通过加压或冷却得到液态氨；液氨具有腐蚀性，且容易挥发，液氨可作为冷冻剂；另外，在制碱、树脂、有机氰、氰化物、石油精炼等行业也常接触到氨；在氨的生产制造、运输、贮存、使用中，如果出现管道、阀门、贮罐等损坏，可造成氨气泄漏，导致工作人员职业中毒事故的发生。

（二）主要健康影响

因大量吸入氨气导致的急性氨中毒多由意外事故如管道破裂、阀门失灵等造成。

1. 急性氨中毒：主要表现为呼吸道黏膜刺激和灼伤。其症状根据氨的浓度、吸入时间以及个人感受性等而轻重不同。

（1）急性轻度中毒：咽干、咽痛、声音嘶哑、咳嗽、咯痰、胸闷及轻度头痛、头晕、乏力，支气管炎和支气管周围炎；

（2）急性中度中毒：上述症状加重，呼吸困难，有时痰中带血丝，轻度发绀，眼结膜充血明显，喉水肿，肺部有干湿性啰音；

（3）急性重度中毒：剧咳，咯大量粉红色泡沫样痰，气急、心悸、呼吸困难，喉水肿进一步加重，明显发绀，或出现急性呼吸窘迫综合征、较重的气胸和纵隔气肿等；

（4）严重吸入中毒可出现喉头水肿、声门狭窄以及呼吸道黏膜脱落，可造成气管阻塞，引起窒息。吸入高浓度的氨可直接影响肺毛细血管通透性而引起肺水肿，可诱发惊厥、抽搐、嗜睡、昏迷等意识障碍。个别患者吸入极浓的氨气可发生呼吸心跳停止。

2. 皮肤和眼睛接触的危害表现：低浓度的氨对眼和潮湿的皮肤能迅速产生刺激作用；潮湿的皮肤或眼睛接触高浓度的氨气能引起严重的化学烧伤；急性轻度中毒表现为流泪、畏光、视物模糊、眼结膜充血；皮肤接触可引起严重疼痛和烧伤，并能发生咖啡样着色，被腐蚀部位呈胶状并发软，可发生深度组织破坏。

3. 高浓度蒸气对眼睛有强刺激性，可引起疼痛和烧伤，导致明显的炎症并可能发生水肿、上皮组织破坏、角膜混浊和虹膜发炎；轻度病例一般会缓解，严重病例可能会长期持续，并发生持续性水肿、疤痕、永久性混浊、眼睛膨出、白内障、眼睑和眼球粘连及失明等并发症；多次或持续接触氨会导致结膜炎。

（三）职业健康监护技术规范指标

参照 GBZ 188—2018。

（四）注意事项

氨气的刺激性和腐蚀性均较强，因此职业暴露的危险性较高；液氨暴露者皮肤、眼睛化学灼伤发生率高，高浓度吸入后遗症发生率较高。职业健康检查应设置眼科、皮肤科专科检查；在岗职业健康检查的目标疾病慢性阻塞性肺疾病，特别强调肺功能规范检查，其他可参照氯气执行。

二十、甲醛（CAS 号：50 - 00 - 0）

（一）常见接触机会

甲醛，为无色有刺激性气体，又称蚁醛。40% 甲醛水溶液俗称福尔马林，用于防腐杀菌、制作生物标本等。

甲醛可由甲醇在银、铜等金属催化下脱氢或氧化制得，全世界30%左右的甲醇都用来生产甲醛；也可从烃类的氧化产物中分出；可作为聚甲醛（POM）、酚醛树脂、脲醛树脂、维纶、乌洛托品、季戊四醇、染料、农药和消毒剂等生产的原料；纺织业用于服装面料生产，达到防皱、防缩、阻燃等作用；人造板材生产中使用酚醛树脂、脲醛树脂等热熔胶，可长时间挥发甲醛。

（二）主要健康影响

甲醛可导致急性中毒，还可导致职业性哮喘，也是国际癌症研究中心确认的人类致癌物。

1. 刺激作用：甲醛的主要危害表现为对皮肤黏膜的刺激作用。甲醛是原浆毒物质，能与蛋白质结合，高浓度吸入时出现呼吸道严重的刺激和水肿、眼刺激、头痛。

2. 致敏作用：皮肤直接接触甲醛可引起过敏性皮炎、色斑、坏死，吸入高浓度甲醛时可诱发支气管哮喘。

3. 轻度中毒：明显的眼部及上呼吸道黏膜刺激症状。主要表现为眼结膜充血、红肿，呼吸困难，呼吸声粗重，喉咙沙哑、讲话干涩喑哑或湿腻；中毒者还能感受到自己呼吸声音加粗；轻度甲醛中毒症状的另一个具体表现为1~2度的喉咙水肿。

4. 中度中毒：咳嗽不止、咯痰、胸闷、呼吸困难及干湿性破锣音；胸透X光时肺部纹理实质化，转变为散布的点状小斑点或片状阴影，即医学上的机型支气管肺炎；喉咙水肿增重至三级；进行血气分析之时会伴随着轻、中度的低氧血症。

5. 重度中毒：肺部及喉部情况出现恶化，出现肺水肿与四度喉水肿的病症，血气分析亦随之严重，为重度低氧血症。

6. 文献报道，甲醛对生殖功能有一定影响，孕妇长期吸入可能导致胎儿畸形，甚至死亡；男子长期吸入可导致男子精子畸形、死亡等。

（三）职业健康监护技术规范指标

参照GBZ 188—2018。

（四）注意事项

1. 甲醛是接触机会最多的化学毒物之一。不单是甲醛生产或作为原材料的工厂，其他很多应用广泛的岗位被忽视，如医疗卫生、科研单位、院校（实验分析）等接触甲醛人员，常常没有被作为职业病危害岗位；单位装修等造成的甲醛工作环境污染问题也值得关注，可诱发过敏性皮炎、过敏性鼻炎甚至过敏性哮喘。

2. 以往对甲醛的细胞毒性和刺激性关注较多，对其致敏性关注不够，对于职业健康检查来讲，应重视低浓度接触情况下职业接触性皮炎、过敏性鼻炎、过敏性哮喘，以及患有“过敏性疾病”的职业禁忌。

3. 甲醛为一类致癌物，对于接触甲醛但检测结果低于行动水平（1/2 职业接触限值）的作业，建议对接害人员开展职业健康监护，但职业健康检查周期可适当延长。

二十一、三氯乙烯（CAS 号：79－01－6）

（一）常见接触机会

三氯乙烯是优质溶剂，常用作金属表面处理剂，电镀、上漆前的清洁剂，金属脱脂剂和脂肪、油、石蜡的萃取剂，衣服干洗剂；用于有机合成、农药的生产，生产四氯乙烯、六氯乙烷等。加热或高温时与氧反应生成剧毒的光气。

（二）主要健康影响

三氯乙烯对中枢神经系统有麻醉作用。亦可引起肝、肾、心脏、三叉神经损害。

1. 急性中毒：短时内接触（吸入、经皮或口服）大量该品可引起急性中毒。吸入极高浓度可迅速昏迷；吸入高浓度后可有眼和上呼吸道刺激症状；接触数小时后出现头痛、头晕、酩酊感、嗜睡等，重者发生谵妄、抽搐、昏迷、呼吸麻痹、循环衰竭；可出现以三叉神经损害为主的颅神经损害；心脏损害主要为心律失常；可有肝肾等脏器损害；口服中毒消化道症状明显，肝肾损害突出。

2. 慢性中毒：尚有争议。可有头痛、头晕、乏力、睡眠障碍、胃肠功能紊乱、周围神经炎、心肌损害、三叉神经麻痹和肝损害。

3. 可致药疹样皮炎。皮损表现为急性，多呈剥脱性皮炎，部分为多形红斑、重症多形红斑或大疱性表皮坏死松解症；常伴有发热、肝损害和浅表淋巴结肿大；一般情况下需经过 5～40 天或更长的潜伏期才发病，但常不超过 80 天；同工种、同样工作环境下仅个别人发病。

（三）职业健康监护技术规范指标

参照 GBZ 188—2018。

（四）注意事项

1. 国内急性三氯乙烯中毒或药疹样皮炎的病例多发生在三氯乙烯用作溶剂或清洗剂的岗位，有时接触判定较隐匿，需要做溶剂中毒成分分析。

2. 上岗前职业健康检查特别要重视筛查过敏史者，注意询问食物、药物、吸入过敏史；在岗期间职业健康检查，要注意问询开始从事三氯乙烯作业半年内是否起皮疹，是否有鼻咽部异物感、流涕、打喷嚏、胸闷、气短、喘息等症状。

3. 三氯乙烯为一类致癌物。对于接触三氯乙烯但检测结果低于行动水平（1/2 职业接触限值）的作业，建议对接害人员开展职业健康监护，但职业健康检查周期可适当延长。

二十二、氯甲醚、双氯甲醚（CAS 号：107 - 30 - 2、542 - 88 - 1）

（一）常见接触机会

1. 氯甲醚：见于用本品作甲基化的原料，用于制造离子交换树脂、防水剂和纺织品处理剂，用作聚合反应的溶剂等。在有甲醛和氯离子同时存在的作业环境中，如纺织、造纸、塑料和橡胶等行业，劳动者也有可能接触氯甲醚。

2. 双氯甲醚：在塑料合成和离子交换树脂生产中用作烷基化剂。工作场所如有甲醛、氯化氢及水蒸气共存时，能生成双（氯甲基）醚。

（二）主要健康影响

1. 氯甲醚：蒸气对呼吸道有强烈刺激性。吸入较高浓度后立即发生流泪、咽痛、剧烈呛咳、胸闷、呼吸困难，并有发热、寒战，脱离接触后可逐渐好转；但经数小时至 24 小时潜伏期，可发生化学性肺炎、肺水肿，抢救不及时可致人死亡；眼及皮肤接触可致灼伤。慢性影响：长期接触本品可引起支气管炎。

2. 双氯甲醚：对皮肤和结膜有强烈刺激，可引起肺炎及肺水肿，人吸入 3ppm 刺激眼、鼻、咽喉黏膜，并对内耳有影响；吸入 100ppm 数秒钟内不能行动，1 ~2 分钟内因肺损害而致死；长期接触可发生慢性支气管炎，少数有胸闷和神经衰弱综合征。

（三）职业健康监护技术规范指标

参照 GBZ 188—2018。

（四）注意事项

1. 氯甲醚（氯甲基甲醚）、双氯甲醚是导致职业性肿瘤的代表性毒物，致肺癌性较强，主要引起低分化小细胞肺癌，恶性程度高。

2. 氯甲醚、双氯甲醚的生产、应用过程接触容易识别，有时作为中间产物识别较困难；氯甲醚一般含 1% ~7% 的不纯物二氯甲醚（双氯甲醚）。

3. 对于肺癌的筛查，胸部 X 射线摄片不敏感，职业健康检查技术规范中增加了肿瘤标志物：血清癌胚抗原（CEA）、神经特异性烯醇化酶（NSE），必要时建议加做低剂量肺部 CT。

二十三、有机磷

（一）常见接触机会

有机磷农药的生产、包装、贮存、搬运以及配制、喷洒等过程中，生产和使用人员接触农药的机会较多。

（二）主要健康影响

有机磷可经消化道、呼吸道及完整的皮肤和黏膜进入人体。职业性有机磷农药中毒主要由呼吸道和皮肤污染引起。吸收的有机磷在体内分布，其中以肝脏含量最大，脑内含量则取决于农药穿透血脑屏障的能力。在体内与胆碱酯酶形成磷酰化胆碱酯酶，胆碱酯酶活性受抑制，使酶不能起分解乙酰胆碱的作用，致组织中乙酰胆碱过量蓄积，使胆碱能神经过度兴奋，引起毒蕈碱样症状、烟碱样症状、中枢神经系统症状。根据病情程度可分为三度：

1. 急性轻度中毒：短时间内接触较大量的有机磷农药后，在 24h 内出现头晕、头痛、恶心、呕吐、多汗、胸闷、视力模糊、无力等症状；瞳孔可能缩小；全血胆碱酯酶活性一般在 50% ~70%。

2. 急性中度中毒：除较重的上述症状外，还有肌束震颤、瞳孔缩小，轻度呼吸困难、流涎、腹痛、腹泻、步态蹒跚、意识模糊。全血胆碱酯酶活性一般在 30% ~50%。

3. 急性重度中毒：除上述症状外，并出现下列情况之一者，可诊断为重度中毒：肺水肿、昏迷、呼吸麻痹、脑水肿。全血胆碱酯酶活性一般在 30% 以下。

4. 迟发性神经病：在急性重度中毒症状消失后 2 ~3 周，有的病例可出现感觉、运动型周围神经病，神经—肌电图检查显示神经源性损害。此毒作用与胆碱酯酶活性无关，是由于有机磷农药抑制体内神经病靶酯酶（神经毒性酯酶），并使之“老化”而引起。

5. 有机磷的慢性中毒尚不肯定，农药厂工人查体多见神经衰弱症候群与胆碱酯酶活性降低；有的出现支气管哮喘、过敏性皮炎及接触性皮炎。

（三）职业健康监护技术规范指标

参照 GBZ 188—2018。

（四）注意事项

1. 有机磷是农药的典型代表毒物，但不是所有的有机磷都是农药，如 TOCP（三邻甲苯磷酸酯），主要用作增塑剂等，主要引起中毒性周围神经病。目前我国生产的杀虫剂多数是含有机磷的复配农药，可以按照有机磷作业开展职业健康检查。农药成分复杂，还需要加入有机溶剂、乳化剂等，有的还含有杂质；多数企业生产的农药品种较多，除杀虫剂外，可能还生产除草剂、杀菌剂、杀鼠剂、植物生长调节剂等，体检项目应涵盖接触的所有毒物对职工的健康影响。

2. 目前我国农药生产企业多数是买来原料药混配或分装，季节性生产，企业一线生产工人多数为季节性用工，有的企业逃避了职业健康责任，有的仅开展上岗前职业健康检查，监管部门应引起注意。

3. 目前对有机磷对人体健康危害的确定性效应认知，还仅局限于急性毒性，因此 GBZ 188 中有机磷在岗期间职业健康检查的主要目的是筛查职业禁忌证，建议增加职业性皮肤病作为目标疾病。

4. 有机磷职业健康检查规定的生物标志物“乙酰胆碱酯酶（AChE）”活性测定应测定红细胞 AChE 或全血 AChE 胆碱酯酶活性。目前多数单位生化检测的样本是血清，而血清测定主要成分是丁酰胆碱酯酶，因此，不符合技术标准的要求，应加强职业健康检查机构的规范性管理。

5. 根据以往查体情况及文献报道，长期从事低浓度有机磷作业存在一些健康损害，如类神经症、周围神经损害、血液常规指标异常发生率较高等，但尚不肯定。因此，开展对有机磷作业职工、农药生产企业职工长期健康监护或流行病学调查具有重要意义。

二十四、致喘物

（一）常见接触机会

职业性致喘物广泛分布于化工、橡胶、塑料、电子、制药、印刷、油漆、皮革、纺织、冶炼、饲养、粮食以及食品、种植、木材加工、实验室研究等诸多领域。如在长期接触致喘物异氰酸酯的工人中，职业性哮喘的发病率为5%～10%，在从事去污剂工业而长期与蛋白水解酶接触的工人中，其发病率达到50%甚至更高。

（二）主要健康影响

职业性哮喘主要分为变应性哮喘和刺激性哮喘两大类。职业性致喘物的种类和数量很多，常见的有动植物、酶、真菌或异氰酸酯、酸酐、药物等。

1. 职业性哮喘是在生产环境中吸入作业时产生的粉尘、蒸气、烟雾后引起的以间歇性发作哮喘、哮鸣为特点的支气管狭窄性疾病。

2. 典型的职业性哮喘表现为工作期间或工作后出现咳嗽、喘息、胸闷或伴有鼻炎、结膜炎等症状。症状的发生与工作环境有密切关系。由高分子量职业性致喘物诱发的速发性哮喘反应，表现为患者进入工作环境即出现哮喘症状，离开现场后症状迅速缓解，具有接触工作环境—哮喘发作—脱离工作环境—哮喘缓解—再接触再发作特点；由低分子量致喘物诱发的职业性哮喘则表现为迟发性哮喘反应，哮喘症状出现在下班后某段时间，因而易被人们忽视或误诊。

（三）职业健康监护技术规范指标

参照 GBZ 188—2018。

（四）致喘物分类

（1）异氰酸酯类：甲苯二异氰酸酯（TDI）、二苯亚甲基二异氰酸酯（MDI）、1，6－亚己基二异氰酸酯（HDI）、萘二异氰酸酯（NDI）等；

（2）酸酐类：邻苯二甲酸酐（PA）、马来酸酐（MAH）、偏苯三酸酐（TMA）、四氯苯酐（TCPA）、六氢苯酐（HHPA）等；

（3）多胺类：乙二胺、二乙烯二胺、三乙基四胺、氨基乙基乙醇胺、对苯二胺、哌嗪等；

（4）金属：铂复合盐、钴盐；

（5）剑麻；

（6）药物：含β－内酰胺类抗生素中的含6－氨基青霉烷酸（6－APA）结构的青霉素类和含7－氨基头孢霉烷酸（7－ACA）的头孢菌素类、铂类抗肿瘤药物；

（7）甲醛；

（8）过硫酸盐：过硫酸钾、过硫酸钠、过硫酸铵等；

（9）生物蛋白：米曲霉α－淀粉酶、枯草杆菌蛋白酶、木瓜蛋白酶、实验动物等；

（10）木尘：西方红雪松、东方白雪松、伊罗科木、黑黄檀木、非洲枫木等；

（11）大型真菌；

（12）天然乳胶。

（五）注意事项：

1. 职业性致喘物存在的范围相当广泛，上面仅仅是列举了常见的12类，以往在职业健康监护工作中对职业性致喘物的识别严重不足，如制药企业中，生产青霉素类、头孢菌素类抗生素者，对6－氨基青霉烷酸（6－APA）、7－氨基头孢霉烷酸（7－ACA）的识别率较低，接触铂类抗肿瘤药物、接触甲醛的医务人员均没有按照接触职业性致喘物职工开展职业健康监护。接触动物、植物致敏源如城市园林种植人员以及生物蛋白生产行业等，也很少依法开展职业健康监护。

2. 致喘物职业健康检查的主要目的是筛查过敏者，体检关键在于过敏史询问和体格检查，非发作期症状、体征均不明显，需要详细询问动态病史以及发作与职业接触的关系。过敏早期往往表现有过敏性接触性皮炎、过敏性鼻炎等，对这些患者应动态观察，如逐渐“脱敏”者，还可以继续工作，如反复发作伴胸闷、气短、咳嗽等症状者，建议脱离现工作环境。实验室检查增加了血嗜酸细胞计数、血清总 IgE；疑似职业性哮喘者，应加做抗原特异性 IgE 抗体、变应原皮肤试验、变应原支气管激发试验等。但是目前多数职业健康检查机构这些试验都不能做，建议进行作业现场支气管激发试验（具体见 GBZ 57）。

3. 致喘物作业职业健康检查筛查出的“过敏”职业禁忌应监督其调离，特别是速发型哮喘，否则存在一定风险。

4. 另一个常见问题是鉴别诊断问题，过敏性哮喘是常见呼吸道疾病，由于空气污染等问题，过敏性疾病的发生率增高，过敏者往往多价过敏，是否为职业性的，需要根据职业接触史、发病情况、病情演变情况等综合分析，做好鉴别诊断。

第三节　噪声作业职业健康检查实践

一、生产性噪声对机体的影响

噪声分生产性噪声或工业噪声、军事噪声和环境噪声。由生产过程中产生的噪声为生产性噪声或工业噪声。长期接触一定强度的噪声，可以对人体多种器官系统，如神经、心血管、内分泌、消化系统等造成危害。但噪声对人体最主要、最特异性的危害是听觉系统受损。噪声对听力影响的程度与噪声强度、频谱特性、接触时间、接触方式及个体易感性等有关。

二、生产性噪声可致的职业病

（一）职业性噪声聋：指长期暴露在超过国家卫生标准限值的噪声环境中工作，没有适当的个人防护而导致的听力损伤。其听力学特征是双耳对称，早期以高频听力下降为主，可逐渐累及语频听力，表现为缓慢、进行性的感音神经性聋。

（二）职业性爆震聋：指暴露于瞬间发生的短暂而强烈的冲击波或强脉冲噪

声所造成的中耳、内耳或中耳及内耳混合性急性损伤所导致的听力损失或丧失。其听力学特征是双耳往往不对称，朝向声源的一侧较重，有时仅伤及单耳；除内耳损伤外，中耳亦可严重损伤，出现鼓膜充血、出血或穿孔，甚至听小骨脱位等。爆震聋可为感音神经性、传导性或混合性耳聋，分别约占20%、45%和35%。

三、职业健康检查的分类、周期及目标疾病的确定

（一）分类与周期：从事噪声作业人员在其上岗前、在岗期间（作业场所噪声8h等效声级≥80dB且<85dB，每2年1次；作业场所噪声8h等效声级≥85dB，每年1次）、离岗时须进行职业健康检查。

（二）目标疾病：

1. 上岗前职业健康检查目标疾病为职业禁忌证。包括：

（1）各种原因引起永久性感音神经性听力损失（500Hz、1000Hz和2000Hz中任一频率纯音气导听阈>25dB）；

（2）高频段3000Hz、4000Hz、6000Hz双耳平均听阈≥40dB；

（3）任一耳传导性聋，平均语频听力损失≥41dB。

2. 在岗期间职业健康检查目标疾病为职业性噪声聋（见GBZ 49）和职业禁忌证。

职业禁忌证包括：

（1）除噪声外各种原因造成的永久性感音神经性听力损失（500Hz、1000Hz和2000Hz中任一频率的纯音气导听阈>25dB）；

（2）任一耳传导性耳聋，平均语频听力损失≥41dB；

（3）噪声敏感者（上岗前职业健康体检纯音听力检查各频率听力损失均≤25dB，但噪声作业1年之内，高频段3000Hz、4000Hz、6000Hz中任一耳、任一频率听阈≥65dB）。

3. 离岗时职业健康检查目标疾病为职业性噪声聋（见GBZ 49）。

四、职业健康检查要点

（一）症状询问

噪声聋的主要症状是耳鸣、听力下降、头痛、头晕等。除询问上述症状外，还应注意了解有无影响听力的其他疾患史。如有无耳部疾患史，有无耳漏、耳痛、眩晕等症状；既往有无噪声作业史及个人防护情况，有无可能影响听力的手术史或外伤史、爆震史、药物史（氨基糖苷类、万古霉素、多黏菌素、抗癌

药、利尿剂、抗疟药、水杨酸类、抗惊厥类等）、中毒史（重金属、乙醇、一氧化碳等中毒）、感染史（流脑、腮腺炎、耳带状疱疹、伤寒、猩红热、麻疹、风疹、梅毒等）；家庭直系亲属中有无耳聋等病史。

注意了解耳鸣的程度、性质（高调、低调、机器样、其他特殊声音）、时间规律；耳聋的程度、时间规律（突发性、进行性、波动性、持续性），有无听觉过敏；耳漏的性质（脂性、黏脓性、黏液性、水样、脓性、血性）、气味、量、时间规律；耳痛的性质（钝痛、刺痛、抽痛、胀痛）、强度，有无触发点；眩晕的性质（旋转感、摇摆感、漂浮感、倾斜感、直线幻动），与体位、活动的关系，有无伴随症状（植物神经症状、视觉症状、活动障碍）。

（二）耳科常规检查

噪声聋的发病机制与内耳损伤相关，包括机械破坏、代谢异常和内耳微循环障碍，不会累及外耳及中耳。因此，耳科常规检查目的主要是了解有无其他致病因素。

受检者侧坐，受检耳朝向检查者。检查者在受检者坐定后，调整光源及额镜，使额镜的反光焦点投射于受检耳外耳道口。检查者一手将受检者耳郭向后、上、外方轻轻牵拉，使外耳道变直；另一手食指将耳屏向前推压，使外耳道扩大，以便观察外耳道及鼓膜。也可使用电耳镜检查，电耳镜是自带光源和放大镜的窥耳器，可仔细观察鼓膜，发现肉眼不能察觉的较细微病变。

检查时，应注意外耳（含耳郭、外耳道）、中耳乳突的状况，尤其是检查中耳观察鼓膜状态。检查内容包括：耳郭（形状、红肿、牵拉痛、压痛、耳后沟、耳郭瘘管）、外耳道（气味、内容物、红肿、压痛、赘生物）、鼓膜（运动、色泽、质地、鼓室积液影）、鼓膜穿孔（大小、位置、穿孔缘鼓膜情况、鼓室分泌物、鼓室赘生物、鼓室黏膜、鼓室结构）、乳突（红肿、压痛）。

（三）纯音听阈测试

纯音听阈测试是噪声作业职业健康检查的必检项目之一，亦是评价听力损伤情况的最关键项目。下列测试环节中任一项有错误，均可直接导致体检结论错误。

1. 测试时间：应在受试者脱离噪声环境48h后进行。

2. 测试设备：听力计应符合GB/T 7341.1的要求，并按GB/T 4854.1、GB/T 4854.3及GB/T 4854.4进行校准。测听环境应符合GB/T 16403及GB 50118的要求。

3. 测试方法：测试按GB/T 7583和GB/T 16403规定进行。测试前应对受试者进行耳镜检查。通常先测试较灵敏耳，常用方法为上升法和升降法，推荐使用上升法即降 10 升 5 法。测试频率应包括 500Hz、1000Hz、2000Hz、3000Hz、4000Hz 和 6000Hz，其中，500Hz、1000Hz、2000Hz 称为语言频率，3000Hz、4000Hz、6000Hz 称为高频频率。建议每次给声时间控制在 1～2 秒，给声间隔应不少于 2 秒，且不规则。当双耳听力损失相差 40dB 以上，测试较差耳时应对较好耳进行掩蔽，掩蔽方法步骤应按 GB/T 16403 进行。

4. 测试报告（供临床参考）：报告单一般应包括听阈级的记录和听力损失情况的描述两部分。若耳镜检查时发现有耳部异常情况，或受检者不配合，或测试环境比较特殊，均应同时在报告单上注明。

（1）听阈级：听阈级应记录在符合 GB/T 16403 规定的听力图上。

（2）听力损失情况：根据听力图上的听力曲线特点，首先判定有无听力损失及性质（感音神经性、传导性或混合性），然后按相关要求分别计算语频平均听阈、高频平均听阈或听阈加权值等。注意计算听阈值时，纯音气导听力检查结果应先按 GB/T 7582 进行年龄性别修正。在测试报告中，一般先描述右耳听力情况，再描述左耳听力情况；先描述语频听阈情况，再描述高频听阈情况。

a. 若 500Hz、1000Hz、2000Hz、3000Hz、4000Hz、6000Hz 听阈（骨、气导）均≤25dB，描述为“（右/左/双）耳正常听力曲线”；若仅 500Hz、1000Hz、2000Hz 听阈（骨、气导）均≤25dB，描述为“（右/左/双）耳语频听阈正常”；若仅 3000Hz、4000Hz、6000Hz 听阈（骨、气导）均≤25dB，描述为“（右/左/双）耳高频听阈正常”（如图 6－2、图 6－3）。

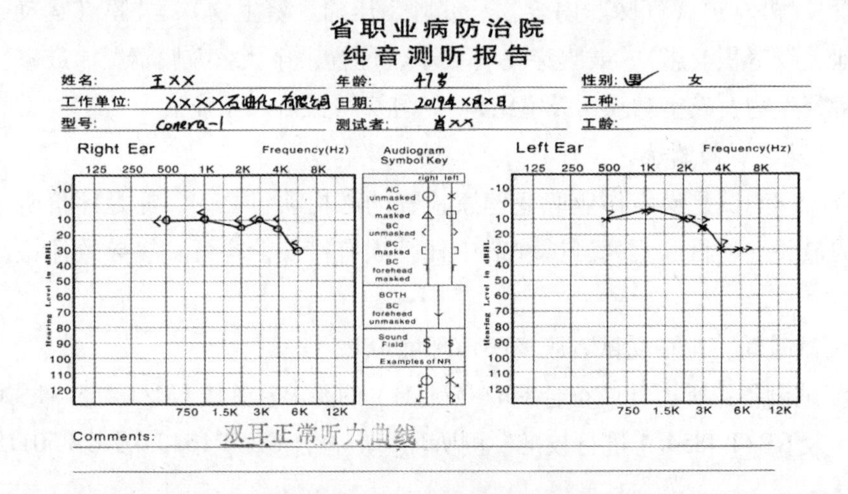

图 6－2　正常听力曲线

（备注：患者为 47 岁男性，经年龄性别修正后，此听力图即为正常听力曲线）

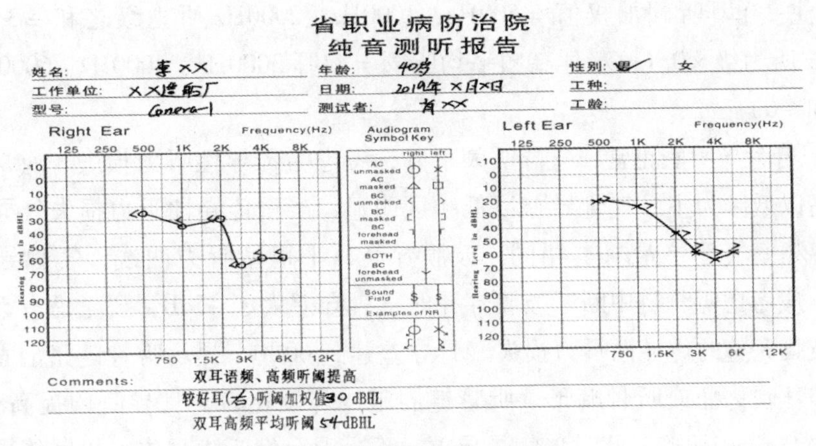

图6－3　感音神经性听力损失

（备注：经年龄性别修正后）

b. 若气、骨导听阈一致性下降，考虑为感音神经性听力损失。通常高频听力损失较重，故听力曲线呈渐降型或陡降型，严重感音神经性听力损失低频听阈也提高，曲线呈平坦型，仅个别频率有听力者，称岛状听力。以低频听力损失为主的感音神经性听力损失多见于梅尼埃病早期和听神经病。

听力损失为感音神经性，按气导听阈进行评价。若500Hz、1000Hz、2000Hz中任一频率听阈＞25dB，描述为“（右/左/双）耳语频听阈提高”；若3000Hz、4000Hz、6000Hz中任一频率听阈＞25dB，描述为“（右/左/双）耳高频听阈提高”（如图6－3）。

若较好耳听阈加权值≥26dB时，应加注“较好耳（右/左）听阈加权值（）dBHL”；若双耳高频平均听阈≥40dB时，应加注“双耳高频平均听阈（）dBHL”（如图6－4）。

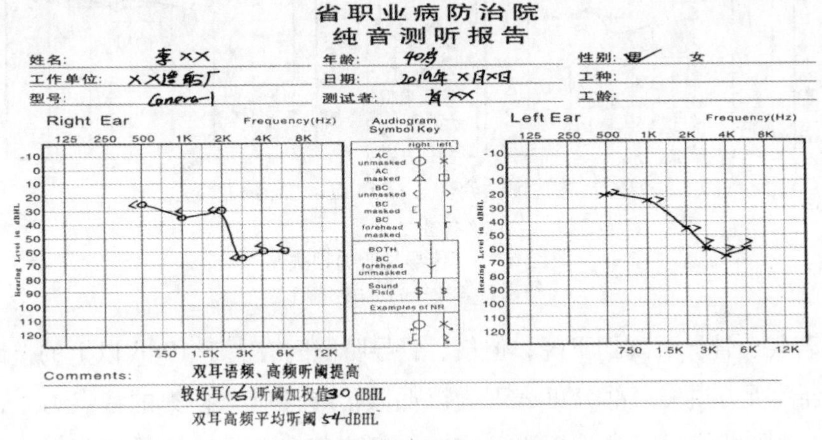

图6－4　感音神经性听力损失

（备注：经年龄性别修正后）

（注：单耳听阈加权值 = 500Hz、1000Hz、2000Hz 听力级之和 ÷3 ×0.9 + 4000Hz 听力级 ×0.1；双耳高频平均听阈 = 双耳 3000Hz、4000Hz、6000Hz 听力级之和 ÷6）

c. 若骨导听阈正常，气导听阈下降，考虑为传导性听力损失。通常气导听阈提高以低频为主，气骨导差以低频区明显，严重传导性听力损失气导曲线平坦，各频率气骨导差基本相同。鼓膜穿孔，平坦型听力曲线，气骨导差达到 40dB，应考虑听骨链中断。鼓膜穿孔时气骨导差大于 45dB，要考虑有无测试误差。鼓膜完整的传导性听力损失气骨导差达到 60dB，提示听骨链完全固定或中断，如耳硬化症或听骨畸形。听骨链固定或耳硬化者，骨导听阈提高 15dB 左右，称 Carhart 切迹，此时伴气骨导差，不是混合性听力损失，仍属传导性听力损失曲线。

听力损失为传导性，按气导听阈计算患耳语频平均听阈。若患耳语频平均听阈 26 ~40dB，描述为“（右/左/双）轻度传导性听力损失”；患耳语频平均听阈 41 ~55dB，描述为“（右/左/双）中度传导性听力损失”；患耳语频平均听阈≥56dB，描述为“（右/左/双）重度传导性听力损失”（如图 6 –5）。同时应在最下一行注明外耳（外耳道、鼓膜）情况，包括正常和异常情况。

（注：单耳语频平均听阈 =500Hz、1000Hz、2000Hz 听力级之和 ÷3）

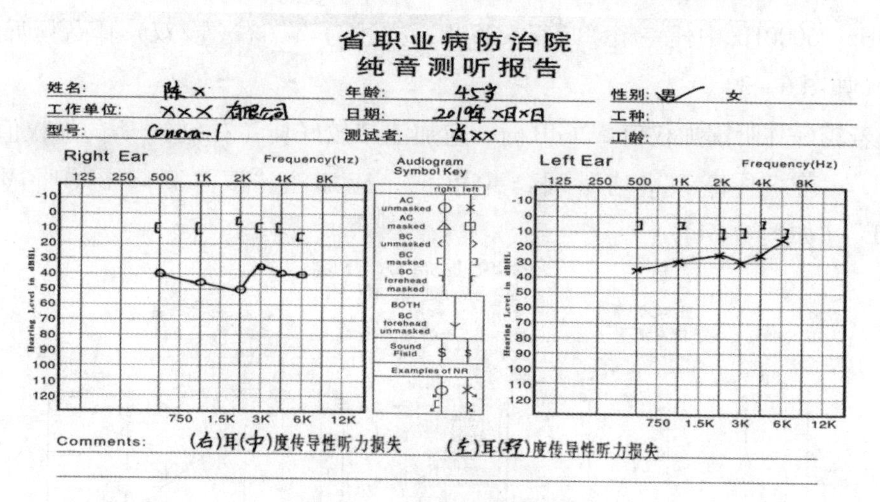

图 6 –5 传导性听力损失

（备注：经年龄性别修正后）

d. 若气、骨导听阈均下降，但气、骨导听阈间有大于 10dB 以上的差距，考虑为混合性听力损失。部分可表现为以低频传导性听力损失的特点为主，而高频的气、骨导曲线呈一致性下降。亦有全频率气、骨导曲线均下降，但存在一定气骨导差，此时应注意与重度感音神经性听力损失相鉴别。

听力损失为混合性，描述为“（右/左/双）耳混合性听力损失”（如图6－6）。如需计算听阈值，该耳以骨导听阈进行计算。

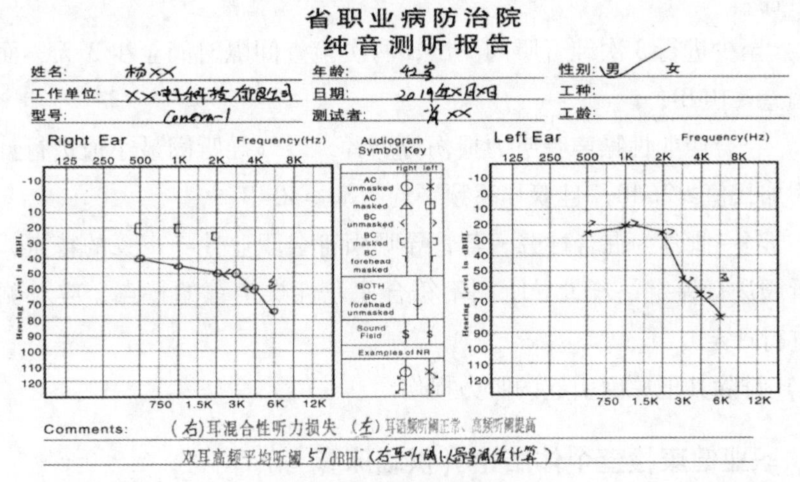
省职业病防治院
纯音测听报告

姓名：杨XX　年龄：42岁　性别：男 女
工作单位：XX电子科技有限公司　日期：2019年X月X日　工种：
型号：Conera-1　测试者：肖XX　工龄：

Comments: （右）耳混合性听力损失 （左）耳语频听阈正常、高频听阈提高
双耳高频平均听阈 57dBHL（右耳以骨导阈值计算）

图6－6 混合性听力损失（右）
（备注：经年龄性别修正后）

（3）耳部异常情况：

a. 既有穿孔，又有反复流脓病史，描述为“慢性化脓性中耳炎（右/左/双）”；

b. 仅有穿孔，无反复流脓病史，描述为“鼓膜干性穿孔（右/左/双）”；

c. 既往有“鼓膜穿孔”病史，但目前穿孔已愈合，描述为“鼓膜愈合性穿孔（右/左/双）”；

d. 外耳道有耵聍，可见部分鼓膜，描述为“耵聍（右/左/双）”；

e. 外耳道有耵聍堵塞，鼓膜完全看不到，描述为“耵聍栓塞（右/左/双）”；

f. 外耳道充血，描述为“外耳道充血（右/左/双）”。

5. 复查条件：出现下列情况者，应在脱离噪声环境后一周进行复查。

（1）初测纯音听力结果双耳高频平均听阈≥40dB者；

（2）听力损失以高频为主，语言频率平均听力损失＞25dB者，听力损失可能与噪声接触有关时；

（3）语言频率平均听力损失＞40dB者，怀疑听力损失中耳疾患所致；

（4）听力损失曲线为水平样或近似直线者。

五、疑似职业性噪声聋的判定（供临床参考）

原则上要求劳动者工作场所噪声强度超过GBZ 2.2所规定的职业接触限值，

且作业工龄在3年以上。但由于医疗机构常难于确定劳动者接触噪声工龄和强度，若同时满足下列条件，且不能排除噪声所致者，建议体检结论为“疑似职业性噪声聋”。

（一）至少进行3次纯音听阈测试，两次检查间隔时间至少3天，而且各频率听阈偏差≤10dB；

（二）符合职业性噪声聋听力损伤特点者，以气导听阈最小值进行计算，较好耳听阈加权值≥26dB，且双耳高频平均听阈≥40dB；

（注：当一侧耳为混合性聋，若骨导听阈符合职业性噪声聋的特点，可按该耳骨导听阈进行评定；若骨导听阈不符合职业性噪声聋的特点，应对侧耳的纯音听阈进行评定）

（三）排除其他原因引起的听力损伤。

六、职业健康检查个体结论（供临床参考）

（一）上岗前职业健康检查

1. 体检结果符合噪声作业对健康的要求，体检结论为“本次检查未发现噪声作业职业禁忌证”，处理意见为“可从事噪声作业工种”。如伴有不影响从事噪声作业的其他健康问题，可酌情建议相应的检查或治疗。

2. 有下列情况者，体检结论为“建议复查纯音听阈测试”。

（1）各种原因引起永久性感音神经性听力损失（500Hz、1000Hz和2000Hz中任一频率纯音气导听阈>25dB）；

（2）双耳高频平均听阈≥40dB；

（3）任一耳中度及以上传导性听力损失。

3. 复查后仍有下列情况者，体检结论为“本次检查发现噪声作业职业禁忌证”，处理意见为“不宜从事噪声作业工种”。

（1）各种原因引起永久性感音神经性听力损失（500Hz、1000Hz和2000Hz中任一频率纯音气导听阈>25dB）；

（2）双耳高频平均听阈≥40dB；

（3）任一耳中度及以上传导性听力损失。

（二）在岗期间职业健康检查

1. 有下列情况者，体检结论为“本次检查未发现噪声职业禁忌证及疑似职业性噪声聋”，处理意见为“可继续从事原工种工作”或“可继续从事噪声作业工种”。

（1）双耳正常听力曲线；

（2）噪声所致感音神经性听力损失，但未达到疑似职业性噪声聋；

（3）轻度传导性听力损失。

2. 有下列情况者，体检结论为“建议脱离噪声环境7天后，复查纯音听阈测试”。

（1）除噪声外各种原因引起的永久性感音神经性听力损失（500Hz、1000Hz和2000Hz中任一频率的纯音气导听阈＞25dB）；

（2）任一耳中度及以上传导性听力损失；

（3）噪声敏感者；

（4）双耳高频平均听阈≥40dB，且较好耳听阈加权值≥26dB；

（5）听力损失以高频为主，语言频率平均听力损失＞25dB者，听力损失可能与噪声接触有关时；

（6）听力损失曲线为水平样或近似直线者。

3. 复查后仍有下列情况者，体检结论为“本次检查发现噪声作业职业禁忌证”，处理意见为“不宜从事噪声作业工种”。

（1）除噪声外各种原因引起的永久性感音神经性听力损失（500Hz、1000Hz和2000Hz中任一频率的纯音气导听阈＞25dB）；

（2）任一耳中度及以上传导性听力损失；

（3）噪声敏感者。

4. 复查后仍提示“双耳高频平均听阈≥40dB，且较好耳听阈加权值≥26dB”，体检结论为“本次检查发现疑似职业性噪声聋”，处理意见为“建议到职业病诊断机构进行诊断”。

5. 如伴有除目标疾病以外的其他健康问题，体检结论为“其他疾病或异常”，可酌情建议相应的检查或治疗。

（三）离岗时职业健康检查

1. 有下列情况者，体检结论为“建议脱离噪声环境7天后，复查纯音听阈测试”。

听力曲线符合职业性噪声聋听力损伤特点，双耳高频平均听阈≥40dB，且较好耳听阈加权值≥26dB。

2. 复查后仍提示“双耳高频平均听阈≥40dB，且较好耳听阈加权值≥26dB”，体检结论为“本次检查发现疑似职业性噪声聋”，处理意见为“建议到职业病诊断机构进行诊断”。否则，体检结论为“本次检查未发现疑似职业性噪声聋”。

3. 如伴有除目标疾病以外的其他健康问题，体检结论为“其他疾病或异常”，可酌情建议相应的检查或治疗。

七、应急健康检查

意外或事故工作场所易燃易爆化学品、压力容器等发生爆炸时所产生的冲击波及强脉冲噪声可能致中耳、内耳或中耳及内耳混合性损伤，如现场职业接触人群（包括参加事故抢救的人员）出现急性听力损失或丧失，应对其进行应急健康检查。

（一）目标疾病：职业性爆震聋（见 GBZ/T 238）。

（二）检查内容：

1. 症状询问：重点询问爆震接触情况，有无听力障碍、耳鸣、耳痛、眩晕、平衡失调等。亦注意询问既往有无噪声作业史及个人防护情况，有无影响听力的手术史或外伤史、药物史、中毒史、感染史，家庭直系亲属中有无耳聋等病史。

2. 体格检查：

（1）耳科常规检查：重点检查外耳有无外伤，鼓膜有无充血、出血或穿孔，中耳黏膜有无出血，听骨链有无断裂等；

（2）合并眼、面部复合性损伤时，应针对性地进行相关医科常规检查。

3. 实验室和其他检查：

（1）纯音听阈测试：必检项目。对测试设备及方法的要求同本节之“职业健康检查要点”。职业性爆震聋的听力评定以纯音气导听阈测试结果为依据，分别计算左右耳平均听阈值（dB）并分别进行判断。纯音气导听阈测试结果应按数值修约规则取整数，并按 GB/T 7582 进行年龄性别修正。

（注：单耳平均听阈 = 500Hz、1000Hz、2000Hz、3000Hz 听力级之和 ÷ 4）

（2）对纯音听阈测试不配合的患者，或对纯音听阈测试结果真实性有怀疑时，建议进行客观听力检查，如声导抗、镫骨肌声反射阈测试、耳声发射、听觉诱发电反应测听、40Hz 电反应测听、多频稳态听觉诱发电位等，以排除伪聋和夸大性听力损失的可能。

4. 必要时进行作业场所现场调查。

（三）医学观察：

职业性爆震聋患者应尽早进行治疗，最好在接触爆震 3 天内开始并动态观察听力。

（1）无鼓膜破裂或听骨脱位、听骨链断裂者，应在接触爆震后开始动态观察听力 1 ~ 3 个月；

（2）鼓膜修补、鼓室成形以及听骨链重建术者，动态观察听力可延长至术后6个月；

（3）并发急慢性中耳炎患者，听力观察至临床治愈；

（4）合并继发性中耳胆脂瘤的患者，听力观察至手术治疗后。

第七章　职业健康检查机构监督

第一节　监督检查依据

一、《职业病防治法》

根据2018年12月29日第十三届全国人民代表大会常务委员会第七次会议《关于修改〈中华人民共和国劳动法〉等七部法律的决定》第四次修正。

二、《职业健康检查管理办法》

2015年3月26日原国家卫生和计划生育委员会令第5号公布，根据2019年2月28日《国家卫生健康委关于修改〈职业健康检查管理办法〉等4件部门规章的决定》第一次修订。

第二节　职业健康检查机构监督管理

一、分级管理职责

（一）《职业病防治法》

第九条：国家实行职业卫生监督制度。

国务院卫生行政部门、劳动保障行政部门依照本法和国务院确定的职责，负责全国职业病防治的监督管理工作。国务院有关部门在各自的职责范围内负责职业病防治的有关监督管理工作。

县级以上地方人民政府卫生行政部门、劳动保障行政部门依据各自职责，负责本行政区域内职业病防治的监督管理工作。县级以上地方人民政府有关部门在各自的职责范围内负责职业病防治的有关监督管理工作。

县级以上人民政府卫生行政部门、劳动保障行政部门（以下统称职业卫生监督管理部门）应当加强沟通，密切配合，按照各自职责分工，依法行使职权，承担责任。

第三十五条第三款：职业健康检查应当由取得《医疗机构执业许可证》的医疗卫生机构承担。卫生行政部门应当加强对职业健康检查工作的规范管理，具体管理办法由国务院卫生行政部门制定。

第六十二条：县级以上人民政府职业卫生监督管理部门依照职业病防治法律、法规、国家职业卫生标准和卫生要求，依据职责划分，对职业病防治工作进行监督检查。

（二）《职业健康检查管理办法》

第三条：国家卫生健康委负责全国范围内职业健康检查工作的监督管理。

县级以上地方卫生健康主管部门负责本辖区职业健康检查工作的监督管理；结合职业病防治工作实际需要，充分利用现有资源，统一规划、合理布局；加强职业健康检查机构能力建设，并提供必要的保障条件。

第二十一条：县级以上地方卫生健康主管部门应当加强对本辖区职业健康检查机构的监督管理。按照属地化管理原则，制定年度监督检查计划，做好职业健康检查机构的监督检查工作。

第二十二条：省级卫生健康主管部门应当对本辖区内的职业健康检查机构进行定期或者不定期抽查；设区的市级卫生健康主管部门每年应当至少组织一次对本辖区内职业健康检查机构的监督检查；县级卫生健康主管部门负责日常监督检查。

二、监督检查主要内容

卫生监督员进入被监督单位，出示行政执法证，按照行政执法全过程记录的要求，通过听取职业健康检查机构负责人介绍、询问相关人员、检查现场、查阅资料等方法，按照《职业健康检查管理办法》第二十一条的规定，对下列主要内容进行监督检查：

（一）相关法律法规、标准的执行情况；

（二）按照备案的类别和项目开展职业健康检查工作的情况；

（三）外出职业健康检查工作情况；

（四）职业健康检查质量控制情况；

（五）职业健康检查结果、疑似职业病的报告与告知以及职业健康检查信息报告情况；

（六）职业健康检查档案管理情况等。

职业健康检查机构的详细监督检查内容，详见本章节的第四节。

第三节 监督检查要求

一、基本要求

按照《国家卫生健康委关于印发〈卫生健康行政执法全过程记录工作规范〉的通知》（国卫监督发〔2018〕54 号）要求，职业健康检查机构的监督检查应执行全过程记录制度。

职业卫生监督执法全过程记录，是指卫生健康执法人员运用执法文书制作、音像记录、电子数据采集等方式，对执法行为进行记录和归档，实现全过程留痕和可回溯管理。

卫生健康行政执法全过程记录应当遵循合法、客观、全面、有效的原则。

（一）记录方式和要求

职业卫生监督执法全过程记录包括执法文书制作、音像记录和电子数据采集等形式，可以同时使用，也可以分别进行。执法全过程记录应当全面、准确、真实、完整，不得伪造、篡改。

执法文书制作指采用纸质（或电子）卫生行政执法文书及其他纸质（或电子）文件对执法过程进行的书面记录，包括手写文书、经电子签章的电子文书和信息系统打印文书。执法文书是执法全过程记录的基本形式。卫生行政执法文书的制作应当依照有关法律法规和《卫生行政执法文书规范》（卫生部令〔2012〕87 号）等相关规定进行。

音像记录指通过照相机、录音机、摄像机、执法记录仪、视频监控等记录设备，实时对行政执法活动进行记录的方式。音像记录是执法文书制作和电子数据采集的有效补充。各级卫生健康监督机构及其执法人员可以在执法文书、信息数据采集的基础上对现场执法、调查取证、证据保存、举行听证、强制措施、留置送达和公告送达等容易引发争议的行政执法过程进行音像记录；对直接涉及生命健康、重大财产权益的现场执法活动和执法场所，应当进行全过程音像记录。

电子数据采集指通过行政执法信息平台，记录各类卫生行政处罚活动过程中产生的数据资料，包括信息填报和网上运行等产生的数据记录资料以及据此生成的汇总数据和统计表等相关数据文件。电子数据采集是卫生健康行政执法全过程记录的重要内容，是纸质文字记录的延伸，数据填报内容应当与执法文书一致。

投诉接待室、询问调查室、听证室等场所应当设置固定式视频监控设备。

执法音像记录应当包括执法时间、执法人员、执法对象以及执法内容，重点摄录以下内容：

1. 执法现场或相关内外部环境；

2. 当事人、证人等相关人员的体貌特征和言行举止；

3. 相关书证、物证、电子数据等现场证据，以及其他可以证明执法行为的证据；

4. 执法人员现场张贴公告，开具、送达法律文书和对有关财物采取措施情况；

5. 其他应当记录的重要内容。

固定场所音像记录内容应当包括监控地点、起止时间及相关事情经过等内容。

音像记录反映的执法过程起止时间应当与相应文书记载的起止时间一致。

卫生健康行政执法中遇有涉及国家秘密、工作秘密、商业秘密及个人隐私的应当按保密权限和规定执行；因天气等其他不可抗力因素不能使用的可以停止使用音像记录。

对上述情况，执法人员应当在执法结束后及时制作工作记录，写明无法使用的原因，报本机构主要负责人审核后，一并存档。

（二）信息填报

按照《卫生监督信息报告管理规定》（卫监督发〔2011〕63号）的要求，报告卫生监督个案信息时，报告人应当在该信息产生后的5个工作日内按要求录入系统，由本机构审核人员在5个工作日内完成审核后上报；未通过审核的信息，应当在信息退回后5个工作日内完成数据订正，并重新上报。

实行数据交换的省份按照相应的交换机制实时与国家卫生监督数据资源中心进行交换完成信息上报。

其他卫生监督信息的报告应当按照卫生部的相关规定执行。

发现已报卫生监督信息存在重复、差错时，报告单位应当及时订正后上报。发现漏报的，应当及时补报。

（三）记录归档及保存

各级卫生健康监督机构应当指定专人负责卫生健康行政执法全过程记录资料的归档和管理。

卫生健康执法人员应当在现场执法过程结束后2个工作日内，按要求将信息储存至执法信息系统或者专用存储器保存，不得由经办人员自行保存。如遇特殊情况不能移交的，需经机构主管领导批准延期移交。

卫生健康行政执法事项办结后，应当依照有关要求，将行政执法过程中形成的记录资料整理成案卷后归档保存。

各类执法文书、体检报告、相关工作记录等纸质记录资料保存期限参照文件材料归档范围和文书档案保管期限执行。

作为证据使用的音像记录资料保存期限应当与案卷保存期限相同；不作为证据使用的音像记录资料至少保存6个月。

（四）记录资料的应用

执法音像记录资料的使用应当综合考虑部门职责、岗位性质、工作职权等因素，严格限定使用权限。

音像记录需要作为证据使用的，应当由执法人员报经本机构负责人同意后，制作文字说明材料，注明制作人、提取人、提取时间等信息，将其复制后提供，并对调取情况记录在案。

需要向行政复议机关、司法部门等提供文字记录、音像记录资料的，须经本级卫生健康行政部门负责人批准后，方可复制相关资料，并做好登记。

各级卫生健康监督机构应强化记录实效，加强数据统计分析，充分发挥监督执法全过程记录信息在案卷评查、监督执法、评议考核、舆情应对、行政决策和健全社会信用体系等工作中的作用。

二、执法前准备

（一）资料

1. 相关法律、法规、规章、标准、规范性文件以及被监督单位相关资料。

2. 根据需要事先制定的检查方案、设计检查表。

3. 现场监督执法文书：包括现场笔录、询问笔录、卫生监督意见书、卫生行政控制决定书、解除卫生行政控制决定书、封条、证据先行登记保存决定书、证据先行登记保存处理决定书、当场行政处罚决定书等，上述执法文书可通过移动执法终端制作并打印的可不携带。

（二）人员

确定参与检查的监督员，明确监督员分工；明确检查目的，了解检查方式、熟悉检查内容；提出检查要求；携带行政执法证件。

（三）取证工具

包括执法记录仪、移动执法终端或照相机、摄像机、录音笔等。

（四）交通工具

根据监督员数量及路程距离，提前安排监督车辆。

（五）个人防护装备

根据行业职业病危害特点准备必要的个人防护装备，并满足工作场所个人职业病防护用品需要。

三、现场监督检查要求

进入被监督单位，采用听取被监督单位负责人情况介绍，现场核实检查、查阅档案资料、询问相关技术、管理人员等方法，获取真实检查资料。

（一）监督执法人员应不少于2人，规范着装，监督执法人员在检查开始前应主动出示行政执法证件。

（二）由主办监督执法人员说明检查来意及监督检查的法定依据，要求被监督单位人员提供与监督检查相关的档案资料，包括随机抽取的有关体检表（单）等资料；告知被监督单位人员所享有的权利和义务，以及本次检查采用行政执法全程记录等事项。

（三）按照检查分工对职业健康检查机构分头进行检查和核查，需进入特定区域（含洁净区域）的，应遵守被监督单位的卫生和安全规定。

（四）检查结束后，监督执法人员进行检查初步结果汇总，各监督执法人员将检查发现的问题统一汇总至主办监督执法人员。

（五）执法文书制作和现场取证。

1. 现场笔录

检查完成后监督执法人员应当场制作《现场笔录》。《现场笔录》制作完成后应当在记录末尾注明“以下空白”，并当场交由被监督单位人员审阅或向其宣读。被监督单位人员认为记录有遗漏或者有差错的，应当提出补充和修改，在改动处签字或者用指纹、印鉴覆盖。被监督单位人员认为笔录所记录的内容真实无误时，应当在笔录上注明“以上笔录属实”并签署姓名和日期。2名监督执法人员应在其后签名。如果《现场笔录》有多页的，每页都要注明“以上笔录属实”、签署姓名和日期。

被监督单位人员拒不签名的，由2名监督执法人员在笔录上注明拒签情况，并签名，同时请在场的其他见证人员签名做证。如果无法取得在场其他见证人员签名做证的，也可使用声音、影像记录方式记录拒绝签字情况。

根据《现场笔录》，依据相关法律、法规、规章、标准和规范的要求，提出有针对性的卫生监督意见，并制作《卫生监督意见书》。当场交由被监督单位人员宣读，并请其签署姓名和日期。

2. 询问笔录

监督执法人员可当场对被询问人或有关证人进行询问，制作《询问笔录》，具备条件的应使用移动执法终端制作并打印。《询问笔录》制作完成后应当在记录末尾注明“以下空白”。并当场交由被询问人审阅或向其宣读。然后由被询问人签字确认。被询问人认为记录有遗漏或者有差错的，应当提出补充和修改，在改动处签字或者用指纹、印鉴覆盖。认为笔录所记录的内容真实无误时，应当在笔录上注明“以上笔录属实”并签署姓名和日期。如果笔录有多页的，每页都要签署。参加询问的 2 名监督执法人员须在笔录上签署姓名和日期。

被询问人拒绝签名的，由 2 名监督执法人员在笔录上签名并注明被检查人拒绝签名情况，并请在场的其他人员签名做证。如果无法取得在场其他人员签名做证的，也可使用声音、影像记录手段记录拒绝签字情况。

3. 现场取证

现场取证应为原件（物），无法取得原件（物）证据的，可由提交证据的被监督单位或个人在复制品、照片等物件上盖章或签字，并注明“与原件（物）相同”字样或文字说明，同时注明日期。

在证据可能灭失或以后难以取得的情况下，经卫生健康行政机关负责人批准后，可先行登记保存，并出具由卫生健康行政机关负责人签发的《证据先行登记保存决定书》。卫生监督机构应当在七日内对所保存的证据作出处理决定。并注意以下事项：

（1）处罚决定书应当写明当事人全称，保存决定书作出的时间、文号及具体处理决定；

（2）如果需要对保存物品予以没收，应当以行政处罚决定的形式依法没收，不能以《证据先行登记保存处理决定书》来代替《行政处罚决定书》；

（3）如果要归还物品，建议由当事人在处理决定书上注明“所归还物品与原物品一致”，并签署姓名和日期；

（4）卫生健康行政机关作出证据先行登记保存决定的，应当在 7 日内作出处理决定。

（六）检查结果现场反馈和处理

1. 对存在的问题或涉嫌存在的违法行为向被监督单位反馈，提出初步整改意见，并告知后续接受调查与处理的程序和要求。

2. 对需要及时整改的内容，当场出具《卫生监督意见书》交被监督单位人员签收。

（七）处罚

现场检查发现违法行为，应当按照《中华人民共和国行政处罚法》（以下简称《行政处罚法》）及相关法律法规的规定依法给予行政处罚。

1. 简易程序

对案情简单、违法事实清楚、证据确凿的违法行为，且法定依据充分，对公民、法人或者其他组织给予警告或者对公民给予五十元以下，对法人或者其他组织给予一千元以下罚款的行政处罚的，应当当场做出行政处罚决定。

在做出行政处罚决定之前，应当告知被处罚人作出行政处罚决定的事实、证据、做出行政处罚的理由和法律依据，以及依法享有陈述和申辩的权利，并充分听取被处罚人的陈述和申辩。

监督执法人员应当现场制作《当场行政处罚决定书》，《当场行政处罚决定书》应当载明被处罚人违法行为的时间、地点、事实和证据、依法享有的陈述和申辩的权利、履行行政处罚的方式、期限和救济途径，行政执法机关依法做出行政处罚的理由和法律依据、行政处罚的种类和幅度、行政机关名称、印章和做出行政处罚的时间，以及 2 名以上监督执法人员的签署姓名和日期。

监督执法人员当场宣读《当场行政处罚决定书》，并交由被处罚人签收。

监督执法人员当场作出的行政处罚决定，应在 7 日内向所属卫生健康行政机关备案。

2. 一般程序

不符合当场做出行政处罚条件的，应当按照《行政处罚法》的规定，经过全面、客观、公正的调查，充分收集有关违法证据，在调查终结后，对事实清楚、证据确凿的违法行为，根据情节轻重依法做出行政处罚决定。

监督执法人员集体合议后制作《行政处罚事先告知书》，经本级行政机关负责人审批同意后，送达《行政处罚事先告知书》。经过陈述和申辩程序无异议后，制作《行政处罚决定书》，《行政处罚决定书》应当在宣告后当场交付被处罚人；被处罚人不在场的，监督执法人员应当在 7 日内依照《民事诉讼法》的有关规定，将《行政处罚决定书》送达被处罚人。

3. 权利和义务告知

公民、法人或者其他组织对行政机关所给予的行政处罚，享有陈述权、申辩权；对行政处罚不服的，有权依法申请行政复议或者提起行政诉讼。

当事人有权进行陈述和申辩。行政机关必须充分听取当事人的意见，对当事人提出的事实、理由和证据，应当进行复核；当事人提出的事实、理由或者证据成立的，行政机关应当采纳。

行政机关作出责令停产停业、吊销许可证或者执照、较大数额罚款等行政处罚决定前，应当告知当事人有要求举行听证的权利；当事人要求听证的，行政机关应当组织听证。

4. 后续处理

移交：对在检查中发现违法行为或案件不属于本行政机关管辖范围的，应当向有关部门移交。移交时限按有关规定执行。

整改：对检查发现存在的问题，及时下达《卫生监督意见书》，责令改正，并按整改期限对被检查单位的整改情况进行核查。

返还：案件结案，调取的物证（财物）不存在予以没收情形的，应当按照相关规定及时返还，并给予说明和书面记载。

第四节 职业健康检查机构监督检查要点

依据《职业病防治法》《职业健康检查管理办法》以及《医疗机构管理条例》《基本医疗卫生与健康促进法》《医疗机构管理条例实施细则》《放射诊疗管理规定》等梳理了职业健康检查机构监督检查内容。详见表 7－1。

表 7－1 职业健康检查机构监督检查内容一览表

被检查单位名称： 地址： 陪同检查人： 联系电话：

序号	检查内容	检查方法	检查结果	检查依据	处罚依据
一	**组织机构**				
1	医疗机构执业许可证	查看是否有《医疗机构执业许可证》（含正副本），是否在许可证上办理相应的诊疗科目登记；是否有法定代表人资格或法定代表人授权资格证明材料；是否校验；机构名称、法定代表人/主要负责人、地址、许可项目等发生变化后是否及时变更	是□ 否□	《职业病防治法》第三十五条第三款 《医疗机构管理条例》第二十条、第二十二条和第二十四条 《职业健康检查管理办法》第五条第一款第（一）项 《基本医疗卫生与健康促进法》第三十八条	《职业健康检查管理办法》第二十四条 《医疗机构管理条例》第四十四条 《基本医疗卫生与健康促进法》第九十九条
2	放射诊疗许可证	涉及放射检查项目的，查看是否持有《放射诊疗许可证》（含正副本）；是否《医疗机构执业许可证》和《放射诊疗许可证》同时校验；机构名称、法定代表人/主要负责人、地址等发生变化后是否及时变更	是□ 否□	《职业健康检查管理办法》第五条第一款第（一）项 《放射诊疗管理规定》第四条第二款、第十六条第二款、第十七条第一款和第二款	《放射诊疗管理规定》第三十八条第（一）项、第（二）项、第（三）项
3	备案	核查医疗卫生机构开展职业健康检查，是否在开展之日起 15 个工作日内向省级卫生健康主管部门或者各省自行规定的相关部门备案	是□ 否□	《职业健康检查管理办法》第四条第一款	《职业健康检查管理办法》第二十五条第（一）项
4	信息变更	核查当备案信息发生变化时，职业健康检查机构是否自信息发生变化之日起 10 个工作日内提交变更信息	是□ 否□ 合理缺项□	《职业健康检查管理办法》第六条第二款	《职业健康检查管理办法》第二十七条第（五）项

续表

序号	检查内容	检查方法	检查结果	检查依据	处罚依据
二	人员				
1	具有与备案开展的职业健康检查类别和项目相适应的执业医师、护士等医疗卫生技术人员	核查是否具有与备案开展的职业健康检查类别和项目相适应的执业医师、护士等医疗卫生技术人员，核查是否有《医师执业证书》《护士执业证书》《专业技术资格证书》资质证书，是否本地注册	是□ 否□	《职业健康检查管理办法》第五条第一款第（三）项和第（四）项	《职业健康检查管理办法》第二十七条第（五）项
2	主检医师	核查是否指定相应类别的主检医师；主检医师是否取得相应的职业病诊断医师资格证书；主检医师是否为本机构注册；是否具有中级以上专业技术职务任职资格，从事职业健康检查相关工作三年以上，熟悉职业卫生和职业病诊断相关标准；抽查已出具的职业健康检查报告，核查体检对象和类别，是否有主检医师超资质范围审阅填写体检结论的情况	是□ 否□	《职业健康检查管理办法》第八条	《职业健康检查管理办法》第二十七条第（一）项
3	工作内容与医师执业范围一致	核查工作内容与医师执业范围是否一致	是□ 否□	《医疗机构管理条例》第二十八条	《医疗机构管理条例》第四十八条 《医疗机构管理条例实施细则》第八十一条
三	仪器设备				
1	通用要求：具有与备案开展的职业健康检查类别和项目相适应的仪器、设备	核查仪器设备是否与备案的职业健康检查类别和项目一致；仪器设备的种类、数量、性能、量程、精确度等技术指标是否满足备案的职业健康检查类别和项目的要求；是否运行良好	是□ 否□	《职业健康检查管理办法》第五条第一款第（五）项 GBZ 188—2018 GBZ 235—2011	《职业健康检查管理办法》第二十七条第（五）项

续表

序号	检查内容		检查方法	检查结果	检查依据	处罚依据
2	特别设备	染色体、微核检查仪器设备	核查染色体、微核检查是否具备符合国家有关要求的净化工作台或生物安全柜及其配套显微镜、血液样品前处理仪器设备	是□ 否□ 合理缺项□	《职业健康检查管理办法》第五条第一款第（五）项 GBZ 235—2011 第 5.2.c 和第 5.2.d	《职业健康检查管理办法》第二十七条第（五）项
3	检定校验	仪器设备定期计量检定和校验	核查强检设备是否有有效期计量检定/校验证书；自检设备是否有定期校验记录及自检记录；是否有相应的校验方法；是否具有状态标识	是□ 否□	《医疗机构临床实验室管理办法》第二十四条 《中华人民共和国强制检定的工作计量器具检定管理办法》第七条 《职业健康检查管理办法》第五条第一款第（五）项	《职业健康检查管理办法》第二十七条第（五）项
四	工作场所					
1	职业健康检查场所、候检场所和检验室		现场核查是否具有相应的职业健康检查场所、候检场所和检验室	是□ 否□	《职业健康检查管理办法》第五条第一款第（二）项	《职业健康检查管理办法》第二十七条第（五）项
2	职业健康检查场所建筑总面积		现场核查职业健康检查场所建筑总面积是否不少于 $400m^2$，每个独立的检查室使用面积不少于 $6m^2$	是□ 否□		
3	静脉取血室		现场核查紫外线/臭氧消毒是否符合相关要求，是否有每日消毒记录	是□ 否□	《消毒管理办法》第四条 《职业健康检查管理办法》第五条第一款第（二）项	《消毒管理办法》第四十一条 《职业健康检查管理办法》第二十七条第（五）项

续表

序号	检查内容	检查方法	检查结果	检查依据	处罚依据
4	纯音听阈测试工作场所环境条件	现场核查纯音听阈测试工作场所环境条件是否有有效期计量检测报告	是□ 否□	《职业健康检查管理办法》第五条第一款第（二）项	《职业健康检查管理办法》第二十七条第（五）项
5	眼科检查暗室	现场核查眼科检查暗室设置是否符合规范要求	是□ 否□	GBZ 188—2018 附录 B. 5. 1. 3 《职业健康检查管理办法》第五条第一款第（二）项	
6	X 射线摄影检查室医、检双方放射防护设施	现场核查 X 射线摄影检查室医、检双方放射防护设施是否齐全；是否有效使用	是□ 否□	《医用 X 射线诊断放射防护要求》第 5. 9 和第 7. 2 《放射诊疗管理规定》第九条第（三）项和第二十五条	《放射诊疗管理规定》第四十一条第（二）项和第（七）项
五	**质量管理**				
1	质量管理文件	核查是否建立质量管理文件；是否包括职业健康检查质量管理手册、程序性文件、作业指导书（操作规程）及记录表格；是否及时更新	是□ 否□	《职业健康检查管理办法》第五条第（六）项	《职业健康检查管理办法》第二十七条第（五）项
2	质量管理制度	核查是否建立职业健康检查质量管理制度	是□ 否□		
3	法律法规、规章、规范性文件及标准	核查是否有职业健康检查工作相关的法律、法规、标准、规范等资料；核查是否及时更新补充；是否有最新版的尘肺诊断标准片；是否参照执行	是□ 否□	《职业健康检查管理办法》第十五条	《职业健康检查管理办法》第二十七条第（四）项
4	实验室间比对和职业健康检查质量考核	核查是否有省级以上职业健康检查质量控制机构组织开展的实验室间比对和职业健康检查质量考核的有效期证明材料	是□ 否□	《医疗机构临床实验室管理办法》第二十八条 《职业健康检查管理办法》第十条第一款	《职业健康检查管理办法》第二十八条
5	受检者隐私	核查是否有泄露个人隐私信息的行为	是□ 否□	《职业健康检查管理办法》第九条	《职业健康检查管理办法》第二十七条第（五）项

续表

序号	检查内容		检查方法	检查结果	检查依据	处罚依据
6	档案管理	档案管理制度	核查是否建立有效的职业健康检查档案管理制度	是□ 否□	《职业健康检查管理办法》第五条第一款第（六）项	《职业健康检查管理办法》第二十七条第（五）项
7		职业健康检查档案	随机抽查10份职业健康检查档案。核查档案资料是否及时归档，规范、齐全（纸质档案为原件；电子档案为原件的影印版）；是否15年长期保存；是否包括：1. 职业健康检查委托协议书。2. 用人单位提供的相关材料：①用人单位基本情况；②工作场所职业病危害因素种类及其接触人员名册、岗位、工种、接触时间；③工作场所职业病危害因素定期检测等相关材料。3. 出具的职业健康检查结果总结报告和告知材料。4. 其他相关材料	是□ 否□ 合理缺项□	《职业健康检查管理办法》第二十条	《职业健康检查管理办法》第二十七条第（二）项
六	工作规范性					
1	委托协议书或介绍信		抽样不少于10份职业健康检查档案。核查是否有与用人单位签订的委托协议书或单位介绍信	是□ 否□	《职业健康检查管理办法》第十二条	《职业健康检查管理办法》第二十七条第（五）项
2	不超备案范围体检		抽样不少于10份职业健康检查报告。核查已出具的职业健康检查报告是否存在超备案范围体检	是□ 否□	《职业健康检查管理办法》第七条第（一）项和第十一条第二款	
3	检查项目和周期确定		抽样不少于10份职业健康检查档案。核查职业健康检查机构是否依据GBZ 188和GBZ 235规范，结合用人单位提交的资料，明确用人单位应当检查的项目和周期	是□ 否□	《职业健康检查管理办法》第十三条和第十五条	《职业健康检查管理办法》第二十七条第（四）项

续表

序号	检查内容	检查方法	检查结果	检查依据	处罚依据
4	必检项目	根据劳动者接触的职业病危害因素，核对必检项目是否齐全	是□ 否□	GBZ 188—2018 第 5、第 6、第 7、第 8 和第 9 《职业健康检查管理办法》第十五条	《职业健康检查管理办法》第二十七条第（四）项
5	放射人员健康体检结论判定	抽样不少于 10 份报告。核查放射人员健康体检适宜或不适宜判定是否符合规范要求	是□ 否□ 合理缺项□	GBZ 235—2011 第 6.1.5 和第 6.1.6 《职业健康检查管理办法》第十五条	《职业健康检查管理办法》第二十七条第（五）项
6	个体报告	随机抽查不少于 10 份个体报告。核查报告内容是否完整，无缺项；是否有检查医师在相应栏内签名；报告检查结论处是否有主检医师填写体检结论、处理意见或建议并签名；签名是否与《质量管理手册》中任命的主检医师一致；检查结论未偏离目前未见异常、疑似职业病、职业禁忌证、其他疾病或异常 4 种结论；是否个体体检结论报告一份给劳动者或受检者指定人员，一份给用人单位	是□ 否□	GBZ 188—2018 第 4.8.2、第 4.8.3 和附录 B 《职业健康检查管理办法》第七条第（一）项	《职业健康检查管理办法》第二十七条第（五）项
7	总结报告	抽样不少于 10 份总结报告。核查报告格式是否统一、规范，内容是否齐全；检查依据标准是否正确、最新版本，无遗漏；是否有汇总表；记录是否真实清楚，盖章及相关人员签字等内容是否齐全（包括涂改）；职业健康检查种类、结论和处理意见是否确切；职业健康检查结果及报告是否与其他检查结果及报告分开	是□ 否□		

续表

序号	检查内容	检查方法	检查结果	检查依据	处罚依据
8	GBZ 188 未包括的其他职业病危害因素如需开展健康监护需经专家评估后确定	核查是否有专家论证、评估资料	是□ 否□ 合理缺项□	GBZ 188—2018 第 4.4.4 《职业健康检查管理办法》第十五条	《职业健康检查管理办法》第二十七条第（四）项
9	职业禁忌和疑似职业病判定	抽样不少于 10 份报告。核查职业禁忌和疑似职业病判定是否客观准确	是□ 否□	GBZ 188—2018 第 3.4、第 5、第 6、第 7、第 8 和第 9 《职业健康检查管理办法》第十五条	
10	复查/复检者书面通知	核查复查/复检者是否书面通知，书面通知是否明确检查内容和时间，是否在总结报告出具前进行	是□ 否□ 合理缺项□	GBZ 188—2018 附录 A.4 《职业健康检查管理办法》第十五条	
11	疑似职业病建议	核查发现可能患有职业病的，是否出具“疑似职业病”检查结论及建议；是否提交职业病诊断机构进一步确诊	是□ 否□ 合理缺项□		
12	职业禁忌建议	核查发现职业禁忌，是否提出脱离接触建议	是□ 否□ 合理缺项□		
13	复查/复检仍不能确定为目标疾病者的建议	核查复查/复检仍不能确定为目标疾病者，是否建议作为重点监护人群，增加监护频次	是□ 否□ 合理缺项□		
14	规定时间内未复查/复检处理	核查规定时间内未复查/复检者，体检机构是否按首次检查结果出具报告	是□ 否□ 合理缺项□		

续表

序号	检查内容		检查方法	检查结果	检查依据	处罚依据
15	职业禁忌证判定符合规范要求		抽样不少于10份报告	是□ 否□	GBZ 188—2018第3.4和第5 《职业健康检查管理办法》第十五条	《职业健康检查管理办法》第二十七条第（四）项
16	主检医师履职		核查主检医师是否按规定确定职业健康检查项目和周期，对职业健康检查过程进行质量控制、审核职业健康检查报告	是□ 否□	《职业健康检查管理办法》第八条第二款	《职业健康检查管理办法》第二十七条第（五）项
17	虚假证明文件		抽样不少于10份职业健康检查档案。核查是否有必检项目未做且未出具职业健康检查个体结论，有无出具虚假证明文件行为，并核查相应的原始材料	是□ 否□	《职业健康检查管理办法》第七条第（一）项和第十五条	《职业健康检查管理办法》第二十五条第（三）项
18	外出体检	在指定区域内开展外出体检	职业健康检查机构开展外出职业健康检查是否在执业登记机关管辖区域内或者省级卫生健康主管部门指定区域内	是□ 否□	《职业健康检查管理办法》第十六条	《职业健康检查管理办法》第二十七条第（五）项
19		相应的职业健康检查仪器、设备，专用车辆	核查开展外出职业健康检查的仪器、设备，专用车辆是否满足要求；车载式医用X射线诊断系统（X射线车）是否有有效期性能检测报告（状态检测报告）	是□ 否□	《放射诊疗管理规定》第二十条第（四）项 《职业健康检查管理办法》第五条第一款第（五）项	《放射诊疗管理规定》第四十一条第（三）项 《职业健康检查管理办法》第二十七条第（五）项
20		医学影像学检查质量及放射防护管理	核查进行外出医学影像学检查是否保证检查质量，是否满足放射防护管理要求；体检X射线车是否停放在开阔无人地带，车辆周围是否设置临时控制区，边界是否设立清晰可见的警示牌	是□ 否□	《车载式医用X射线诊断系统的放射防护要求》GBZ 264—2015第6.2.2 《职业健康检查管理办法》第十六条 《放射诊疗管理规定》第十条第（三）项和第（四）项	《职业健康检查管理办法》第二十七条第（五）项 《放射诊疗管理规定》第四十一条第（七）项
21		实验室检测质量及生物安全管理	核查进行外出实验室检测是否保证检查质量；生物样品采集、保存、运送样品等环节是否满足生物安全管理要求	是□ 否□	《职业健康检查管理办法》第十六条	《职业健康检查管理办法》第二十七条第（五）项

续表

序号	检查内容	检查方法	检查结果	检查依据	处罚依据
七	**能力**				
1	临床检查及检验等能力	核查机构是否具备与开展的职业健康检查类别或项目相符合的临床检查及检验等能力的人员（资质、职称）与设备	是□ 否□	GBZ 188—2018 《职业健康检查管理办法》第七条第（一）项、第十三条和第十五条	《职业健康检查管理办法》第二十七条第（四）项
2	人体靶器官损害情况的检查/监测能力	核查检查医师是否具备针对性的对职业病危害因素作用人体靶器官损害情况的检查/监测能力（资质、职称）	是□ 否□		
3	主检医师的职业病、职业禁忌证诊断和判断能力	核查主检医师对其开展的职业健康检查的职业病危害因素所致职业病、职业禁忌证是否有诊断和判断能力（资质、职称）	是□ 否□		
4	职业卫生生物监测能力	核查是否能开展相应的职业卫生生物监测（备案的），是否具备相应设备和人员（资质、职称），如：尿铅、血铅、尿镉、尿铬、尿铊等	是□ 否□ 合理缺项□	GBZ 188—2018 《职业健康检查管理办法》第五条第一款第（五）项	
5	尘肺诊断阅片能力	核查从事粉尘作业职业健康检查的主检医师是否具备尘肺诊断阅片能力（取得国家级或国家卫健委委托地方有资质培训机构颁发的尘肺病诊断师资格证书）	是□ 否□	《职业健康检查管理办法》第八条	《职业健康检查管理办法》第二十七条第（一）项
6	放射工作人员职业健康检查能力	现场核查放射工作人员职业健康检查是否具备辐射细胞遗传学检验设备和用生物学方法估算受照人员剂量能力；是否具备生物剂量估算设备和淋巴细胞微核或染色体畸变检测的人员（资质、职称）与设备	是□ 否□ 合理缺项□	GBZ 235—2011 第 5. 1. d 《职业健康检查管理办法》第五条第（三）项和第（五）项	《职业健康检查管理办法》第二十七条第（五）项

续表

序号	检查内容	检查方法	检查结果	检查依据	处罚依据
八	**报告与告知**				
1	信息平台	核查是否建立完善的职业健康检查信息管理系统（省级体检平台）	是□ 否□	《职业健康检查管理办法》第五条第一款第（七）项、第十九条	《职业健康检查管理办法》第二十七条第（五）项
2	报告职业健康检查信息	核查职业性健康检查信息是否 15 日内上传	是□ 否□	《职业健康检查管理办法》第七条第（三）项、第（四）项和第十九条	《职业健康检查管理办法》第二十七条第（三）项
3	职业禁忌告知	抽样不少于 10 份报告。如有职业禁忌则需核查告知用人单位和劳动者的证明材料	是□ 否□	《职业健康检查管理办法》第十八条	《职业健康检查管理办法》第二十七条第（五）项
4	疑似职业病告知	抽样不少于 10 份报告。如有疑似职业病则需检查是否告知劳动者本人并及时通知用人单位的书面材料（需当事人签字）	是□ 否□ 合理缺项□	《职业病防治法》第五十五条第一款 《职业健康检查管理办法》第七条第（二）项和第十八条	《职业健康检查管理办法》第二十五条第（二）项
5	疑似职业病报告	抽样不少于 10 份报告。核查是否出具职业健康检查报告后 15 日内向所在地卫生健康行政部门报告及证明材料；不漏报、迟报、误报、虚报通知劳动者和用人单位的证明材料	是□ 否□ 合理缺项□	《职业病防治法》第五十条 《职业健康检查管理办法》第七条第（二）项和第十八条	《职业病防治法》第七十四条 《职业健康检查管理办法》第二十六条
6	职业健康检查报告书面告知用人单位	抽样不少于 10 份报告登记。核查《职业健康检查个体报告》和《职业健康检查总结报告》是否在职业健康检查结束之日起 30 个工作日内出具，并书面告知用人单位	是□ 否□	《职业健康检查管理办法》第十七条	《职业健康检查管理办法》第二十七条第（五）项
7	定期向卫生健康行政部门报告职业健康检查工作情况	核查是否定期向卫生健康行政部门报告职业健康检查工作情况（包括外出职业健康检查工作情况）	是□ 否□	GBZ 188—2018 第 4. 8. 5 《职业健康检查管理办法》第七条第（四）项	

检查人员：　　　　　　　　　　　　　　　　　　检查时间：　　年　　月　　日

第八章　职业健康检查机构违法行为及法律责任

第一节　职业健康检查机构违法行为及法律责任

一、无《医疗机构执业许可证》擅自开展职业健康检查案

（一）违法行为：无《医疗机构执业许可证》擅自开展职业健康检查的。

（二）适用对象：公民、法人、其他组织。

（三）适用条款：

违反条款：违反《职业病防治法》第三十五条第三款，《医疗机构管理条例》第二十条、第二十二条和第二十四条，《职业健康检查管理办法》第五条第一款第（一）项，《基本医疗卫生与健康促进法》第三十八条。

处罚条款：《基本医疗卫生与健康促进法》第九十九条。

（四）行政措施：责令其停止执业活动。

（五）行政处罚：

1. 没收非法所得和药品、医疗器械；

2. 并处违法所得五倍以上二十倍以下的罚款，违法所得不足一万元的，按一万元计算。

二、职业健康检查机构未经备案擅自从事职业健康检查案

（一）违法行为：职业健康检查机构未向省级卫生健康主管部门备案擅自开展职业健康检查的。

（二）适用对象：职业健康检查机构。

（三）适用条款：

违反条款：《职业健康检查管理办法》第四条第一款。

处罚条款：《职业健康检查管理办法》第二十五条第（一）项。

（四）行政措施：责令改正。

（五）行政处罚：

1. 给予警告；

2. 可以并处三万元以下罚款。

三、职业健康检查机构未按照规定告知疑似职业病案

（一）违法行为：职业健康检查机构未按照规定告知疑似职业病的。

（二）适用对象：职业健康检查机构。

（三）适用条款：

违反条款：《职业健康检查管理办法》第七条第（二）项和第十八条。

处罚条款：《职业健康检查管理办法》第二十五条第（二）项。

（四）行政措施：责令改正。

（五）行政处罚：

1. 给予警告；

2. 可以并处三万元以下罚款。

四、职业健康检查机构出具虚假证明文件案

（一）违法行为：职业健康检查机构出具虚假证明文件的。

（二）适用对象：职业健康检查机构。

（三）适用条款：

违反条款：《职业健康检查管理办法》第七条第（一）项。

处罚条款：《职业健康检查管理办法》第二十五条第（三）项。

（四）行政措施：责令改正。

（五）行政处罚：

1. 给予警告；

2. 可以并处三万元以下的罚款。

五、职业健康检查机构未按照规定报告疑似职业病案

（一）违法行为：职业健康检查机构未按照规定报告职业病、疑似职业病的。

（二）适用对象：用人单位，承担职业健康检查、职业病诊断的医疗卫生机构，接诊遭受职业病危害劳动者的医疗卫生机构，首诊农药中毒患者的医疗卫生机构。

（三）适用条款：

违反条款：《职业病防治法》第五十条、《职业健康检查管理办法》第七条第（二）项和第十八条。

处罚条款：《职业病防治法》第七十四条、《职业健康检查管理办法》第二

十六条。

（四）行政措施：责令限期改正。

（五）行政处罚：

1. 给予警告；

2. 可以并处一万元以下的罚款；

3. 弄虚作假的，并处二万元以上五万元以下的罚款。

（六）行政责任：

对直接负责的主管人员和其他直接责任人员，可以依法给予降级或者撤职的处分。

六、职业健康检查机构未指定主检医师或者指定的主检医师未取得职业病诊断资格案

（一）违法行为：职业健康检查机构未指定主检医师或者指定的主检医师未取得职业病诊断资格的。

（二）适用对象：职业健康检查机构。

（三）适用条款：

违反条款：《职业健康检查管理办法》第八条第一款第（一）项、第（二）项、第（三）项、第（四）项。

处罚条款：《职业健康检查管理办法》第二十七条第（一）项。

（四）行政措施：责令限期改正。

（五）行政处罚：

1. 给予警告；

2. 逾期不改的，处以三万元以下罚款。

七、职业健康检查机构未按要求建立职业健康检查档案案

（一）违法行为：职业健康检查机构未按要求建立职业健康检查档案的。

（二）适用对象：职业健康检查机构。

（三）适用条款：

违反条款：《职业健康检查管理办法》第二十条第一款和第二款。

处罚条款：《职业健康检查管理办法》第二十七条第（二）项。

（四）行政措施：责令限期改正。

（五）行政处罚：

1. 给予警告；

2. 逾期不改的，处以三万元以下罚款。

八、职业健康检查机构未履行职业健康检查信息报告义务案

（一）违法行为：职业健康检查机构未按照规定报告职业健康检查信息的。

（二）适用对象：职业健康检查机构。

（三）适用条款：

违反条款：《职业健康检查管理办法》第七条第（三）项和第（四）项。

处罚条款：《职业健康检查管理办法》第二十七条第（三）项。

（四）行政措施：责令限期改正。

（五）行政处罚：

1. 给予警告；

2. 逾期不改的，处以三万元以下罚款。

九、职业健康检查机构未按照相关职业健康监护技术规范规定开展工作案

（一）违法行为：职业健康检查机构未按照相关职业健康监护技术规范规定开展工作的。

（二）适用对象：职业健康检查机构。

（三）适用条款：

违反条款：《职业健康检查管理办法》第八条第二款、第十三条、第十五条。

处罚条款：《职业健康检查管理办法》第二十七条第（四）项。

（四）行政措施：责令限期改正。

（五）行政处罚：

1. 给予警告；

2. 逾期不改的，处以三万元以下罚款。

十、职业健康检查机构未按规定参加实验室比对或者职业健康检查质量考核工作，或者参加质量考核不合格未按要求整改仍开展职业健康检查工作案

（一）违法行为：职业健康检查机构未按规定参加实验室比对或者职业健康检查质量考核工作，或者参加质量考核不合格未按要求整改仍开展职业健康检查工作的。

（二）适用对象：职业健康检查机构。

（三）适用条款：

违反条款：《职业健康检查管理办法》第十条第一款。

处罚条款：《职业健康检查管理办法》第二十八条。

（四）行政措施：责令限期改正。

（五）行政处罚：

1. 给予警告；

2. 逾期不改的，处以三万元以下罚款。

十一、职业健康检查机构违反《职业健康检查管理办法》其他有关规定案

（一）违法行为：职业健康检查机构违反《职业健康检查管理办法》其他有关规定的。

（二）适用对象：职业健康检查机构。

（三）适用条款：

违反条款：《职业健康检查管理办法》第五条第一款第（二）项、第五条第一款第（三）项、第五条第一款第（五）项、第五条第一款第（六）项、第五条第一款第（七）项、第六条第二款、第七条第（五）项、第七条第（六）项、第九条、第十一条第二款、第十二条、第十六条、第十七条、第十八条、第十九条、第二十三条

处罚条款：《职业健康检查管理办法》第二十七条第（五）项

（四）行政措施：责令限期改正。

（五）行政处罚：

1. 给予警告；

2. 逾期不改的，处以三万元以下罚款。

职业健康检查机构违反《职业健康检查管理办法》其他有关规定包括：

《职业健康检查管理办法》第五条：承担职业健康检查的医疗卫生机构（以下简称职业健康检查机构）应当具备以下条件：

（二）具有相应的职业健康检查场所、候检场所和检验室，建筑总面积不少于400平方米，每个独立的检查室使用面积不少于6平方米；

（三）具有与备案开展的职业健康检查类别和项目相适应的执业医师、护士等医疗卫生技术人员；

（五）具有与备案开展的职业健康检查类别和项目相适应的仪器、设备，具有相应职业卫生生物监测能力；开展外出职业健康检查，应当具有相应的职业

健康检查仪器、设备、专用车辆等条件；

（六）建立职业健康检查质量管理制度；

（七）具有与职业健康检查信息报告相应的条件。

《职业健康检查管理办法》第六条：开展职业健康检查工作的医疗卫生机构对备案的职业健康检查信息的真实性、准确性、合法性承担全部法律责任。当备案信息发生变化时，职业健康检查机构应当自信息发生变化之日起10个工作日内提交变更信息。

《职业健康检查管理办法》第七条：职业健康检查机构具有以下职责：

（五）开展职业病防治知识宣传教育；

（六）承担卫生健康主管部门交办的其他工作。

《职业健康检查管理办法》第九条：职业健康检查机构及其工作人员应当关心、爱护劳动者，尊重和保护劳动者的知情权及个人隐私。

《职业健康检查管理办法》第十一条第二款：职业健康检查机构应当在备案的检查类别和项目范围内开展相应的职业健康检查。

《职业健康检查管理办法》第十二条：职业健康检查机构开展职业健康检查应当与用人单位签订委托协议书，由用人单位统一组织劳动者进行职业健康检查；也可以由劳动者持单位介绍信进行职业健康检查。

《职业健康检查管理办法》第十六条：职业健康检查机构可以在执业登记机关管辖区域内或者省级卫生健康主管部门指定区域内开展外出职业健康检查。外出职业健康检查进行医学影像学检查和实验室检测，必须保证检查质量并满足放射防护和生物安全的管理要求。

《职业健康检查管理办法》第十七条：职业健康检查机构应当在职业健康检查结束之日起30个工作日内将职业健康检查结果，包括劳动者个人职业健康检查报告和用人单位职业健康检查总结报告，书面告知用人单位，用人单位应当将劳动者个人职业健康检查结果及职业健康检查机构的建议等情况书面告知劳动者。

《职业健康检查管理办法》第十八条：职业健康检查机构发现疑似职业病病人时，应当告知劳动者本人并及时通知用人单位，同时向所在地卫生健康主管部门报告。发现职业禁忌的，应当及时告知用人单位和劳动者。

《职业健康检查管理办法》第十九条：职业健康检查机构要依托现有的信息平台，加强职业健康检查的统计报告工作，逐步实现信息的互联互通和共享。

《职业健康检查管理办法》第二十三条：县级以上地方卫生健康主管部门监督检查时，有权查阅或者复制有关资料，职业健康检查机构应当予以配合。

第二节　职业健康检查机构违法行为查处要点

职业健康检查机构违法行为查处要点见表8－1。

表8－1　职业健康检查机构违法行为查处要点

<table>
<tr><th>法律依据/违法行为</th><th>处罚依据</th></tr>
<tr><td colspan="2">一、对无《医疗机构执业许可证》擅自开展职业健康检查的处罚</td></tr>
<tr><td>《职业病防治法》第三十五条第三款：职业健康检查应当由取得《医疗机构执业许可证》的医疗卫生机构承担。</td><td rowspan="4">《基本医疗卫生与健康促进法》第九十九条：违反本法规定，未取得医疗机构执业许可证擅自执业的。由县级以上人民政府卫生健康主管部门责令停止执业活动，没收违法所得和药品、医疗器械，并处违法所得五倍以上二十倍以下的罚款，违法所得不足一万元的，按一万元计算。</td></tr>
<tr><td>《职业健康检查管理办法》第五条第（一）项：承担职业健康检查的医疗卫生机构（以下简称职业健康检查机构）应当具备以下基本条件：（一）持有《医疗机构执业许可证》。</td></tr>
<tr><td>《医疗机构管理条例》第二十四条：任何单位或者个人，未取得《医疗机构执业许可证》，不得开展诊疗活动。</td></tr>
<tr><td>《基本医疗卫生与健康促进法》第三十八条：举办医疗机构，应依法取得执业许可证。</td></tr>
<tr><td colspan="2">二、对医疗卫生机构未按规定备案开展职业健康检查的处罚</td></tr>
<tr><td>《职业健康检查管理办法》第四条第一款：医疗卫生机构开展职业健康检查，应当在开展之日起15个工作日内向省级卫生健康主管部门备案。</td><td>《职业健康检查管理办法》第二十五条第（一）项：职业健康检查机构有下列行为之一的，由县级以上地方卫生健康主管部门责令改正，给予警告，可以并处3万元以下罚款：（一）未按规定备案开展职业健康检查的。</td></tr>
<tr><td colspan="2">三、对医疗卫生机构未按规定告知疑似职业病的处罚</td></tr>
<tr><td>《职业健康检查管理办法》第七条第（二）项：职业健康检查机构具有以下职责：（二）履行疑似职业病的告知和报告义务。</td><td rowspan="2">《职业健康检查管理办法》第二十五条第（二）项：职业健康检查机构有下列行为之一的，由县级以上地方卫生健康主管部门责令改正，给予警告，可以并处3万元以下罚款：（二）未按规定告知疑似职业病的。</td></tr>
<tr><td>《职业健康检查管理办法》第十八条：职业健康检查机构发现疑似职业病病人时，应当告知劳动者本人并及时通知用人单位，同时向所在地卫生健康主管部门报告。</td></tr>
<tr><td colspan="2">四、对医疗卫生机构出具虚假证明文件的处罚</td></tr>
<tr><td>《职业健康检查管理办法》第七条第（一）项：职业健康检查机构具有以下职责：（一）在备案开展的职业健康检查类别和项目范围内，依法开展职业健康检查工作，并出具职业健康检查报告。</td><td>《职业健康检查管理办法》第二十五条第（三）项：职业健康检查机构有下列行为之一的，由县级以上地方卫生健康主管部门责令改正，给予警告，可以并处3万元以下罚款：（三）出具虚假证明文件的。</td></tr>
</table>

续表

<table>
<tr><th>法律依据/违法行为</th><th>处罚依据</th></tr>
<tr><td colspan="2">五、对职业健康检查机构未按照规定报告疑似职业病的处罚</td></tr>
<tr><td>《职业病防治法》第五十条：用人单位和医疗卫生机构发现职业病病人或者疑似职业病病人时，应当及时向所在地卫生行政部门报告。</td><td rowspan="3">《职业健康检查管理办法》第二十六条：职业健康检查机构未按照规定报告疑似职业病的，由县级以上地方卫生健康主管部门依据《职业病防治法》第七十四条的规定进行处理。
《职业病防治法》第七十四条：用人单位和医疗卫生机构未按照规定报告职业病、疑似职业病的，由有关主管部门依据职责分工责令限期改正，给予警告，可以并处一万元以下的罚款；弄虚作假的，并处二万元以上五万元以下的罚款；对直接负责的主管人员和其他直接责任人员，可以依法给予降级或者撤职的处分。</td></tr>
<tr><td>《职业健康检查管理办法》第七条第（二）项：职业健康检查机构具有以下职责：（二）履行疑似职业病的告知和报告义务。</td></tr>
<tr><td>《职业健康检查管理办法》第十八条：职业健康检查机构发现疑似职业病病人时，应当告知劳动者本人并及时通知用人单位，同时向所在地卫生健康主管部门报告。</td></tr>
<tr><td colspan="2">六、对职业健康检查机构未指定主检医师或者指定的主检医师未取得职业病诊断资格的处罚</td></tr>
<tr><td>《职业健康检查管理办法》第八条第一款和第二款：职业健康检查机构应当指定主检医师。主检医师应当具备以下条件：（一）具有执业医师证书；（二）具有中级以上专业技术职务任职资格；（三）具有职业病诊断资格；（四）从事职业健康检查相关工作三年以上，熟悉职业卫生和职业病诊断相关标准。主检医师负责确定职业健康检查项目和周期，对职业健康检查过程进行质量控制，审核职业健康检查报告。</td><td>《职业健康检查管理办法》第二十七条第（一）项：职业健康检查机构有下列行为之一的，由县级以上地方卫生健康主管部门给予警告，责令限期改正；逾期不改的，处以三万元以下罚款：（一）未指定主检医师或者指定的主检医师未取得职业病诊断资格的。</td></tr>
<tr><td colspan="2">七、对职业健康检查机构未按要求建立职业健康检查档案的处罚</td></tr>
<tr><td>《职业健康检查管理办法》第二十条：职业健康检查机构应当建立职业健康检查档案。职业健康检查档案保存时间应当自劳动者最后一次职业健康检查结束之日起不少于15年。职业健康检查档案应当包括下列材料：（一）职业健康检查委托协议书；（二）用人单位提供的相关资料；（三）出具的职业健康检查结果总结报告和告知材料；（四）其他有关材料。</td><td>《职业健康检查管理办法》第二十七条第（二）项：职业健康检查机构有下列行为之一的，由县级以上地方卫生健康主管部门给予警告，责令限期改正；逾期不改的，处以三万元以下罚款：（二）未按要求建立职业健康检查档案的。</td></tr>
</table>

续表

法律依据/违法行为	处罚依据
八、对职业健康检查机构未履行职业健康检查信息报告义务的处罚	
《职业健康检查管理办法》第七条第（三）项和第（四）项：职业健康检查机构具有以下职责：（三）报告职业健康检查信息；（四）定期向卫生健康主管部门报告职业健康检查工作情况，包括外出职业健康检查工作情况。	《职业健康检查管理办法》第二十七条第（三）项：职业健康检查机构有下列行为之一的，由县级以上地方卫生健康主管部门给予警告，责令限期改正；逾期不改的，处以三万元以下罚款：（三）未履行职业健康检查信息报告义务的。
九、对职业健康检查机构未按照相关职业健康监护技术规范规定开展工作的处罚	
《职业健康检查管理办法》第八条第二款：主检医师负责确定职业健康检查项目和周期，对职业健康检查过程进行质量控制，审核职业健康检查报告。 第十三条：职业健康检查机构应当依据相关技术规范，结合用人单位提交的资料，明确用人单位应当检查的项目和周期。 第十五条：职业健康检查的项目、周期按照《职业健康监护技术规范》（GBZ 188）执行，放射工作人员职业健康检查按照《放射工作人员职业健康监护技术规范》（GBZ 235）等规定执行。	《职业健康检查管理办法》第二十七条第（四）项：职业健康检查机构有下列行为之一的，由县级以上地方卫生健康主管部门给予警告，责令限期改正；逾期不改的，处以三万元以下罚款：（四）未按照相关职业健康监护技术规范规定开展工作的。
十、对职业健康检查机构未按规定参加实验室比对或者职业健康检查质量考核工作，或者参加质量考核不合格未按要求整改仍开展职业健康检查工作的处罚	
《职业健康检查管理办法》第十条第一款：省级卫生健康主管部门应当指定机构负责本辖区内职业健康检查机构的质量控制管理工作，组织开展实验室间比对和职业健康检查质量考核。	《职业健康检查管理办法》第二十八条：职业健康检查机构未按规定参加实验室比对或者职业健康检查质量考核工作，或者参加质量考核不合格未按要求整改仍开展职业健康检查工作的，由县级以上地方卫生健康主管部门给予警告，责令限期改正；逾期不改的，处以三万元以下罚款。
十一、对职业健康检查机构违反《职业健康检查管理办法》其他有关规定的处罚	
《职业健康检查管理办法》第五条第一款：承担职业健康检查的医疗卫生机构（以下简称职业健康检查机构）应当具备以下条件： （二）具有相应的职业健康检查场所、候检场所和检验室，建筑总面积不少于400平方米，每个独立的检查室使用面积不少于6平方米； （三）具有与备案开展的职业健康检查类别和项目相适应的执业医师、护士等医疗卫生技术人员；	《职业健康检查管理办法》第二十七条第（五）项：职业健康检查机构有下列行为之一的，由县级以上地方卫生健康主管部门给予警告，责令限期改正；逾期不改的，处以三万元以下罚款：（五）违反本办法其他有关规定的。

续表

法律依据/违法行为	处罚依据
（五）具有与备案开展的职业健康检查类别和项目相适应的仪器、设备，具有相应职业卫生生物监测能力；开展外出职业健康检查，应当具有相应的职业健康检查仪器、设备、专用车辆等条件； （六）建立职业健康检查质量管理制度； （七）具有与职业健康检查信息报告相应的条件。 第六条第二款：当备案信息发生变化时，职业健康检查机构应当自信息发生变化之日起 10 个工作日内提交变更信息。 第七条：职业健康检查机构具有以下职责： （五）开展职业病防治知识宣传教育； （六）承担卫生健康主管部门交办的其他工作。 第九条：职业健康检查机构及其工作人员应当关心、爱护劳动者，尊重和保护劳动者的知情权及个人隐私。 第十一条第二款：职业健康检查机构应当在备案的检查类别和项目范围内开展相应的职业健康检查。 第十二条：职业健康检查机构开展职业健康检查应当与用人单位签订委托协议书，由用人单位统一组织劳动者进行职业健康检查；也可以由劳动者持单位介绍信进行职业健康检查。 第十六条：职业健康检查机构可以在执业登记机关管辖区域内或者省级卫生健康主管部门指定区域内开展外出职业健康检查。外出职业健康检查进行医学影像学检查和实验室检测，必须保证检查质量并满足放射防护和生物安全的管理要求。 第十七条：职业健康检查机构应当在职业健康检查结束之日起 30 个工作日内将职业健康检查结果，包括劳动者个人职业健康检查报告和用人单位职业健康检查总结报告，书面告知用人单位，用人单位应当将劳动者个人职业健康检查结果及职业健康检查机构的建议等情况书面告知劳动者。 第十八条：职业健康检查机构发现疑似职业病病人时，应当告知劳动者本人并及时通知用人单位，同时向所在地卫生健康主管部门报告。发现职业禁忌的，应当及时告知用人单位和劳动者。 第十九条：职业健康检查机构要依托现有的信息平台，加强职业健康检查的统计报告工作，逐步实现信息的互联互通和共享。 第二十三条：县级以上地方卫生健康主管部门监督检查时，有权查阅或者复制有关资料，职业健康检查机构应当予以配合。	

第九章　典型案例选录

本书选用国家卫生健康委综合监督局和卫生健康监督中心共同组织的近几年职业卫生监督典型优秀案例，为职业健康监督人员提供工作参考。

案例一　某医院未按规定报告疑似职业病案

吉安市卫生计生综合监督执法局

【案情介绍】

我市卫生监督员于2018年5月16日，对某医院进行“国家双随机监督抽查”，发现该医院有以下违法行为：该医院于2017年12月20日为某药剂有限公司职工易某某、陶某某进行了职业健康检查，2018年1月29日出具的《职业健康检查个体报告书》中两人体检结论为疑似职业病（矽肺），该医院未按规定将经医院职业健康检查认定的两例疑似职业病向所在地卫生行政部门进行报告。卫生监督员通过拍摄现场照片，收集相关职业健康检查的资料、询问相关人员制作询问笔录、制作《现场笔录》，并下达《卫生监督意见书》责令该医院立即改正违法行为。该医院于本案案件调查终结之前已整改到位。

当事人的行为违反了《职业病防治法》第五十条，《职业健康检查管理办法》第十六条的规定，依据《职业病防治法》第七十四条，《职业健康检查管理办法》第二十五条的规定，以及参照《某省卫生计生行政处罚裁量权细化标准（试行）》的相关细化标准，最终，对该医院给予以下行政处罚：1. 警告；2. 罚款人民币五千元。

2018年6月19日对该医院下达了《行政处罚决定书》。当事人在规定期限内履行了处罚，本案于2018年7月16日结案。

【案件评析】

1. 违法事实清楚，证据完整充分。本案收集到的证据资料完整，环环相扣、相互印证，形成完整的证据链。卫生监督员及时收集案件证据：包括《用人单位职业健康检查委托协议》，易某某和陶某某的《职业健康检查表》、疑似职业病（矽肺）的《职业健康检查个体报告书》及通知用人单位的《用人单位签收凭证》《职业健康检查总结报告书》等。卫生监督员通过登入“职业病与职业卫生信息监测系统”，及时固定（截图）该医院未将两例疑似职业病（矽肺）进行网报的事实。通过调查询问相关人员，也进一步证实该医院未按规定向所在地卫生行政部门报告2例疑似职业病的违法事实。

2. 法律适用准确，自由裁量合理。在办案过程中，办案人员就有关法律适用问题进行了探讨，主要有以下三种观点：第一种观点认为，本案可直接适用《职业病防治法》进行处罚，当事人违反了《职业病防治法》第五十条的有关规定，依据《职业病防治法》第七十四条的规定，避免新、旧法规转换上的偏差。第二种观点认为，《职业健康检查管理办法》（以下简称《办法》）是依据《职业病防治法》制定的部门规章，是为了加强职业健康监护、规范职业健康检查而制定的，是有关职业健康监管方面的特殊规章，有些规定更明确、更具体，依据《办法》是更合理的。因为根据《办法》中的规定，最终还是依据《职业病防治法》的有关规定进行处理，属于“殊途同归”。但由于《职业病防治法》经过几次修订，原《办法》责任条款上第二十五条规定依据的《职业病防治法》的第七十五条不是原来条款的内容，而是新修订后的第七十四条，直接使用《办法》容易引起争议。第三种观点认为，本案可同时引用《职业病防治法》和《办法》，可以避免第二种观点中的争议，也更准确。经过讨论，我们认为第一种观点和第三种观点在法律适用选择上都是正确的。最终，我们选择第三种观点的法律适用。即违反了《职业病防治法》第五十条、《办法》第十六条的规定，依据《职业病防治法》第七十四条、《办法》第二十五条的规定，参照《某省卫生计生行政处罚裁量权细化标准（试行）》中的相关标准，“检查发现1～2名职业病或疑似职业病病人未按照规定报告的”，属于“从轻处罚”的情形，给予警告，可以并处五千元以下的罚款。本案属于“从轻处罚”的情形，最终，给予该医院警告，并处罚款人民币五千元的行政处罚。

【思考建议】

职业健康检查工作是职业病防治的重要内容，是职业病前期预防的重要环节，是保护职业人群健康的重要手段。职业健康检查是否规范，会直接影响劳动者及用人单位的合法权益，或会成为引发社会问题的潜在危险因素之一。职业健康检查工作要求医疗机构严格执行相关规定，依法开展工作。

1. 医疗机构应加强依法执业意识，规范开展职业健康检查工作。本案某医院未按规定报告疑似职业病的违法行为，当事人解释是因为对该公司职业健康检查周期较长，从2017年底至2018年5月才全部检查完毕，因此《职业健康检查总结报告书》在2019年5月份编制完成，计划等编制完成后再向上级汇报。但是实际情况是，易某某、陶某某两人已于2017年12月20日在该院进行职业健康检查，该院2018年1月29日已经向该公司和个人出具了《职业健康检查个体报告书》，直到我市卫生监督员对该院进行检查时，已过4个多月，该院仍未向所在地的卫生行政部门报告，实际上体现的是当事人依法执业意识淡薄，这才是导致违法行为产生的根本原因。因此，医疗机构应加强对从事职业健康检查工作的专业人员职业卫生法律法规及专业知识的培训，以提高其依法执业、规范服务的意识，保证所出具的体检结果科学、准确和可信，职业病信息报告及时、完整和准确。只有这样才能保护劳动者合法健康权益，达到职业病前期预防的目的。

2. 强化事中事后监管。卫生行政部门应在执行“双随机”抽查制度的同时结合日常检查，检查职业健康检查机构履行法律、法规、规章等落实情况。在遵循“教育与处罚相结合”原则的基础上，加大案件查处力度，既要做到对被监督单位提供现场业务指导咨询，又要对存在的违法行为坚决进行查处。

3. 完善法律保障体系，护航“职业卫生”。《办法》中对未按规定报告疑似职业病的行为有相关要求，但是，由于处罚条款是依据《职业病防治法》的相关规定进行，《职业病防治法》经几次修订后，《办法》第二十五条规定的处罚与《职业病防治法》修改后的现行条款内容不对应，给监督执法工作带来一定的困扰，因此，建议尽快对《办法》进行修订。

案例二　某医院超出批准范围从事酸雾项目职业健康检查案

四川省成都市卫生计生执法监督支队

【案情介绍】

2016年4月29日，某医院为某药业有限公司43名劳动者进行了职业健康检查。根据现场提取的《职业健康体检总结报告》显示，434名劳动者中，接受“酸酐、酸雾类”项目检查的共15人，“粉尘、噪声、酸雾”项目检查的共2人。该院提供的《职业健康检查机构批准证书》（副本）批准检查项目中未见酸雾、酸酐类项目。该院出示的收费明细单及票据显示体检收费“酸酐、酸雾类”为每人153元，“粉尘、噪声、酸雾”为每人325元。该药业有限公司已于2016

年5月10日领取了职业健康检查报告，该医院也已通过职业病网络直报系统填报了此次体检情况。

2016年7月8日，该市卫生和计生委认为该医院超出批准范围从事职业健康检查的违法行为成立，违反了《职业病防治法》第三十六条第三款和《职业健康检查管理办法》第九条第二款，依据《职业病防治法》第八十一条第（一）项和《职业健康检查管理办法》第二十四条第（一）项的规定，给予当事人警告、没收违法所得2315元并处罚款人民币12000元的行政处罚。

【案件评析】

本案是该省首例对职业健康检查机构超出资质批准的检查项目开展职业健康检查进行依法处罚的案件，在调查取证、法律适用和违法所得计算方面对类似案件的查处具有借鉴意义。

1. 违法行为定性与法律适用。本案当事人2014年依法取得《职业健康检查机构批准证书》（以下简称《证书》），当时获批检查项目与2015年颁布施行的《职业健康检查管理办法》（以下简称《办法》）第九条第一款规定的类别和项目略有不同。因此，合议人员对本案当事人是否构成“超出批准范围”以及“能否适用该法第九条第二款”有不同意见。《办法》第九条第二款规定：“以上每类中包含不同检查项目。职业健康检查机构应当根据批准的检查类别和项目，开展相应的职业健康检查。”有人认为，第二款所指“类别和项目”具体对应第一款所罗列的类别及其项目。当事人2014年取得《证书》时，其批准检查项目依据的是2002年原卫生部印发的《职业病危害因素分关目录》，检查项目所属类别与2015年施行的《办法》中第九条第一款不对应，因此本案不适用《办法》第九条第二款。经反复讨论，最终达成合议意见，认为本案认定“超出批准范围”，并适用《办法》第九条第二款正确无误。理由一是根据行政许可的信赖保护原则，《办法》以及2015年修订后的《职业病危害因素分类目录》在颁布时并未要求职业健康检查机构按照新版目录变更或重新申办《证书》，所以该院取得的《证书》及其批准检查项目依然有效，仍应在批准范围内开展检查项目。理由二是当事人的违法行为发生在《办法》实施后，应当适用新法，法律适用正确。

2. 主体认定体现思辨过程，合理合法计算违法所得。一是主体证据的收集和采信。某医院的营业执照正副本均登记类型为“个人独资企业”，投资人为蒋某，而《医疗机构执业许可证》正本和《职业健康检查机构批准证书》副本上登记的负责人却为何某。经进一步核实，《医疗机构执业许可证》副本显示，

2015 年 3 月某医院登记变更了主要负责人，由何某变更为蒋某。执法人员对蒋某委托授权的工作人员张某进行询问作为补强证据（张某承认在变更后主要负责人，未及时申请变更《职业健康检查机构批准证书》上的人主要负责人）。鉴于《营业执照》《医疗机构执业许可证》及《职业健康检查机构批准证书》等三证登记的名称和地址一致，《医疗机构执业许可证》副本及当事人陈述也相互印证当事人医院的主要负责人由何某变更为蒋某，因此以上证据予以采信，认定本案当事人为某医院，投资人蒋某授权委托为有效委托。二是违法所得证据收集和计算。该案收集违法所得证据时不仅收集了医院的收费发票，还重点收集了本案所涉及的各个职业健康体检套餐收费清单，细至每个体检项目（如血常规、心电图仪等）的单价，为准确计算违法所得提供了有力依据。正是因为取证细致，在计算违法所得时才得以将该院进行的“粉尘、噪声、酸雾”类体检中合法开展的“粉尘、噪声”类体检收费扣除，仅将其中超范围开展的酸雾类职业健康体检特有项目（口腔科，单价 10 元）收费计入违法所得，符合行政比例原则，达到处罚与教育相结合的目的。

【思考建议】

随着法制建设和宣传的不断推进，以及申请职业健康检查机构时对相关法律法规的学习培训和考核，取得批准的职业健康检查机构对超出批准范围开展职业健康检查这一违法行为均有正确的认知，此类违法行为已较少发生。在对职业健康检查机构进行监督检查时需要花费大量时间逐份查阅总结报告才可能发现。鉴于目前全国已建立职业病与职业卫生信息监测系统，职业健康检查机构开展检查工作均须及时准确填报有毒有害作业工人健康监护卡，监督检查时可充分利用该系统导出或直接按职业病危害因素汇总一段时间内某单位开展职业健康检查情况，通过与职业健康检查批准证书所批准的检查项目比对，快速发现违法行为及涉及的人次数，并认定违法所得。利用信息系统查处此类违法行为更全面高效，但仍应注意检查其信息报告质量，确保统计信息的及时、完整和准确。

本案中当事人以初犯且非故意犯错为由请求从轻处罚，因该理由不属于法定的从轻或者减轻行政处罚情形未获批准。实践中也常遇到当事人以积极整改为由，请求卫生计生行政部门依据《行政处罚法》第二十七条第一款第（一）项“主动消除或减轻违法行为危害后果的”从轻或者减轻处罚。此时应注意判别当事人的积极整改行为是否是主动为之。例如，本案中如果当事人主动收回超出批准范围出具的职业健康检查报告，并主动联系安排相关劳动者前往有资质的职业健康检查机构重新检查即可以依法从轻或者减轻处罚。而如果当事人的整改措施是案发后经行政机关责令采取的，就不应依照此规定从轻或者减轻处罚。

案例三 某医院超出资质批准范围从事职业健康检查案

新疆维吾尔自治区卫生监督所

【案情介绍】

2016 年 3 月 25 日，自治区卫生厅卫生监督所两名卫生监督员对某县某医院职业健康检查工作情况进行监督检查。经检查发现，该院对某劳务派遣有限责任公司席某、潘某等 29 名从事“机动车驾驶”作业人员进行了在岗期间职业健康检查，经核对该院《职业健康检查机构资质证书》，其批准的检查项目无“职业机动车驾驶作业”，体检项目超出卫生行政部门批准的范围。针对上述问题，卫生监督员制作了《现场笔录》，同时对该医院体检中心负责人穆某和档案管理人马某进行了询问，制作了《询问笔录》，并收集该院法人证书、“某劳务派遣有限责任公司 2015 年体检人员名单”及席某、潘某等 29 人职业健康检查报告材料、《医院门诊统一票据》《电子汇入转账单》等相关证据材料，初步认定该院超出资质批准范围开展职业健康检查行为属实。当事人分别在《现场笔录》和《询问笔录》上签字认可。针对该院上述违法行为，卫生监督员当场送达了《卫生监督意见书》，责令其立即停止违法行为。

根据调查的事实及收集的证据，确认该院超范围从事“职业机动车驾驶”作业人员在岗期间职业健康检查的行为，违反了《职业病防治法》第三十六条第三款的规定，依据《职业病防治法》第八十一条第（一）项规定，拟给予：1. 警告；2. 没收违法所得人民币 5336 元；3. 处人民币 13440 元罚款的行政处罚，同时责令立即停止违法行为。

2016 年 5 月 6 日向当事人送达《行政处罚事先告知书》，当事人放弃陈述申辩。2016 年 5 月 13 日向当事人送达《行政处罚决定书》，当事人完全履行了行政处罚决定，本案于 2016 年 6 月 8 日结案。

【案件评析】

该案是一起典型的超出资质批准范围从事职业健康检查案，职业健康检查机构违法案件查处中，做出“没收违法所得”的行政处罚在该自治区是首起。

卫生监督员在涉案当事人的陪同下，对发现的违法行为，通过询问、调查方式，对现场情况进行了有效固定。一次调取所有证据，形成了互相衔接、相互印证的完整的证据链。围绕违法行为起源、实施、结果及违法所得，调取相关证据材料，并在现场笔录和询问笔录中突出上述环节，如调取职业健康检查委托协议及受检人员名单；该机构根据协议对29名驾驶员进行“职业机动车驾驶作业”职业健康检查后出具的《职业健康检查报告书》及部分受检者体检表；体检报告“领取记录”、收取用人单位体检费出具的《医院门诊统一票据》《电子汇入转账单》及“职业机动车驾驶人员职业健康检查体检收费价格明细表”，违法行为主体方面调取事业单位法人证书等证明材料，形成了严密的证据链，有力证明了该院超资质批准范围开展职业健康检查的违法事实。

【思考建议】

职业健康检查工作是职业病防治的重要工作内容，政策性强、技术要求高，不依法开展工作，对劳动者及用人单位合法权益的维护会产生直接影响，成为引发社会问题的潜在危险因素之一。

该案例违法行为定性依据在《职业病防治法》第三十六条第三款，《职业健康检查管理办法》第四条第一款、第六条第（一）项中均有明确规定，遵循“上位法优于下位法”处理原则，故使用《职业病防治法》处罚条款进行处罚。对于《职业病防治法》没有具体的定性和处理依据，如主检医师确定、与用人单位签订职业健康检查协议和建立职业健康检查档案等规定，应使用《职业健康检查管理办法》处理。《职业病防治法》于2016年7月2日进行了第二次修订，修订后的条款序号发生了变化，导致《职业健康检查管理办法》第二十三条、第二十四条、第二十五条规定的依据《职业病防治法》处理条款与现行条款不对应，日常执法监督工作中不加注意将导致引用法律法规条款错误，建议及时对配套部门规章进行修订。

从本案中可以看出，从事职业健康检查的医疗卫生机构及其专业技术人员对执行国家职业卫生法律法规规定意识淡薄比较常见，发生违法行为是必然的。本案表面是负责职业健康检查人员调整频繁，交接工作未衔接所致，但实质上还是依法依规意识淡薄，职业卫生工作制度未落实，新上岗人员不了解职业卫生法律法规，在签订职业健康检查协议时，主办人员未按制度核对批准的检查类别和项目，这是违法的根本原因。职业卫生服务机构应加强对专业技术人员职业卫生法律法规、规范、标准及职业卫生专业知识的培训，提高其依法执业、规范服务意识，从源头预防违法行为的发生。

案例四　某医院未按规定告知疑似职业病案

天津市卫生计生综合监督所

【案情介绍】

市卫生监督员对某医院进行日常监督检查。监督人员在该院体检中心一楼档案室内抽查一份委托方为某医疗器械有限公司的职业健康检查档案时发现，该档案内有陈某某、肖某、邱某某三人疑似噪声聋的职业病报告卡，未见上述三人本人签字确认的疑似职业病告知材料；在抽查一份委托方为某化工有限公司的职业健康检查档案时发现，该档案中由某职业健康检测评价有限公司为该化工有限公司出具的职业病危害现状评价报告书第32页显示该化工有限公司鼓风机房巡检位8h等效声级为66.6～66.8dB（A），未达到80 dB（A），不属于噪声作业人员，医院体检中心对该化工有限公司的25名人员进行了纯音听阈测试等噪声作业相关项目职业健康检查。

基于上述，执法人员认为该医院涉嫌违反了《职业健康检查管理办法》第十八条“职业健康检查机构发现疑似职业病病人时，应当告知劳动者本人并及时通知用人单位，同时向所在地卫生健康主管部门报告”及《职业健康检查管理办法》第十三条“职业健康检查机构应当依据相关技术规范，结合用人单位提交的资料，明确用人单位应当检查的项目和周期”的规定。根据现场检查情况，执法人员当场取回职业健康检查档案复印件2份，制作《现场笔录》1份、《询问笔录》1份（冯某某），下达《卫生监督意见书》，责令该医院一个月内改正违法行为。

该医院在执法人员补充调查过程中提交了某职业健康检测评价有限公司为某化工有限公司出具的职业病危害现状评价报告书（未存入职业健康检查档案部分），此报告书第31页显示上述化工有限公司WDG车间投料操作位、气流粉碎机巡检位、混合机巡检位8h等效声级为80.4～81.1dB（A）；WDG车间一层流化床巡检位8h等效声级为80.0～80.2dB（A），已达到80 dB（A），属于噪声作业，该医院不存在未按照相关职业健康监护技术规范规定开展工作的行为，不进行行政处罚。

依法立案后，执法人员认为该院于2018年1月10日至11日对某医疗器械有限公司相关人员进行了职业健康检查，并于2018年5月14日对陈某某等8人进行复查，陈某某、肖某、邱某某等三名受检者复查结论为“疑似职业噪声聋”，该院将此结果告知用人单位并上报卫生计生行政部门，但未通过任何方式告知受检者本人，此行为发生于《职业健康检查管理办法》（2019 年 2 月 28 日修订）修订之前，依据“从旧兼从轻”原则，即行政相对人的行为发生在新法施行以前，具体行政行为作出在新法施行以后，实体问题适用旧法规定，程序问题适用新法规定，该院上述行为违反了《职业健康检查管理办法》（2015 年 5 月 1 日起施行）第十六条的规定，依据《职业健康检查管理办法》（2015 年 5 月 1 日起施行）第二十六条第（三）项进行行政处罚，鉴于当事人在案发后立即整改违法行为，将疑似职业病结果告知劳动者本人，拟给予该单位警告的行政处罚。案件调查终结，经卫生健康行政执法事项审批，决定给予该单位警告的行政处罚。2019 年 10 月 21 日，下达了《行政处罚事先告知书》，该院放弃陈述与申辩。2019 年 10 月 24 日依法送达了《行政处罚决定书》。当事人自动履行，本案结案。

【案例分析】

本案是一起职业健康检查机构未按照规定将疑似职业病检查结果告知劳动者本人的行为，是一起典型的职业卫生工作中的行政处罚案。

1. 处罚程序合法规范，本案依据《行政处罚法》的规定，通过了受理、立案、调查取证、卫生行政处罚案件审批、行政处罚事先告知、行政处罚决定书送达等程序。

2. 当事人违法事实清楚，违法主体明确，证据确凿，本案通过现场笔录、询问笔录以及职业健康检查档案等相关证据认定违法事实。违法事实的证据认定较全面。

3. 适用法律法规正确，自由裁量恰当。处罚条款的适用方面：《职业健康检查管理办法》主要适用于对从事接触职业病危害作业的劳动者进行上岗前、在岗期间、离岗时的健康检查的医疗机构，规定了职业健康检查机构发现疑似职业病病人时，应当告知劳动者本人并及时通知用人单位，同时向所在地卫生健康主管部门报告的法律责任。该医院未按照规定将疑似职业病检查结果告知劳动者本人的行为违反了《职业健康检查管理办法》（2015 年 5 月 1 日起施行）第十六条的规定，依据《职业健康检查管理办法》（2015 年 5 月 1 日起施行）第二十六条第（三）项的规定，作出给予该医院警告的行政处罚。

4. 处罚与教育相结合。本案执法人员在立案后，针对存在的违法事实进行了回访，该院已落实了整改措施。行政处罚是监督管理的一种手段，要达到监督管理的目的，在实践中必须充分运用处罚与教育相结合的原则。

【思考建议】

1. 对于本案的法律条款应用的问题。按照《职业健康检查管理办法》（2019年2月28日修订）第二十五条第（二）项的规定，职业健康检查机构未按规定告知疑似职业病的，由县级以上地方卫生健康主管部门责令改正，给予警告，可以并处3万元以下的罚款。但是违法行为发生在《职业健康检查管理办法》修订之前（2018年5月14日），依据“从旧兼从轻”原则，即行政相对人的行为发生在新法施行以前，具体行政行为作出在新法施行以后，实体问题适用旧法规定，程序问题适用新法规定，故依据《职业健康检查管理办法》（2015年5月1日起施行）第二十六条第（三）项“职业健康检查机构有下列行为之一的，由县级以上地方卫生计生行政部门责令限期改正，并给予警告；逾期不改的，处五千元以上三万元以下罚款:（三）违反本办法其他有关规定的”进行行政处罚，执法人员需要对新修订的法律法规同旧法律法规的区别有清晰的认识。

2. 对于本案在违法事实认定上的问题。执法人员在办案过程中认为某化工有限公司向医院体检中心提供的由某职业健康检测评价有限公司出具的职业病危害现状评价报告书显示该化工有限公司鼓风机房巡检位8h等效声级为66.6~66.8dB（A），未达到80dB（A），不属于噪声作业，医院体检中心对该化工有限公司的25名人员进行了噪声作业相关的职业健康检查，认定该医院体检中心涉嫌未依据相关技术规范，结合用人单位提交的资料，明确用人单位应当检查的项目和周期。但GBZ 188—2014职业健康监护技术规范中未明确规定8h等效声级未达到80dB（A）的，噪声接触人员不能进行噪声作业的职业健康检查。在合议过程中一部分合议人员认为该医院体检中心对未进行噪声作业的劳动者进行噪声作业的职业健康检查属于违法行为，另一部分合议人员认为体检中心可以根据用人单位的需求开展必需的职业健康检查项目以外的体检项目，故此类违法行为的认定有待商榷。

3. 对于本案中违法线索的追查。执法人员在办案过程中对职业健康检查机构未按规定告知疑似职业病的行为进行核实，同时对于该医院体检中心是否将疑似职业病情况告知用人单位，以及是否向所在地卫生健康主管部门报告进行了核实，但本案未体现对于用人单位是否按照《职业病防治法》第三十五条第一款和第五十条的规定，将职业健康检查结果书面告知劳动者及发现疑似职业病病人时向所在地卫生行政部门报告的行为进行核查的情况。因为职业健康职能已划转至卫生行政部门，执法人员在日后对职业健康检查机构监督过程中，应对涉及用人单位的线索进行追查。

附录一

职业健康检查管理办法

（中华人民共和国国家卫生健康委员会令　第2号）

《国家卫生健康委关于修改〈职业健康检查管理办法〉等4件部门规章的决定》已于2019年2月2日经国家卫生健康委委主任会议讨论通过，现予公布，自公布之日起施行。

马晓伟　主任
2019年2月28日

一、《职业健康检查管理办法》修订内容：

（一）将该办法中的“国家卫生计生委”统一修改为：“国家卫生健康委”，将“卫生计生行政部门”统一修改为：“卫生健康主管部门”。

（二）将第四条修改为：“医疗卫生机构开展职业健康检查，应当在开展之日起15个工作日内向省级卫生健康主管部门备案。备案的具体办法由省级卫生健康主管部门依据本办法制定，并向社会公布。

“省级卫生健康主管部门应当及时向社会公布备案的医疗卫生机构名单、地址、检查类别和项目等相关信息，并告知核发其《医疗机构执业许可证》的卫生健康主管部门。核发其《医疗机构执业许可证》的卫生健康主管部门应当在该机构的《医疗机构执业许可证》副本备注栏注明检查类别和项目等信息。”

（三）将第五条第一款第三项修改为：“具有与备案开展的职业健康检查类别和项目相适应的执业医师、护士等医疗卫生技术人员”；将第五项修改为：“具有与备案开展的职业健康检查类别和项目相适应的仪器、设备，具有相应职业卫生生物监测能力；开展外出职业健康检查，应当具有相应的职业健康检查仪器、设备、专用车辆等条件”；增加一项作为第七项：“具有与职业健康检查信息报告相应的条件。”

将第五条第二款修改为：“医疗卫生机构进行职业健康检查备案时，应当提交证明其符合以上条件的有关资料。”

（四）在第五条后增加一条：“开展职业健康检查工作的医疗卫生机构对备案的职业健康检查信息的真实性、准确性、合法性承担全部法律责任。”

“当备案信息发生变化时，职业健康检查机构应当自信息发生变化之日起 10 个工作日内提交变更信息。”

（五）将第六条第一项修改为：“在备案开展的职业健康检查类别和项目范围内，依法开展职业健康检查工作，并出具职业健康检查报告”；将第二项修改为：“履行疑似职业病的告知和报告义务”；在第二项后增加一项作为第三项：“报告职业健康检查信息”。

（六）在第八条后增加一条：“省级卫生健康主管部门应当指定机构负责本辖区内职业健康检查机构的质量控制管理工作，组织开展实验室间比对和职业健康检查质量考核。

“职业健康检查质量控制规范由中国疾病预防控制中心制定。”

（七）将第九条第二款修改为：“以上每类中包含不同检查项目。职业健康检查机构应当在备案的检查类别和项目范围内开展相应的职业健康检查。”

（八）将第十四条修改为：“职业健康检查机构可以在执业登记机关管辖区域内或者省级卫生健康主管部门指定区域内开展外出职业健康检查。外出职业健康检查进行医学影像学检查和实验室检测，必须保证检查质量并满足放射防护和生物安全的管理要求。”

（九）删除第十六条中的“和安全生产监督管理部门”。

（十）将第十九条第二项修改为：“按照备案的类别和项目开展职业健康检查工作的情况”；将第五项修改为：“职业健康检查结果、疑似职业病的报告与告知以及职业健康检查信息报告情况”。

（十一）删除第二十三条。

（十二）将第二十四条修改为：“职业健康检查机构有下列行为之一的，由县级以上地方卫生健康主管部门责令改正，给予警告，可以并处三万元以下罚款：

“（一）未按规定备案开展职业健康检查的；

“（二）未按规定告知疑似职业病的；

“（三）出具虚假证明文件的。”

（十三）将第二十五条修改为：“职业健康检查机构未按照规定报告疑似职业病的，由县级以上地方卫生健康主管部门依据《职业病防治法》第七十四条的规定进行处理。”

（十四）将第二十六条修改为：“职业健康检查机构有下列行为之一的，由县级以上地方卫生健康主管部门给予警告，责令限期改正；逾期不改的，处以三万元以下罚款：

"（一）未指定主检医师或者指定的主检医师未取得职业病诊断资格的；

"（二）未按要求建立职业健康检查档案的；

"（三）未履行职业健康检查信息报告义务的；

"（四）未按照相关职业健康监护技术规范规定开展工作的；

"（五）违反本办法其他有关规定的。"

（十五）在第二十六条后增加一条："职业健康检查机构未按规定参加实验室比对或者职业健康检查质量考核工作，或者参加质量考核不合格未按要求整改仍开展职业健康检查工作的，由县级以上地方卫生健康主管部门给予警告，责令限期改正；逾期不改的，处以三万元以下罚款。"

（十六）删除第二十七条。

二、修改背景

根据2017年全国人大常委会对《中华人民共和国职业病防治法》的修改、《国务院关于修改部分行政法规的决定》（2017年国务院令第690号）以及国务院有关要求，国家卫生健康委作出对《职业健康检查管理办法》等4件部门规章涉及条款的修改决定。

三、解读

2017年11月4日第十二届全国人大常委会第三十次会议对《职业病防治法》进行了修改，取消了卫生健康主管部门对职业健康检查机构的审批权，据此，《职业健康检查管理办法》将医疗卫生机构开展职业健康检查由审批制修改为备案制，并明确备案条件。此外，在2017年的《职业病防治法》修改中，还提出了卫生健康主管部门应当加强对职业健康检查工作的规范管理，因此修改中还在加强机构能力建设、质量控制以及事中事后监管等方面增加了相应内容：一是明确了职业健康检查机构的职责，增加了职业卫生生物监测能力要求和按规定报告职业健康检查信息的要求；二是增加质量控制管理有关规定，省级卫生健康主管部门指定机构负责本辖区内的职业健康检查机构的质量控制管理工作，明确职业健康检查质量控制规范将依据本管理办法另行制定；三是明确地方卫生健康主管部门的事中事后管理职责，增加了对职业健康检查机构相关的罚则。

职业健康检查管理办法

（2015 年 3 月 26 日原国家卫生和计划生育委员会令第 5 号公布，根据 2019 年 2 月 28 日《国家卫生健康委关于修改〈职业健康检查管理办法〉等 4 件部门规章的决定》第一次修订）

第一章　总　　则

第一条　为加强职业健康检查工作，规范职业健康检查机构管理，保护劳动者健康权益，根据《中华人民共和国职业病防治法》（以下简称《职业病防治法》），制定本办法。

第二条　本办法所称职业健康检查是指医疗卫生机构按照国家有关规定，对从事接触职业病危害作业的劳动者进行的上岗前、在岗期间、离岗时的健康检查。

第三条　国家卫生健康委负责全国范围内职业健康检查工作的监督管理。

县级以上地方卫生健康主管部门负责本辖区职业健康检查工作的监督管理；结合职业病防治工作实际需要，充分利用现有资源，统一规划、合理布局；加强职业健康检查机构能力建设，并提供必要的保障条件。

第二章　职业健康检查机构

第四条　医疗卫生机构开展职业健康检查，应当在开展之日起 15 个工作日内向省级卫生健康主管部门备案。备案的具体办法由省级卫生健康主管部门依据本办法制定，并向社会公布。

省级卫生健康主管部门应当及时向社会公布备案的医疗卫生机构名单、地址、检查类别和项目等相关信息，并告知核发其《医疗机构执业许可证》的卫生健康主管部门。核发其《医疗机构执业许可证》的卫生健康主管部门应当在该机构的《医疗机构执业许可证》副本备注栏注明检查类别和项目等信息。

第五条　承担职业健康检查的医疗卫生机构（以下简称职业健康检查机构）应当具备以下条件：

（一）持有《医疗机构执业许可证》，涉及放射检查项目的还应当持有《放射诊疗许可证》；

（二）具有相应的职业健康检查场所、候检场所和检验室，建筑总面积不少于400平方米，每个独立的检查室使用面积不少于6平方米；

（三）具有与备案开展的职业健康检查类别和项目相适应的执业医师、护士等医疗卫生技术人员；

（四）至少具有1名取得职业病诊断资格的执业医师；

（五）具有与备案开展的职业健康检查类别和项目相适应的仪器、设备，具有相应职业卫生生物监测能力；开展外出职业健康检查，应当具有相应的职业健康检查仪器、设备、专用车辆等条件；

（六）建立职业健康检查质量管理制度；

（七）具有与职业健康检查信息报告相应的条件。

医疗卫生机构进行职业健康检查备案时，应当提交证明其符合以上条件的有关资料。

第六条　开展职业健康检查工作的医疗卫生机构对备案的职业健康检查信息的真实性、准确性、合法性承担全部法律责任。

当备案信息发生变化时，职业健康检查机构应当自信息发生变化之日起10个工作日内提交变更信息。

第七条　职业健康检查机构具有以下职责：

（一）在备案开展的职业健康检查类别和项目范围内，依法开展职业健康检查工作，并出具职业健康检查报告；

（二）履行疑似职业病的告知和报告义务；

（三）报告职业健康检查信息；

（四）定期向卫生健康主管部门报告职业健康检查工作情况，包括外出职业健康检查工作情况；

（五）开展职业病防治知识宣传教育；

（六）承担卫生健康主管部门交办的其他工作。

第八条　职业健康检查机构应当指定主检医师。主检医师应当具备以下条件：

（一）具有执业医师证书；

（二）具有中级以上专业技术职务任职资格；

（三）具有职业病诊断资格；

（四）从事职业健康检查相关工作三年以上，熟悉职业卫生和职业病诊断相关标准。

主检医师负责确定职业健康检查项目和周期，对职业健康检查过程进行质量控制，审核职业健康检查报告。

职业健康检查质量控制规范由中国疾病预防控制中心制定。

第九条　职业健康检查机构及其工作人员应当关心、爱护劳动者，尊重和保护劳动者的知情权及个人隐私。

第十条　省级卫生健康主管部门应当指定机构负责本辖区内职业健康检查机构的质量控制管理工作，组织开展实验室间比对和职业健康检查质量考核。

职业健康检查质量控制规范由中国疾病预防控制中心制定。

第三章　职业健康检查规范

第十一条　按照劳动者接触的职业病危害因素，职业健康检查分为以下六类：

（一）接触粉尘类；

（二）接触化学因素类；

（三）接触物理因素类；

（四）接触生物因素类；

（五）接触放射因素类；

（六）其他类（特殊作业等）。

以上每类中包含不同检查项目。职业健康检查机构应当在备案的检查类别和项目范围内开展相应的职业健康检查。

第十二条　职业健康检查机构开展职业健康检查应当与用人单位签订委托协议书，由用人单位统一组织劳动者进行职业健康检查；也可以由劳动者持单位介绍信进行职业健康检查。

第十三条　职业健康检查机构应当依据相关技术规范，结合用人单位提交的资料，明确用人单位应当检查的项目和周期。

第十四条　在职业健康检查中，用人单位应当如实提供以下职业健康检查所需的相关资料，并承担检查费用：

（一）用人单位的基本情况；

（二）工作场所职业病危害因素种类及其接触人员名册、岗位（或工种）、接触时间；

（三）工作场所职业病危害因素定期检测等相关资料。

第十五条　职业健康检查的项目、周期按照《职业健康监护技术规范》（GBZ 188）执行，放射工作人员职业健康检查按照《放射工作人员职业健康监护技术规范》（GBZ 235）等规定执行。

第十六条　职业健康检查机构可以在执业登记机关管辖区域内或者省级卫生健康主管部门指定区域内开展外出职业健康检查。外出职业健康检查进行医学影像学检查和实验室检测，必须保证检查质量并满足放射防护和生物安全的管理要求。

第十七条　职业健康检查机构应当在职业健康检查结束之日起 30 个工作日内将职业健康检查结果，包括劳动者个人职业健康检查报告和用人单位职业健康检查总结报告，书面告知用人单位，用人单位应当将劳动者个人职业健康检查结果及职业健康检查机构的建议等情况书面告知劳动者。

第十八条　职业健康检查机构发现疑似职业病病人时，应当告知劳动者本人并及时通知用人单位，同时向所在地卫生健康主管部门报告。发现职业禁忌的，应当及时告知用人单位和劳动者。

第十九条　职业健康检查机构要依托现有的信息平台，加强职业健康检查的统计报告工作，逐步实现信息的互联互通和共享。

第二十条　职业健康检查机构应当建立职业健康检查档案。职业健康检查档案保存时间应当自劳动者最后一次职业健康检查结束之日起不少于 15 年。

职业健康检查档案应当包括下列材料：

（一）职业健康检查委托协议书；

（二）用人单位提供的相关资料；

（三）出具的职业健康检查结果总结报告和告知材料；

（四）其他有关材料。

第四章　监督管理

第二十一条　县级以上地方卫生健康主管部门应当加强对本辖区职业健康检查机构的监督管理。按照属地化管理原则，制定年度监督检查计划，做好职业健康检查机构的监督检查工作。监督检查主要内容包括：

（一）相关法律法规、标准的执行情况；

（二）按照备案的类别和项目开展职业健康检查工作的情况；

（三）外出职业健康检查工作情况；

（四）职业健康检查质量控制情况；

（五）职业健康检查结果、疑似职业病的报告与告知以及职业健康检查信息报告情况；

（六）职业健康检查档案管理情况等。

第二十二条　省级卫生健康主管部门应当对本辖区内的职业健康检查机构

进行定期或者不定期抽查；设区的市级卫生健康主管部门每年应当至少组织一次对本辖区内职业健康检查机构的监督检查；县级卫生健康主管部门负责日常监督检查。

第二十三条　县级以上地方卫生健康主管部门监督检查时，有权查阅或者复制有关资料，职业健康检查机构应当予以配合。

第五章　法律责任

第二十四条　无《医疗机构执业许可证》擅自开展职业健康检查的，由县级以上地方卫生健康主管部门依据《医疗机构管理条例》第四十四条的规定进行处理。

第二十五条　职业健康检查机构有下列行为之一的，由县级以上地方卫生健康主管部门责令改正，给予警告，可以并处三万元以下罚款：

（一）未按规定备案开展职业健康检查的；

（二）未按规定告知疑似职业病的；

（三）出具虚假证明文件的。

第二十六条　职业健康检查机构未按照规定报告疑似职业病的，由县级以上地方卫生健康主管部门依据《职业病防治法》第七十四条的规定进行处理。

第二十七条　职业健康检查机构有下列行为之一的，由县级以上地方卫生健康主管部门给予警告，责令限期改正；逾期不改的，处以三万元以下罚款：

（一）未指定主检医师或者指定的主检医师未取得职业病诊断资格的；

（二）未按要求建立职业健康检查档案的；

（三）未履行职业健康检查信息报告义务的；

（四）未按照相关职业健康监护技术规范规定开展工作的；

（五）违反本办法其他有关规定的。

第二十八条　职业健康检查机构未按规定参加实验室比对或者职业健康检查质量考核工作，或者参加质量考核不合格未按要求整改仍开展职业健康检查工作的，由县级以上地方卫生健康主管部门给予警告，责令限期改正；逾期不改的，处以三万元以下罚款。

第六章　附　　则

第二十九条　本办法自2015年5月1日起施行。2002年3月28日原卫生部公布的《职业健康监护管理办法》同时废止。

附录二

职业病分类和目录

国卫疾控发〔2013〕48号

国家卫生计生委等4部门关于印发《职业病分类和目录》的通知

国卫疾控发〔2013〕48号

各省、自治区、直辖市卫生计生委（卫生厅局）、安全生产监督管理局、人力资源社会保障厅（局）、总工会，新疆生产建设兵团卫生局、安全生产监督管理局、人力资源社会保障局、工会，中国疾病预防控制中心：

根据《中华人民共和国职业病防治法》有关规定，国家卫生计生委、安全监管总局、人力资源社会保障部和全国总工会联合组织对职业病的分类和目录进行了调整。现将《职业病分类和目录》印发给你们，从即日起施行。2002年4月18日原卫生部和原劳动保障部联合印发的《职业病目录》同时废止。

国家卫生计生委
人力资源社会保障部
安全监管总局
全国总工会
2013年12月23日

职业病分类和目录

一、职业性尘肺病及其他呼吸系统疾病

（一）尘肺病

1. 矽肺
2. 煤工尘肺
3. 石墨尘肺
4. 炭黑尘肺
5. 石棉肺
6. 滑石尘肺
7. 水泥尘肺
8. 云母尘肺
9. 陶工尘肺
10. 铝尘肺
11. 电焊工尘肺
12. 铸工尘肺
13. 根据《尘肺病诊断标准》和《尘肺病理诊断标准》可以诊断的其他尘肺病

（二）其他呼吸系统疾病

1. 过敏性肺炎
2. 棉尘病
3. 哮喘
4. 金属及其化合物粉尘肺尘埃沉着病（锡、铁、锑、钡及其化合物等）
5. 刺激性化学物所致慢性阻塞性肺疾病
6. 硬金属肺病

二、职业性皮肤病

1. 接触性皮炎
2. 光接触性皮炎

3. 电光性皮炎
4. 黑变病
5. 痤疮
6. 溃疡
7. 化学性皮肤灼伤
8. 白斑
9. 根据《职业性皮肤病的诊断总则》可以诊断的其他职业性皮肤病

三、职业性眼病

1. 化学性眼部灼伤
2. 电光性眼炎
3. 白内障（含放射性白内障、三硝基甲苯白内障）

四、职业性耳鼻喉口腔疾病

1. 噪声聋
2. 铬鼻病
3. 牙酸蚀病
4. 爆震聋

五、职业性化学中毒

1. 铅及其化合物中毒（不包括四乙基铅）
2. 汞及其化合物中毒
3. 锰及其化合物中毒
4. 镉及其化合物中毒
5. 铍病
6. 铊及其化合物中毒
7. 钡及其化合物中毒
8. 钒及其化合物中毒
9. 磷及其化合物中毒
10. 砷及其化合物中毒
11. 铀及其化合物中毒
12. 砷化氢中毒
13. 氯气中毒

14. 二氧化硫中毒
15. 光气中毒
16. 氨中毒
17. 偏二甲基肼中毒
18. 氮氧化合物中毒
19. 一氧化碳中毒
20. 二硫化碳中毒
21. 硫化氢中毒
22. 磷化氢、磷化锌、磷化铝中毒
23. 氟及其无机化合物中毒
24. 氰及腈类化合物中毒
25. 四乙基铅中毒
26. 有机锡中毒
27. 羰基镍中毒
28. 苯中毒
29. 甲苯中毒
30. 二甲苯中毒
31. 正己烷中毒
32. 汽油中毒
33. 一甲胺中毒
34. 有机氟聚合物单体及其热裂解物中毒
35. 二氯乙烷中毒
36. 四氯化碳中毒
37. 氯乙烯中毒
38. 三氯乙烯中毒
39. 氯丙烯中毒
40. 氯丁二烯中毒
41. 苯的氨基及硝基化合物（不包括三硝基甲苯）中毒
42. 三硝基甲苯中毒
43. 甲醇中毒
44. 酚中毒
45. 五氯酚（钠）中毒
46. 甲醛中毒

47. 硫酸二甲酯中毒
48. 丙烯酰胺中毒
49. 二甲基甲酰胺中毒
50. 有机磷中毒
51. 氨基甲酸酯类中毒
52. 杀虫脒中毒
53. 溴甲烷中毒
54. 拟除虫菊酯类中毒
55. 铟及其化合物中毒
56. 溴丙烷中毒
57. 碘甲烷中毒
58. 氯乙酸中毒
59. 环氧乙烷中毒
60. 上述条目未提及的与职业有害因素接触之间存在直接因果联系的其他化学中毒

六、物理因素所致职业病

1. 中暑
2. 减压病
3. 高原病
4. 航空病
5. 手臂振动病
6. 激光所致眼（角膜、晶状体、视网膜）损伤
7. 冻伤

七、职业性放射性疾病

1. 外照射急性放射病
2. 外照射亚急性放射病
3. 外照射慢性放射病
4. 内照射放射病
5. 放射性皮肤疾病
6. 放射性肿瘤（含矿工高氡暴露所致肺癌）
7. 放射性骨损伤

8. 放射性甲状腺疾病

9. 放射性性腺疾病

10. 放射复合伤

11. 根据《职业性放射性疾病诊断标准（总则）》可以诊断的其他放射性损伤

八、职业性传染病

1. 炭疽

2. 森林脑炎

3. 布鲁氏菌病

4. 艾滋病（限于医疗卫生人员及人民警察）

5. 莱姆病

九、职业性肿瘤

1. 石棉所致肺癌、间皮瘤

2. 联苯胺所致膀胱癌

3. 苯所致白血病

4. 氯甲醚、双氯甲醚所致肺癌

5. 砷及其化合物所致肺癌、皮肤癌

6. 氯乙烯所致肝血管肉瘤

7. 焦炉逸散物所致肺癌

8. 六价铬化合物所致肺癌

9. 毛沸石所致肺癌、胸膜间皮瘤

10. 煤焦油、煤焦油沥青、石油沥青所致皮肤癌

11. β－萘胺所致膀胱癌

十、其他职业病

1. 金属烟热

2. 滑囊炎（限于井下工人）

3. 股静脉血栓综合征、股动脉闭塞症或淋巴管闭塞症（限于刮研作业人员）

附录三

职业病危害因素分类目录

国卫疾控发〔2015〕92号

国家卫生计生委等部门关于印发《职业病危害因素分类目录》的通知

各省、自治区、直辖市卫生计生委、安全生产监督管理局、人力资源社会保障厅（局）、总工会，新疆生产建设兵团卫生局、安全生产监督管理局、人力资源社会保障局、工会，中国疾病预防控制中心：

为贯彻落实《职业病防治法》，切实保障劳动者健康权益，根据职业病防治工作需要，国家卫生计生委、安全监管总局、人力资源社会保障部和全国总工会联合组织对职业病危害因素分类目录进行了修订。现将《职业病危害因素分类目录》印发给你们（可从国家卫生计生委网站下载），从即日起施行。2002年3月11日原卫生部印发的《职业病危害因素分类目录》同时废止。

附件：职业病危害因素分类目录

国家卫生计生委　人力资源社会保障部
安全监管总局　全国总工会
2015年11月17日

职业病危害因素分类目录

一、粉尘

序号	名称	CAS 号
1	矽尘（游离 SiO_2 含量≥10%）	14808－60－7
2	煤尘	
3	石墨粉尘	7782－42－5
4	炭黑粉尘	1333－86－4
5	石棉粉尘	1332－21－4
6	滑石粉尘	14807－96－6
7	水泥粉尘	
8	云母粉尘	12001－26－2
9	陶土粉尘	
10	铝尘	7429－90－5
11	电焊烟尘	
12	铸造粉尘	
13	白炭黑粉尘	112926－00－8
14	白云石粉尘	
15	玻璃钢粉尘	
16	玻璃棉粉尘	65997－17－3
17	茶尘	
18	大理石粉尘	1317－65－3
19	二氧化钛粉尘	13463－67－7
20	沸石粉尘	
21	谷物粉尘（游离 SiO_2 含量＜10%）	
22	硅灰石粉尘	13983－17－0
23	硅藻土粉尘（游离 SiO_2 含量＜10%）	61790－53－2
24	活性炭粉尘	64365－11－3

续表

序号	名称	CAS 号
25	聚丙烯粉尘	9003-07-0
26	聚丙烯腈纤维粉尘	
27	聚氯乙烯粉尘	9002-86-2
28	聚乙烯粉尘	9002-88-4
29	矿渣棉粉尘	
30	麻尘（亚麻、黄麻和苎麻）（游离 SiO_2 含量<10%）	
31	棉尘	
32	木粉尘	
33	膨润土粉尘	1302-78-9
34	皮毛粉尘	
35	桑蚕丝尘	
36	砂轮磨尘	
37	石膏粉尘（硫酸钙）	10101-41-4
38	石灰石粉尘	1317-65-3
39	碳化硅粉尘	409-21-2
40	碳纤维粉尘	
41	稀土粉尘（游离 SiO_2 含量<10%）	
42	烟草尘	
43	岩棉粉尘	
44	萤石混合性粉尘	
45	珍珠岩粉尘	93763-70-3
46	蛭石粉尘	
47	重晶石粉尘（硫酸钡）	7727-43-7
48	锡及其化合物粉尘	7440-31-5（锡）
49	铁及其化合物粉尘	7439-89-6（铁）
50	锑及其化合物粉尘	7440-36-0（锑）
51	硬质合金粉尘	
52	以上未提及的可导致职业病的其他粉尘	

二、化学因素

序号	名称	CAS 号
1	铅及其化合物（不包括四乙基铅）	7439－92－1（铅）
2	汞及其化合物	7439－97－6（汞）
3	锰及其化合物	7439－96－5（锰）
4	镉及其化合物	7440－43－9（镉）
5	铍及其化合物	7440－41－7（铍）
6	铊及其化合物	7440－28－0（铊）
7	钡及其化合物	7440－39－3（钡）
8	钒及其化合物	7440－62－6（钒）
9	磷及其化合物（磷化氢、磷化锌、磷化铝、有机磷单列）	7723－14－0（磷）
10	砷及其化合物（砷化氢单列）	7440－38－2（砷）
11	铀及其化合物	7440－61－1（铀）
12	砷化氢	7784－42－1
13	氯气	7782－50－5
14	二氧化硫	7446－9－5
15	光气（碳酰氯）	75－44－5
16	氨	7664－41－7
17	偏二甲基肼（1，1－二甲基肼）	57－14－7
18	氮氧化合物	
19	一氧化碳	630－08－0
20	二硫化碳	75－15－0
21	硫化氢	7783－6－4
22	磷化氢、磷化锌、磷化铝	7803－51－2、 1314－84－7、 20859－73－8
23	氟及其无机化合物	7782－41－4（氟）
24	氰及其腈类化合物	460－19－5（氰）
25	四乙基铅	78－00－2
26	有机锡	
27	羰基镍	13463－39－3
28	苯	71－43－2

续表

序号	名称	CAS 号
29	甲苯	108 – 88 – 3
30	二甲苯	1330 – 20 – 7
31	正己烷	110 – 54 – 3
32	汽油	
33	一甲胺	74 – 89 – 5
34	有机氟聚合物单体及其热裂解物	
35	二氯乙烷	1300 – 21 – 6
36	四氯化碳	56 – 23 – 5
37	氯乙烯	1975 – 1 – 4
38	三氯乙烯	1979 – 1 – 6
39	氯丙烯	107 – 05 – 1
40	氯丁二烯	126 – 99 – 8
41	苯的氨基及硝基化合物（不含三硝基甲苯）	
42	三硝基甲苯	118 – 96 – 7
43	甲醇	67 – 56 – 1
44	酚	108 – 95 – 2
45	五氯酚及其钠盐	87 – 86 – 5（五氯酚）
46	甲醛	50 – 00 – 0
47	硫酸二甲酯	77 – 78 – 1
48	丙烯酰胺	1979 – 6 – 1
49	二甲基甲酰胺	1968 – 12 – 2
50	有机磷	
51	氨基甲酸酯类	
52	杀虫脒	19750 – 95 – 9
53	溴甲烷	74 – 83 – 9
54	拟除虫菊酯	
55	铟及其化合物	7440 – 74 – 6（铟）
56	溴丙烷（1 – 溴丙烷、2 – 溴丙烷）	106 – 94 – 5、75 – 26 – 3
57	碘甲烷	74 – 88 – 4
58	氯乙酸	1979 – 11 – 8
59	环氧乙烷	75 – 21 – 8

续表

序号	名称	CAS 号
60	氨基磺酸铵	7773－06－0
61	氯化铵烟	12125－02－9（氯化铵）
62	氯磺酸	7790－94－5
63	氢氧化铵	1336－21－6
64	碳酸铵	506－87－6
65	α－氯乙酰苯	532－27－4
66	对特丁基甲苯	98－51－1
67	二乙烯基苯	1321－74－0
68	过氧化苯甲酰	94－36－0
69	乙苯	100－41－4
70	碲化铋	1304－82－1
71	铂化物	
72	1，3－丁二烯	106－99－0
73	苯乙烯	100－42－5
74	丁烯	25167－67－3
75	二聚环戊二烯	77－73－6
76	邻氯苯乙烯（氯乙烯苯）	2039－87－4
77	乙炔	74－86－2
78	1，1－二甲基－4，4’－联吡啶鎓盐二氯化物（百草枯）	1910－42－5
79	2－N－二丁氨基乙醇	102－81－8
80	2－二乙氨基乙醇	100－37－8
81	乙醇胺（氨基乙醇）	141－43－5
82	异丙醇胺（1－氨基－2－二丙醇）	78－96－6
83	1，3－二氯－2－丙醇	96－23－1
84	苯乙醇	60－12－18
85	丙醇	71－23－8
86	丙烯醇	107－18－6
87	丁醇	71－36－3
88	环己醇	108－93－0
89	己二醇	107－41－5
90	糠醇	98－00－0

续表

序号	名称	CAS 号
91	氯乙醇	107 – 07 – 3
92	乙二醇	107 – 21 – 1
93	异丙醇	67 – 63 – 0
94	正戊醇	71 – 41 – 0
95	重氮甲烷	334 – 88 – 3
96	多氯萘	70776 – 03 – 3
97	蒽	120 – 12 – 7
98	六氯萘	1335 – 87 – 1
99	氯萘	90 – 13 – 1
100	萘	91 – 20 – 3
101	萘烷	91 – 17 – 8
102	硝基萘	86 – 57 – 7
103	蒽醌及其染料	84 – 65 – 1（蒽醌）
104	二苯胍	102 – 06 – 7
105	对苯二胺	106 – 50 – 3
106	对溴苯胺	106 – 40 – 1
107	卤化水杨酰苯胺（N – 水杨酰苯胺）	
108	硝基萘胺	776 – 34 – 1
109	对苯二甲酸二甲酯	120 – 61 – 6
110	邻苯二甲酸二丁酯	84 – 74 – 2
111	邻苯二甲酸二甲酯	131 – 11 – 3
112	磷酸二丁基苯酯	2528 – 36 – 1
113	磷酸三邻甲苯酯	78 – 30 – 8
114	三甲苯磷酸酯	1330 – 78 – 5
115	1，2，3 – 苯三酚（焦棓酚）	87 – 66 – 1
116	4，6 – 二硝基邻苯甲酚	534 – 52 – 1
117	N，N – 二甲基 – 3 – 氨基苯酚	99 – 07 – 0
118	对氨基酚	123 – 30 – 8
119	多氯酚	
120	二甲苯酚	108 – 68 – 9
121	二氯酚	120 – 83 – 2

续表

序号	名称	CAS 号
122	二硝基苯酚	51－28－5
123	甲酚	1319－77－3
124	甲基氨基酚	55－55－0
125	间苯二酚	108－46－3
126	邻仲丁基苯酚	89－72－5
127	萘酚	1321－67－1
128	氢醌（对苯二酚）	123－31－9
129	三硝基酚（苦味酸）	88－89－1
130	氰氨化钙	156－62－7
131	碳酸钙	471－34－1
132	氧化钙	1305－78－8
133	锆及其化合物	7440－67－7（锆）
134	铬及其化合物	7440－47－3（铬）
135	钴及其氧化物	7440－48－4
136	二甲基二氯硅烷	75－78－5
137	三氯氢硅	10025－78－2
138	四氯化硅	10026－04－7
139	环氧丙烷	75－56－9
140	环氧氯丙烷	106－89－8
141	柴油	
142	焦炉逸散物	
143	煤焦油	8007－45－2
144	煤焦油沥青	65996－93－2
145	木馏油（焦油）	8001－58－9
146	石蜡烟	
147	石油沥青	8052－42－4
148	苯肼	100－63－0
149	甲基肼	60－34－4
150	肼	302－01－2
151	聚氯乙烯热解物	7647－01－0
152	锂及其化合物	7439－93－2（锂）

续表

序号	名称	CAS 号
153	联苯胺（4，4’－二氨基联苯）	92－87－5
154	3，3－二甲基联苯胺	119－93－7
155	多氯联苯	1336－36－3
156	多溴联苯	59536－65－1
157	联苯	92－52－4
158	氯联苯（54%氯）	11097－69－1
159	甲硫醇	74－93－1
160	乙硫醇	75－08－1
161	正丁基硫醇	109－79－5
162	二甲基亚砜	67－68－5
163	二氯化砜（磺酰氯）	7791－25－5
164	过硫酸盐（过硫酸钾、过硫酸钠、过硫酸铵等）	
165	硫酸及三氧化硫	7664－93－9
166	六氟化硫	2551－62－4
167	亚硫酸钠	7757－83－7
168	2－溴乙氧基苯	589－10－6
169	苄基氯	100－44－7
170	苄基溴（溴甲苯）	100－39－0
171	多氯苯	
172	二氯苯	106－46－7
173	氯苯	108－90－7
174	溴苯	108－86－1
175	1，1－二氯乙烯	75－35－4
176	1，2－二氯乙烯（顺式）	540－59－0
177	1，3－二氯丙烯	542－75－6
178	二氯乙炔	7572－29－4
179	六氯丁二烯	87－68－3
180	六氯环戊二烯	77－47－4
181	四氯乙烯	127－18－4
182	1，1，1－三氯乙烷	71－55－6
183	1，2，3－三氯丙烷	96－18－4

续表

序号	名称	CAS 号
184	1，2 - 二氯丙烷	78 - 87 - 5
185	1，3 - 二氯丙烷	142 - 28 - 9
186	二氯二氟甲烷	75 - 71 - 8
187	二氯甲烷	75 - 09 - 2
188	二溴氯丙烷	35407
189	六氯乙烷	67 - 72 - 1
190	氯仿（三氯甲烷）	67 - 66 - 3
191	氯甲烷	74 - 87 - 3
192	氯乙烷	75 - 00 - 3
193	氯乙酰氯	79 - 40 - 9
194	三氯一氟甲烷	75 - 69 - 4
195	四氯乙烷	79 - 34 - 5
196	四溴化碳	558 - 13 - 4
197	五氟氯乙烷	76 - 15 - 3
198	溴乙烷	74 - 96 - 4
199	铝酸钠	1302 - 42 - 7
200	二氧化氯	10049 - 04 - 4
201	氯化氢及盐酸	7647 - 01 - 0
202	氯酸钾	3811 - 04 - 9
203	氯酸钠	7775 - 09 - 9
204	三氟化氯	7790 - 91 - 2
205	氯甲醚	107 - 30 - 2
206	苯基醚（二苯醚）	101 - 84 - 8
207	二丙二醇甲醚	34590 - 94 - 8
208	二氯乙醚	111 - 44 - 4
209	二缩水甘油醚	
210	邻茴香胺	90 - 04 - 0
211	双氯甲醚	542 - 88 - 1
212	乙醚	60 - 29 - 7
213	正丁基缩水甘油醚	2426 - 08 - 6
214	钼酸	13462 - 95 - 8

续表

序号	名称	CAS 号
215	钼酸铵	13106－76－8
216	钼酸钠	7631－95－0
217	三氧化钼	1313－27－5
218	氢氧化钠	1310－73－2
219	碳酸钠（纯碱）	3313－92－6
220	镍及其化合物（羰基镍单列）	
221	癸硼烷	17702－41－9
222	硼烷	
223	三氟化硼	7637－07－2
224	三氯化硼	10294－34－5
225	乙硼烷	19287－45－7
226	2－氯苯基羟胺	10468－16－3
227	3－氯苯基羟胺	10468－17－4
228	4－氯苯基羟胺	823－86－9
229	苯基羟胺（苯胲）	100－65－2
230	巴豆醛（丁烯醛）	4170－30－3
231	丙酮醛（甲基乙二醛）	78－98－8
232	丙烯醛	107－02－8
233	丁醛	123－72－8
234	糠醛	98－01－1
235	氯乙醛	107－20－0
236	羟基香茅醛	107－75－5
237	三氯乙醛	75－87－6
238	乙醛	75－07－0
239	氢氧化铯	21351－79－1
240	氯化苄烷胺（洁尔灭）	8001－54－5
241	双－（二甲基硫代氨基甲酰基）二硫化物（秋兰姆、福美双）	137－26－8
242	α－萘硫脲（安妥）	86－88－4
243	3－（1－丙酮基苄基）－4－羟基香豆素（杀鼠灵）	81－81－2
244	酚醛树脂	9003－35－4

续表

序号	名称	CAS 号
245	环氧树脂	38891－59－7
246	脲醛树脂	25104－55－6
247	三聚氰胺甲醛树脂	9003－08－1
248	1，2，4－苯三酸酐	552－30－7
249	邻苯二甲酸酐	85－44－9
250	马来酸酐	108－31－6
251	乙酸酐	108－24－7
252	丙酸	79－09－4
253	对苯二甲酸	100－21－0
254	氟乙酸钠	62－74－8
255	甲基丙烯酸	79－41－4
256	甲酸	64－18－6
257	羟基乙酸	79－14－1
258	巯基乙酸	68－11－1
259	三甲基己二酸	3937－59－5
260	三氯乙酸	76－03－9
261	乙酸	64－19－7
262	正香草酸（高香草酸）	306－08－1
263	四氯化钛	7550－45－0
264	钽及其化合物	7440－25－7（钽）
265	锑及其化合物	7440－36－0（锑）
266	五羰基铁	13463－40－6
267	2－己酮	591－78－6
268	3，5，5－三甲基－2－环己烯－1－酮（异佛尔酮）	78－59－1
269	丙酮	67－64－1
270	丁酮	78－93－3
271	二乙基甲酮	96－22－0
272	二异丁基甲酮	108－83－8
273	环己酮	108－94－1
274	环戊酮	120－92－3
275	六氟丙酮	684－16－2

续表

序号	名称	CAS 号
276	氯丙酮	78－95－5
277	双丙酮醇	123－42－2
278	乙基另戊基甲酮（5－甲基－3－庚酮）	541－85－5
279	乙基戊基甲酮	106－68－3
280	乙烯酮	463－51－4
281	异亚丙基丙酮	141－79－7
282	铜及其化合物	
283	丙烷	74－98－6
284	环己烷	110－82－7
285	甲烷	74－82－8
286	壬烷	111－84－2
287	辛烷	111－65－9
288	正庚烷	142－82－5
289	正戊烷	109－66－0
290	2－乙氧基乙醇	110－80－5
291	甲氧基乙醇	109－86－4
292	围涎树碱	
293	二硫化硒	56093－45－9
294	硒化氢	7783－07－5
295	钨及其不溶性化合物	7740－33－7（钨）
296	硒及其化合物（六氟化硒、硒化氢单列）	7782－49－2（硒）
297	二氧化锡	1332－29－2
298	N，N－二甲基乙酰胺	127－19－5
299	N－3，4 二氯苯基丙酰胺（敌稗）	709－98－8
300	氟乙酰胺	640－19－7
301	己内酰胺	105－60－2
302	环四次甲基四硝胺（奥克托今）	2691－41－0
303	环三次甲基三硝铵（黑索今）	121－82－4
304	硝化甘油	55－63－0
305	氯化锌烟	7646－85－7（氯化锌）
306	氧化锌	1314－13－2

续表

序号	名称	CAS 号
307	氢溴酸（溴化氢）	10035－10－6
308	臭氧	10028－15－6
309	过氧化氢	7722－84－1
310	钾盐镁矾	
311	丙烯基芥子油	
312	多次甲基多苯基异氰酸酯	57029－46－6
313	二苯基甲烷二异氰酸酯	101－68－8
314	甲苯－2，4－二异氰酸酯（TDI）	584－84－9
315	六亚甲基二异氰酸酯（HDI）（1，6－已二异氰酸酯）	822－06－0
316	萘二异氰酸酯	3173－72－6
317	异佛尔酮二异氰酸酯	4098－71－9
318	异氰酸甲酯	624－83－9
319	氧化银	20667－12－3
320	甲氧氯	72－43－5
321	2－氨基吡啶	504－29－0
322	N－乙基吗啉	100－74－3
323	吖啶	260－94－6
324	苯绕蒽酮	82－05－3
325	吡啶	110－86－1
326	二噁烷	123－91－1
327	呋喃	110－00－9
328	吗啉	110－91－8
329	四氢呋喃	109－99－9
330	茚	95－13－6
331	四氢化锗	7782－65－2
332	二乙烯二胺（哌嗪）	110－85－0
333	1，6－已二胺	124－09－4
334	二甲胺	124－40－3
335	二乙烯三胺	111－40－0
336	二异丙胺基氯乙烷	96－79－7
337	环已胺	108－91－8

续表

序号	名称	CAS 号
338	氯乙基胺	689－98－5
339	三乙烯四胺	112－24－3
340	烯丙胺	107－11－9
341	乙胺	75－04－7
342	乙二胺	107－15－3
343	异丙胺	75－31－0
344	正丁胺	109－73－9
345	1，1－二氯－1－硝基乙烷	594－72－9
346	硝基丙烷	25322－01－4
347	三氯硝基甲烷（氯化苦）	76－06－2
348	硝基甲烷	75－52－5
349	硝基乙烷	79－24－3
350	1，3－二甲基丁基乙酸酯（乙酸仲己酯）	108－84－9
351	2－甲氧基乙基乙酸酯	110－49－6
352	2－乙氧基乙基乙酸酯	111－15－9
353	n－乳酸正丁酯	138－22－7
354	丙烯酸甲酯	96－33－3
355	丙烯酸正丁酯	141－32－2
356	甲基丙烯酸甲酯（异丁烯酸甲酯）	80－62－6
357	甲基丙烯酸缩水甘油酯	106－91－2
358	甲酸丁酯	592－84－7
359	甲酸甲酯	107－31－3
360	甲酸乙酯	109－94－4
361	氯甲酸甲酯	79－22－1
362	氯甲酸三氯甲酯（双光气）	503－38－8
363	三氟甲基次氟酸酯	
364	亚硝酸乙酯	109－95－5
365	乙二醇二硝酸酯	628－96－6
366	乙基硫代磺酸乙酯	682－91－7
367	乙酸苄酯	140－11－4
368	乙酸丙酯	109－60－4

续表

序号	名称	CAS 号
369	乙酸丁酯	123－86－4
370	乙酸甲酯	79－20－9
371	乙酸戊酯	628－63－7
372	乙酸乙烯酯	108－05－4
373	乙酸乙酯	141－78－6
374	乙酸异丙酯	108－21－4
375	以上未提及的可导致职业病的其他化学因素	

三、物理因素

序号	名称
1	噪声
2	高温
3	低气压
4	高气压
5	高原低氧
6	振动
7	激光
8	低温
9	微波
10	紫外线
11	红外线
12	工频电磁场
13	高频电磁场
14	超高频电磁场
15	以上未提及的可导致职业病的其他物理因素

四、放射性因素

序号	名称	备注
1	密封放射源产生的电离辐射	主要产生γ射线、中子等
2	非密封放射性物质	可产生α、β、γ射线或中子
3	X射线装置（含CT机）产生的电离辐射	X射线
4	加速器产生的电离辐射	可产生电子射线、X射线、质子、重离子、中子以及感生放射性等
5	中子发生器产生的电离辐射	主要是中子、γ射线等
6	氡及其短寿命子体	限于矿工高氡暴露
7	铀及其化合物	
8	以上未提及的可导致职业病的其他放射性因素	

五、生物因素

序号	名称	备注
1	艾滋病病毒	限于医疗卫生人员及人民警察
2	布鲁氏菌	
3	伯氏疏螺旋体	
4	森林脑炎病毒	
5	炭疽芽孢杆菌	
6	以上未提及的可导致职业病的其他生物因素	

六、其他因素

序号	名称	备注
1	金属烟	
2	井下不良作业条件	限于井下工人
3	刮研作业	限于手工刮研作业人员

附录四

DB12

天 津 市 地 方 标 准

DB12/T 694—2016

职业健康检查质量控制规范

Tianjin occupation health quality control specification

2016-12-30 发布　　　　2017-02-01 实施

天津市市场和质量监督管理委员会　发布

目　次

前　言

本标准按照 GB/T 1. 1—2009《标准化工作导则 第 1 部分：标准的结构和编写》给出的规则起草。

本标准由天津市卫生和计划生育委员会提出并归口，由天津市卫生监督所和天津市职业病防治院负责解释。

本标准起草单位：天津市卫生监督所、天津市职业病防治院。

本标准主要起草人：郎胜喜、王大宇、陈金枝、葛建忠、张闻闻、张坤海、于信波、刘金荣、柳光斌、周维。

本标准于 2016 年 12 月首次发布。

职业健康检查质量控制规范

1　范围

本标准规定了对职业健康检查活动全过程质量控制的基本要求。

本标准适用于天津市职业健康检查机构在职业健康检查过程中的质量控制，以及监督部门对职业健康检查机构的监督检查。

本标准不适用于放射工作人员的职业健康检查。

2　规范性引用文件

下列文件对于本文件的应用是必不可少的。凡是注日期的引用文件，仅注日期的版本适用于本文件。凡是不注日期的引用文件，其最新版本（包括所有的修改单）适用于本文件。

GB/T 16403—1996《声学 测听方法 纯音气导和骨导听阈基本测听法》

GB/T 19000—2016《质量管理体系 基础和术语》

GBZ 70—2015《职业性尘肺病的诊断》

GBZ 130《医用 X 射线诊断放射防护要求》

GBZ/T 173《职业卫生生物监测质量保证规范》

GBZ 188《职业健康监护技术规范》

DB12/T 609《天津市职业健康检查报告编写规范》

卫生部令第 91 号　《职业病诊断与鉴定管理办法》

国家卫生和计划生育委员会令第 5 号　《职业健康检查管理办法》

卫医发〔2006〕73 号　《医疗机构临床实验室管理办法》

卫办监督发〔2012〕148 号　《卫生部办公厅关于规范健康体检应用放射检查技术的通知》

《医疗机构临床检验项目目录（2013）》

3　术语和定义

GB/T 19000—2016 界定的以及下列术语和定义适用于本文件。

3.1 质量控制 quality control

通过职业健康检查机构内部自查及外部监管，针对职业健康检查机构的日常运行与业务管理全过程开展的质量管理活动。

3.2 职业健康监护 occupational health surveillance

以预防为目的，根据劳动者的职业接触史，通过定期或不定期的医学健康检查和健康相关资料的收集，连续性地监测劳动者的健康状况，分析劳动者健康变化与所接触的职业病危害因素的关系，并及时地将健康检查和资料分析结果报告给用人单位和劳动者本人，以便及时采取干预措施，保护劳动者健康。职业健康监护主要包括职业健康检查、离岗后健康检查、应急健康检查和职业健康监护档案管理等内容。

3.3 职业健康检查 occupational medical examination

通过医学手段和方法，针对劳动者所接触的职业病危害因素可能产生的健康影响和健康损害进行临床医学检查，了解受检者健康状况，早期发现职业病、职业禁忌证和可能的其他疾病和健康损害的医疗行为。职业健康检查是职业健康监护的重要内容和主要的资料来源。职业健康检查包括上岗前、在岗期间、离岗时健康检查。

3.4 主检医师 chief physician

为负责确定职业健康检查项目和周期，对职业健康检查过程进行质量控制，审核职业健康检查报告的医生；由具有执业医师证书、中级以上专业技术职务任职资格、职业病诊断资格，从事职业健康检查相关工作三年以上，熟悉职业卫生和职业病诊断相关标准的人员担任。

3.5 生物监测指标 indicator of biological monitoring

指接触毒物后，接触者的生物材料中该毒物的原形、代谢产物或由它们导致的无害性效应指标。

3.6 期间核查 intermediate checks

根据规定程序，为了确定计量标准、标准物质或其他测量仪器是否保持其原有状态而进行的操作。

4 职业健康检查机构结构质量要求

4.1 组织机构要求

从事职业健康检查的医疗卫生机构（以下简称职业健康检查机构）应具有法人资格或经法人授权，其最高管理者应由法人单位负责人或授权的人员担任，应对其出具的体检结果负责，并承担相应法律责任。

职业健康检查机构应持有《医疗机构执业许可证》和《放射诊疗许可证》。

职业健康检查机构应建有与其申请技术服务项目相适应的职业健康检查技术和质量控制组织，岗位设置合理，负责制定规章制度与日常管理，明确分工，根据实际情况制定相应工作规范和管理制度，落实培训工作。

职业健康检查机构应建立并维护其公正和诚信制度。确保职业健康检查机构及其人员遵守《职业健康检查管理办法》和《职业病诊断与鉴定管理办法》的规定，遵循客观独立、公平公正、诚实信用原则，恪守职业道德，承担社会责任；避免因人际关系、商业利益等不利因素造成的影响，确保职业健康检查结果的真实、客观、准确和可追溯。

职业健康检查机构应建立和保持保护用人单位及受检者秘密和所有权的制度，包括保护职业健康检查结果电子信息。职业健康检查机构及其人员应对其在职业健康检查活动中所知悉的国家秘密、商业秘密和技术秘密负有保密义务，并制定和实施相应的保密措施。

从事职业健康检查的机构应由天津市卫生健康行政部门审定、批准获得职业健康检查资质，并在批准的资质范围内从事业务工作。

4.2　人员要求

职业健康检查机构应建立人员管理制度。对人员资格确认、任用、授权和能力保持等进行规范管理。职业健康检查机构应与其人员建立劳动关系，明确技术人员和管理人员的岗位职责、任职要求和工作关系，使其满足岗位要求并获得所需的权力和资源，并建立职业健康检查专业人员技术档案。

职业健康检查机构应设专（兼）职管理人员及质控人员，职责明确，并有活动记录。

具有与批准开展的职业健康检查类别和项目相适应的，如：内科（含职业病科）、外科、妇科、眼科、耳鼻咽喉科、口腔科、皮肤科、影像科（含X射线诊断及超声波诊断）、检验科及护理等执业类别的医疗卫生技术人员；每个检查项目至少有一名中级职称以上卫生技术人员；参与体检工作的医生和护士应具有本地执业资格并按时注册，检查医生的工作内容应与执业范围一致；医技人员的工作内容应与专业资质一致。

职业健康检查机构的技术负责人应具有高级技术职称及职业病诊断资格，全面负责技术运作；质量负责人负责保证质量管理体系实施。技术负责人和质量负责人应经法人授权，并为本机构签有合同在编人员，熟悉相关法律法规、标准、技术规范及本单位的岗位职责和管理制度。

职业健康检查机构应当指定主检医师负责确定职业健康检查项目和周期，

对职业健康检查过程进行质量控制，授权签发职业健康检查总结报告和个体结论报告。主检医师应为本机构签有合同在编人员，并符合《职业健康检查管理办法》第七条要求。

4.3 仪器设备要求

职业健康检查机构应配备满足并符合申请的职业健康检查项目所必需的仪器设备，职业健康检查所需仪器设备配备见附录 A。

仪器设备的种类、数量、性能、量程、精确度等技术指标满足工作需要，并符合计量认证要求。

职业健康检查机构应对放射诊疗设备定期进行性能检测及评价。

医疗仪器、检验试剂以及消耗品的购置和使用符合国家相关规定。

职业健康检查机构应建立和保持职业健康检查仪器设备管理制度，并专人负责保管，以确保设备的配置、维护和使用满足职业健康检查工作要求。对职业健康检查的设备（包括用于测量环境条件等辅助测量设备）定期进行维护保养及计量检定和校验，同时记录设备状态。

职业健康检查机构应对所使用的设备编制操作规程。

职业健康检查的设备应由经过授权的人员操作并对其进行维护。若设备脱离了职业健康检查机构的直接控制（如设备外借、外出体检），应确保该设备返回后，及时进行核查。出现故障或者异常时，职业健康检查机构应采取相应措施，如设备停用、设备隔离或加贴停用标签、标记直至修复，并通过检定、校准及核查表明设备能正常工作为止。同时核查这些缺陷或超出规定限度对之前职业健康检查结果的影响。

建立仪器设备档案，并实施动态管理，及时补充相关的信息，仪器档案应至少包括以下信息：

——仪器设备履历表，包括仪器设备名称、型号或规格、制造商、出厂编号、仪器设备唯一性识别号、购置日期、验收日期、启用日期、放置地点、用途、主要技术指标、保管人等；

——仪器购置申请、说明书原件、产品合格证、保修单；

——验收记录、安装调试报告；

——检定/校准记录，仪器设备检定/校准计划；

——仪器设备操作规程及维护规程；

——使用、保养、维护、维修记录，并定期归档。

4.4 工作场所要求

有从事开展职业健康检查的工作场所及工作条件，并能够独立开展相应的技术服务工作。

职业健康检查机构应确保其工作环境满足职业健康检查的要求，设立独立的职业健康检查区域，建筑总面积不少于400平方米，每个独立的检查室使用面积不小于6平方米。工作场所布局合理，采光良好。体检场所应在醒目位置公示体检功能区布局和体检基本流程，引导标识应准确清晰。

职业健康检查标准或者技术规范对环境条件有要求时或环境条件影响职业健康检查结果时，应监测、控制和记录环境条件。当环境条件不利于职业健康检查的开展时，应停止职业健康检查活动。

实验室和其他辅助检查的环境，应满足以下要求：

——生化、理化、血清免疫检验室具备有效的通风、排毒设施，检验区有生物安全标识，并符合相关的生物安全要求；检验区域布局合理，检验区和非检验区标识清晰，检验环境能够保证检验设备正常运行；废弃物处理符合国家相关规定；

——静脉取血室消毒符合要求；

——纯音听阈测试隔声室环境条件需符合GB/T 16403—1996的规定要求；

——X射线读片室观片灯等符合GBZ 70—2015中附录G的规定；

——X射线等特殊检查室使用面积按GBZ 130执行，X射线摄影检查室必须配备医、检双方放射防护设施；

——眼科检查应设置暗室；

——肺功能检查室通风良好；

——体检环境应有保护受检者隐私的相关设施，需要暴露受检者躯体的体格检查和辅助仪器检查项目应配置遮挡帘等设施。

4.5　能力考核与培训

职业健康检查机构应具备与申请的职业健康检查类别或项目相符合的临床检查及检验等能力。从事粉尘作业职业健康检查的阅片人员必须具备尘肺诊断阅片能力，职业健康检查机构检查医师应该具备针对性的对职业病危害因素作用人体靶器官损害情况的检查能力，主检医师应对其申报的职业健康检查的各职业病危害因素所致职业病、职业禁忌证有诊断能力和判断能力。可以通过定期现场操作、模拟报告、室内质控、室间质评和专项的盲样检测等方式进行考核。

职业健康检查机构应建立和保持人员培训制度，确定人员的教育和培训目标，明确有关职业健康检查法律法规、规范、标准、专业技术及岗位职责和管理制度等相关内容的培训，并评价这些培训活动的有效性。培训计划应满足职业健康检查机构当前和预期的任务需要。

职业健康检查机构应保留技术人员的相关资格、能力确认、授权、教育、培训的记录。

4.6 管理制度要求

职业健康检查机构应建立和实施规范的质量管理体系并有效运行，确保职业健康检查结果质量，促进职业健康监护工作规范化、标准化。

职业健康检查机构应建立投诉管理制度，设置受理投诉岗位，公布投诉电话。

职业健康检查机构制定质量方针和质量目标，确保管理体系要求融入职业健康检查的全过程，确保管理体系所需的资源，确保管理体系实现其预期结果，满足相关法律法规要求和客户要求。

职业健康检查机构每年度应组织质量管理体系的内部审核和管理评审，对本机构职业健康检查质量管理要求执行情况进行评估，对收集的职业健康检查质量信息进行及时分析和反馈，对职业健康检查质量问题和医疗安全风险进行预警，对存在的问题及时采取纠正措施，并采取有效的预防措施及评估机制。建立职业健康检查质量控制自我评价与持续改进制度。促进职业健康检查质量的持续改进，提升用人单位及受检者满意度。

职业健康检查机构的工作规范和管理制度应包括质量控制的组织结构、管理制度、操作规程、职业健康检查各项工作流程，有关职业病防治的法律、法规、规章、规范性文件、职业卫生、职业病诊断国家标准、临床指南等书籍和其他职业健康检查作业指导书及质量管理流程、相关记录表格等。

职业健康检查机构应建立内部质量检查制度，对各科室职业健康检查质量管理情况进行现场检查和抽查，建立本机构职业健康检查质量内部公示制度，对各科室职业健康检查质量关键指标的完成情况予以内部公示。

职业健康检查机构岗位职责和管理制度目录见附录 B。

5 职业健康检查过程质量要求

5.1 职业健康检查前质量控制

职业健康检查机构应当依据《职业健康检查管理办法》和 GBZ 188，结合用人单位提供的职业健康检查相关资料，与用人单位签订体检协议书或合同，明确用人单位应当检查的项目和周期以及双方的责任和义务等相关事宜。

用人单位提供的职业健康检查所需的相关资料包括：用人单位基本情况，工作场所职业病危害因素种类及其接触人员名册、岗位（或工种）、接触时间，工作场所职业病危害因素定期检测等相关资料以及生产技术、工艺和材料，职业病防护设施等资料。

体检前，职业健康检查机构要及时告知用人单位及受检者体检的注意事项，并通知、协调相关参检科室做好准备工作。依据已经确定体检时间、地点、受检者年龄性别结构、人员数量、危害因素种类和体检项目内容做好体检方案。根据体检人群的需求明确体检时需要使用的设备种类、数量及受检者情况等，应根据体检机构面积、功能设置和医务人员数量做好体检计划，使用设备、医疗物品及参检人员与检查人数和项目相适应，满足检查要求。

5.2 职业健康检查时质量控制

5.2.1 检查流程的确定

职业健康检查工作由多个医、护、技人员共同协作完成，是多个相对独立又相互联系的检查环节序贯组合。体检场所有明确的检查流程图和检查注意事项，所有工作人员应佩戴身份识别卡，在职业健康检查全程中每一环节采取适宜方法对受检者身份进行实名确认，对检查项目进行核对，条件具备时可采用身份证识别和拍照存档等方式记录受检者身份信息。对受检者自行放弃基本检查项目，应由受检者本人签字，予以确认，对职业健康检查的重点必检项目正常情况下不允许放弃检查。

5.2.2 体格检查

体格检查操作规范、准确，检查内容全面，按照 GBZ 188 执行。

5.2.3 实验室检查

职业健康检查机构应依据《医疗机构临床实验室管理办法》建立质量管理制度及检验项目的作业指导书，遵照实施并进行记录。检验项目应符合《医疗机构临床检验项目目录》要求。职业健康检查涉及的生物监测指标应参照 GBZ/T 173 要求开展检验工作。

职业健康检查机构应建立和保持实验室质量控制制度，定期开展实验室室内质量控制及参加实验室能力验证或室间质评（室间质控）活动。应遵循临检质控中心的各项要求，通过分析质量控制数据，当发现偏离预先判据时，应采取有计划的措施来纠正出现的问题，防止出现错误的结果。质量控制应有适当的方法和计划并加以评价。

职业健康检查机构应建立和保持仪器设备和标准物质（质控物）管理制度，定期检定、校准、维护、保养，并及时记录。必要时对仪器设备和标准物质（质控物）进行期间核查。

职业健康检查机构应建立和保持标本采集管理制度，以确保标本采集过程质量符合相关规定的要求。如静脉采血时的采血部位、血液的采取顺序、抗凝剂的选择、标本送检及标本处理等，以保证血液分析结果的准确可靠。

职业健康检查机构应建立和保持生物标本处置的管理制度，应有生物标本的标识系统，并在检验整个期间保留该标识。标本在运输、接收、制备、处置及存储过程中应予以控制和记录，以保护生物标本的完整性并为用人单位及受检者保密。

5.2.4　其他辅助检查

辅助仪器检查包括心电图、肺功能、电测听、超声波检查和 X 射线检查等，各检查室应独立或相对独立，医、检分离。检查过程中不得遗漏检查项目，按照各专业操作规程规范执行。

放射检查项目设置合理，先行告知受检者可能存在的安全隐患，严格按照《卫生部办公厅关于规范健康体检应用放射检查技术的通知》执行。

电测听检查和肺功能检查应有检查操作方法的告知，电测听检查严格按照 GB/T 16403—1996 的规定执行。

5.2.5　外出体检

职业健康检查机构在外出进行职业健康检查时，应提出相应的控制要求，以确保环境条件满足职业健康检查标准或者技术规范的要求，必须具备与外出体检相适应的职业健康检查仪器、设备和专用车辆等。外出职业健康检查进行医学影像学检查和实验室检测，必须保证检查质量并满足放射防护和生物安全的管理要求，生物样本采样容器应进行本底值检测。

5.3　职业健康检查后质量控制

5.3.1　检查报告的整理

体检后形成了大量受检者体检信息，医务人员需借助信息系统对其进行归纳整理、统计分析，完成对体检数据的最终评价。职业健康检查在完成检查后要及时整理体检者的职业史、导诊单等资料，并按照受检者个人信息和检查时间、序号等整理、发放和归档。职业健康检查机构配备专（兼）职统计人员，通过天津市体检信息平台，完成职业健康检查数据的上报；配备专（兼）职信息系统维护人员，建立信息化管理制度，做好网络安全预案，完善各项信息系统问题处理记录。

5.3.2　检查报告的领取

职业健康检查报告必须按照《职业健康检查管理办法》要求，在体检结束之日起 30 个工作日内完成体检报告的制作、审核，并将劳动者个人职业健康检查报告和用人单位职业健康检查总结报告，书面告知用人单位；领取报告时要做好告知并签署告知送达函。

5.3.3　疑似职业病与职业禁忌证报告

职业健康检查机构应明确疑似职业病、职业禁忌证及重要异常结果（危急值）及时告知的时间和制度并由专人负责。疑似职业病与职业禁忌证的告知和报告按照《职业健康检查管理办法》第十六条执行，网络直报由专人负责。职业健康检查工作情况，包括外出职业健康检查工作情况报告按照《职业健康检查管理办法》第六条执行。

6　职业健康检查结果质量要求

6.1　个体报告

职业健康检查个体报告是综合分析健康检查结果后，对每个接受健康检查的劳动者出具的结论性意见，为评估受检者能否从事或职业病危害因素作业环境对人体影响情况提供重要依据。体检结果信息全面、准确，体检报告应包含受检者的基本信息，如姓名、性别、年龄、族别、婚否、身份证号码、职业健康检查种类，工作单位及所接触的职业病有害因素种类（职业史）、体检基本项目等信息。各项检查内容记录规范、完整，必须有职业史内容和受检者签字；报告中各项结果应记录检查医师或操作者姓名和实施时间，应有手工签名或电子签名；体检结论应突出重点及个体化，不能偏离 GBZ 188 要求的五种结论。个体体检报告应实行分级审核，共同负责，体检结论处须有主检医师签名。

6.2　总结报告

按照 DB12/T 609 执行。纸质总结报告一式两份，一份交受检单位，一份存档；若电子版存档应为纸质报告的扫描件。

6.3　职业健康检查档案管理

职业健康检查机构应逐步建立和完善体检信息系统，对体检结果实现电子化管理，体检报告应使用规范的医学名词术语以便于数据储存、统计和分析。职业健康检查报告、告知函、签收单等及相关用人单位资料信息须有备份并保存。职业健康检查档案要求按照《职业健康检查管理办法》第十八条执行。

附录A

（规范性附录）

职业健康检查所需仪器设备

职业健康检查所需仪器设备配备一览表见表 **A.1**。

表 A.1　职业健康检查所需仪器设备配备一览表

<table>
<tr><th colspan="2">类别</th><th>仪器设备名称和规格要求</th></tr>
<tr><td colspan="2">通用必备仪器设备</td><td>满足高千伏摄影条件的 X 射线摄片机/DR 机、血压计、心电图仪、肺功能仪、B 超机（除粉尘）、血细胞分析仪、尿液分析仪、生化分析仪、裂隙灯、显微镜（除粉尘）、眼底镜（除粉尘）等。</td></tr>
<tr><td rowspan="5">专用仪器设备</td><td>粉尘类</td><td>必备设备：尘肺病诊断标准片、>3000CD 三联式观片灯以及 X 射线检查车（外出体检）等。
选检设备：—。</td></tr>
<tr><td>化学毒物类</td><td>必备设备：视野计、视力表、原子吸收分光光度计（石墨炉原子化器）、原子荧光光度计或冷原子吸收测汞仪、离子计或精密酸度计（带氟离子选择电极）、分光光度计、气相色谱仪、分析天平、病理检查设备等。
选检设备：血气分析仪（高铁血红蛋白或碳氧血红蛋白测定）、肌电图机、头颅 CT、电解质分析仪、血凝仪、高效液相色谱仪、锌卟啉仪、渗透压仪、肌钙蛋白仪。</td></tr>
<tr><td>物理因素类</td><td>必备设备：耳鼻喉科常规检查器械、符合条件的隔音室、纯音测听仪；远视力表、色觉图谱、高压氧舱（高气压）等。
选检设备：
噪声：声导抗、耳声发射、听觉诱发电位。
手臂振动：神经—肌电图、皮温计。
高气压：CT。</td></tr>
<tr><td>生物因素类</td><td>必备设备：炭疽细菌、布氏杆菌等检验所需的仪器设备的光学显微镜、恒温培养箱、二氧化碳培养箱、净化工作台、高压蒸汽灭菌器、电热鼓风干燥箱、高速离心机、恒温水槽或水浴锅、分析天平等。
选检设备：酶标仪、CT。</td></tr>
<tr><td>特殊作业</td><td>必备设备：耳鼻喉科常规检查器械、隔声室、纯音测听仪、声导抗、远视力表、色觉图谱、视野计等。
选检设备：—。</td></tr>
</table>

附录 B

（规范性附录）

职业健康检查机构岗位职责和管理制度目录

B.1　健康体检岗位工作职责

应包括以下内容：

——体检中心主任岗位职责；

——主检医师岗位职责；

——技术负责人职责；

——质量负责人职责；

——体检中心前台岗位职责；

——测听室岗位职责；

——肺功能室岗位职责；

——测血压岗岗位职责；

——发报告室岗位职责；

——护士岗位职责；

——医师岗位职责（内、外、妇、眼、耳鼻喉、口腔、皮肤等科）；

——技师岗位职责（含 X 射线诊断、心电诊断、超声诊断及检验）；

——质控人员（由各专业人员兼）工作职责；

——仪器设备管理员工作职责；

——档案管理员工作职责。

B.2　职业健康监护工作制度

应包括以下内容：

——职业健康检查机构公正与诚信制度；

——保护用人单位及受检者秘密和所有权管理制度；

——职业健康体检档案管理制度；

——职业健康检查信息管理系统管理制度；

——职业健康检查告知制度；

——业务培训制度；

——职业健康监护质量管理制度；

——专用章使用管理制度；

——职业病与疑似职业病报告制度；
——仪器设备使用管理制度；
——安全管理制度；
——投诉管理制度；
——质量管理体系内部审核和管理评审制度。

B. 3　职业健康检查机构应急预案

主要的应急程序：
——医护人员发生针刺伤时的应急程序；
——处理投诉及纠纷的应急程序；
——受检者发生低血糖的应急程序；
——突发晕厥、虚脱的应急程序；
——体检中心工作人员紧急调配预案；
——重大意外伤害事件的应急程序。

B. 4　表格

应包括以下内容：
——职业健康检查服务合同（协议）；
——职业健康检查表；
——职业健康检查复查通知书；
——疑似职业病告知书；
——职业禁忌证告知书；
——疑似职业病报告单；
——职业病报告卡；
——疑似职业病（职业禁忌证）报告表；
——年度职业健康检查结果汇总表；
——年度职业健康检查发现职业禁忌人员汇总表；
——年度职业健康检查发现疑似职业病病人汇总表。

B. 5　附件（支持性资料）

应包括以下内容：
——最高管理者授权书；
——技术负责人任命书；

——质量负责人任命书；
——主检医师任命书；
——内审员、质量监督员任命书；
——授权签字人任命书及签字识别；
——职业健康检查人员一览表；
——职业健康检查方法和检验方法一览表；
——职业健康监护适用法规/标准一览表；
——职业健康检查和检验主要仪器设备一览表；
——职业健康监护工作场所平面图；
——职业健康检查流程图；
——职业健康检查须知；
——获得的资质/认可/认证一览表。

参 考 文 献

[1] GB/T 19001—2016　质量管理体系要求．

[2] GBZ/T 224　职业卫生名词术语．

[3] GBZ/T 20468　临床实验室定量测定室内质量控制指南．

[4] GJB/Z 9000A—2001　质量管理体系标准．

[5] 国务院令第 149 号　医疗机构管理条例．

[6] 国家卫生和计划生育委员会令第 10 号　医疗质量管理办法．

[7] ISO 15189　医学实验室质量和能力的专用要求．

[8] 天津市健康体检机构质量控制标准．天津市健康体检医疗质量控制中心，2014. 7.

[9] 职业健康监护与管理．周安寿，黄汉林主编．北京：中国环境出版社，2013. 4.

[10] 李德鸿，江朝强，等．职业健康监护指南［M］．2 版．上海：东华大学出版社，2012.

[11]《健康体检质量控制指南》（中华健康管理学杂志）2016 年第 4 期．

附录五

职业病诊断标准文件目录

序号	标准编号	标准名称
		职业病诊断通用标准
1	GBZ/T 157—2009	职业病诊断名词术语
2	GBZ/T 191—2007	放射性疾病诊断名词术语
3	GBZ 156—2013	职业性放射性疾病报告格式与内容
4	GBZ 169—2006	职业性放射性疾病诊断程序和要求
5	GBZ/T 218—2017	职业病诊断标准编写指南
6	GBZ/T 260—2014	职业禁忌证界定导则
7	GBZ/T 265—2014	职业病诊断通则
8	GBZ/T 267—2015	职业病诊断文书书写规范
		一、职业性尘肺病诊断标准
1	GBZ 25—2014	职业性尘肺病的病理诊断
2	GBZ 70—2015	职业性尘肺病的诊断
		二、其他呼吸系统疾病诊断标准
3	GBZ 56—2016	职业性棉尘病的诊断
4	GBZ 57—2019	职业性哮喘的诊断
5	GBZ 60—2014	职业性过敏性肺炎的诊断
6	GBZ/T 237—2011	职业性刺激性化学物致慢性阻塞性肺疾病的诊断
7	GBZ 290—2017	职业性硬金属肺病的诊断
8	GBZ 292—2017	职业性金属及其化合物粉尘（锡、铁、锑、钡及其化合物等）肺尘埃沉着病的诊断
		三、职业性皮肤病诊断标准
9	GBZ 18—2013	职业性皮肤病的诊断（总则）
10	GBZ 19—2002	职业性电光性皮炎诊断标准
11	GBZ 20—2019	职业性接触性皮炎的诊断
12	GBZ 21—2006	职业性光接触性皮炎诊断标准
13	GBZ 22—2002	职业性黑变病诊断标准
14	GBZ 51—2009	职业性化学性皮肤灼伤诊断标准
15	GBZ 55—2002	职业性痤疮诊断标准
16	GBZ 62—2002	职业性皮肤溃疡诊断标准

续表

序号	标准编号	标准名称
17	GBZ 185—2006	职业性三氯乙烯药疹样皮炎诊断标准
18	GBZ 236—2011	职业性白斑的诊断
		四、职业性眼病诊断标准
19	GBZ 9—2002	职业性急性电光性眼炎（紫外线角膜结膜炎）诊断标准
20	GBZ 35—2010	职业性白内障诊断标准
21	GBZ 45—2010	职业性三硝基甲苯白内障诊断标准
22	GBZ 54—2017	职业性化学性眼灼伤诊断标准
23	GBZ 288—2017	职业性激光所致眼（角膜、晶状体、视网膜）损伤的诊断
		五、职业性耳鼻喉口腔疾病诊断标准
24	GBZ 12—2014	职业性铬鼻病的诊断
25	GBZ 49—2014	职业性噪声聋的诊断
26	GBZ 61—2015	职业性牙酸蚀病的诊断
27	GBZ/T 238—2011	职业性爆震聋的诊断
		六、职业性化学中毒诊断标准
28	GBZ 3—2006	职业性慢性锰中毒诊断标准
29	GBZ 4—2002	职业性慢性二硫化碳中毒诊断标准
30	GBZ 5—2016	职业性氟及其无机化合物中毒的诊断
31	GBZ 6—2002	职业性慢性氯丙烯中毒诊断标准
32	GBZ 8—2002	职业性急性有机磷杀虫剂中毒诊断标准
33	GBZ 10—2002	职业性急性溴甲烷中毒诊断标准
34	GBZ 11—2014	职业性急性磷化氢中毒的诊断
35	GBZ 13—2016	职业性急性丙烯腈中毒的诊断
36	GBZ 14—2015	职业性急性氨中毒的诊断
37	GBZ 15—2002	职业性急性氮氧化物中毒诊断标准
38	GBZ 16—2014	职业性急性甲苯中毒的诊断
39	GBZ 17—2015	职业性镉中毒的诊断
40	GBZ 23—2002	职业性急性一氧化碳中毒诊断标准
41	GBZ 26—2007	职业性急性三烷基锡中毒诊断标准
42	GBZ 27—2002	职业性溶剂汽油中毒诊断标准
43	GBZ 28—2010	职业性急性羰基镍中毒诊断标准

续表

序号	标准编号	标准名称
44	GBZ 29—2011	职业性急性光气中毒的诊断
45	GBZ 30—2015	职业性急性苯的氨基、硝基化合物中毒的诊断
46	GBZ 31—2002	职业性急性硫化氢中毒诊断标准
47	GBZ 32—2015	职业性氯丁二烯中毒的诊断
48	GBZ 33—2002	职业性急性甲醛中毒诊断标准
49	GBZ 34—2002	职业性急性五氯酚中毒诊断标准
50	GBZ 36—2015	职业性急性四乙基铅中毒的诊断
51	GBZ 37—2015	职业性慢性铅中毒的诊断
52	GBZ 38—2006	职业性急性三氯乙烯中毒诊断标准
53	GBZ 39—2016	职业性急性 1，2－二氯乙烷中毒的诊断
54	GBZ 40—2002	职业性急性硫酸二甲酯中毒诊断标准
55	GBZ 42—2002	职业性急性四氯化碳中毒诊断标准
56	GBZ 43—2002	职业性急性拟除虫菊酯中毒诊断标准
57	GBZ 44—2016	职业性急性砷化氢中毒的诊断
58	GBZ 46—2002	职业性急性杀虫脒中毒诊断标准
59	GBZ 47—2016	职业性急性钒中毒的诊断
60	GBZ 50—2015	职业性丙烯酰胺中毒的诊断
61	GBZ 52—2002	职业性急性氨基甲酸酯杀虫剂中毒诊断标准
62	GBZ 53—2017	职业性急性甲醇中毒的诊断
63	GBZ 58—2014	职业性急性二氧化硫中毒的诊断
64	GBZ 59—2010	职业性中毒性肝病诊断标准
65	GBZ 63—2017	职业性急性钡及其化合物中毒的诊断
66	GBZ 65—2002	职业性急性氯气中毒诊断标准
67	GBZ 66—2002	职业性急性有机氟中毒诊断标准
68	GBZ 67—2015	职业性铍病的诊断
69	GBZ 68—2013	职业性苯中毒的诊断
70	GBZ 69—2011	职业性慢性三硝基甲苯中毒的诊断
71	GBZ 71—2013	职业性急性化学物中毒的诊断（总则）
72	GBZ 72—2002	职业性急性隐匿式化学物中毒诊断规则
73	GBZ 73—2009	职业性急性化学物中毒性呼吸系统疾病诊断标准
74	GBZ 74—2009	职业性急性化学物中毒性心脏病诊断标准

续表

序号	标准编号	标准名称
75	GBZ 75—2010	职业性急性化学物中毒性血液系统疾病诊断标准
76	GBZ 76—2002	职业性急性化学物中毒性神经系统疾病诊断标准
77	GBZ 77—2019	职业性急性化学物中毒性多器官功能障碍综合征的诊断
78	GBZ 78—2010	职业性化学源性猝死诊断标准
79	GBZ 79—2013	职业性急性中毒性肾病的诊断
80	GBZ 80—2002	职业性急性一甲胺中毒诊断标准
81	GBZ 81—2002	职业性磷中毒诊断标准
82	GBZ 83—2013	职业性砷中毒的诊断
83	GBZ 84—2017	职业性慢性正己烷中毒的诊断
84	GBZ 85—2014	职业性急性二甲基甲酰胺中毒的诊断
85	GBZ 86—2002	职业性急性偏二甲基肼中毒诊断标准
86	GBZ 89—2007	职业性汞中毒诊断标准
87	GBZ 90—2017	职业性氯乙烯中毒的诊断
88	GBZ 91—2008	职业性急性酚中毒诊断标准
89	GBZ 209—2008	职业性急性氰化物中毒诊断标准
90	GBZ 226—2010	职业性铊中毒诊断标准
91	GBZ/T 228—2010	职业性急性化学物中毒后遗症诊断标准
92	GBZ 239—2011	职业性急性氯乙酸中毒的诊断
93	GBZ 245—2013	职业性急性环氧乙烷中毒的诊断
94	GBZ 246—2013	职业性急性百草枯中毒的诊断
95	GBZ/T 247—2013	职业性慢性化学物中毒性周围神经病的诊断
96	GBZ 258—2014	职业性急性碘甲烷中毒的诊断
97	GBZ 289—2017	职业性溴丙烷中毒的诊断
98	GBZ 294—2017	职业性铟及其化合物中毒的诊断
		七、物理因素所致职业病诊断标准
99	GBZ 7—2014	职业性手臂振动病的诊断
100	GBZ 24—2017	职业性减压病的诊断
101	GBZ 41—2019	职业性中暑的诊断
102	GBZ 92—2008	职业性高原病诊断标准
103	GBZ 93—2010	职业性航空病诊断标准
104	GBZ 278—2016	职业性冻伤的诊断

续表

序号	标准编号	标准名称
		八、职业性放射性疾病诊断标准
105	GBZ 95—2014	职业性放射性白内障的诊断
106	GBZ 96—2011	内照射放射病诊断标准
107	GBZ 97—2017	职业性放射性肿瘤判断规范
108	GBZ 99—2002	外照射亚急性放射病诊断标准
109	GBZ 100—2010	外照射放射性骨损伤诊断
110	GBZ 101—2011	放射性甲状腺疾病诊断标准
111	GBZ 102—2007	放冲复合伤诊断标准
112	GBZ 103—2007	放烧复合伤诊断标准
113	GBZ 104—2017	职业性外照射急性放射病诊断
114	GBZ 105—2017	职业性外照射慢性放射病诊断
115	GBZ 106—2016	职业性放射性皮肤损伤诊断
116	GBZ 107—2015	职业性放射性性腺疾病诊断
117	GBZ 108—2002	急性铀中毒诊断标准
118	GBZ 112—2017	职业性放射性疾病诊断总则
119	GBZ 219—2009	放射性皮肤癌诊断标准
		九、职业性传染病诊断标准
120	GBZ 88—2002	职业性森林脑炎诊断标准
121	GBZ 227—2017	职业性传染病的诊断
122	GBZ 324—2019	职业性莱姆病的诊断
		十、职业性肿瘤诊断标准
123	GBZ 94—2017	职业性肿瘤的诊断
		十一、其他职业病诊断标准
124	GBZ 48—2002	金属烟热诊断标准
125	GBZ 82—2002	煤矿井下工人滑囊炎诊断标准
126	GBZ 291—2017	职业性股静脉血栓综合征、股动脉闭塞症或淋巴管闭塞症的诊断

注：本表不包括 GBZ（国家职业卫生标准）以外的标准。

艾滋病和艾滋病病毒感染诊断标准（WS 293）。

与职业健康检查相关的职业接触生物限值一览表

序号	标准编号	行业标准名称
1	WS/T 110—1999	职业接触甲苯的生物限值
2	WS/T 111—1999	职业接触三氯乙烯的生物限值
3	WS/T 112—1999	职业接触铅及其化合物的生物限值
4	WS/T 113—1999	职业接触镉及其化合物的生物限值
5	WS/T 114—1999	职业接触一氧化碳生物限值
6	WS/T 115—1999	职业接触有机磷酸酯类农药的生物限值
7	WS/T 239—2004	职业接触二硫化碳的生物限值
8	WS/T 240—2004	职业接触氟及其无机化合物的生物限值
9	WS/T 241—2004	职业接触苯乙烯的生物限值
10	WS/T 242—2004	职业接触三硝基甲苯的生物限值
11	WS/T 243—2004	职业接触正已烷的生物限值
12	WS/T 264—2006	职业接触五氯酚的生物限值
13	WS/T 265—2006	职业接触汞的生物限值
14	WS/T 266—2006	职业接触可溶性铬盐的生物限值
15	WS/T 267—2006	职业接触酚的生物限值

附录六

职业健康检查机构备案表

备案单位名称（公章）：__________________

填表日期：________年________月________日

中华人民共和国国家卫生健康委员会制

职业健康检查机构备案表

<table>
<tr><td>备案单位名称</td><td colspan="5"></td></tr>
<tr><td>备案单位地址</td><td></td><td>电话</td><td></td><td>传真</td><td></td></tr>
<tr><td>邮政编码</td><td></td><td>电子邮件</td><td colspan="3"></td></tr>
<tr><td>法定代表人</td><td></td><td>职务/职称</td><td colspan="3"></td></tr>
<tr><td>备案检查
项目类别</td><td colspan="5">1. 接触粉尘类 （ ） 2. 接触化学因素类 （ ）
3. 接触物理因素类 （ ） 4. 接触生物因素类 （ ）
5. 接触放射因素类 （ ） 6. 其他类（特殊作业等）（ ）</td></tr>
<tr><td>所附资料清单</td><td colspan="5">1. 《医疗机构执业许可证》（涉及放射检查项目的，还应当提交《放射诊疗许可证》）及副本（复印件）； （ ）
2. 具有相应的职业健康检查场所、候检场所和检验室，建筑总面积不少于400平方米，每个独立的检查室使用面积不少于6平方米的有关资料； （ ）
3. 与备案开展的职业健康检查类别和项目相适应的执业医师、护士等医疗卫生技术人员的有关资料； （ ）
4. 至少具有1名取得职业病诊断资格的执业医师的有关资料； （ ）
5. 与备案开展的职业健康检查类别和项目相适应的仪器、设备，与开展外出职业健康检查相适应的职业健康检查仪器、设备、专用车辆等条件的有关资料； （ ）
6. 职业健康检查质量管理制度有关资料； （ ）
7. 备案的职业健康检查项目详细说明； （ ）
8. 省级卫生健康行政部门规定提交的其他资料（详细列出）。</td></tr>
<tr><td colspan="6">本单位保证上述资料属实。

备案单位法定代表人： 备案单位：
（签章） （公章）

年 月 日</td></tr>
</table>

职业健康检查执业医师等相关医疗卫生技术人员情况表

姓　名	性别	出生年月	学历	职务/职称	所在科室	从事专业	工作年限	取得职业病诊断等相关资格日期

职业健康检查仪器和设备清单（含外出）

序号	仪器、设备名称	型号	数量	用途	工作状态	购置日期	备注

附录七

职业健康检查机构备案变更表

机构名称（公章）：________________________

填表日期：________年________月________日

中华人民共和国国家卫生健康委员会制

职业健康检查机构备案变更表

<table>
<tr><td>机构名称</td><td colspan="5"></td></tr>
<tr><td>机构地址</td><td colspan="2"></td><td>联系人</td><td></td><td>联系电话</td></tr>
<tr><td>邮政编码</td><td></td><td>通信地址</td><td colspan="3"></td></tr>
<tr><td>法定代表人</td><td></td><td>职务/职称</td><td colspan="3"></td></tr>
<tr><td>执业情况</td><td colspan="5">是否继续开展职业健康检查工作　　是（ ）　否（ ）</td></tr>
<tr><td>变更日期</td><td colspan="5">年　月　日</td></tr>
<tr><td rowspan="6">变更事项</td><td>项目</td><td colspan="2">变更前</td><td colspan="2">变更后</td></tr>
<tr><td>机构名称</td><td colspan="2"></td><td colspan="2"></td></tr>
<tr><td>机构地址</td><td colspan="2"></td><td colspan="2"></td></tr>
<tr><td>检查类别</td><td colspan="2">1. 接触粉尘类（ ）
2. 接触化学因素类（ ）
3. 接触物理因素类（ ）
4. 接触生物因素类（ ）
5. 接触放射因素类（ ）
6. 其他类（ ）</td><td colspan="2">1. 接触粉尘类（ ）
2. 接触化学因素类（ ）
3. 接触物理因素类（ ）
4. 接触生物因素类（ ）
5. 接触放射因素类（ ）
6. 其他类（ ）</td></tr>
<tr><td>检查项目</td><td colspan="4">详细说明</td></tr>
<tr><td>其他事项</td><td colspan="4">省级卫生健康行政部门提出的有关要求（请注明）</td></tr>
<tr><td>所附资料</td><td colspan="5">机构名称、机构地址变更的，请提供《医疗机构执业许可证》及副本复印件；增加职业健康检查类别和检查项目的，请详细说明具备开展职业健康检查工作所需的工作场所、专业技术人员和仪器设备等条件</td></tr>
<tr><td colspan="6">本单位保证上述资料属实。

备案单位法定代表人：________　　备案单位：________
（签章）　　（公章）

年　月　日</td></tr>
</table>

附录八

《质量手册》示例

《质量手册》示例—封面

XXXX 职业健康检查机构

质 量 手 册

第 YY 版

文件编号：XXXXZYTJ－QM

编制人：

审核人：

批准人：

颁布日期：0000－00－00

实施日期：0000－00－00

版本类型：受控

持有人：

发放登记编号：No. YY

《质量手册》示例—目录

xxxx 医院 质量手册	颁布日期：aaaa 年 aa 月 aa 日
	第 0.1 章第 1 页，共 2 页
目录	第 1 版，第 0 次修改
	修订日期：aaaa 年 aa 月 aa 日

封面

第 0 章　序章

0.1　目录

0.2　发布令

0.3　公正性声明

0.4　修订页

第 1 章　医院简介

第 2 章　质量方针、目标和承诺

2.1　质量方针

2.2　质量目标

2.3　服务承诺

第 3 章　术语与定义

第 4 章　管理要求

4.1　组织结构

4.2　人员

4.3　仪器设备

4.4　工作场所

4.5　能力考核与培训

4.6　管理制度

4.6.1　管理体系建立

4.6.2　质量手册的管理

4.6.3　文件控制

4.6.4　合同评审

4.6.5　服务与供应品采购

4.6.6　投诉

4.6.7　不符合工作控制

4.6.8　纠正措施、预防措施与改进

4.6.9　记录

4.6.10　内部审核

4.6.11　管理评审

4.6.12　职业健康检查方法确认

4.6.13　职业健康检查方法确认

4.6.14　抽样及标本处置

《质量手册》示例—目录

xxxx 医院 质量手册	颁布日期：aaaa 年 aa 月 aa 日
	第 0.1 章第 2 页，共 2 页
目录	第 1 版，第 0 次修改
	修订日期：aaaa 年 aa 月 aa 日

《程序文件》示例—目录

xxxx 医院 程序文件	颁布日期：aaaa 年 aa 月 aa 日 第 1 页，共 2 页
主题：目录	第 1 版，第 0 次修改 修订日期：aaaa 年 aa 月 aa 日
文件编号	文件名称
	封面
AAAAAA - CX - 0.1	目录
AAAAAA - CX - 0.2	修正页
AAAAAA - CX - 01	公正性保证程序
AAAAAA - CX - 02	客户机密和保护所有权程序
AAAAAA - CX - 03	人员管理与培训程序
AAAAAA - CX - 04	仪器设备管理程序合并仪器设备维修程序
AAAAAA - CX - 05	量值溯源程序
AAAAAA - CX - 06	期间核查程序
AAAAAA - CX - 07	标准物质、质控品管理程序
AAAAAA - CX - 08	设施与环境条件控制程序
AAAAAA - CX - 09	环境保护程序
AAAAAA - CX - 10	安全作业管理程序
AAAAAA - CX - 11	文件控制程序
AAAAAA - CX - 12	合同评审程序
AAAAAA - CX - 13	服务和供应品采购控制程序
AAAAAA - CX - 14	投诉处理程序
AAAAAA - CX - 15	不符合工作控制程序
AAAAAA - CX - 16	纠正措施控制程序
AAAAAA - CX - 17	预防措施控制程序
AAAAAA - CX - 18	改进控制程序
AAAAAA - CX - 19	记录控制程序
AAAAAA - CX - 20	内部审核程序
AAAAAA - CX - 21	管理评审程序
AAAAAA - CX - 22	职业健康检查方法与方法确认程序
AAAAAA - CX - 23	允许偏离标准（规范）控制程序
AAAAAA - CX - 24	开展新项目评审程序
AAAAAA - CX - 25	计算机控制及数据控制程序
AAAAAA - CX - 26	职业健康检查工作控制程序
AAAAAA - CX - 27	质量监督控制程序

《程序文件》示例—目录

xxxx 医院 程序文件	颁布日期：aaaa 年 aa 月 aa 日
	第 2 页，共 2 页
主题：目录	第 1 版，第 0 次修改
	修订日期：aaaa 年 aa 月 aa 日
文件编号	文件名称
AAAAAA－CX－28	标本采集控制程序
AAAAAA－CX－29	标本处理管理程序
AAAAAA－CX－30	职业健康检查质量控制程序
AAAAAA－CX－31	职业健康检查结果报告管理程序
AAAAAA－CX－32	记录、档案的管理程序
AAAAAA－CX－33	网络直报工作程序
AAAAAA－CX－34	外出体检质量保证程序
AAAAAA－CX－35	报告书（单）管理程序

《作业指导书》示例—目录

xxxx 医院 作业指导书	颁布日期：aaaa 年 aa 月 aa 日
	第 1 页，共 2 页
主题：目录	第 1 版，第 0 次修改
	修订日期：aaaa 年 aa 月 aa 日
文件编号	文件名称
	封面
AAAAAA - ZY - 0.1	目录
AAAAAA - ZY - 0.2	修正页
AAAAAA - ZY - FF - 01	劳动者个人基本信息资料的采集检查方法
AAAAAA - ZY - FF - 02	症状询问方法
AAAAAA - ZY - FF - 03	血常规血标本采集方法
AAAAAA - ZY - FF - 04	尿常规检验方法
AAAAAA - ZY - FF - 05	肝功能检验方法
AAAAAA - ZY - FF - 06	尿 β2 - 微球蛋白检验方法
AAAAAA - ZY - FF - 07	网织红细胞检验方法
AAAAAA - ZY - FF - 08	尿脱落细胞检查方法
AAAAAA - ZY - FF - 09	耳科检查方法
AAAAAA - ZY - GC - 01	ST - 75 型肺功能仪操作规程
AAAAAA - ZY - GC - 02	AD 226 型纯音听力计操作规程
AAAAAA - ZY - GC - 03	BLT - 1203A 型心电图仪操作规程
AAAAAA - ZY - GC - 04	SSA - 320A 型 B 超操作规程
AAAAAA - ZY - GC - 05	VS - 1000 动脉硬化测试装置操作规程
AAAAAA - ZY - GC - 06	骨密度及骨龄测试仪操作规程
AAAAAA - ZY - GC - 07	高 KV 胸片/DR 操作规程
AAAAAA - ZY - GC - 08	裂隙灯显微镜操作规程
AAAAAA - ZY - GC - 09	MT - N600 尿仪操作规程
AAAAAA - ZY - GC - 10	CS - 800B 型全自动生化分析仪操作规程
AAAAAA - ZY - GC - 11	LBH - 250A 生化培养箱操作规程
AAAAAA - ZY - GC - 12	BC - 3000PLUS 全自动血细胞分析仪操作规程
AAAAAA - ZY - GC - 13	PXSJ - 216 型离子计操作规程
AAAAAA - ZY - GC - 14	BD - II - 108 型彩色分辨视野计操作规程
AAAAAA - ZY - ZD - 01	职业健康检查质量管理制度
AAAAAA - ZY - ZD - 02	职业健康检查人员文明用语
AAAAAA - ZY - ZD - 03	职业健康检查医学常规检查工作制度
AAAAAA - ZY - ZD - 04	职业性健康检查前、后会议制度

《作业指导书》示例一目录

<table>
<tr><td>xxxx 医院
作业指导书</td><td>颁布日期：aaaa 年 aa 月 aa 日</td></tr>
<tr><td></td><td>第 2 页，共 2 页</td></tr>
<tr><td rowspan="2">主题：目录</td><td>第 1 版，第 0 次修改</td></tr>
<tr><td>修订日期：aaaa 年 aa 月 aa 日</td></tr>
<tr><td>文件编号</td><td>文件名称</td></tr>
<tr><td>AAAAAA－ZY－ZD－05</td><td>外出职业健康检查工作制度</td></tr>
<tr><td>AAAAAA－ZY－ZD－06</td><td>职业性健康检查工作制度</td></tr>
<tr><td>AAAAAA－ZY－ZD－07</td><td>检验科工作制度</td></tr>
<tr><td>AAAAAA－ZY－ZD－08</td><td>放射科工作制度</td></tr>
<tr><td>AAAAAA－ZY－ZD－09</td><td>职业性健康检查特殊检查室工作制度</td></tr>
</table>

《作业指导书》示例

作业指导书 文件编号：AAAAAA－ZY－FF－01	颁布日期：aaaa 年 aa 月 aa 日
	第 1 页，共 1 页
主题：劳动者个人基本信息资料的采集检查方法	第 1 版，第 0 次修改
	修订日期：aaaa 年 aa 月 aa 日

1 目的

规范职业健康检查体检中劳动者个人基本信息资料的采集检查方法。

2 适用范围

适用于对职业健康检查体检中劳动者个人基本信息资料的采集。

3 作业程序

（1）应由医护人员进行个人资料收集。

（2）负责询问的医护人员应接受过专门的培训，熟悉询问和收集的资料内容。

（3）信息采集提问时要注意系统性和目的性，简明扼要、直入主题。

（4）职业史包括既往和目前接触职业病有害因素作业史。不同接触史和不同时段应分开记录，接触时间、工种、接触的职业病危害因素名称要描述准确。现职业史以单位提供的资料为准。

（5）询问受检者隐私问题时，如身份证号码、家庭住址及联系电话、家族史及既往史、月经与生育史时，要注意提问用语规范严谨。

（6）检查者在询问和收集资料时要避免出现以下错误：

询问错误——随便省略或变更问题。

记录错误——受检者说到的问题未被记录下来或不恰当地记录下来。

诚信错误——记录没有问的问题或受检者没有回答的问题。

4 支持性文件

GBZ 188—2018《职业健康监护技术规范》附录 B　职业健康监护中医学常规检查方法。

5 使用的记录表格

XXXX 记录表。

编制人：xxx 审核人：xxx 批准人：xxx

《作业指导书》示例

<table>
<tr><td rowspan="2">作业指导书
文件编号：AAAAAA－ZY－GC－01</td><td>颁布日期：aaaa 年 aa 月 aa 日</td></tr>
<tr><td>第 1 页，共 3 页</td></tr>
<tr><td rowspan="2">主题：ST－75 型肺功能操作规程</td><td>第 1 版，第 0 次修改</td></tr>
<tr><td>修订日期：aaaa 年 aa 月 aa 日</td></tr>
</table>

1　目的

维护和正确使用 ST－75 型肺功能仪。

2　适用范围

适用于本院职业健康检查体检中肺功能项目的检查。

3　作业程序

3.1　仪器准备

（1）连接外部传感器与仪器；红色对红色接口，黑色对黑色接口；加热口对加热口（在仪器的左边）。

（2）连接外部传感器与黑色橡胶管及纸垫；将黑色橡胶管装在有黑色箭头的传感器一边，纸垫插入黑色橡胶管 1～2 厘米。

（3）插入电源（仪器后部），打开电源开关（仪器左边）。

3.2　询问及检查前培训

（1）核对患者并在肺功能检查表格上登记患者个人相关信息。

（2）询问受检者在过去三个月是否有大的腹部和胸部手术或者心脏疾病，如果有，不应做肺功能检查。

（3）提醒受检者该项检查的目的是检查他们的肺通气功能，嘱受检者应根据检测人员的口令，尽最大努力，尽可能配合。

（4）测试前应详细地说明测试过程，并认真地做测试动作示范，务使受检者完全理解并掌握全部测试过程中应如何和测试人员配合。

（5）要求受检者解开紧身衣服，若不能确保假牙安全可靠，要求取出。

（6）把吹筒放在口腔内，其前口应含到牙齿内，并保证在吹气时不漏气。

（7）要求受检者站立做肺通气功能检测，如果不能站立，在表格上填上说明受检者是坐着检测的编号。

3.3　检查方法

（1）要求受检者下巴微抬和脖子微伸。

（2）夹住鼻子（测试与测试之间鼻夹可以移开）。

（3）准备好后令受检者平静呼吸 3～5 次后，尽最大努力深吸气到饱满状态（不能再吸气为止），要求受检者以最快速度、最大力气把气吹进吹筒（呼气时应用嘴唇含紧吹筒用最大力气和最快速度吹），并持续用力至少坚持 4 秒以上。

（4）每位受检者至少测试三次，以测定值最大的为结果。

（5）检查每次测试记录图形，判定是否最大用力，有无停顿、换气、漏气或其他影响测试结果的异常，并应记录下来。对测试结果应给予评价，如满意、不满意、不能合作或拒绝合作等。

《作业指导书》示例

作业指导书 文件编号：AAAAAA－ZY－GC－01	颁布日期：aaaa 年 aa 月 aa 日
	第 2 页，共 3 页
主题：ST－75 型肺功能操作规程	第 1 版，第 0 次修改
	修订日期：aaaa 年 aa 月 aa 日

3.4　肺活量（VC）测量方法

3.4.1　比例测定

（1）在主屏幕按(6)，VC 测量屏幕显示。

（2）让受检者夹上鼻夹，含住接嘴。

（3）按［START］开始潮气量测量。

（4）当 VC 曲线屏幕显示，同时有个“滴”声，让受检者正常呼吸。这时 VC 曲线显示时间和放大 4 倍的容量坐标。

（5）当正常呼吸三次或从开始至 25 秒时，“滴”声再次响起，开始实时的 VC 测量。

（6）当 VC 曲线屏幕显示一个正常的或放大 2 倍的时间量的标（根据先前的比例），在测量状态时按［Fn］固定比例（从正常到放大 2 倍）。直到下一次改变前，保持此固定的比例。

3.4.2　肺活量（VC）测定

（1）在主屏幕按(6)，VC 测量屏幕显示。

（2）让受检者夹上鼻夹，含住接嘴。

（3）按［START］开始肺活量 VC 测量。

（4）在吸气时，让受检者最大限度地吸入，然后，慢慢地匀速地呼出，再让受检者吸气然后正常呼吸。

（5）VC 数据显示后，按［STOP］或［ESC］完成测量（测量时间 50 秒后测量自动终止）。

（6）若成功后，按完［STOP］键后，再按［START］键开始第二次及第三次测量，仪器自动选择三次的最佳值。

3.4.3　测量后

（1）拔掉电源线，移去呼吸管路，使用浸有肥皂水的软布擦拭仪器的外壳。

（2）流入机箱内，用蒸馏水漂洗传感器，晃出多余的水分，在下次使用前使其干燥。如果使用肺量仪的患者有传染病，则测量后立即消毒清洗。

（3）测量完毕关闭电源测量开关，拔下各插头，散热后并包好。

（4）将仪器置于仪器箱内。

3.5　注意事项

（1）采用专用电源，切勿混用。

（2）移动机器时要小心，避免机器磕碰。

（3）每年到国家认可的计量检测部门进行仪器校验，以确保测试结果的可靠性。

《作业指导书》示例

作业指导书 文件编号：AAAAAA－ZY－GC－01	颁布日期：aaaa 年 aa 月 aa 日
	第 3 页，共 3 页
主题：ST－75 型肺功能操作规程	第 1 版，第 0 次修改
	修订日期：aaaa 年 aa 月 aa 日

4 支持性文件

ST－75 型肺功能说明书。

编制人：xxx 审核人：xxx 批准人：xxx

《记录表格》示例

职业健康检查报告发放记录

编号：XXZYTJ－科室代号－JL－01

单位名称 （或个人姓名）	体检日期及报告份数	领报告人/日期	发报告人/日期	满意度调查	备注
				□满意 □不满意	
				□满意 □不满意	
				□满意 □不满意	
				□满意 □不满意	
				□满意 □不满意	
				□满意 □不满意	
				□满意 □不满意	
				□满意 □不满意	

附录九

职业健康检查基本设备（仪器）配备一览表（参考）

类别		仪器设备名称
基本仪器设备		血压计、听诊器、叩诊锤、身高测距仪、磅秤、眼底镜、音叉、显微镜、分光光度计、离心机、水浴箱、干燥箱、尿液分析仪、血细胞分析仪、电解质分析仪、生化分析仪、心电图仪、B 超、CR/DR 摄片机、肺功能仪等。
专用仪器设备	粉尘类	高仟伏/DR 摄片机、尘肺标准片、>3000CD 三联式观片灯以及 DR 检查车（外出体检）；有机性粉尘鼻部常规检查用额镜或额眼灯等。
	化学毒物类	建立毒化分析实验室。具备血氧饱和度测定仪或血气分析仪、肌钙蛋白仪、离子色谱仪，精密酸度计（带氟离子选择电极和参比电极）、原子吸收分光光度计（具石墨炉和塞曼背景校正装置）、原子荧光光度计、高效液相色谱仪、气相色谱仪、血液锌原卟啉（ZPP）仪、电子天平、微波消解仪、超纯水制备仪、酶标仪、电解质分析仪、高速离心机（转速大于 10000r/min）、旋涡混合器、微量移液器、病理检查设备以及肌电图仪或诱发电位仪、视野计、视力表、视力灯、裂隙灯、色觉图谱、耳鼻喉科常规仪器等。
	物理因素类	纯音听力计、符合条件的测听室、声阻抗仪、多频稳态听觉电位测试仪、耳鼻喉科常规检查器械、视力灯、裂隙灯、对数视力表、色觉图谱、高压氧舱、肌电图仪等。
	生物因素类	光学显微镜、恒温培养箱、二氧化碳培养箱、净化工作台、高压蒸汽灭菌器、电热鼓风干燥箱、高速离心机、恒温水槽或水浴锅、电子天平等。
	特殊作业	耳鼻喉科常规检查器械、符合条件的测听室、纯音听力计、声阻抗仪、视力灯、裂隙灯、对数视力表、色觉图谱、视野计、脑电图仪、超声心动仪等。
	放射因素类	建立辐射遗传细胞学实验室。具备染色体畸变分析及微核分析能力，光学显微镜、恒温培养箱或二氧化碳培养箱、净化工作台、通风柜、量筒、低温冰箱、高速离心机、真空吸液器、电子天平、恒温水槽或水浴锅；裂隙灯、视力表、视力灯、色觉图谱、耳鼻喉科常规仪器、化学发光仪或电化学发光仪或荧光免疫分析仪等。

注：开展各类职业健康检查工作需要配置的设备（仪器）是指基本设备（仪器）配置要求和相应类职业健康检查需配备的设备（仪器）要求。

附录十

GBZ 188 所列职业健康检查项目及设备（仪器）配备一览表（参考）

序号	名称		检查项目	设备配置
一	化学因素			
1	铅及其无机化合物	岗前	体格检查必检项目：1）内科常规检查；2）神经系统常规检查。	体格检查必备设备：1）内科常规检查用听诊器、血压计、身高测距仪、磅秤；2）神经系统常规检查用叩诊锤。
			实验室和其他检查必检项目：血常规、尿常规、肝功能、空腹血糖、心电图、胸部X射线摄片、血铅或尿铅。	必检项目必备设备：血细胞分析仪、尿液分析仪、生化分析仪、电子天平、心电图仪、CR/DR摄片机、血铅或尿铅设备。 尿铅测定：1）石墨炉原子吸收光谱法：原子吸收分光光度计（具石墨炉、背景校正装置和铅空心阴极灯）；或2）电感耦合等离子体质谱法：电感耦合等离子体质谱仪。 血铅测定：1）石墨炉原子吸收光谱法：原子吸收分光光度计（具石墨炉、背景校正装置和铅空心阴极灯）；或2）电感耦合等离子体质谱法：电感耦合等离子体质谱仪；或3）原子荧光光谱法：原子荧光光度计。
			复检项目：空腹血糖异常或有周围神经损害表现者可选择糖化血红蛋白、神经—肌电图。	复检项目必备设备：糖化血红蛋白分析仪或生化分析仪、肌电图仪或/和诱发电位仪。
		岗中	体格检查必检项目：1）内科常规检查：重点检查消化系统和贫血的体征；2）神经系统常规检查。	体格检查必备设备：1）内科常规检查用听诊器、血压计、身高测距仪、磅秤；2）神经系统常规检查用叩诊锤。
			实验室和其他检查必检项目：血常规、尿常规、心电图、空腹血糖、血铅和/或尿铅。	必检项目必备设备：血细胞分析仪、尿液分析仪、生化分析仪、电子天平、心电图仪、血铅或尿铅设备。 尿铅测定：1）石墨炉原子吸收光谱法：原子吸收分光光度计（具石墨炉、背景校正装置和铅空心阴极灯）；或2）电感耦合等离子体质谱法：电感耦合等离子体质谱仪。 血铅测定：1）石墨炉原子吸收光谱法：原子吸收分光光度计（具石墨炉、背景校正装置和铅空心阴极灯）；或2）电感耦合等离子体质谱法：电感耦合等离子体质谱仪；或3）原子荧光光谱法：原子荧光光度计。

续表

序号	名称	检查项目		设备配置
1	铅及其无机化合物	岗中	复检项目：血铅≥600μg/L 或尿铅≥120μg/L者可选择尿δ－氨基－γ－酮戊酸（δ－ALA）、血液锌原卟啉（ZPP）；空腹血糖异常或有周围神经损害表现者可选择糖化血红蛋白、神经—肌电图。	复检项目必备设备：血铅或尿铅设备、生化分析仪或可见光分光光度计、血液锌原卟啉（ZPP）仪、糖化血红蛋白分析仪、肌电图仪或/和诱发电位仪。
		离岗	同岗中。	同岗中。
2	四乙基铅	岗前	体格检查必检项目：1）内科常规检查；2）神经系统常规检查。	体格检查必备设备：1）内科常规检查用听诊器、血压计、身高测距仪、磅秤；2）神经系统常规检查用叩诊锤。
			实验室和其他检查必检项目：血常规、尿常规、肝功能、心电图、胸部X射线摄片。	必检项目必备设备：血细胞分析仪、尿液分析仪、生化分析仪、心电图仪、CR/DR摄片机。
		岗中	推荐性，同岗前。	推荐性，同岗前。

续表

序号	名称		检查项目	设备配置
2	四乙基铅	应急	体格检查必检项目：1）内科常规检查：注意体温、血压、脉搏测量；2）神经系统常规检查：注意有无病理反射；3）眼底检查。	体格检查必备设备：1）内科常规检查用听诊器、血压计、身高测距仪、磅秤；2）神经系统常规检查用叩诊锤；3）眼底检查用视力灯、眼底镜、裂隙灯。
			实验室和其他检查必检项目：血常规、尿常规、肝功能、肾功能、心电图。	必检项目必备设备：血细胞分析仪、尿液分析仪、生化分析仪、心电图仪。
			选检项目：脑电图、血铅或尿铅、头颅CT或MRI。	选检项目设备配备：脑电图仪、CT或核磁共振、血铅或尿铅设备。 尿铅测定：1）石墨炉原子吸收光谱法：原子吸收分光光度计（具石墨炉、背景校正装置和铅空心阴极灯）；或2）电感耦合等离子体质谱法：电感耦合等离子体质谱仪。 血铅测定：1）石墨炉原子吸收光谱法：原子吸收分光光度计（具石墨炉、背景校正装置和铅空心阴极灯）；或2）电感耦合等离子体质谱法：电感耦合等离子体质谱仪；或3）原子荧光光谱法：原子荧光光度计。
3	汞及其无机化合物	岗前	体格检查必检项目：1）内科常规检查；2）口腔科常规检查：重点检查口腔黏膜、牙龈；3）神经系统常规检查：注意有无震颤（眼睑、舌、手指震颤）。	体格检查必备设备：1）内科常规检查用听诊器、血压计、身高测距仪、磅秤；2）口腔科常规检查器械；3）神经系统常规检查用叩诊锤。
			实验室和其他检查必检项目：血常规、尿常规、肝功能、肾功能、心电图、胸部X射线摄片。	必检项目必备设备：血细胞分析仪、尿液分析仪、生化分析仪、心电图仪、CR/DR摄片机。
		岗中	体格检查必检项目：1）内科常规检查；2）神经系统常规检查：注意有无震颤（眼睑、舌、手指震颤）；3）口腔科常规检查：重点检查口腔及牙龈炎症。	体格检查必备设备：1）内科常规检查用听诊器、血压计、身高测距仪、磅秤；2）神经系统常规检查用叩诊锤；3）口腔科常规检查器械。
			实验室和其他检查必检项目：血常规、尿常规、肾功能、心电图、尿汞、尿β2－微球蛋白或α1－微球蛋白或尿视黄醇结合蛋白。	必检项目必备设备：血细胞分析仪、尿液分析仪、心电图仪、生化分析仪。 尿汞测定：原子吸收分光光度计（具氢化物发生装置）或原子荧光光度计、冷原子吸收测汞仪、酶标仪。

续表

序号	名称	检查项目		设备配置
3	汞及其无机化合物	离岗	同岗中。	同岗中。
		应急	体格检查必检项目：1）内科常规检查；2）神经系统常规检查：注意有无病理反射；3）口腔科常规检查：重点检查口腔黏膜、牙龈；4）眼底检查。	体格检查必备设备：1）内科常规检查用听诊器、血压计、身高测距仪、磅秤；2）神经系统常规检查用叩诊锤；3）口腔科常规检查器械；4）眼底检查用视力灯、眼底镜、裂隙灯。
			实验室和其他检查必检项目：血常规、尿常规、肾功能、心电图、胸部X射线摄片、血氧饱和度、尿汞。	必检项目必备设备：血细胞分析仪、尿液分析仪、生化分析仪、心电图仪、CR/DR摄片机、血氧饱和度测定仪或血气分析仪。 尿汞测定：原子吸收分光光度计（具氢化物发生装置）或原子荧光光度计、冷原子吸收测汞仪、酶标仪。
			选检项目：尿β2-微球蛋白、尿蛋白定量、脑电图、头颅CT或MRI。	选检项目设备配备：生化分析仪、脑电图仪、CT或核磁共振。
4	锰及其无机化合物	岗前	体格检查必检项目：1）内科常规检查；2）神经系统常规检查。	体格检查必备设备：1）内科常规检查用听诊器、血压计、身高测距仪、磅秤；2）神经系统常规检查用叩诊锤。
			实验室和其他检查必检项目：血常规、尿常规、肝功能、心电图、胸部X射线摄片。	必检项目必备设备：血细胞分析仪、尿液分析仪、生化分析仪、心电图仪、CR/DR摄片机。
		岗中	体格检查必检项目：1）内科常规检查；2）神经系统常规检查：注意肌力的变化和共济失调、病理反射等。	体格检查必备设备：1）内科常规检查用听诊器、血压计、身高测距仪、磅秤；2）神经系统常规检查用叩诊锤。
			实验室和其他检查必检项目：血常规、尿常规、肝功能。	必检项目必备设备：血细胞分析仪、尿液分析仪、生化分析仪。

续表

序号	名称	检查项目		设备配置
4	锰及其无机化合物	离岗	同岗中。	同岗中。
5	铍及其无机化合物	岗前	体格检查必检项目：1）内科常规检查；2）皮肤科常规检查。	体格检查必备设备：内科常规检查用听诊器、血压计、身高测距仪、磅秤。
			实验室和其他检查必检项目：血常规、尿常规、肝功能、心电图、胸部X射线摄片、肺功能。	必检项目必备设备：血细胞分析仪、尿液分析仪、生化分析仪、心电图仪、CR/DR摄片机、肺功能仪。
		岗中	体格检查必检项目：1）内科常规检查；2）皮肤科常规检查。	体格检查必备设备：内科常规检查用听诊器、血压计、身高测距仪、磅秤。
			实验室和其他检查必检项目：血常规、尿常规、肝功能、心电图、肺功能、胸部X射线摄片。	必检项目必备设备：血细胞分析仪、尿液分析仪、生化分析仪、心电图仪、肺功能仪、CR/DR摄片机。
		离岗	同岗中。	同岗中。
		应急	体格检查必检项目：内科常规检查。	体格检查必备设备：内科常规检查用听诊器、血压计、身高测距仪、磅秤。
			实验室和其他检查必检项目：血常规、尿常规、肝功能、心电图、胸部X射线摄片、血氧饱和度。	必检项目必备设备：血细胞分析仪、尿液自动分析仪、生化分析仪、心电图仪、CR/DR摄片机、血氧饱和度测定仪或血气分析仪。
			选检项目：血气分析、肝脾B超、尿铍。	选检项目设备配备：血气分析仪、B超。 尿铍测定：原子吸收分光光度计（具石墨炉、背景校正装置和铍空心阴极灯）。

续表

序号	名称	检查项目		设备配置
6	镉及其无机化合物	岗前	体格检查必检项目：内科常规检查。	体格检查必备设备：内科常规检查用听诊器、血压计、身高测距仪、磅秤。
			实验室和其他检查必检项目：血常规、尿常规、肝功能、肾功能、心电图、尿镉、肝肾B超、胸部X射线摄片。	必检项目必备设备：血细胞分析仪、尿液分析仪、生化分析仪、心电图仪、酶标仪、洗板机、B超、CR/DR摄片机、尿镉设备。 尿镉测定：1）石墨炉原子吸收光谱法：原子吸收分光光度计（具石墨炉、背景校正装置和镉空心阴极灯）；或2）电感耦合等离子体质谱法：电感耦合等离子体质谱仪。
		岗中	体格检查必检项目：内科常规检查。	体格检查必备设备：内科常规检查用听诊器、血压计、身高测距仪、磅秤。
			实验室和其他检查必检项目：血常规、尿常规、肾功能、尿镉、尿β2－微球蛋白、尿视黄醇结合蛋白、肝肾B超、骨密度（DXA法）。	必检项目必备设备：血细胞分析仪、尿液分析仪、生化分析仪、酶标仪、B超、骨密度仪、尿镉设备。 尿镉测定：1）石墨炉原子吸收光谱法：原子吸收分光光度计（具石墨炉、背景校正装置和镉空心阴极灯）；或2）电感耦合等离子体质谱法：电感耦合等离子体质谱仪。
		离岗	同岗中。	同岗中。
		应急	体格检查必检项目：内科常规检查，重点检查呼吸系统。	体格检查必备设备：内科常规检查用听诊器、血压计、身高测距仪、磅秤。
			实验室和其他检查必检项目：血常规、尿常规、肝功能、心电图、肾功能、血氧饱和度、胸部X射线摄片、血镉。	必检项目必备设备：血细胞分析仪、尿液分析仪、心电图仪、生化分析仪、血氧饱和度测定仪或血气分析仪、CR/DR摄片机、酶标仪、血镉设备。 血镉测定：1）石墨炉原子吸收光谱法：原子吸收分光光度计（具石墨炉、背景校正装置和镉空心阴极灯）；或2）电感耦合等离子体质谱法：电感耦合等离子体质谱仪。
			选检项目：肺功能、血气分析。	选检项目设备配备：肺功能仪、血气分析仪。

续表

序号	名称	检查项目		设备配置
7	铬及其无机化合物	岗前	体格检查必检项目：1）内科常规检查；2）鼻及咽部常规检查；3）皮肤科常规检查。	体格检查必备设备：1）内科常规检查用听诊器、血压计、身高测距仪、磅秤；2）鼻及咽部常规检查用额镜或额眼灯、咽喉镜。
			实验室和其他检查必检项目：血常规、尿常规、肝功能、心电图、胸部X射线摄片。	必检项目必备设备：血细胞分析仪、尿液分析仪、生化分析仪、心电图仪、CR/DR摄片机。
		岗中	体格检查必检项目：1）内科常规检查；2）鼻及咽部常规检查；3）皮肤科常规检查。	体格检查必备设备：1）内科常规检查用听诊器、血压计、身高测距仪、磅秤；2）鼻及咽部常规检查用额镜或额眼灯、咽喉镜。
			实验室和其他检查必检项目：血常规、肺功能、胸部X射线摄片、尿铬。	必检项目必备设备：血细胞分析仪、肺功能仪、CR/DR摄片机、尿铬设备。尿铬测定：1）石墨炉原子吸收光谱法：原子吸收分光光度计（具石墨炉原子化器、背景校正装置，附铬空心阴极灯）；或2）电感耦合等离子体质谱法：电感耦合等离子体质谱仪。
		离岗	同岗中。	同岗中。
8	氧化锌	岗前	体格检查必检项目：内科常规检查。	体格检查必备设备：内科常规检查用听诊器、血压计、身高测距仪、磅秤。
			实验室和其他检查必检项目：血常规、尿常规、肝功能、心电图、胸部X射线摄片。	必检项目必备设备：血细胞分析仪、尿液分析仪、生化分析仪、心电图仪、CR/DR摄片机。
		岗中	推荐性，同岗前。	推荐性，同岗前。
		应急	体格检查必检项目：内科常规检查。	体格检查必备设备：内科常规检查用听诊器、血压计、身高测距仪、磅秤。
			实验室和其他检查必检项目：血常规、尿常规、心电图、胸部X射线摄片。	必检项目必备设备：血细胞分析仪、尿液分析仪、心电图仪、CR/DR摄片机。
			选检项目：胸部CT。	选检项目设备配备：CT。

续表

序号	名称		检查项目	设备配置
9	砷	岗前	体格检查必检项目：1）内科常规检查：重点检查消化系统，如肝脏大小、硬度、肝区叩痛等；2）神经系统常规检查；3）皮肤科检查：重点检查皮疹、皮炎、皮肤过度角化、皮肤色素沉着、色素脱失斑、溃疡。	体格检查必备设备：1）内科常规检查用听诊器、血压计、身高测距仪、磅秤；2）神经系统常规检查用叩诊锤。
			实验室和其他检查必检项目：血常规、尿常规、肝功能、空腹血糖、尿砷、心电图、肝脾B超、胸部X射线摄片。	必检项目必备设备：血细胞分析仪、尿液分析仪、生化分析仪、心电图仪、B超、CR/DR摄片机。 尿砷测定：原子吸收分光光度计（具氢化物发生装置）或原子荧光光度计。
			复检项目：空腹血糖异常或有周围神经损害表现者可选择糖化血红蛋白、神经—肌电图。	复检项目必备设备：糖化血红蛋白分析仪或生化分析仪、肌电图仪或/和诱发电位仪。
		岗中	体格检查必检项目：1）内科常规检查；2）神经系统常规检查；3）皮肤科检查：重点检查躯干部及四肢有无弥漫的黑色或棕褐色的色素沉着和色素脱失斑，指、趾甲Mees纹，手、足掌皮肤过度角化及脱屑等。	体格检查必备设备：1）内科常规检查用听诊器、血压计、身高测距仪、磅秤；2）神经系统常规检查用叩诊锤。
			实验室和其他检查必检项目：血常规、尿常规、肝功能、空腹血糖、心电图、尿砷或发砷、肝脾B超、胸部X射线摄片。	必检项目必备设备：血细胞分析仪、尿液分析仪、生化分析仪、心电图仪、B超、CR/DR摄片机。 尿砷或发砷测定：原子吸收分光光度计（具氢化物发生装置）或原子荧光光度计。
			复检项目：空腹血糖异常或有周围神经损害表现者可选择糖化血红蛋白、神经—肌电图。	复检项目必备设备：糖化血红蛋白分析仪或生化分析仪、肌电图仪或/和诱发电位仪。
		离岗	同岗中。	同岗中。

续表

序号	名称	检查项目		设备配置
9	砷	离岗	同岗中。	同岗中。
		应急	体格检查必检项目：1）内科常规检查；2）眼科常规检查；3）神经系统常规检查；4）皮肤科检查。	体格检查必备设备：1）内科常规检查用听诊器、血压计、身高测距仪、磅秤；2）眼科常规检查用视力表、色觉图谱；3）神经系统常规检查用叩诊锤。
			实验室和其他检查必检项目：血常规、尿常规、肝功能、心电图、胸部X射线摄片、尿砷。	必检项目必备设备：血细胞分析仪、尿液分析仪、生化分析仪、心电图仪、CR/DR摄片机。 尿砷测定：原子吸收分光光度计（具氢化物发生装置）或原子荧光光度计。
10	砷化氢（砷化三氢）	岗前	体格检查必检项目：内科常规检查。	体格检查必备设备：内科常规检查用听诊器、血压计、身高测距仪、磅秤。
			实验室和其他检查必检项目：血常规、尿常规、肝功能、肾功能、血清葡萄糖－6－磷酸脱氢酶缺乏症筛查试验（高铁血红蛋白还原试验等）、心电图、胸部X射线摄片。	必检项目必备设备：血细胞分析仪、尿液分析仪、生化分析仪或可见光分光光度计、心电图仪、CR/DR摄片机。
		岗中	推荐性，同岗前。	推荐性，同岗前。
		应急	体格检查必检项目：1）内科常规检查；2）眼科常规检查。	体格检查必备设备：1）内科常规检查用听诊器、血压计、身高测距仪、磅秤；2）眼科常规检查用视力表、色觉图谱。
			实验室和其他检查必检项目：血常规、尿常规、肝功能、心电图、网织红细胞、血钾、肾功能、血浆或尿游离血红蛋白。	必检项目必备设备：血细胞分析仪、尿液分析仪、生化分析仪、心电图仪、显微镜、电解质分析仪或全自动生化分析仪（需有离子电极模块）、可见光分光光度计。

续表

序号	名称	检查项目		设备配置
10	砷化氢（砷化三氢）	应急	选检项目：肝肾B超、尿砷或血砷。	选检项目设备配备：B超。 尿砷或血砷测定：原子吸收分光光度计（具氢化物发生装置）或原子荧光光度计。
11	磷及其无机化合物	岗前	体格检查必检项目：1）内科常规检查；2）口腔科常规检查：重点检查牙周、牙体。	体格检查必备设备：1）内科常规检查用听诊器、血压计、身高测距仪、磅秤；2）口腔科常规检查器械。
			实验室和其他检查必检项目：血常规、尿常规、肝功能、肾功能、心电图、肝肾B超、下颌骨X射线左右侧位片、胸部X射线摄片。	必检项目必备设备：血细胞分析仪、尿液分析仪、生化分析仪、心电图仪、B超、口内牙片机、CR/DR摄片机。
		岗中	体格检查必检项目：1）内科常规检查；2）口腔科常规检查：重点检查牙周、牙体。	体格检查必备设备：1）内科常规检查用听诊器、血压计、身高测距仪、磅秤；2）口腔科常规检查器械。
			实验室和其他检查必检项目：血常规、尿常规、肝功能、肾功能、心电图、肝脾B超、下颌骨X射线左右侧位片。	必检项目必备设备：血细胞分析仪、尿液分析仪、生化分析仪、心电图仪、B超、口内牙片机。
		离岗	同岗中。	同岗中。
		应急	体格检查必检项目：1）内科常规检查；2）皮肤科常规检查；3）眼科常规检查。	体格检查必备设备：1）内科常规检查用听诊器、血压计、身高测距仪、磅秤；2）眼科常规检查用视力表、色觉图谱。
			实验室和其他检查必检项目：血常规、尿常规、肝功能、肾功能、心电图、肝肾B超。	必检项目必备设备：血细胞分析仪、尿液分析仪、生化分析仪、心电图仪、B超。
			选检项目：血无机磷、血总钙和离子钙。	选检项目设备配备：生化分析仪、血气分析仪。 离子钙：原子吸收分光光度计（带火焰）、电解质分析仪。

续表

序号	名称		检查项目	设备配置
12	磷化氢	岗前	体格检查必检项目：1）内科常规检查；2）神经系统常规检查。	体格检查必备设备：1）内科常规检查用听诊器、血压计、身高测距仪、磅秤；2）神经系统常规检查用叩诊锤。
			实验室和其他检查必检项目：血常规、尿常规、肝功能、心电图、胸部X射线摄片。	必检项目必备设备：血细胞分析仪、尿液分析仪、生化分析仪、心电图仪、CR/DR摄片机。
		岗中	推荐性，同岗前。	推荐性，同岗前。
		应急	体格检查必检项目：1）内科常规检查；2）神经系统常规检查：注意有无病理反射；3）眼科常规检查及眼底检查。	体格检查必备设备：1）内科常规检查用听诊器、血压计、身高测距仪、磅秤；2）神经系统常规检查用叩诊锤；3）眼科常规检查及眼底检查用视力灯、眼底镜、裂隙灯、视力表、色觉图谱。
			实验室和其他检查必检项目：血常规、尿常规、肝功能、肾功能、心电图、血氧饱和度、肝脾B超、胸部X射线摄片。	必检项目必备设备：血细胞分析仪、尿液分析仪、生化分析仪、心电图仪、血氧饱和度测定仪或血气分析仪、B超、CR/DR摄片机。
			选检项目：血气分析、脑电图、头颅CT或MRI。	选检项目设备配备：血气分析仪、脑电图仪、CT或核磁共振。
13	钡化合物（氯化钡、硝酸钡、醋酸钡）	岗前	体格检查必检项目：1）内科常规检查；2）神经系统常规检查。	体格检查必备设备：1）内科常规检查用听诊器、血压计、身高测距仪、磅秤；2）神经系统常规检查用叩诊锤。
			实验室和其他检查必检项目：血常规、尿常规、肝功能、血钾、心电图、胸部X射线摄片。	必检项目必备设备：血细胞分析仪、尿液分析仪、电解质分析仪或全自动生化分析仪（需有离子电极模块）、心电图仪、CR/DR摄片机。
		岗中	推荐性，同岗前。	推荐性，同岗前。

续表

序号	名称	检查项目		设备配置
13	钡化合物（氯化钡、硝酸钡、醋酸钡）	应急	体格检查必检项目：1）内科常规检查：重点检查心脏；2）神经系统常规检查。	体格检查必备设备：1）内科常规检查用听诊器、血压计、身高测距仪、磅秤；2）神经系统常规检查用叩诊锤。
			实验室和其他检查必检项目：血常规、尿常规、心电图、心肌酶谱、肌钙蛋白T（TnT）、血钾。	必检项目必备设备：血细胞分析仪、尿液分析仪、心电图仪、电解质分析仪或全自动生化分析仪（需有离子电极模块）。 肌钙蛋白T（TnT）：肌钙蛋白T测定仪。
14	钒及其无机化合物	岗前	体格检查必检项目：内科常规检查：重点检查呼吸系统。	体格检查必备设备：内科常规检查用听诊器、血压计、身高测距仪、磅秤。
			实验室和其他检查必检项目：血常规、尿常规、肝功能、心电图、胸部X射线摄片、肺功能。	必检项目必备设备：血细胞分析仪、尿液分析仪、生化分析仪、心电图仪、CR/DR摄片机、肺功能仪。
		岗中	推荐性，同岗前。	推荐性，同岗前。
		应急	体格检查必检项目：1）内科常规检查；2）鼻及咽部常规检查；3）眼科常规检查；4）皮肤科常规检查。	体格检查必备设备：1）内科常规检查用听诊器、血压计、身高测距仪、磅秤；2）鼻及咽部常规检查用额镜或额眼灯、咽喉镜等；3）眼科常规检查用视力表、色觉图谱。
			实验室和其他检查必检项目：血常规、尿常规、心电图、血氧饱和度、胸部X射线摄片。	必检项目必备设备：血细胞分析仪、尿液分析仪、心电图仪、血氧饱和度测定仪或血气分析仪、CR/DR摄片机。
			选检项目：肺功能、血气分析。	选检项目设备配备：肺功能仪、血气分析仪。
15	三烷基锡	岗前	体格检查必检项目：1）内科常规检查；2）皮肤科常规检查；3）神经系统常规检查。	体格检查必备设备：1）内科常规检查用听诊器、血压计、身高测距仪、磅秤；2）神经系统常规检查用叩诊锤。
			实验室和其他检查必检项目：血常规、尿常规、肝功能、血钾、心电图、胸部X射线摄片。	必检项目必备设备：血细胞分析仪、尿液分析仪、生化分析仪、电解质分析仪或全自动生化仪（需有离子电极模块）、心电图仪、CR/DR摄片机。

续表

序号	名称	检查项目		设备配置
15	三烷基锡	岗中	推荐性，同岗前。	推荐性，同岗前。
		应急	体格检查必检项目：1）内科常规检查；2）神经系统常规检查：注意有无病理反射；3）眼底检查。	体格检查必备设备：1）内科常规检查用听诊器、血压计、身高测距仪、磅秤；2）神经系统常规检查用叩诊锤；3）眼底检查用视力灯、眼底镜、裂隙灯。
			实验室和其他检查必检项目：血常规、尿常规、肝功能、心电图、血钾、肝脾B超、尿锡。	必检项目必备设备：血细胞分析仪、尿液分析仪、生化分析仪、心电图仪、电解质分析仪或全自动生化分析仪（需有离子电极模块）、B超。 尿锡测定：电感耦合等离子体质谱仪或原子荧光光度计。
			选检项目：头颅CT或MRI、脑电图。	选检项目设备配备：CT或核磁共振、脑电图仪。
16	铊及其无机化合物	岗前	体格检查必检项目：1）内科常规检查；2）神经系统常规检查；3）眼科常规检查及辨色力、眼底检查。	体格检查必备设备：1）内科常规检查用听诊器、血压计、身高测距仪、磅秤；2）神经系统常规检查用叩诊锤；3）眼科常规检查及眼底检查用视力灯、眼底镜、裂隙灯、视力表、色觉图谱。
			实验室和其他检查必检项目：血常规、尿常规、肝功能、空腹血糖、心电图、胸部X射线摄片。	必检项目必备设备：血细胞分析仪、尿液分析仪、生化分析仪、心电图仪、CR/DR摄片机。
			复检项目：空腹血糖异常或有周围神经损害表现者可选择糖化血红蛋白、神经—肌电图。	复检项目必备设备：糖化血红蛋白分析仪、生化分析仪、肌电图仪或/和诱发电位仪。
		岗中	体格检查必检项目：1）内科常规检查；2）神经系统常规检查；3）眼科常规检查及辨色力、眼底检查。	体格检查必备设备：1）内科常规检查用听诊器、血压计、身高测距仪、磅秤；2）神经系统常规检查用叩诊锤；3）眼科常规检查及眼底检查用视力灯、眼底镜、裂隙灯、视力表、色觉图谱。
			实验室和其他检查必检项目：血常规、尿常规、尿铊、空腹血糖。	必检项目必备设备：血细胞分析仪、尿液分析仪、生化分析仪。 尿铊测定：电感耦合等离子体质谱仪。

续表

序号	名称	检查项目		设备配置
16	铊及其无机化合物	岗中	复检项目：双眼视力下降明显者可选择视野检查；空腹血糖异常或有周围神经损害表现者可选择糖化血红蛋白、神经—肌电图。	复检项目必备设备：视野计、糖化血红蛋白分析仪或生化分析仪、肌电图仪或/和诱发电位仪。
		离岗	同岗中。	同岗中。
		应急	体格检查必检项目：1）内科常规检查；2）神经系统常规检查；3）皮肤科常规检查及皮肤附件检查，如胡须、腋毛、阴毛和眉毛，指、趾甲 Mees 纹。	体格检查必备设备：1）内科常规检查用听诊器、血压计、身高测距仪、磅秤；2）神经系统常规检查用叩诊锤。
			实验室和其他检查必检项目：血常规、尿常规、肝功能、肾功能、心电图、肝脾 B 超、胸部 X 射线摄片、神经—肌电图、尿铊。	必检项目必备设备：血细胞分析仪、尿液分析仪、生化分析仪、心电图仪、B 超、CR/DR 摄片机、肌电图仪或/和诱发电位仪。 尿铊测定：电感耦合等离子体质谱仪。
17	羰基镍	岗前	体格检查必检项目：1）内科常规检查；2）皮肤科常规检查。	体格检查必备设备：内科常规检查用听诊器、血压计、身高测距仪、磅秤。
			实验室和其他检查必检项目：血常规、尿常规、肝功能、心电图、胸部 X 射线摄片、肺功能。	必检项目必备设备：血细胞分析仪、尿液分析仪、生化分析仪、心电图仪、CR/DR 摄片机、肺功能仪。
		岗中	推荐性，同岗前。	推荐性，同岗前。

续表

序号	名称		检查项目	设备配置
17	羰基镍	应急	体格检查必检项目：内科常规检查，重点检查呼吸系统。	体格检查必备设备：内科常规检查用听诊器、血压计、身高测距仪、磅秤。
			实验室和其他检查必检项目：血常规、尿常规、心电图、血氧饱和度、胸部X射线摄片。	必检项目必备设备：血细胞分析仪、尿液分析仪、心电图仪、血氧饱和度测定仪或血气分析仪、CR/DR摄片机。
			选检项目：肺功能、胸部CT、血气分析、血镍或尿镍。	选检项目设备配备：肺功能仪、CT、血气分析仪。 血镍或尿镍测定：原子吸收分光光度计（具有石墨炉、背景校正装置和镍空心阴极灯）或电感耦合等离子体质谱仪。
18	氟及其无机化合物	岗前	体格检查必检项目：1）内科常规检查；2）口腔科常规检查；3）骨科检查：主要是骨关节检查。	体格检查必备设备：1）内科常规检查用听诊器、血压计、身高测距仪、磅秤；2）口腔科常规检查器械。
			实验室和其他检查必检项目：血常规、尿常规、肝功能、心电图、骨密度（DXA法）、骨盆正位X射线摄片、胸部X射线摄片。	必检项目必备设备：血细胞分析仪、尿液分析仪、生化分析仪、心电图仪、骨密度仪、CR/DR摄片机。
		岗中	体格检查必检项目：同岗前。	体格检查必备设备：同岗前。
			实验室和其他检查必检项目：血常规、骨盆正位X射线摄片、一侧桡、尺骨或一侧胫、腓骨正位片、尿氟、骨密度（DXA法）。	必检项目必备设备：血细胞分析仪、CR/DR摄片机、骨密度仪。 尿氟测定：氟离子选择性电极、参比电极、酸度计或离子色谱仪。
		离岗	同岗中。	同岗中。
		应急	体格检查必检项目：1）内科常规检查，重点检查呼吸系统；2）鼻及咽部常规检查，必要时咽喉镜检查；3）皮肤科常规检查。	体格检查必备设备：1）内科常规检查用听诊器、血压计、身高测距仪、磅秤；2）鼻及咽部常规检查用额镜或额眼灯、咽喉镜。

续表

序号	名称	检查项目		设备配置
18	氟及其无机化合物	应急	实验室和其他检查必检项目：血常规、尿常规、心电图、心肌酶谱、肌钙蛋白T（TnT）、血氟、血总钙和离子钙、血氧饱和度、胸部X射线摄片。	必检项目必备设备：血细胞分析仪、尿液分析仪、心电图仪、生化分析仪、血氧饱和度测定仪或血气分析仪、CR/DR摄片机。 血氟测定：电感耦合等离子体质谱仪。 肌钙蛋白T（TnT）：肌钙蛋白T测定仪。 离子钙：原子吸收分光光度计（带火焰）、电解质分析仪。
			选检项目：肺功能、胸部CT、血气分析。	选检项目设备配备：肺功能仪、CT、血气分析仪。
19	苯	岗前	体格检查必检项目：内科常规检查。	体格检查必备设备：内科常规检查用听诊器、血压计、身高测距仪、磅秤。
			实验室和其他检查必检项目：血常规、尿常规、肝功能、心电图、肝脾B超、胸部X射线摄片。	必检项目必备设备：血细胞分析仪、尿液分析仪、生化分析仪、心电图仪、B超、CR/DR摄片机。
		岗中	体格检查必检项目：内科常规检查。	体格检查必备设备：内科常规检查用听诊器、血压计、身高测距仪、磅秤。
			实验室和其他检查必检项目：血常规、尿常规、肝功能、心电图、肝脾B超。	必检项目必备设备：血细胞分析仪、尿液分析仪、生化分析仪、心电图仪、B超。
			复检项目：血常规异常者可选择血细胞形态及分类、骨髓穿刺细胞学检查。	复检项目必备设备：显微镜、无菌穿刺包。
		离岗	同岗中。	同岗中。
		应急	体格检查必检项目：1）内科常规检查；2）神经系统常规检查：注意有无病理反射；3）眼底检查。	体格检查必备设备：1）内科常规检查用听诊器、血压计、身高测距仪、磅秤；2）神经系统常规检查用叩诊锤；3）眼底检查用视力灯、眼底镜、裂隙灯。
			实验室和其他检查必检项目：血常规、尿常规、肝功能、心电图、肝脾B超。	必检项目必备设备：血细胞分析仪、尿液分析仪、生化分析仪、心电图仪、B超。
			选检项目：脑电图、头颅CT或MRI。	选检项目设备配备：脑电图仪、CT或核磁共振。

续表

序号	名称	检查项目		设备配置
20	二硫化碳	岗前	体格检查必检项目：1）内科常规检查；2）神经系统常规检查；3）眼科常规检查及眼底检查。	体格检查必备设备：1）内科常规检查用听诊器、血压计、身高测距仪、磅秤；2）神经系统常规检查用叩诊锤；3）眼科常规检查及眼底检查用视力灯、眼底镜、裂隙灯、视力表、色觉图谱。
			实验室和其他检查必检项目：血常规、尿常规、肝功能、空腹血糖、心电图、胸部X射线摄片。	必检项目必备设备：血细胞分析仪、尿液分析仪、生化分析仪、心电图仪、CR/DR摄片机。
			复检项目：空腹血糖异常或有周围神经损害表现者可选择糖化血红蛋白、神经—肌电图。	复检项目必备设备：糖化血红蛋白分析仪或生化分析仪、肌电图仪或/和诱发电位仪。
		岗中	体格检查必检项目：同岗前。	体格检查必备设备：同岗前。
			实验室和其他检查必检项目：血常规、尿常规、空腹血糖。	必检项目必备设备：血细胞分析仪、尿液分析仪、生化分析仪。
			复检项目：空腹血糖异常或有周围神经损害表现者可选择糖化血红蛋白、神经—肌电图；眼底检查异常者可选择视野检查。	复检项目必备设备：糖化血红蛋白分析仪或生化分析仪、肌电图仪或/和诱发电位仪、视野计。
		离岗	同岗中。	同岗中。

续表

序号	名称	检查项目		设备配置
21	四氯化碳	岗前	体格检查必检项目：内科常规检查。	体格检查必备设备：内科常规检查用听诊器、血压计、身高测距仪、磅秤。
			实验室和其他检查必检项目：血常规、尿常规、肝功能、心电图、肝脾B超、胸部X射线摄片。	必检项目必备设备：血细胞分析仪、尿液分析仪、生化分析仪、心电图仪、B超、CR/DR摄片机。
		岗中	体格检查必检项目：内科常规检查，重点检查肝脏。	体格检查必备设备：内科常规检查用听诊器、血压计、身高测距仪、磅秤。
			实验室和其他检查必检项目：血常规、尿常规、肝功能、心电图、肝脾B超。	必检项目必备设备：血细胞分析仪、尿液分析仪、生化分析仪、心电图仪、B超。
		离岗	同岗中。	同岗中。
		应急	体格检查必检项目：1）内科常规检查：注意肝脏触诊和压痛；2）神经系统常规检查；3）眼底检查。	体格检查必备设备：1）内科常规检查用听诊器、血压计、身高测距仪、磅秤；2）神经系统常规检查用叩诊锤；3）眼底检查用视力灯、眼底镜、裂隙灯。
			实验室和其他检查必检项目：血常规、尿常规、肝功能、心电图、肾功能、肝肾B超。	必检项目必备设备：血细胞分析仪、尿液分析仪、生化分析仪、心电图仪、B超。
22	甲醇	岗前	体格检查必检项目：1）内科常规检查；2）神经系统常规检查；3）眼科常规检查及眼底检查。	体格检查必备设备：1）内科常规检查用听诊器、血压计、身高测距仪、磅秤；2）神经系统常规检查用叩诊锤；3）眼科常规检查及眼底检查用视力灯、眼底镜、裂隙灯、视力表、色觉图谱。
			实验室和其他检查必检项目：血常规、尿常规、肝功能、心电图、肝脾B超、胸部X射线摄片。	必检项目必备设备：血细胞分析仪、尿液分析仪、生化分析仪、心电图仪、B超、CR/DR摄片机。
			复检项目：眼底检查异常者可选择视野检查。	复检项目必备设备：视野计。

续表

序号	名称	检查项目		设备配置
22	甲醇	岗中	推荐性，同岗前。	推荐性，同岗前。
		应急	体格检查必检项目：1）内科常规检查；2）神经系统常规检查：注意有无病理反射；3）眼科常规检查及眼底检查。	体格检查必备设备：1）内科常规检查用听诊器、血压计、身高测距仪、磅秤；2）神经系统常规检查用叩诊锤；3）眼科常规检查及眼底检查用视力灯、眼底镜、裂隙灯、视力表、色觉图谱。
			实验室和其他检查必检项目：血常规、尿常规、肝功能、心电图、血气分析。	必检项目必备设备：血细胞分析仪、尿液分析仪、生化分析仪、心电图仪、血气分析仪。
			选检项目：血液甲醇或甲酸测定、视野检查、视觉诱发电位、头颅 CT 或 MRI。	选检项目设备配备：视野计、肌电诱发电位仪、CT 或核磁共振。 血液甲醇或甲酸测定：气相色谱仪（配顶空装置）、离子色谱仪。
23	汽油	岗前	体格检查必检项目：1）内科常规检查；2）皮肤科常规检查；3）神经系统常规检查。	体格检查必备设备：1）内科常规检查用听诊器、血压计、身高测距仪、磅秤；2）神经系统常规检查用叩诊锤。
			实验室和其他检查必检项目：血常规、尿常规、肝功能、空腹血糖、心电图、胸部 X 射线摄片。	必检项目必备设备：血细胞分析仪、尿液分析仪、生化分析仪、心电图仪、CR/DR 摄片机。
			复检项目：空腹血糖异常或有周围神经损害表现者可选择糖化血红蛋白、神经—肌电图。	复检项目必备设备：糖化血红蛋白分析仪或生化分析仪、肌电图仪或/和诱发电位仪。
		岗中	同岗前。	同岗前。

续表

序号	名称	检查项目		设备配置
23	汽油	离岗	同岗中。	同岗中。
		应急	体格检查必检项目：1）内科常规检查；2）神经系统常规检查：注意有无病理反射；3）眼底检查。	体格检查必备设备：1）内科常规检查用听诊器、血压计、身高测距仪、磅秤；2）神经系统常规检查用叩诊锤；3）眼底检查用视力灯、眼底镜、裂隙灯。
			实验室和其他检查必检项目：血常规、尿常规、心电图、胸部X射线摄片。	必检项目必备设备：血细胞分析仪、尿液分析仪、心电图仪、CR/DR摄片机。
			选检项目：脑电图、头颅CT或MRI、胸部CT。	选检项目设备配备：脑电图仪、CT或核磁共振。
24	溴甲烷	岗前	体格检查必检项目：1）内科常规检查；2）神经系统常规检查。	体格检查必备设备：1）内科常规检查用听诊器、血压计、身高测距仪、磅秤；2）神经系统常规检查用叩诊锤。
			实验室和其他检查必检项目：血常规、尿常规、肝功能、心电图、胸部X射线摄片。	必检项目必备设备：血细胞分析仪、尿液分析仪、生化分析仪、心电图仪、CR/DR摄片机。
		岗中	推荐性，同岗前。	推荐性，同岗前。
		应急	体格检查必检项目：1）内科常规检查；2）神经系统常规检查：注意有无病理反射；3）眼底检查。	体格检查必备设备：1）内科常规检查用听诊器、血压计、身高测距仪、磅秤；2）神经系统常规检查用叩诊锤；3）眼底检查用视力灯、眼底镜、裂隙灯。
			实验室和其他检查必检项目：血常规、尿常规、心电图、肾功能、胸部X射线摄片。	必检项目必备设备：血细胞分析仪、尿液分析仪、心电图仪、生化分析仪、CR/DR摄片机。
			选检项目：脑电图、头颅CT或MRI、血溴和尿溴。	选检项目设备配备：脑电图仪、CT或核磁共振。 血溴和尿溴测定：电感耦合等离子体质谱仪。

续表

序号	名称	检查项目		设备配置
25	1，2－二氯乙烷	岗前	体格检查必检项目：1）内科常规检查；2）神经系统常规检查。	体格检查必备设备：1）内科常规检查用听诊器、血压计、身高测距仪、磅秤；2）神经系统常规检查用叩诊锤。
			实验室和其他检查必检项目：血常规、尿常规、肝功能、心电图、肝脾B超、胸部X射线摄片。	必检项目必备设备：血细胞分析仪、尿液分析仪、生化分析仪、心电图仪、B超、CR/DR摄片机。
		岗中	推荐性，同岗前。	推荐性，同岗前。
		应急	体格检查必检项目：1）内科常规检查；2）神经系统常规检查；3）眼底检查。	体格检查必备设备：1）内科常规检查用听诊器、血压计、身高测距仪、磅秤；2）神经系统常规检查用叩诊锤；3）眼底检查用视力灯、眼底镜、裂隙灯。
			实验室和其他检查必检项目：血常规、尿常规、肝功能、心电图、尿β2－微球蛋白、肝脾B超。	必检项目必备设备：血细胞分析仪、尿液分析仪、生化分析仪、心电图仪、B超。
			选检项目：脑电图、头颅CT或MRI、血或尿1，2－二氯乙烷。	选检项目设备配备：脑电图仪、CT或核磁共振。 血或尿1，2－二氯乙烷测定：气相色谱仪（配顶空装置）或气相色谱质谱仪。
26	正己烷	岗前	体格检查必检项目：1）内科常规检查；2）神经系统常规检查。	体格检查必备设备：1）内科常规检查用听诊器、血压计、身高测距仪、磅秤；2）神经系统常规检查用叩诊锤。
			实验室和其他检查必检项目：血常规、尿常规、肝功能、空腹血糖、心电图、胸部X射线摄片。	必检项目必备设备：血细胞分析仪、尿液分析仪、生化分析仪、心电图仪、CR/DR摄片机。
			复检项目：空腹血糖异常或有周围神经损害表现者可选择糖化血红蛋白、神经—肌电图。	复检项目必备设备：糖化血红蛋白分析仪或生化分析仪、肌电图仪或/和诱发电位仪。

续表

序号	名称	检查项目		设备配置
26	正己烷	岗中	体格检查必检项目：同岗前。	体格检查必检项目：同岗前。
			实验室和其他检查必检项目：血常规、尿常规、心电图、空腹血糖。	必检项目必备设备：血细胞分析仪、尿液分析仪、心电图仪、生化分析仪。
			复检项目：血糖异常或有周围神经损害表现者可选择糖化血红蛋白、神经—肌电图、尿2，5－己二酮。	复检项目必备设备：糖化血红蛋白分析仪或生化分析仪、肌电图仪或/和诱发电位仪。尿2，5－己二酮测定：气相色谱仪或气相色谱质谱仪。
		离岗	同岗中。	同岗中。
27	苯的氨基与硝基化合物	岗前	体格检查必检项目：内科常规检查。	体格检查必备设备：内科常规检查用听诊器、血压计、身高测距仪、磅秤。
			实验室和其他检查必检项目：血常规、尿常规、肝功能、肾功能、心电图、肝肾B超、胸部X射线摄片。	必检项目必备设备：血细胞分析仪、尿液分析仪、生化分析仪、心电图仪、B超、CR/DR摄片机。
		岗中	体格检查必检项目：内科常规检查。	体格检查必备设备：内科常规检查用听诊器、血压计、身高测距仪、磅秤。
			实验室和其他检查必检项目：血常规、尿常规、肝功能、肾功能、心电图、肝肾B超。	必检项目必备设备：血细胞分析仪、尿液分析仪、生化分析仪、心电图仪、B超。
			复检项目：有泌尿系统异常的临床表现或指标异常者，可选择尿脱落细胞检查（巴氏染色法或荧光素吖啶橙染色法）、膀胱B超。	复检项目必备设备：病理检查设备及科室、B超。

续表

序号	名称	检查项目		设备配置
27	苯的氨基与硝基化合物	离岗	同岗中。	同岗中。
		应急	体格检查必检项目：1）内科常规检查：观察有无口唇、耳廓、指（趾）甲发绀；2）皮肤科常规检查。	体格检查必备设备：内科常规检查用听诊器、血压计、身高测距仪、磅秤。
			实验室和其他检查必检项目：血常规、尿常规、肝功能、肾功能、心电图、高铁血红蛋白、肝肾B超。	必检项目必备设备：血细胞分析仪、尿液分析仪、生化分析仪、心电图仪、血气分析仪、B超。
			选检项目：红细胞赫恩滋小体（变性珠蛋白小体）、尿对氨基酚、尿对硝基酚。	选检项目设备配备：显微镜。 尿对氨基酚、尿对硝基酚测定：高效液相色谱仪。
28	三硝基甲苯	岗前	体格检查必检项目：1）内科常规检查：重点检查肝脏；2）眼科常规检查及眼晶状体、玻璃体、眼底检查。	体格检查必备设备：1）内科常规检查用听诊器、血压计、身高测距仪、磅秤；2）眼科常规检查及眼晶状体、玻璃体、眼底检查用视力灯、眼底镜、裂隙灯、视力表、色觉图谱。
			实验室和其他检查必检项目：血常规、尿常规、肝功能、心电图、肝脾B超、胸部X射线摄片。	必检项目必备设备：血细胞分析仪、尿液分析仪、生化分析仪、心电图仪、B超、CR/DR摄片机。
		岗中	体格检查必检项目：同岗前	体格检查必备设备：内科常规检查用听诊器、血压计、身高测距仪、磅秤。
			实验室和其他检查必检项目：血常规、肝功能、心电图、肝脾B超。	必检项目必备设备：血细胞分析仪、生化分析仪、心电图仪、B超。
		离岗	同岗中。	同岗中。

续表

序号	名称	检查项目		设备配置
29	联苯胺	岗前	体格检查必检项目：内科常规检查。	体格检查必备设备：内科常规检查用听诊器、血压计、身高测距仪、磅秤。
			实验室和其他检查必检项目：血常规、尿常规、肝功能、心电图、尿脱落细胞检查（巴氏染色法或荧光素吖啶橙染色法）、胸部X射线摄片。	必检项目必备设备：血细胞分析仪、尿液分析仪、生化分析仪、心电图仪、病理检查设备及科室、CR/DR摄片机。
		岗中	体格检查必检项目：内科常规检查：重点检查腰腹部包块和膀胱触诊检查。	体格检查必备设备：内科常规检查用听诊器、血压计、身高测距仪、磅秤。
			实验室和其他检查必检项目：血常规、尿常规、尿脱落细胞检查（巴氏染色法或荧光素吖啶橙染色法）、膀胱B超。	必检项目必备设备：血细胞分析仪、尿液分析仪、病理检查设备及科室、B超。
			复检项目：出现无痛性血尿或尿常规、尿脱落细胞检查（巴氏染色法或荧光素吖啶橙染色法）、膀胱B超异常者可选择膀胱镜检查。	复检项目必备设备：膀胱镜。
		离岗	同岗中。	同岗中。
30	氯气	岗前	体格检查必检项目：内科常规检查，重点检查呼吸系统。	体格检查必备设备：内科常规检查用听诊器、血压计、身高测距仪、磅秤。
			实验室和其他检查必检项目：血常规、尿常规、肝功能、心电图、胸部X射线摄片、肺功能。	必检项目必备设备：血细胞分析仪、尿液分析仪、生化分析仪、心电图仪、CR/DR摄片机、肺功能仪。
		岗中	同岗前。	同岗前。

续表

序号	名称	检查项目		设备配置
30	氯气	离岗	同岗中。	同岗中。
		应急	体格检查必检项目：1）内科常规检查：重点检查呼吸系统；2）眼科常规检查：重点检查结膜、角膜病变，必要时用裂隙灯检查；3）鼻及咽部常规检查，必要时用咽喉镜检查；4）皮肤科常规检查。	体格检查必备设备：1）内科常规检查用听诊器、血压计、身高测距仪、磅秤；2）眼科常规检查用视力表、色觉图谱（必要时用裂隙灯）；3）鼻及咽部常规检查用额镜或额眼灯、咽喉镜。
			实验室和其他检查必检项目：血常规、尿常规、心电图、胸部 X 射线摄片、血氧饱和度。	必检项目必备设备：血细胞分析仪、尿液分析仪、心电图仪、CR/DR 摄片机、血氧饱和度测定仪或血气分析仪。
			选检项目：血气分析、胸部 CT、肺功能。	选检项目设备配备：血气分析仪、CT、肺功能仪。
31	二氧化硫	岗前	体格检查必检项目：内科常规检查。	体格检查必备设备：内科常规检查用听诊器、血压计、身高测距仪、磅秤。
			实验室和其他检查必检项目：血常规、尿常规、肝功能、心电图、肺功能、胸部 X 射线摄片。	必检项目必备设备：血细胞分析仪、尿液分析仪、生化分析仪、心电图仪、肺功能仪、CR/DR 摄片机。
		岗中	同岗前。	同岗前。
		离岗	同岗中。	同岗中。

续表

序号	名称	检查项目		设备配置
31	二氧化硫	应急	体格检查必检项目：1）内科常规检查：重点检查呼吸系统；2）眼科常规检查：重点检查结膜、角膜病变，必要时用裂隙灯检查；3）鼻及咽部常规检查，必要时用咽喉镜检查；4）皮肤科常规检查。	体格检查必备设备：1）内科常规检查用听诊器、血压计、身高测距仪、磅秤；2）眼科常规检查用视力表、色觉图谱（必要时用裂隙灯）；3）鼻及咽部常规检查用额镜或额眼灯、咽喉镜。
			实验室和其他检查必检项目：血常规、尿常规、心电图、胸部X射线摄片、血氧饱和度。	必检项目必备设备：血细胞分析仪、尿液分析仪、心电图仪、CR/DR摄片机、血氧饱和度测定仪或血气分析仪。
			选检项目：血气分析、胸部CT、肺功能。	选检项目设备配备：血气分析仪、CT、肺功能仪。
32	氮氧化物	岗前	体格检查必检项目：内科常规检查。	体格检查必备设备：内科常规检查用听诊器、血压计、身高测距仪、磅秤。
			实验室和其他检查必检项目：血常规、尿常规、肝功能、心电图、肺功能、胸部X射线摄片。	必检项目必备设备：血细胞分析仪、尿液分析仪、生化分析仪、心电图仪、肺功能仪、CR/DR摄片机。
		岗中	同岗前。	同岗前。
		离岗	同岗中。	同岗中。
		应急	体格检查必检项目：1）内科常规检查：重点检查呼吸系统；2）眼科常规检查：重点检查结膜、角膜病变，必要时用裂隙灯检查；3）鼻及咽部常规检查，必要时用咽喉镜检查；4）皮肤科常规检查。	体格检查必备设备：1）内科常规检查用听诊器、血压计、身高测距仪、磅秤；2）眼科常规检查用视力表、色觉图谱（必要时用裂隙灯）；3）鼻及咽部常规检查用额镜或额眼灯、咽喉镜。

续表

序号	名称	检查项目		设备配置
32	氮氧化物	应急	实验室和其他检查必检项目：血常规、尿常规、心电图、胸部X射线摄片、血氧饱和度。	必检项目必备设备：血细胞分析仪、尿液分析仪、心电图仪、CR/DR摄片机、血氧饱和度测定仪或血气分析仪。
			选检项目：血气分析、胸部CT、肺功能。	选检项目设备配备：血气分析仪、CT、肺功能仪。
33	氨	岗前	体格检查必检项目：内科常规检查。	体格检查必备设备：内科常规检查用听诊器、血压计、身高测距仪、磅秤。
			实验室和其他检查必检项目：血常规、尿常规、肝功能、心电图、胸部X射线摄片、肺功能。	必检项目必备设备：血细胞分析仪、尿液分析仪、生化分析仪、心电图仪、CR/DR摄片机、肺功能仪。
		岗中	同岗前。	同岗前。
		离岗	同岗中。	同岗中。
		应急	体格检查必检项目：1）内科常规检查：重点检查呼吸系统；2）眼科常规检查：重点检查结膜、角膜病变，必要时用裂隙灯检查；3）鼻及咽部常规检查，必要时用咽喉镜检查；4）皮肤科常规检查。	体格检查必备设备：1）内科常规检查用听诊器、血压计、身高测距仪、磅秤；2）眼科常规检查用视力表、色觉图谱（必要时用裂隙灯）；3）鼻及咽部常规检查用额镜或额眼灯、咽喉镜。
			实验室和其他检查必检项目：血常规、尿常规、心电图、胸部X射线摄片、血氧饱和度。	必检项目必备设备：血细胞分析仪、尿液分析仪、心电图仪、CR/DR摄片机、血氧饱和度测定仪或血气分析仪。
			选检项目：血气分析、胸部CT、肺功能。	选检项目设备配备：血气分析仪、CT、肺功能仪。

续表

序号	名称	检查项目		设备配置
34	光气	岗前	体格检查必检项目：内科常规检查：重点检查呼吸系统。	体格检查必备设备：内科常规检查用听诊器、血压计、身高测距仪、磅秤。
			实验室和其他检查必检项目：血常规、尿常规、肝功能、心电图、胸部 X 射线摄片、肺功能。	必检项目必备设备：血细胞分析仪、尿液分析仪、生化分析仪、心电图仪、CR/DR 摄片机、肺功能仪。
		岗中	同岗前。	同岗前。
		离岗	同岗中。	同岗中。
		应急	体格检查必检项目：1）内科常规检查：重点检查呼吸系统；2）眼科常规检查：重点检查结膜、角膜病变，必要时用裂隙灯检查；3）鼻及咽部常规检查，必要时用咽喉镜检查。	体格检查必备设备：1）内科常规检查用听诊器、血压计、身高测距仪、磅秤；2）眼科常规检查用视力表、色觉图谱（必要时用裂隙灯）；3）鼻及咽部常规检查用额镜或额眼灯、咽喉镜。
			实验室和其他检查必检项目：血常规、尿常规、心电图、胸部 X 射线摄片、血氧饱和度。	必检项目必备设备：血细胞分析仪、尿液分析仪、心电图仪、CR/DR 摄片机、血氧饱和度测定仪或血气分析仪、肺功能仪。
			选检项目：血气分析、胸部 CT、肺功能。	选检项目设备配备：血气分析仪、CT、肺功能仪。

续表

序号	名称	检查项目		设备配置
35	甲醛	岗前	体格检查必检项目：1）内科常规检查：重点检查呼吸系统；2）鼻及咽部常规检查。	体格检查必备设备：1）内科常规检查用听诊器、血压计、身高测距仪、磅秤；2）鼻及咽部常规检查用额镜或额眼灯、咽喉镜。
			实验室和其他检查必检项目：血常规、尿常规、肝功能、血嗜酸细胞计数、心电图、肺功能，胸部X射线摄片、有过敏史或可疑过敏体质者可选择非特异性支气管激发试验、血清总IgE。	必检项目必备设备：血细胞分析仪、尿液分析仪、生化分析仪、五分类血细胞分析仪或显微镜、心电图仪、肺功能仪、CR/DR摄片机。 血清总IgE：放射免疫分析仪或酶标仪或化学发光仪。
		岗中	体格检查必检项目：1）内科常规检查；2）皮科常规检查；3）鼻及咽部常规检查。	体格检查必备设备：1）内科常规检查用听诊器、血压计、身高测距仪、磅秤；2）鼻及咽部常规检查用额镜或额眼灯、咽喉镜。
			实验室和其他检查必检项目：血常规、心电图、血嗜酸细胞计数、肺功能、胸部X射线摄片。	必检项目必备设备：血细胞分析仪、心电图仪、五分类血细胞分析仪或显微镜、肺功能仪、CR/DR摄片机。
		离岗	同岗中。	同岗中。
		应急	体格检查必检项目：1）内科常规检查：重点检查呼吸系统；2）眼科常规检查：重点检查结膜、角膜病变，必要时用裂隙灯检查；3）鼻及咽部常规检查，必要时用咽喉镜检查；4）皮肤科常规检查。	体格检查必备设备：1）内科常规检查用听诊器、血压计、身高测距仪、磅秤；2）眼科常规检查用视力表、色觉图谱（必要时用裂隙灯）；3）鼻及咽部常规检查用额镜或额眼灯、咽喉镜。
			实验室和其他检查必检项目：血常规、尿常规、心电图、胸部X射线摄片、血氧饱和度。	必检项目必备设备：血细胞分析仪、尿液分析仪、心电图仪、CR/DR摄片机、血氧饱和度测定仪或血气分析仪。
			选检项目：血气分析、胸部CT、肺功能。	选检项目设备配备：血气分析仪、CT、肺功能仪。

续表

序号	名称		检查项目	设备配置
36	一甲胺	岗前	体格检查必检项目：内科常规检查，重点检查呼吸系统。	体格检查必备设备：内科常规检查用听诊器、血压计、身高测距仪、磅秤。
			实验室和其他检查必检项目：血常规、尿常规、肝功能、心电图、胸部 X 射线摄片、肺功能。	必检项目必备设备：血细胞分析仪、尿液分析仪、生化分析仪、心电图仪、CR/DR 摄片机、肺功能仪。
		岗中	同岗前。	同岗前。
		应急	体格检查必检项目：1）内科常规检查：重点检查呼吸系统；2）鼻及咽部常规检查，必要时用咽喉镜检查；3）眼科常规检查：重点检查结膜、角膜病变，必要时用裂隙灯检查；4）皮肤科常规检查。	体格检查必备设备：1）内科常规检查用听诊器、血压计、身高测距仪、磅秤；2）鼻及咽部常规检查用额镜或额眼灯、咽喉镜；3）眼科常规检查用视力表、色觉图谱（必要时用裂隙灯）。
			实验室和其他检查必检项目：血常规、尿常规、心电图、胸部 X 射线摄片、血氧饱和度。	必检项目必备设备：血细胞分析仪、尿液分析仪、心电图仪、CR/DR 摄片机、血氧饱和度测定仪或血气分析仪。
			选检项目：血气分析、胸部 CT、肺功能。	选检项目设备配备：血气分析仪、CT、肺功能仪。
37	一氧化碳	岗前	体格检查必检项目：1）内科常规检查；2）神经系统常规检查。	体格检查必备设备：1）内科常规检查用听诊器、血压计、身高测距仪、磅秤；2）神经系统常规检查用叩诊锤。
			实验室和其他检查必检项目：血常规、尿常规、肝功能、心电图、胸部 X 射线摄片。	必检项目必备设备：血细胞分析仪、尿液分析仪、生化分析仪、心电图仪、胸部 X 射线摄片。
		岗中	推荐性，同岗前。	推荐性，同岗前。

续表

序号	名称	检查项目		设备配置
37	一氧化碳	应急	体格检查必检项目：1）内科常规检查；2）神经系统常规检查：注意有无病理反射；3）眼底检查。	体格检查必备设备：1）内科常规检查用听诊器、血压计、身高测距仪、磅秤；2）神经系统常规检查用叩诊锤；3）眼底检查用视力灯、眼底镜、裂隙灯。
			实验室和其他检查必检项目：血常规、尿常规、心电图、血碳氧血红蛋白、血氧饱和度、心肌酶谱、肌钙蛋白T（TnT）。	必检项目必备设备：血细胞分析仪、尿液分析仪、心电图仪、生化分析仪、血气分析仪。 肌钙蛋白T（TnT）：肌钙蛋白T测定仪。
			选检项目：头颅CT或MRI、脑电图、胸部X射线摄片。	选检项目设备配备：CT或核磁共振、脑电图仪、CR/DR摄片机。
38	硫化氢	岗前	体格检查必检项目：1）内科常规检查；2）神经系统常规检查。	体格检查必备设备：1）内科常规检查用听诊器、血压计、身高测距仪、磅秤；2）神经系统常规检查用叩诊锤等。
			实验室和其他检查必检项目：血常规、尿常规、肝功能、心电图、胸部X射线摄片。	必检项目必备设备：血细胞分析仪、尿液分析仪、生化分析仪、心电图仪、胸部X射线摄片。
		岗中	推荐性，同岗前。	推荐性，同岗前。
		应急	体格检查必检项目：1）内科常规检查；2）神经系统常规检查：注意有无病理反射；3）眼科常规检查及眼底检查。	体格检查必备设备：1）内科常规检查用听诊器、血压计、身高测距仪、磅秤；2）神经系统常规检查用叩诊锤；3）眼科常规检查及眼底检查用视力灯、眼底镜、裂隙灯、视力表、色觉图谱。
			实验室和其他检查必检项目：血常规、尿常规、肝功能、心电图、胸部X射线摄片、心肌酶谱、肌钙蛋白T（TnT）、血氧饱和度。	必检项目必备设备：血细胞分析仪、尿液分析仪、生化分析仪、心电图仪、CR/DR摄片机、血氧饱和度测定仪或血气分析仪。 肌钙蛋白T（TnT）：肌钙蛋白T测定仪。
			选检项目：血气分析、头颅CT或MRI、脑电图。	选检项目设备配备：血气分析仪、CT或核磁共振、脑电图仪。

续表

序号	名称	检查项目		设备配置
39	氯乙烯	岗前	体格检查必检项目：1）内科常规检查；2）骨科检查：注意手指骨、关节的检查。	体格检查必备设备：内科常规检查用听诊器、血压计、身高测距仪、磅秤。
			实验室和其他检查必检项目：血常规、尿常规、心电图、肝功能、肝脾B超、胸部X射线摄片。	必检项目必备设备：血细胞分析仪、尿液分析仪、心电图仪、生化分析仪、B超、CR/DR摄片机。
		岗中	体格检查必检项目：1）内科常规检查；2）骨科检查：注意手指骨、关节的检查；3）皮肤科常规检查。	体格检查必备设备：内科常规检查用听诊器、血压计、身高测距仪、磅秤。
			实验室和其他检查必检项目：血常规、尿常规、肝功能、肝脾B超、手部X射线摄片（清釜工）。	必检项目必备设备：血细胞分析仪、尿液分析仪、生化分析仪、B超、CR/DR摄片机。
		离岗	同岗中。	同岗中。
		应急	体格检查必检项目：1）内科常规检查；2）神经系统常规检查：注意有无病理反射；3）眼底检查。	体格检查必备设备：1）内科常规检查用听诊器、血压计、身高测距仪、磅秤；2）神经系统常规检查用叩诊锤；3）眼底检查用视力灯、眼底镜、裂隙灯。
			实验室和其他检查必检项目：血常规、尿常规、心电图、肝功能、肝脾B超。	必检项目必备设备：血细胞分析仪、尿液分析仪、心电图仪、生化分析仪、B超。
			选检项目：脑电图、头颅CT或MRI、胸部X射线摄片。	选检项目设备配备：脑电图仪、CT或核磁共振、CR/DR摄片机。

续表

序号	名称		检查项目	设备配置
40	三氯乙烯	岗前	体格检查必检项目：1）内科常规检查；2）神经系统常规检查；3）皮肤科常规检查。	体格检查必备设备：1）内科常规检查用听诊器、血压计、身高测距仪、磅秤；2）神经系统常规检查用叩诊锤。
			实验室和其他检查必检项目：血常规、尿常规、肝功能、心电图、肝脾B超、胸部X射线摄片。	必检项目必备设备：血细胞分析仪、尿液分析仪、生化分析仪、心电图仪、B超、CR/DR摄片机。
		岗中	同岗前。	同岗前。
		应急	体格检查必检项目：1）内科常规检查；2）神经系统常规检查：注意有无病理反射；3）皮肤科常规检查；4）眼底检查。	体格检查必备设备：1）内科常规检查用听诊器、血压计、身高测距仪、磅秤；2）神经系统常规检查用叩诊锤；3）眼底检查用视力灯、眼底镜、裂隙灯。
			实验室和其他检查必检项目：血常规、尿常规、肝功能、心电图、肾功能、肝脾B超、尿三氯乙酸。	必检项目必备设备：血细胞分析仪、尿液分析仪、生化分析仪、心电图仪、B超。 尿三氯乙酸测定：气相色谱仪（配顶空装置）。
			选检项目：脑电图、头颅CT或MRI。	选检项目设备配备：脑电图仪、CT或核磁共振。
41	氯丙烯	岗前	体格检查必检项目：1）内科常规检查；2）神经系统常规检查。	体格检查必备设备：1）内科常规检查用听诊器、血压计、身高测距仪、磅秤；2）神经系统常规检查用叩诊锤。
			实验室和其他检查必检项目：血常规、尿常规、肝功能、空腹血糖、心电图、胸部X射线摄片。	必检项目必备设备：血细胞分析仪、尿液分析仪、生化分析仪、心电图仪、CR/DR摄片机。
			复检项目：空腹血糖异常或有周围神经损害表现者可选择：糖化血红蛋白、神经—肌电图。	复检项目必备设备：糖化血红蛋白分析仪或生化分析仪、肌电图仪或/和诱发电位仪。

续表

序号	名称	检查项目		设备配置
41	氯丙烯	岗中	同岗前。	同岗前。
		离岗	同岗中。	同岗中。
42	氯丁二烯	岗前	体格检查必检项目：1）内科常规检查；2）神经系统常规检查。	体格检查必备设备：1）内科常规检查用听诊器、血压计、身高测距仪、磅秤；2）神经系统常规检查用叩诊锤。
			实验室和其他检查必检项目：血常规、尿常规、肝功能、血清蛋白电泳 β 球蛋白、心电图、肝脾 B 超、胸部 X 射线摄片。	必检项目必备设备：血细胞分析仪、尿液分析仪、生化分析仪、心电图仪、B 超、CR/DR 摄片机。
		岗中	体格检查必检项目：1）内科常规检查；2）神经系统常规检查；3）皮肤科检查：重点检查有无脱发、指甲变色。	体格检查必备设备：1）内科常规检查用听诊器、血压计、身高测距仪、磅秤；2）神经系统常规检查用叩诊锤。
			实验室和其他检查必检项目：血常规、尿常规、肝功能、血清蛋白电泳 β 球蛋白、肝脾 B 超。	必检项目必备设备：血细胞分析仪、尿液分析仪、生化分析仪、心电图仪、B 超。
		离岗	同岗中。	同岗中。

续表

序号	名称	检查项目		设备配置
42	氯丁二烯	应急	体格检查必检项目：1）内科常规检查：重点检查呼吸系统；2）神经系统常规检查：注意有无病理反射；3）眼底检查。	体格检查必备设备：1）内科常规检查用听诊器、血压计、身高测距仪、磅秤；2）神经系统常规检查用叩诊锤；3）眼底检查用视力灯、眼底镜、裂隙灯。
			实验室和其他检查必检项目：血常规、尿常规、肝功能、心电图、胸部X射线摄片、血氧饱和度。	必检项目必备设备：血细胞分析仪、尿液分析仪、生化分析仪、心电图仪、CR/DR摄片机、血氧饱和度测定仪或血气分析仪。
			选检项目：脑电图、头颅CT或MRI、血气分析。	选检项目设备配备：脑电图仪、CT或核磁共振、血气分析仪。
43	有机氟	岗前	体格检查必检项目：1）内科常规检查：重点检查呼吸系统；2）鼻及咽部常规检查。	体格检查必备设备：1）内科常规检查用听诊器、血压计、身高测距仪、磅秤；2）鼻及咽部常规检查用额镜或额眼灯、咽喉镜。
			实验室和其他检查必检项目：血常规、尿常规、肝功能、心电图、胸部X射线摄片、肺功能。	必检项目必备设备：血细胞分析仪、尿液分析仪、生化分析仪、心电图仪、CR/DR摄片机、肺功能仪。
		岗中	推荐性，体格检查必检项目：1）内科常规检查；2）鼻及咽部常规检查。	推荐体检项目设备配备：1）内科常规检查用听诊器、血压计、身高测距仪、磅秤；2）鼻及咽部常规检查用额镜或额眼灯、咽喉镜。
			推荐性，实验室和其他检查必检项目：血常规、心电图、胸部X射线摄片、肺功能。	推荐项目设备配备：血细胞分析仪、心电图仪、CR/DR摄片机、肺功能仪。
		应急	体格检查必检项目：1）内科常规检查；2）鼻及咽部常规检查。	体格检查必备设备：1）内科常规检查用听诊器、血压计、身高测距仪、磅秤；2）鼻及咽部常规检查用额镜或额眼灯、咽喉镜。
			实验室和其他检查必检项目：血常规、尿常规、心电图、胸部X射线摄片、血氧饱和度。	必检项目必备设备：血细胞分析仪、尿液分析仪、心电图仪、CR/DR摄片机、血氧饱和度测定仪或血气分析仪。
			选检项目：肝功能、血气分析、心肌酶谱、肌钙蛋白T（TnT）。	选检项目设备配备：生化分析仪、血气分析仪。 肌钙蛋白T（TnT）：肌钙蛋白T测定仪。

续表

序号	名称	检查项目		设备配置
44	二异氰酸甲苯酯	见致喘物		
45	二甲基甲酰胺	岗前	体格检查必检项目：内科常规检查，重点检查肝脾。	体格检查必备设备：内科常规检查用听诊器、血压计、身高测距仪、磅秤。
			实验室和其他检查必检项目：血常规、尿常规、肝功能、心电图、肝脾 B 超、胸部 X 射线摄片。	必检项目必备设备：血细胞分析仪、尿液分析仪、生化分析仪、心电图仪、B 超、CR/DR 摄片机。
		岗中	同岗前。	同岗前。
		离岗	同岗中	同岗中。
		应急	体格检查必检项目：1）内科常规检查：重点检查肝脏；2）皮肤科常规检查。	体格检查必备设备：内科常规检查用听诊器、血压计、身高测距仪、磅秤。
			实验室和其他检查必检项目：血常规、尿常规、肝功能、心电图、肝脾 B 超。	必检项目必备设备：血细胞分析仪、尿液分析仪、生化分析仪、心电图仪、B 超。
			选检项目：尿甲基甲酰胺、凝血酶原时间、消化道内窥镜、粪便潜血试验。	选检项目设备配备：血凝仪、消化道内窥镜、粪便潜血试剂盒。 尿甲基甲酰胺测定：气相色谱仪。
46	氰及腈类化合物	岗前	体格检查必检项目：1）内科常规检查；2）神经系统常规检查。	体格检查必备设备：1）内科常规检查用听诊器、血压计、身高测距仪、磅秤；2）神经系统常规检查用叩诊锤。
			实验室和其他检查必检项目：血常规、尿常规、肝功能、心电图、胸部 X 射线摄片。	必检项目必备设备：血细胞分析仪、尿液分析仪、生化分析仪、心电图仪、CR/DR 摄片机。

续表

序号	名称		检查项目	设备配置
46	氰及腈类化合物	岗中	推荐性，体格检查：同岗前。	推荐性，体格检查：同岗前。
			推荐性，实验室和其他检查必检项目：血常规、尿常规、肝功能、心电图、胸部X射线摄片、尿硫氰酸盐。	必检项目必备设备：血细胞分析仪、尿液分析仪、生化分析仪、心电图仪、CR/DR摄片机、分光光度仪。
		应急	体格检查必检项目：1）内科常规检查；2）神经系统常规检查：注意有无病理反射检查。	体格检查必备设备：1）内科常规检查用听诊器、血压计、身高测距仪、磅秤；2）神经系统常规检查用叩诊锤。
			实验室和其他检查必检项目：血常规、尿常规、肝功能、心电图、血气分析、血浆乳酸浓度、胸部X射线摄片、尿硫氰酸盐。	必检项目必备设备：血细胞分析仪、尿液分析仪、生化分析仪、心电图仪、血气分析仪、CR/DR摄片。 尿硫氰酸盐测定：分光光度仪。
			选检项目：脑电图、头颅CT或MRI、肝脾B超。	选检项目设备配备：脑电图仪、头颅CT或核磁共振、B超。
47	酚（酚类化合物如甲酚、邻苯二酚、间苯二酚、对苯二酚等参照执行）	岗前	体格检查必检项目：1）内科常规检查；2）神经系统常规检查；3）皮肤科常规检查。	体格检查必备设备：1）内科常规检查用听诊器、血压计、身高测距仪、磅秤；2）神经系统常规检查用叩诊锤。
			实验室和其他检查必检项目：血常规、尿常规、肝功能、肾功能、网织红细胞、心电图、胸部X射线摄片。	必检项目必备设备：血细胞分析仪、尿液分析仪、生化分析仪、五分类血液分析仪（需具备网织红细胞检测功能）或显微镜、心电图仪、CR/DR摄片机。
		岗中	推荐性，同岗前。	推荐性，同岗前。

续表

序号	名称		检查项目	设备配置
47	酚（酚类化合物如甲酚、邻苯二酚、间苯二酚、对苯二酚等参照执行）	应急	体格检查必检项目：1）内科常规检查；2）神经系统常规检查：注意有无病理反射；3）皮肤科常规检查：重点检查皮肤灼伤面积及深度；4）眼科常规检查及眼底检查。	体格检查必备设备：1）内科常规检查用听诊器、血压计、身高测距仪、磅秤；2）神经系统常规检查用叩诊锤；3）眼科常规检查及眼底检查用视力灯、眼底镜、裂隙灯、视力表、色觉图谱。
			实验室和其他检查必检项目：血常规、尿常规、肝功能、心电图、肾功能、网织红细胞、尿酚。	必检项目必备设备：血细胞分析仪、尿液分析仪、生化分析仪、心电图仪、五分类血液分析仪（需具备网织红细胞检测功能）或显微镜。 尿酚测定：气相色谱仪。
			选检项目：肝肾 B 超、心肌酶谱、肌钙蛋白 T（TnT）。	选检项目设备配备：B 超。 心肌酶谱：生化分析仪。 肌钙蛋白 T（TnT）：肌钙蛋白 T 测定仪。
48	五氯酚	岗前	体格检查必检项目：内科常规检查：重点检查甲状腺及心血管系统。	体格检查必备设备：内科常规检查用听诊器、血压计、身高测距仪、磅秤。
			实验室和其他检查必检项目：血常规、尿常规、肝功能、血清游离甲状腺素（FT4）、血清游离三碘甲状原氨酸（FT3）、促甲状腺激素（TSH）、心电图、胸部 X 射线摄片。	必检项目必备设备：血细胞分析仪、尿液分析仪、生化分析仪、心电图仪、化学发光仪或电化学发光仪、CR/DR 摄片。
		岗中	推荐性，同岗前。	推荐性，同岗前。
		应急	体格检查必检项目：内科常规检查，注意体温的测量及变化。	体格检查必备设备：内科常规检查用听诊器、血压计、身高测距仪、磅秤。
			实验室和其他检查必检项目：血常规、尿常规、肝功能、肾功能、心电图、尿五氯酚。	必检项目必备设备：血细胞分析仪、尿液分析仪、生化分析仪、心电图仪。 尿五氯酚测定：高效液相色谱仪。
			选检项目：肝肾 B 超、心肌酶谱、肌钙蛋白 T（TnT）。	选检项目设备配备：B 超。 心肌酶谱：生化分析仪。 肌钙蛋白 T（TnT）：肌钙蛋白 T 测定仪。

续表

序号	名称	检查项目		设备配置
49	氯甲醚、双氯甲醚	岗前	体格检查必检项目：内科常规检查。	体格检查必备设备：内科常规检查用听诊器、血压计、身高测距仪、磅秤。
			实验室和其他检查必检项目：血常规、尿常规、肝功能、心电图、胸部X射线摄片、肺功能。	必检项目必备设备：血细胞分析仪、尿液分析仪、生化分析仪、心电图仪、CR/DR摄片机、肺功能仪。
		岗中	体格检查必检项目：内科常规检查。	体格检查必备设备：内科常规检查用听诊器、血压计、身高测距仪、磅秤。
			实验室和其他检查必检项目：血常规、心电图、肺功能、胸部X射线摄片、血清癌胚抗原（CEA）、神经特异性烯醇化酶（NSE）。	必检项目必备设备：血细胞分析仪、心电图仪、肺功能仪、CR/DR摄片机。 血清癌胚抗原（CEA）、神经特异性烯醇化酶（NSE）：化学发光仪或电化学发光仪或酶标仪。
			复检项目：胸部X射线摄片异常者可选择胸部CT。	复检项目必备设备：CT机。
		离岗	同岗中。	同岗中。
50	丙烯酰胺	岗前	体格检查必检项目：1）内科常规检查；2）神经系统常规检查。	体格检查必备设备：1）内科常规检查用听诊器、血压计、身高测距仪、磅秤；2）神经系统常规检查用叩诊锤。
			实验室和其他检查必检项目：血常规、尿常规、肝功能、空腹血糖、心电图、胸部X射线摄片。	必检项目必备设备：血细胞分析仪、尿液分析仪、生化分析仪、心电图仪、CR/DR摄片机。
			复检项目：空腹血糖异常或有周围神经损害表现者可选择糖化血红蛋白、神经—肌电图。	复检项目必备设备：糖化血红蛋白分析仪或生化分析仪、肌电图仪或/和诱发电位仪。

续表

序号	名称		检查项目	设备配置
50	丙烯酰胺	岗中	体格检查必检项目：1）内科常规检查；2）神经系统常规检查；3）皮肤科常规检查。	体格检查必备设备：1）内科常规检查用听诊器、血压计、身高测距仪、磅秤；2）神经系统常规检查用叩诊锤。
			实验室和其他检查：同岗前。	实验室和其他检查：同岗前。
		离岗	同岗中。	同岗中。
		应急	体格检查必检项目：1）内科常规检查；2）神经系统常规检查：注意有无病理反射；3）皮肤科常规检查；4）眼底检查。	体格检查必备设备：1）内科常规检查用听诊器、血压计、身高测距仪、磅秤；2）神经系统常规检查用叩诊锤；3）眼底检查用视力灯、眼底镜、裂隙灯。
			实验室和其他检查必检项目：血常规、尿常规、肝功能、心电图、肾功能。	必检项目必备设备：血细胞分析仪、尿液分析仪、生化分析仪、心电图仪。
			选检项目：脑电图、头颅 CT 或 MRI、神经—肌电图。	选检项目设备配备：脑电图仪、CT 或核磁共振、肌电图仪或/和诱发电位仪。
51	偏二甲基肼	岗前	体格检查必检项目：1）内科常规检查；2）神经系统常规检查。	体格检查必备设备：1）内科常规检查用听诊器、血压计、身高测距仪、磅秤；2）神经系统常规检查用叩诊锤。
			实验室和其他检查必检项目：血常规、尿常规、肝功能、心电图、胸部 X 射线摄片。	必检项目必备设备：血细胞分析仪、尿液分析仪、生化分析仪、心电图仪、CR/DR 摄片机。
		岗中	推荐性，同岗前。	推荐性，同岗前。
		应急	体格检查必检项目：1）内科常规检查；2）神经系统常规检查：注意有无病理反射。	体格检查必备设备：1）内科常规检查用听诊器、血压计、身高测距仪、磅秤；2）神经系统常规检查用叩诊锤。

续表

序号	名称		检查项目	设备配置
51	偏二甲基肼	应急	实验室和其他检查必检项目：血常规、尿常规、肝功能、心电图、肝脾B超。	必检项目必备设备：血细胞分析仪、尿液分析仪、生化分析仪、心电图仪、B超。
			选检项目：脑电图、头颅CT或MRI。	选检项目设备配备：脑电图仪、CT或核磁共振。
52	硫酸二甲酯	岗前	体格检查必检项目：内科常规检查。	体格检查必备设备：内科常规检查用听诊器、血压计、身高测距仪、磅秤。
			实验室和其他检查必检项目：血常规、尿常规、肝功能、心电图、胸部X射线摄片、肺功能。	必检项目必备设备：血细胞分析仪、尿液分析仪、生化分析仪、心电图仪、CR/DR摄片机、肺功能仪。
		岗中	推荐性，同岗前。	推荐性，同岗前。
		应急	体格检查必检项目：1）内科常规检查；2）鼻及咽部常规检查，必要时进行咽喉镜检查；3）眼科常规检查：重点检查结膜、角膜病变，必要时裂隙灯检查；4）皮肤科常规检查。	体格检查必备设备：1）内科常规检查用听诊器、血压计、身高测距仪、磅秤；2）鼻及咽部常规检查用额镜或额眼灯、咽喉镜；3）眼科常规检查用视力表、色觉图谱（必要时用裂隙灯）。
			实验室和其他检查必检项目：血常规、尿常规、心电图、血氧饱和度、胸部X射线摄片。	必检项目必备设备：血细胞分析仪、尿液分析仪、心电图仪、血氧饱和度测定仪或血气分析仪、CR/DR摄片机。
			选检项目：血气分析。	选检项目设备配备：血气分析仪。
53	有机磷	岗前	体格检查必检项目：1）内科常规检查；2）神经系统常规检查；3）皮肤科常规检查。	体格检查必备设备：1）内科常规检查用听诊器、血压计、身高测距仪、磅秤；2）神经系统常规检查用叩诊锤。
			实验室和其他检查必检项目：血常规、尿常规、肝功能、全血或红细胞胆碱酯酶活性测定、心电图、胸部X射线摄片。	必检项目必备设备：血细胞分析仪、尿液分析仪、生化分析仪、心电图仪、CR/DR摄片机。

续表

序号	名称	检查项目		设备配置
53	有机磷	岗中	同岗前。	同岗前。
		应急	体格检查必检项目：1）内科常规检查：重点检查呼吸系统；2）神经系统常规检查及观察瞳孔改变：注意有无肌束震颤、病理反射；3）皮肤科常规检查：重点检查皮肤红斑、丘疹、水疱或大疱及多汗；4）眼底检查。	体格检查必备设备：1）内科常规检查用听诊器、血压计、身高测距仪、磅秤；2）神经系统常规检查用叩诊锤；3）眼底检查用视力灯、眼底镜、裂隙灯。
			实验室和其他检查必检项目：血常规、尿常规、肝功能、心电图、全血或红细胞胆碱酯酶活性、胸部X射线摄片、肝脾B超。	必检项目必备设备：血细胞分析仪、尿液分析仪、生化分析仪、心电图仪、CR/DR摄片机、B超。
			选检项目：心肌酶谱、肌钙蛋白T（TnT）、神经—肌电图、脑电图、头颅CT或MRI。	选检项目设备配备：肌电图仪或/和诱发电位仪、脑电图仪、CT或核磁共振。 心肌酶谱：生化分析仪。 肌钙蛋白T（TnT）：肌钙蛋白T测定仪。
54	氨基甲酸酯	岗前	体格检查必检项目：1）内科常规检查；2）神经系统常规检查；3）皮肤科常规检查。	体格检查必备设备：1）内科常规检查用听诊器、血压计、身高测距仪、磅秤；2）神经系统常规检查用叩诊锤。
			实验室和其他检查必检项目：血常规、尿常规、肝功能、全血或红细胞胆碱酯酶活性测定、心电图、胸部X射线摄片。	必检项目必备设备：血细胞分析仪、尿液分析仪、生化分析仪、心电图仪、CR/DR摄片机。
		岗中	同岗前。	同岗前。

续表

序号	名称	检查项目		设备配置
54	氨基甲酸酯	应急	体格检查必检项目：1）内科常规检查：重点检查呼吸系统；2）神经系统常规检查及观察瞳孔改变：注意有无肌束震颤、病理反射；3）眼底检查。	体格检查必备设备：1）内科常规检查用听诊器、血压计、身高测距仪、磅秤；2）神经系统常规检查用叩诊锤；3）眼底检查用视力灯、眼底镜、裂隙灯。
			实验室和其他检查必检项目：血常规、尿常规、肝功能、全血或红细胞胆碱酯酶活性测定、心电图、胸部X射线摄片、肝脾B超。	必检项目必备设备：血细胞分析仪、尿液分析仪、生化分析仪、心电图仪、CR/DR摄片机、B超。
			选检项目：心肌酶谱、肌钙蛋白T（TnT）、神经—肌电图、脑电图、头颅CT或MRI。	选检项目设备配备：肌电图仪或/和诱发电位仪、脑电图仪、CT或核磁共振。 心肌酶谱：生化分析仪。 肌钙蛋白T（TnT）：肌钙蛋白T测定仪。
55	拟除虫菊酯类	岗前	体格检查必检项目：1）内科常规检查；2）神经系统常规检查；3）皮肤科常规检查。	体格检查必备设备：1）内科常规检查用听诊器、血压计、身高测距仪、磅秤；2）神经系统常规检查用叩诊锤。
			实验室和其他检查必检项目：血常规、尿常规、肝功能、心电图、胸部X射线摄片。	必检项目必备设备：血细胞分析仪、尿液分析仪、生化分析仪、心电图仪、CR/DR摄片机。
		岗中	推荐性，同岗前。	推荐性，同岗前。
		应急	体格检查必检项目：1）内科常规检查：重点检查口鼻分泌物增多、咽部充血等；2）神经系统常规检查：注意有无肌束震颤、病理反射；3）皮肤科常规检查；4）眼底检查。	体格检查必备设备：1）内科常规检查用听诊器、血压计、身高测距仪、磅秤；2）神经系统常规检查用叩诊锤；3）眼底检查用视力灯、眼底镜、裂隙灯。
			实验室和其他检查必检项目：血常规、尿常规、肝功能、心电图、肝脾B超、胸部X射线摄片。	必检项目必备设备：血细胞分析仪、尿液分析仪、生化分析仪、心电图仪、B超、CR/DR摄片机。
			选检项目：尿拟除虫菊酯代谢产物、头颅CT或MRI、脑电图。	选检项目设备配备：CT或核磁共振、脑电图仪。 尿拟除虫菊酯代谢产物：高效液相色谱仪。

续表

序号	名称	检查项目		设备配置
56	酸雾或酸酐	岗前	体格检查必检项目：1）内科常规检查：重点检查呼吸系统；2）口腔科常规检查：重点检查有无口腔黏膜溃疡、龋齿，尤其应检查暴露在外的牙齿如切牙、侧切牙和尖牙的唇面有无受损和受损的程度。	体格检查必备设备：1）内科常规检查用听诊器、血压计、身高测距仪、磅秤；2）口腔科常规检查器械。
			实验室和其他检查必检项目：血常规、尿常规、肝功能、心电图、胸部 X 射线摄片、肺功能。	必检项目必备设备：血细胞分析仪、尿液分析仪、生化分析仪、心电图仪、CR/DR 摄片机、肺功能仪。
		岗中	体格检查必检项目：1）内科常规检查：重点检查呼吸系统；2）口腔科检查：重点检查有无口腔黏膜溃疡、龋齿，尤其应检查暴露在外的牙齿如切牙、侧切牙和尖牙的唇面有无受损和受损的程度；并检查有无牙酸蚀，包括酸蚀牙数，酸蚀程度以及牙位分布；3）皮肤科常规检查。	体格检查必备设备：1）内科常规检查用听诊器、血压计、身高测距仪、磅秤；2）口腔科常规检查器械。
			实验室和其他检查必检项目：胸部 X 射线摄片、肺功能，发现牙酸蚀者可选择牙齿 X 射线摄片。	必检项目必备设备：CR/DR 摄片机、肺功能仪、牙片机。
		离岗	同岗中。	同岗中。
		应急	体格检查必检项目：1）内科常规检查：重点检查呼吸系统；2）眼科常规检查：重点检查结膜、角膜病变，必要时用裂隙灯检查；3）鼻及咽部常规检查，必要时用咽喉镜检查；4）皮肤科常规检查。	体格检查必备设备：1）内科常规检查用听诊器、血压计、身高测距仪、磅秤；2）眼科常规检查用视力表、色觉图谱（必要时用裂隙灯）；3）鼻及咽部常规检查用额镜或额眼灯、咽喉镜。

续表

序号	名称		检查项目	设备配置
56	酸雾或酸酐	应急	实验室和其他检查必检项目：血常规、尿常规、心电图、胸部 X 射线摄片、血氧饱和度。	必检项目必备设备：血细胞分析仪、尿液分析仪、心电图仪、CR/DR 摄片机、血氧饱和度测定仪或血气分析仪。
			选检项目：血气分析。	选检项目设备配备：血气分析仪。
57	致喘物	岗前	体格检查必检项目：1）内科常规检查：重点检查呼吸系统；2）鼻及咽部常规检查：重点检查有无过敏性鼻炎。	体格检查必备设备：1）内科常规检查用听诊器、血压计、身高测距仪、磅秤；2）鼻及咽部常规检查用额镜或额眼灯、咽喉镜。
			实验室和其他检查必检项目：血常规、尿常规、肝功能、血嗜酸细胞计数、心电图，胸部 X 射线摄片、肺功能、有过敏史或可疑过敏体质者可选择肺弥散功能、血清总 IgE。	必检项目必备设备：血细胞分析仪、五分类血细胞分析仪或显微镜、尿液分析仪、生化分析仪、心电图仪、CR/DR 摄片机、肺功能仪、大肺功能仪。 血清总 IgE：放射免疫分析仪或酶标仪或化学发光仪。
		岗中	体格检查必检项目：同岗前。	体格检查必备设备：同岗前。
			实验室和其他检查必检项目：血常规、心电图、血嗜酸细胞计数、肺功能、血清总 IgE、胸部 X 射线摄片，有哮喘症状者可选择肺弥散功能、抗原特异性 IgE 抗体，变应原皮肤试验、变应原支气管激发试验。	必检项目必备设备：血细胞分析仪、五分类血细胞分析仪或显微镜、心电图仪、CR/DR 摄片机、大肺功能仪。 变应原皮肤试验：皮肤斑贴实验。 血清总 IgE、抗原特异性 IgE 抗体：放射免疫分析仪或酶标仪或化学发光仪。 变应原支气管激发试验：肺功能仪。
		离岗	同岗中。	同岗中。

续表

序号	名称	检查项目		设备配置
57	致喘物	应急	体格检查必检项目：1）内科常规检查：重点检查呼吸系统；2）鼻及咽部常规检查。	体格检查必备设备：1）内科常规检查用听诊器、血压计、身高测距仪、磅秤；2）鼻及咽部常规检查用额镜或额眼灯、咽喉镜。
			实验室和其他检查必检项目：血常规、心电图、血嗜酸细胞计数、血清总 IgE、肺功能、胸部 X 射线摄片、血氧饱和度。	必检项目必备设备：血细胞分析仪、五分类血细胞分析仪或显微镜、心电图仪、肺功能仪、CR/DR 摄片机、血氧饱和度测定仪或血气分析仪。血清总 IgE：放射免疫分析仪或酶标仪或化学发光仪。
			选检项目：血气分析、肺弥散功能。	选检项目设备配备：血气分析仪、大肺功能仪。
58	焦炉逸散物	岗前	体格检查必检项目：1）内科常规检查；2）皮肤科常规检查。	体格检查必备设备：内科常规检查用听诊器、血压计、身高测距仪、磅秤。
			实验室和其他检查必检项目：血常规、尿常规、肝功能、心电图、胸部 X 射线摄片、肺功能。	必检项目必备设备：血细胞分析仪、尿液分析仪、生化分析仪、心电图仪、CR/DR 摄片机、肺功能仪。
		岗中	体格检查必检项目：同岗前。	体格检查必备设备：同岗前。
			实验室和其他检查必检项目：血常规、心电图、肺功能、胸部 X 射线摄片。	必检项目必备设备：血细胞分析仪、心电图仪、肺功能仪、CR/DR 摄片机。
			复检项目：胸部 X 射线摄片异常者可选择胸部 CT。	复检必备设备：CT 机。
		离岗	同岗中。	同岗中。

续表

序号	名称	检查项目		设备配置
59	甲苯（二甲苯参照执行）	岗前	体格检查必检项目：1）内科常规检查；2）神经系统常规检查。	体格检查必备设备：1）内科常规检查用听诊器、血压计、身高测距仪、磅秤；2）神经系统常规检查用叩诊锤。
			实验室和其他检查必检项目：血常规、尿常规、肝功能、心电图、胸部X射线摄片。	必检项目必备设备：血细胞分析仪、尿液分析仪、生化分析仪、心电图仪、CR/DR摄片。
		岗中	推荐性，同岗前。	推荐性，同岗前。
		应急	体格检查必检项目：1）内科常规检查；2）神经系统常规检查；3）皮肤科常规检查；4）眼科常规检查及眼底检查。	体格检查必备设备：1）内科常规检查用听诊器、血压计、身高测距仪、磅秤；2）神经系统常规检查用叩诊锤；3）眼科常规检查及眼底检查用视力灯、眼底镜、裂隙灯、视力表、色觉图谱。
			实验室和其他检查必检项目：血常规、尿常规、肝功能、心电图、肾功能、心肌酶谱、肌钙蛋白T（TnT）、肝肾B超。	必检项目必备设备：血细胞分析仪、尿液分析仪、生化分析仪、心电图仪、B超。 肌钙蛋白T（TnT）：肌钙蛋白T测定仪。
			选检项目：尿马尿酸、头颅CT或MRI、脑电图。	选检项目设备配备：CT或核磁共振、脑电图仪。 尿马尿酸测定：高效液相色谱仪。
60	溴丙烷（1－溴丙烷或丙基溴）	岗前	体格检查必检项目：1）内科常规检查；2）神经系统常规检查。	体格检查必备设备：内科常规检查用听诊器、血压计、身高测距仪、磅秤；神经系统常规检查用叩诊锤。
			实验室和其他检查必检项目：血常规、尿常规、肝功能、空腹血糖、心电图、胸部X射线摄片。	必检项目必备设备：血细胞分析仪、尿液分析仪、生化分析仪、心电图仪、CR/DR摄片机。
			复检项目：空腹血糖异常或有周围神经损害表现者可选择糖化血红蛋白、神经—肌电图。	复检项目必备设备：糖化血红蛋白分析仪或生化分析仪、肌电图仪或/和诱发电位仪。

续表

序号	名称	检查项目		设备配置
60	溴丙烷（1-溴丙烷或丙基溴）	岗中	体格检查必检项目：1）内科常规检查；2）神经系统常规检查。	体格检查必备设备：1）内科常规检查用听诊器、血压计、身高测距仪、磅秤；2）神经系统常规检查用叩诊锤。
			实验室和其他检查必检项目：血常规、尿常规、空腹血糖。	必检项目必备设备：血细胞分析仪、尿液分析仪、生化分析仪。
			复检项目：空腹血糖异常或有周围神经损害表现者可选择糖化血红蛋白、神经—肌电图。	复检项目必备设备：糖化血红蛋白分析仪或生化分析仪、肌电图仪或/和诱发电位仪。
		离岗	同岗中。	同岗中。
		应急	体格检查必检项目：1）内科常规检查；2）神经系统常规检查：注意有无病理反射。	体格检查必备设备：1）内科常规检查用听诊器、血压计、身高测距仪、磅秤；2）神经系统常规检查用叩诊锤。
			实验室和其他检查必检项目：血常规、尿常规、肝功能、肾功能、心电图、尿1-溴丙烷。	必检项目必备设备：血细胞分析仪、尿液分析仪、生化分析仪、心电图仪。 尿1-溴丙烷测定：气相色谱仪（配顶空装置）。
			选检项目：脑电图、头颅CT或MRI、神经—肌电图。	选检项目设备配备：脑电图仪、CT或核磁共振、肌电图仪或/和诱发电位仪。
61	碘甲烷	岗前	体格检查必检项目：1）内科常规检查；2）神经系统常规检查。	体格检查必备设备：1）内科常规检查用听诊器、血压计、身高测距仪、磅秤；2）神经系统常规检查用叩诊锤。
			实验室和其他检查必检项目：血常规、尿常规、肝功能、心电图、胸部X射线摄片。	必检项目必备设备：血细胞分析仪、尿液分析仪、生化分析仪、心电图仪、CR/DR摄片机。
		岗中	推荐性，同岗前。	推荐性，同岗前。

续表

序号	名称	检查项目		设备配置
61	碘甲烷	应急	体格检查必检项目：1）内科常规检查；2）神经系统常规检查：注意有无病理反射；3）皮肤科常规检查。	体格检查必备设备：1）内科常规检查用听诊器、血压计、身高测距仪、磅秤；2）神经系统常规检查用叩诊锤。
			实验室和其他检查必检项目：血常规、尿常规、肝功能、肾功能、心电图、血钾、胸部X射线摄片。	必检项目必备设备：血细胞分析仪、尿液分析仪、生化分析仪、心电图仪、电解质分析仪或全自动生化分析仪（需有离子电极模块）、CR/DR摄片机。
			选检项目：脑电图、头颅CT或MRI、肝肾B超、神经—肌电图	选检项目设备配备：脑电图仪、CT或核磁共振、B超、肌电图仪或/和诱发电位仪。
62	环氧乙烷	岗前	体格检查必检项目：1）内科常规检查；2）神经系统常规检查。	体格检查必备设备：1）内科常规检查用听诊器、血压计、身高测距仪、磅秤；2）神经系统常规检查用叩诊锤。
			实验室和其他检查必检项目：血常规、尿常规、肝功能、空腹血糖、心电图、肺功能、胸部X射线摄片。	必检项目必备设备：血细胞分析仪、尿液分析仪、生化分析仪、心电图仪、肺功能仪、CR/DR摄片机。
			复检项目：空腹血糖异常或有周围神经损害表现者可选择糖化血红蛋白、神经—肌电图。	复检项目必备设备：糖化血红蛋白分析仪或生化分析仪、肌电图仪或/和诱发电位仪。
		岗中	同岗前。	同岗前。
		离岗	同岗中。	同岗中。

续表

序号	名称		检查项目	设备配置
62	环氧乙烷	应急	体格检查必检项目：1）内科常规检查；2）神经系统常规检查：注意有无病理反射；3）皮肤科常规检查。	体格检查必备设备：1）内科常规检查用听诊器、血压计、身高测距仪、磅秤；2）神经系统常规检查用叩诊锤。
			实验室和其他检查必检项目：血常规、尿常规、肝功能、肾功能、心电图、胸部X射线摄片、血氧饱和度、心肌酶谱、肌钙蛋白T（TnT）。	必检项目必备设备：血细胞分析仪、尿液分析仪、生化分析仪、心电图仪、CR/DR摄片机、血氧饱和度测定仪或血气分析仪。 肌钙蛋白T（TnT）：肌钙蛋白T测定仪。
			选检项目：脑电图、头颅CT或MRI、胸部CT、肝肾B超、血气分析。	选检项目设备配备：脑电图仪、CT或核磁共振、B超、血气分析仪。
63	氯乙酸	岗前	体格检查必检项目：1）内科常规检查；2）神经系统常规检查。	体格检查必备设备：1）内科常规检查用听诊器、血压计、身高测距仪、磅秤；2）神经系统常规检查用叩诊锤。
			实验室和其他检查必检项目：血常规、尿常规、肝功能、肾功能、心电图、胸部X射线摄片。	必检项目必备设备：血细胞分析仪、尿液分析仪、生化分析仪、心电图仪、CR/DR摄片机。
		岗中	推荐性，同岗前。	推荐体检项目设备配备：1）内科常规检查用听诊器、血压计、身高测距仪、磅秤；2）神经系统常规检查用叩诊锤。
				推荐项目设备配备：血细胞分析仪、尿液分析仪、生化分析仪、心电图仪、CR/DR摄片机。
		应急	体格检查必检项目：1）内科常规检查；2）神经系统常规检查：注意有无病理反射；3）皮肤科常规检查。	体格检查必备设备：1）内科常规检查用听诊器、血压计、身高测距仪、磅秤；2）神经系统常规检查用叩诊锤。
			实验室和其他检查必检项目：血常规、尿常规、肝功能、肾功能、心电图、心肌酶谱、肌钙蛋白T（TnT）。	必检项目必备设备：血细胞分析仪、尿液分析仪、生化分析仪、心电图仪。 肌钙蛋白T（TnT）：肌钙蛋白T测定仪。
			选检项目：脑电图、头颅CT或MRI、肝肾B超、血气分析。	选检项目设备配备：脑电图仪、CT或核磁共振、B超、血气分析仪。

续表

序号	名称	检查项目		设备配置
64	铟及其化合物	岗前	体格检查必检项目：内科常规检查，重点是呼吸系统。	体格检查必备设备：内科常规检查用听诊器、血压计、身高测距仪、磅秤。
			实验室和其他检查必检项目：血常规、尿常规、肝功能、心电图、肺功能、胸部X射线摄片。	必检项目必备设备：血细胞分析仪、尿液分析仪、生化分析仪、心电图仪、肺功能仪、CR/DR摄片机。
		岗中	同岗前。	同岗前。
		离岗	同岗中。	同岗中。
65	煤焦油、煤焦油沥青、石油沥青	岗前	体格检查必检项目：1）内科常规检查；2）皮肤科常规检查。	体格检查必备设备：内科常规检查用听诊器、血压计、身高测距仪、磅秤。
			实验室和其他检查必检项目：血常规、尿常规、肝功能、心电图、胸部X射线摄片。	必检项目必备设备：血细胞分析仪、尿液分析仪、生化分析仪、心电图仪、CR/DR摄片机。
		岗中	同岗前。	同岗前。
		离岗	同岗中。	同岗中。

续表

序号	名称		检查项目	设备配置
66	β－萘胺	岗前	体格检查必检项目：内科常规检查。	体格检查必备设备：内科常规检查用听诊器、血压计、身高测距仪、磅秤。
			实验室和其他检查必检项目：血常规、尿常规、肝功能、心电图、尿脱落细胞检查（巴氏染色法或荧光素吖啶橙染色法）、胸部X射线摄片。	必检项目必备设备：血细胞分析仪、尿液分析仪、生化分析仪、心电图仪、病理检查设备及科室、CR/DR摄片机。
		岗中	体格检查必检项目：1）内科常规检查：重点检查腰腹部包块和膀胱触诊检查；2）皮肤科常规检查。	体格检查必备设备：内科常规检查用听诊器、血压计、身高测距仪、磅秤。
			实验室和其他检查必检项目：血常规、尿常规、尿脱落细胞检查（巴氏染色法或荧光素吖啶橙染色法）、膀胱B超。	必检项目必备设备：血细胞分析仪、尿液分析仪、病理检查设备及科室、B超。
			复检项目：出现无痛性血尿或尿常规、尿脱落细胞检查（巴氏染色法或荧光素吖啶橙染色法）、膀胱B超异常者可选择膀胱镜检查。	复检项目必备设备：膀胱镜。
		离岗	同岗中。	同岗中。
		应急	体格检查必检项目：内科常规检查：观察有无口唇、耳廓、指（趾）甲发绀。	体格检查必备设备：内科常规检查用听诊器、血压计、身高测距仪、磅秤。
			实验室和其他检查必检项目：血常规、尿常规、肝功能、心电图、高铁血红蛋白。	必检项目必备设备：血细胞分析仪、尿液分析仪、生化分析仪、心电图、血气分析仪。
			选检项目：肾功能、红细胞赫恩滋小体。	选检项目设备配备：生化分析仪、显微镜。

续表

序号	名称	检查项目		设备配置
二	粉尘			
1	游离二氧化硅粉尘（结晶型二氧化硅粉尘）	岗前	体格检查必检项目：内科常规检查，重点检查呼吸系统、心血管系统。	体格检查必备设备：内科常规检查用听诊器、血压计、身高测距仪、磅秤。
			实验室和其他检查必检项目：血常规、尿常规、肝功能、心电图、后前位X射线高千伏胸片或数字化摄影胸片（DR胸片）、肺功能。	必检项目必备设备：血细胞分析仪、尿液分析仪、生化分析仪、心电图仪、高千伏/DR摄片机、尘肺标准片、>3000CD三联式观片灯以及DR检查车（外出体检）、肺功能仪。
		岗中	体格检查必检项目：内科常规检查，重点检查呼吸系统和心血管系统。	体格检查必备设备：内科常规检查用听诊器、血压计、身高测距仪、磅秤。
			实验室和其他检查必检项目：后前位X射线高千伏胸片或数字化摄影胸片（DR胸片）、心电图、肺功能。	必检项目必备设备：高千伏/DR摄片机、尘肺标准片、>3000CD三联式观片灯以及DR检查车（外出体检）、心电图仪、肺功能仪。
			复检项目：后前位胸片异常者可选择胸部CT。	复检项目必备设备：CT。
		离岗	同岗中。	同岗中。
2	煤尘	岗前	体格检查必检项目：内科常规检查，重点是呼吸系统、心血管系统。	体格检查必备设备：内科常规检查用听诊器、血压计、身高测距仪、磅秤。
			实验室和其他检查必检项目：血常规、尿常规、肝功能、心电图、后前位X射线高千伏胸片或数字化摄影胸片（DR胸片）、肺功能。	必检项目必备设备：血细胞分析仪、尿液分析仪、生化分析仪、心电图仪、高千伏/DR摄片机、尘肺标准片、>3000CD三联式观片灯以及DR检查车（外出体检）、肺功能仪。

续表

序号	名称	检查项目		设备配置
2	煤尘	岗中	体格检查必检项目：内科常规检查，重点是呼吸系统和心血管系统。	体格检查必备设备：内科常规检查用听诊器、血压计、身高测距仪、磅秤。
			实验室和其他检查必检项目：后前位X射线高千伏胸片或数字化摄影胸片（DR胸片）、心电图、肺功能。	必检项目必备设备：高千伏/DR摄片机、尘肺标准片、>3000CD三联式观片灯以及DR检查车（外出体检）、心电图仪、肺功能仪。
			复检项目：后前位胸片异常者可选择胸部CT。	复检项目必备设备：CT。
		离岗	同岗中。	同岗中。
3	石棉粉尘	岗前	体格检查必检项目：内科常规检查，重点检查呼吸系统、心血管系统。	体格检查必备设备：内科常规检查用听诊器、血压计、身高测距仪、磅秤。
			实验室和其他检查必检项目：血常规、尿常规、肝功能、心电图、后前位X射线高千伏胸片或数字化摄影胸片（DR胸片）、肺功能。	必检项目必备设备：血细胞分析仪、尿液分析仪、生化分析仪、心电图仪、高千伏/DR摄片机、尘肺标准片、>3000CD三联式观片灯以及DR检查车（外出体检）、肺功能仪。
		岗中	体格检查必检项目：内科常规检查，重点检查呼吸系统和心血管系统。	体格检查必备设备：内科常规检查用听诊器、血压计、身高测距仪、磅秤。
			实验室和其他检查必检项目：后前位X射线高千伏胸片或数字化摄影胸片（DR胸片）、心电图、肺功能。	必检项目必备设备：高千伏/DR摄片机、尘肺标准片、>3000CD三联式观片灯以及DR检查车（外出体检）、心电图仪、肺功能仪。
			复检项目：后前位胸片异常者可选择侧位X射线高千伏胸片、胸部CT、肺弥散功能。	复检项目必备设备：高千伏/DR摄片机、尘肺标准片、>3000CD三联式观片灯机、CT机、大肺功能仪。

续表

序号	名称	检查项目		设备配置
3	石棉粉尘	离岗	同岗中。	同岗中。
4	其他致尘肺病的无机性粉尘［根据职业病目录，系指炭黑粉尘、石墨粉尘、滑石粉尘、云母粉尘、水泥粉尘、铸造粉尘、陶瓷粉尘、铝尘（铝、铝矾土、氧化铝）、电焊烟尘等粉尘］	岗前	体格检查必检项目：内科常规检查，重点检查呼吸系统、心血管系统。	体格检查必备设备：内科常规检查用听诊器、血压计、身高测距仪、磅秤。
			实验室和其他检查必检项目：血常规、尿常规、肝功能、心电图、后前位 X 射线高千伏胸片或数字化摄影胸片（DR 胸片）、肺功能。	必检项目必备设备：血细胞分析仪、尿液分析仪、心电图仪、生化分析仪、高千伏/DR 摄片机、尘肺标准片、＞3000CD 三联式观片灯以及 DR 检查车（外出体检）、肺功能仪。
		岗中	体格检查必检项目：内科常规检查，重点检查呼吸系统和心血管系统。	体格检查必备设备：内科常规检查用听诊器、血压计、身高测距仪、磅秤。
			实验室和其他检查必检项目：后前位 X 射线高千伏胸片或数字化摄影胸片（DR 胸片）、心电图、肺功能。	必检项目必备设备：高千伏/DR 摄片机、尘肺标准片、＞3000CD 三联式观片灯以及 DR 检查车（外出体检）、心电图仪、肺功能仪。
			复检项目：后前位胸片异常者可选择胸部 CT。	复检项目必备设备：CT。
		离岗	同岗中。	同岗中。

续表

序号	名称	检查项目		设备配置
5	棉尘（包括亚麻、软大麻、黄麻粉尘）	岗前	体格检查必检项目：内科常规检查，重点检查呼吸系统。	体格检查必备设备：内科常规检查用听诊器、血压计、身高测距仪、磅秤。
			实验室和其他检查必检项目：血常规、尿常规、肝功能、心电图、胸部X射线摄片、肺功能。	必检项目必备设备：血细胞分析仪、尿液分析仪、生化分析仪、心电图仪、CR/DR摄片机、肺功能仪。
		岗中	体格检查必检项目：内科常规检查，重点检查呼吸系统。	体格检查必备设备：内科常规检查用听诊器、血压计、身高测距仪、磅秤。
			实验室和其他检查必检项目：胸部X射线摄片、心电图、肺功能。	必检项目必备设备：CR/DR摄片机、生化分析仪、心电图仪、肺功能仪。
		离岗	同岗中。	同岗中。
6	有机性粉尘	岗前	体格检查必检项目：内科常规检查：1）重点检查呼吸系统；2）鼻及咽部常规检查：重点检查有无过敏性鼻炎。	体格检查必备设备：1）内科常规检查用听诊器、血压计、身高测距仪、磅秤；2）鼻部常规检查用额镜或额眼灯。
			实验室和其他检查必检项目：血常规、尿常规、肝功能、血嗜酸细胞计数、心电图、肺功能、胸部X射线摄片，有过敏史或可疑过敏体质者可选择肺弥散功能、血清总IgE、皮肤过敏原试验。	必检项目必备设备：血细胞分析仪、尿液分析仪、生化分析仪、五分类血细胞分析仪或显微镜、心电图仪、肺功能仪、CR/DR摄片机、大肺功能仪。 血清总IgE：放射免疫分析仪或酶标仪或化学发光仪。 皮肤过敏原试验：皮肤点刺法、斑贴法。
		岗中	体格检查必检项目：同岗前，注意肺部湿性啰音的部位和持续性。	体格检查必备设备：同岗前。
			实验室和其他检查必检项目：血常规、心电图、血嗜酸细胞计数、血清总IgE、肺功能、胸部X射线摄片，有哮喘症状者可选择肺弥散功能、抗原特异性IgE抗体、皮肤过敏原试验、过敏原支气管激发试验。	必检项目必备设备：血细胞分析仪、尿液分析仪、生化分析仪、五分类血细胞分析仪或显微镜、心电图仪、肺功能仪、CR/DR摄片机、大肺功能仪。 血清总IgE：放射免疫分析仪或酶标仪或化学发光仪。 皮肤过敏原试验：皮肤点刺法、斑贴法。

续表

序号	名称		检查项目	设备配置
6	有机性粉尘	离岗	同岗中。	同岗中。
7	金属及其化合物粉尘（锡、铁、锑、钡及其化合物等）	岗前	体格检查必检项目：内科常规检查，重点检查呼吸系统。	体格检查必备设备：内科常规检查用听诊器、血压计、身高测距仪、磅秤。
			实验室和其他检查必检项目：血常规、尿常规、肝功能、心电图、胸部 X 射线摄片、肺功能。	必检项目必备设备：血细胞分析仪、尿液分析仪、生化分析仪、心电图仪、肺功能仪；高千伏/DR 摄片机、尘肺标准片、>3000CD 三联式观片灯以及 DR 检查车（外出体检）。
		岗中	体格检查必检项目：内科常规检查，重点检查呼吸系统。	体格检查必备设备：内科常规检查用听诊器、血压计、身高测距仪、磅秤。
			实验室和其他检查必检项目：胸部 X 射线摄片、肺功能。	必检项目必备设备：肺功能仪；高千伏/DR 摄片机、尘肺标准片、>3000CD 三联式观片灯以及 DR 检查车（外出体检）。
			复检项目：胸部 X 射线摄片异常者可选择胸部 CT。	复检项目必备设备：CT。
		离岗	同岗中。	同岗中。

续表

序号	名称	检查项目		设备配置
8	硬金属粉尘	岗前	体格检查必检项目：内科常规检查，重点检查呼吸系统。	体格检查必备设备：内科常规检查用听诊器、血压计、身高测距仪、磅秤。
			实验室和其他检查必检项目：血常规、尿常规、肝功能、心电图、胸部 X 射线摄片、肺功能。	必检项目必备设备：血细胞分析仪、尿液分析仪、生化分析仪、心电图仪、CR/DR 摄片机、肺功能仪。
		岗中	体格检查必检项目：内科常规检查，重点检查呼吸系统。	体格检查必备设备：内科常规检查用听诊器、血压计、身高测距仪、磅秤。
			实验室和其他检查必检项目：胸部 X 射线摄片、肺功能。	必检项目必备设备：CR/DR 摄片机、肺功能仪。
			复检项目：有过敏史或胸部 X 射线摄片检查异常者可选择胸部高分辨率 CT。	复检项目必备设备：CT。
		离岗	同岗中。	同岗中。
9	毛沸石粉尘	岗前	体格检查必检项目：内科常规检查，重点检查呼吸系统、心血管系统。	体格检查必备设备：内科常规检查用听诊器、血压计、身高测距仪、磅秤。
			实验室和其他检查必检项目：血常规、尿常规、肝功能、心电图、后前位 X 射线胸片、肺功能。	必检项目必备设备：血细胞分析仪、尿液分析仪、生化分析仪、心电图仪、CR/DR 摄片机、肺功能仪。
		岗中	体格检查必检项目：内科常规检查，重点检查呼吸系统和心血管系统。	体格检查必备设备：内科常规检查用听诊器、血压计、身高测距仪、磅秤。
			实验室和其他检查必检项目：后前位 X 射线胸片、心电图、肺功能。	必检项目必备设备：CR/DR 摄片机、心电图仪、肺功能仪。
			复检项目：后前位胸片异常者可选择侧位 X 射线胸片、胸部 CT、肺弥散功能。	复检项目必备设备：CR/DR 摄片机、CT 机、大肺功能仪。

续表

序号	名称	检查项目		设备配置
9	毛沸石粉尘	离岗	同岗中。	同岗中。
三	有害物理因素			
1	噪声	岗前	体格检查必检项目：1）内科常规检查；2）耳科常规检查。	体格检查必备设备：1）内科常规检查用听诊器、血压计、身高测距仪、磅秤；2）耳科常规检查用耳镜、额镜或额灯、地灯。
			实验室和其他检查必检项目：血常规、尿常规、肝功能、心电图、纯音听阈测试、胸部X射线摄片。	必检项目必备设备：血细胞分析仪、尿液分析仪、生化分析仪、心电图仪、纯音听力计、符合条件的测听室、CR/DR摄片机。
			复检项目：纯音听阈测试异常者可选择声阻抗声反射阈测试、耳声发射、听觉脑干诱发电位。	复检项目必备设备：纯音听力计、声阻抗仪、耳声发射测试仪、听觉诱发电位测试仪。
		岗中	体格检查必检项目：同岗前。	体格检查必备设备：同岗前。
			实验室和其他检查必检项目：纯音听阈测试、心电图。	必检项目必备设备：纯音听力计、符合条件的测听室、心电图仪。
			复检项目：纯音听阈测试异常者可选择声阻抗声反射阈测试、耳声发射、听觉脑干诱发电位、多频稳态听觉电位。	复检项目必备设备：纯音听力计、声阻抗仪、耳声发射测试仪、听觉诱发电位测试仪、多频稳态听觉电位测试仪。
		离岗	同岗中。	同岗中。

续表

序号	名称		检查项目	设备配置
1	噪声	应急	体格检查必检项目：1）耳科常规检查：重点检查外耳有无外伤、鼓膜有无破裂及出血等；2）合并眼、面部复合性损伤时，应针对性地进行相关医科常规检查。	体格检查必备设备：耳科常规检查用耳镜、骨膜镜、额镜或额灯、地灯。
			实验室和其他检查必检项目：纯音听阈测试。	必检项目必备设备：纯音听力计、符合条件的测听室。
			选检项目：声阻抗声反射阈测试、耳声发射、听觉脑干诱发电位、40Hz 电反应测听、多频稳态听觉电位、颞部 CT。	选检项目设备配备：声阻抗仪、纯音听力计、符合条件的测听室、耳声发射测试仪、听觉诱发电位测试仪、多频稳态听觉电位测试仪、40Hz 电反应测试仪、CT。
2	手传振动	岗前	体格检查必检项目：1）内科常规检查；2）神经系统常规检查；3）骨科检查：重点检查手指、掌有无肿胀、变白，指关节有无变形，指端振动觉、温度觉、痛触觉，压指试验有无异常等。	体格检查必备设备：1）内科常规检查用听诊器、血压计、身高测距仪、磅秤；2）神经系统常规检查用叩诊锤。
			实验室和其他检查必检项目：血常规、尿常规、肝功能、空腹血糖、心电图、胸部 X 射线摄片。	必检项目必备设备：血细胞分析仪、尿液分析仪、生化分析仪、心电图仪、CR/DR 摄片机。
			复检项目：空腹血糖异常或有周围神经损害表现者可选择糖化血红蛋白、神经—肌电图、指端感觉阈值测量（指端振动觉阈值和指端温度觉阈值等）；有白指主诉或手指紫绀等雷诺病表现者可选择白指诱发试验、冷水复温试验、指端收缩压、甲皱微循环。	复检项目必备设备：糖化血红蛋白分析仪或生化分析仪、肌电图仪或/和诱发电位仪；半导体温度计或热电偶温度计、微循环检测仪（微循环显微观察仪）、指端感觉阈值测量设备。
		岗中	体格检查必检项目：同岗前。	体格检查必备设备：同岗前。
			实验室和其他检查必检项目：血常规、空腹血糖。	必检项目必备设备：血细胞分析仪、生化分析仪。

续表

序号	名称	检查项目		设备配置
2	手传振动	岗中	复检项目：空腹血糖异常或有周围神经损害表现者可选择糖化血红蛋白、神经—肌电图、指端感觉阈值测量（指端振动觉阈值和指端温度觉阈值等）；有白指主诉或手指紫绀等雷诺病表现者可选择白指诱发试验、冷水复温试验、指端收缩压、甲襞微循环。	复检项目必备设备：糖化血红蛋白分析仪或生化分析仪、肌电图仪或/和诱发电位仪；半导体温度计或热电偶温度计、微循环检测仪（微循环显微观察仪）、指端感觉阈值测量设备。
		离岗	同岗中。	同岗中。
3	高温	岗前	体格检查必检项目：1）内科常规检查，重点检查甲状腺及心血管系统；2）皮肤科常规检查。	体格检查必备设备：内科常规检查用听诊器、血压计、身高测距仪、磅秤。
			实验室和其他检查必检项目：血常规、尿常规、肝功能、肾功能、空腹血糖、心电图、胸部X射线摄片，有甲亢病史或表现者检查血清游离甲状腺素（FT4）、血清游离三碘甲状原氨酸（FT3）、促甲状腺激素（TSH）。	必检项目必备设备：血细胞分析仪、尿液分析仪、生化分析仪、心电图仪、CR/DR摄片机、化学发光仪或电化学发光仪。
		岗中	同岗前。	同岗前。

续表

序号	名称	检查项目		设备配置
3	高温	应急	体格检查必检项目：1）内科常规检查：重点检查体温、血压、脉搏；2）神经系统常规检查。	体格检查必备设备：1）内科常规检查用听诊器、血压计、身高测距仪、磅秤；2）神经系统常规检查用叩诊锤。
			实验室和其他检查必检项目：血常规、尿常规、心电图、血钠、肾功能。	必检项目必备设备：血细胞分析仪、尿液分析仪、生化分析仪、心电图仪。血钠：电解质分析仪或生化分析仪（需有离子电极模块）。
			选检项目：空腹血糖、头颅 CT 或 MRI、脑电图。	选检项目设备配备：生化分析仪、CT 或核磁共振、脑电图仪。
4	高气压	岗前	体格检查必检项目：1）内科常规检查；2）外科常规检查；3）皮肤科常规检查；4）耳鼻及咽部常规检查；5）眼科常规检查及色觉、眼底检查；6）口腔科常规检查。	体格检查必备设备：1）内科常规检查用听诊器、血压计、身高测距仪、磅秤；2）耳鼻及咽部常规检查用耳镜、地灯、额镜或额灯、咽喉镜；3）眼科常规检查及色觉、眼底检查用视力灯、裂隙灯、眼底镜、视力表、色觉图谱；4）口腔科常规检查器械。
			实验室和其他检查必检项目：1）血常规、尿常规、粪便常规、肝功能、空腹血糖、总胆固醇、甘油三酯、心电图；2）咽鼓管检查，纯音听阈测试；3）腹部 B 超；4）肺功能；5）加压实验；6）氧敏感试验；7）胸部 X 射线摄片、脊椎片，长骨、大关节 X 射线摄片检查（双肩、双肘、双膝、双髋关节）。	必检项目必备设备：血细胞分析仪、尿液分析仪、生化分析仪、心电图仪、波氏球、声阻抗仪、纯音听力计、符合条件的测听室、B 超、肺功能仪、加压实验与氧敏感试验用高压氧舱，CR/DR 摄片机。
		岗中	体格检查必检项目：1）内科常规检查；2）外科常规检查；3）皮肤科常规检查；4）耳鼻及咽部常规检查；5）眼科常规检查及色觉、眼底检查。	体格检查必备设备：1）内科常规检查用听诊器、血压计、身高测距仪、磅秤；2）耳鼻及咽部常规检查用耳镜、地灯、额镜或额灯、咽喉镜；3）眼科常规检查及色觉、眼底检查用视力灯、裂隙灯、眼底镜、视力表、色觉图谱。
			实验室和其他检查必检项目：血常规、尿常规、粪便常规、肝功能、空腹血糖、总胆固醇、甘油三酯、心电图、咽鼓管检查、腹部 B 超，肺功能、胸部 X 射线摄片、长骨、大关节 X 射线摄片检查（双肩、双肘、双膝、双髋关节）。	必检项目必备设备：血细胞分析仪、尿液分析仪、生化分析仪、心电图仪、波氏球、声阻抗议、B 超、肺功能仪、CR/DR 摄片机。

续表

序号	名称		检查项目	设备配置
4	高气压	岗中	复检项目：根据症状体征确定增加 X 射线摄片部位。	复检项目必备设备：CR/DR 摄片机。
		离岗	同岗中。	体格检查必备设备：1）内科常规检查用听诊器、血压计、身高测距仪、磅秤；2）耳鼻及咽部常规检查用耳镜、地灯、额镜或额灯、咽喉镜；3）眼科常规检查及色觉、眼底检查用视力灯、裂隙灯、眼底镜、视力表、色觉图谱。
				必检项目必备设备：血细胞分析仪、尿液分析仪、生化分析仪、心电图仪、波氏球、声阻抗议、B 超、肺功能仪、CR/DR 摄片机。
				复检项目必备设备：CR/DR 摄片机。
		应急	体格检查必检项目：1）皮肤科常规检查：有无丘疹、大理石样斑纹、皮下出血、浮肿等；2）神经系统检查：常规检查及有无站立或步行困难、偏瘫、截瘫、大小便障碍、视觉障碍、听觉障碍、前庭功能紊乱、昏迷等；3）内科常规检查：重点是心血管系统，有无虚脱、休克、胸骨后压痛等。	体格检查必备设备：1）神经系统常规检查用叩诊锤；2）内科常规检查用听诊器、血压计、身高测距仪、磅秤。
			实验室和其他检查必检项目：—	必检项目必备设备：—
5	紫外辐射（紫外线）	岗前	体格检查必检项目：1）内科常规检查；2）眼科常规检查及角膜、结膜、晶状体和眼底检查；3）皮肤科常规检查。	体格检查必备设备：1）内科常规检查用听诊器、血压计、身高测距仪、磅秤；2）眼科常规检查及角膜、结膜、晶状体和眼底检查用视力灯、裂隙灯、视力表、眼底镜。
			实验室和其他检查必检项目：血常规、尿常规、肝功能、心电图、胸部 X 射线摄片。	必检项目必备设备：血细胞分析仪、尿液分析仪、生化分析仪、心电图仪、CR/DR 摄片机。
		岗中	体格检查必检项目：1）皮肤科常规检查：注意有无皮疹、皮肤红肿等；2）眼科常规检查及角膜、结膜、晶状体和眼底检查。	体格检查必备设备：眼科常规检查及角膜、结膜、晶状体和眼底检查用视力灯、裂隙灯、视力表、眼底镜。
			实验室和其他检查必检项目：—	必检项目必备设备：—

续表

序号	名称	检查项目		设备配置
5	紫外辐射（紫外线）	离岗	同岗中。	同岗中。
		应急	体格检查必检项目：1）眼科常规检查及睑裂部球结膜有无充血水肿，角膜上皮有无水肿，必要时可进行荧光素染色检查；2）皮肤科常规检查：注意有无皮肤红肿、大疱、脱皮等。	体格检查必备设备：眼科常规检查及角膜、结膜、晶状体和眼底检查用视力灯、裂隙灯、视力表、眼底镜。
			实验室和其他检查必检项目：—	必检项目必备设备：—
6	微波	岗前	体格检查必检项目：1）内科常规检查；2）神经系统常规检查；3）眼科常规检查及角膜、晶状体和眼底。	体格检查必备设备：1）内科常规检查用听诊器、血压计、身高测距仪、磅秤；2）神经系统常规检查用叩诊锤；3）眼科常规检查及角膜、晶状体和眼底检查用视力灯、裂隙灯、视力表、眼底镜。
			实验室和其他检查必检项目：血常规、尿常规、肝功能、心电图、胸部 X 射线摄片。	必检项目必备设备：血细胞分析仪、尿液分析仪、生化分析仪、心电图仪、CR/DR 摄片机。
		岗中	体格检查：同岗前。	体格检查：同岗前。
		离岗	体格检查：同岗中。	体格检查：同岗中。

续表

序号	名称	检查项目		设备配置
7	低温	岗前	体格检查必检项目：1）内科常规检查；2）外科常规检查。	体格检查必备设备：内科常规检查用听诊器、血压计、身高测距仪、磅秤。
			实验室和其他检查必检项目：血常规、尿常规、肝功能、心电图、胸部 X 射线摄片。	必检项目必备设备：血细胞分析仪、尿液分析仪、生化分析仪、心电图仪、CR/DR 摄片机。
			复检项目：有雷诺病表现者可选择白指诱发试验、冷水复温试验、指端收缩压、甲襞微循环。	复检项目必备设备：半导体温度计或热电偶温度计、微循环检测仪（微循环显微观察仪）。
		岗中	推荐性，同岗前。	推荐性，同岗前。
		应急	体格检查必检项目：1）内科常规检查；2）皮肤科常规检查：注意暴露部位皮肤有无红斑、水疱等。	体格检查必备设备：内科常规检查用听诊器、血压计、身高测距仪、磅秤。
			实验室和其他检查必检项目：—	必检项目必备设备：—
8	激光	岗前	体格检查必检项目：1）内科常规检查；2）眼科常规检查及眼压测定，角膜、晶状体、玻璃体和眼底检查。	体格检查必备设备：1）内科常规检查用听诊器、血压计、身高测距仪、磅秤；2）眼科常规检查及角膜、晶状体和眼底检查用视力灯、裂隙灯、视力表、眼压计、眼底镜。
			实验室和其他检查必检项目：血常规、尿常规、肝功能、心电图、胸部 X 射线摄片。	必检项目必备设备：血细胞分析仪、尿液分析仪、生化分析仪、心电图仪、CR/DR 摄片机。

续表

序号	名称		检查项目	设备配置
8	激光	岗中	推荐性，同岗前。	推荐体检项目设备配备：内科常规检查用听诊器、血压计、身高测距仪、磅秤；眼科常规检查及角膜、晶状体和眼底检查用视力灯、裂隙灯、视力表、眼压计、眼底镜。
				推荐项目设备配备：血细胞分析仪、尿液分析仪、生化分析仪、心电图仪、CR/DR 摄片机。
		离岗	同岗中。	体格检查必备设备：1）内科常规检查用听诊器、血压计、身高测距仪、磅秤；2）眼科常规检查及角膜、晶状体和眼底检查用视力灯、裂隙灯、视力表、眼压计、眼底镜。
				必检项目必备设备：血细胞分析仪、尿液分析仪、生化分析仪、心电图仪、CR/DR 摄片机。
		应急	体格检查必检项目：同岗前。	体格检查必备设备：同岗前。
			实验室和其他检查必检项目：—	必检项目必备设备：—
四	**有害生物因素**			
1	布鲁菌	岗前	体格检查必检项目：1）内科常规检查：重点为肝脾检查；2）外科常规检查：重点为脊椎、四肢与关节，睾丸和附睾的检查；3）神经系统常规检查；4）皮肤科常规检查：重点为有无皮疹、皮疹形态、皮下结节。	体格检查必备设备：1）内科常规检查用听诊器、血压计、身高测距仪、磅秤；2）神经系统常规检查用叩诊锤。
			实验室和其他检查必检项目：血常规、红细胞沉降率、尿常规、肝功能、心电图、腹部 B 超、胸部 X 射线摄片。	必检项目必备设备：血细胞分析仪、尿液分析仪、生化分析仪、心电图仪、B 超、CR/DR 摄片机。 红细胞沉降率：手工法或血沉仪。

续表

序号	名称	检查项目		设备配置
1	布鲁菌	岗中	体格检查必检项目：1）内科常规检查：重点是肝脾、淋巴结的触诊；2）外科检查：重点为脊椎、骶、髂、髋、膝、肩、腕、肘等关节，睾丸和附睾的检查；3）神经系统常规检查；4）皮肤科常规检查：重点为皮肤紫癜、瘀点、瘀斑，口腔、鼻黏膜出血。	体格检查必备设备：1）内科常规检查用听诊器、血压计、身高测距仪、磅秤；2）神经系统常规检查用叩诊锤。
			实验室和其他检查必检项目：血常规、红细胞沉降率、尿常规、肝功能、腹部B超、胶体金免疫层析实验或虎红平板凝集试验、试管凝集试验。	必检项目必备设备：血细胞分析仪、尿液分析仪、生化分析仪、B超、虎红缓冲液玻片凝集试验试剂。 红细胞沉降率：手工法或血沉仪。
		离岗	同岗中。	同岗中。
		应急	同离岗。	同离岗。
2	炭疽杆菌	岗前	体格检查必检项目：1）内科常规检查；2）皮肤科常规检查：包括皮肤颜色、有无皮疹、皮疹形态、有无皮肤溃疡等。	体格检查必备设备：内科常规检查用听诊器、血压计、身高测距仪、磅秤。
			实验室和其他检查必检项目：血常规、尿常规、肝功能、心电图、胸部X射线摄片。	必检项目必备设备：血细胞分析仪、尿液分析仪、生化分析仪、心电图仪、CR/DR摄片机。

续表

序号	名称		检查项目	设备配置
2	炭疽杆菌	岗中	推荐性，体格检查必检项目：1）内科常规检查；2）皮肤科常规检查：包括皮肤颜色、有无皮疹、皮疹形态、有无皮肤溃疡等。	推荐体检项目设备配备：内科常规检查用听诊器、血压计、身高测距仪、磅秤。
			推荐性，实验室和其他检查必检项目：血常规、尿常规、血清荚膜抗体检测（或PCR 核酸提取、抗炭疽特异性抗体、细菌分离培养炭疽杆菌）、胸部 X 射线摄片。	推荐项目设备配备：血细胞分析仪、尿液分析仪、显微镜、CR/DR 摄片机、培养箱、培养基等。 血清荚膜抗体检测：免疫荧光仪或酶标仪或 PCR 扩增仪。
		离岗	同岗中	体格检查必备设备：内科常规检查用听诊器、血压计、身高测距仪、磅秤。
			实验室和其他检查必检项目：血常规、尿常规、血清荚膜抗体检测（或 PCR 核酸提取、抗炭疽特异性抗体、细菌分离培养炭疽杆菌）、胸部 X 射线摄片。	必检项目必备设备：血细胞分析仪、尿液分析仪、显微镜、CR/DR 摄片机、培养箱、培养基等。 血清荚膜抗体检测：免疫荧光仪或酶标仪或 PCR 扩增仪。
		应急	体格检查必检项目：1）内科常规检查；2）皮肤科常规检查：特别注意暴露部位皮肤有无丘疹、斑疹、水疱、黑痂等；3）神经科常规检查。	体格检查必备设备：1）内科常规检查用听诊器、血压计、身高测距仪、磅秤；2）神经系统常规检查用叩诊锤。
			实验室和其他检查必检项目：同岗中。	必检项目必备设备：血细胞分析仪、尿液分析仪、CR/DR 摄片机、培养箱、培养基等。 血清荚膜抗体检测：免疫荧光仪或酶标仪或 PCR 扩增仪。
3	森林脑炎病毒	岗前	体格检查必检项目：1）内科常规检查；2）神经系统常规检查。	体格检查必备设备：1）内科常规检查用听诊器、血压计、身高测距仪、磅秤；2）神经系统常规检查用叩诊锤。
			实验室和其他检查必检项目：血常规、尿常规、肝功能、心电图、胸部 X 射线摄片。	必检项目必备设备：血细胞分析仪、尿液分析仪、生化分析仪、心电图仪、CR/DR 摄片机。
		岗中	推荐性，体格检查必检项目：1）内科常规检查；2）神经系统常规检查。	推荐体检项目设备配备：1）内科常规检查用听诊器、血压计、身高测距仪、磅秤；2）神经系统常规检查用叩诊锤。
			推荐性，实验室和其他检查必检项目：血常规、肝功能、心电图、补体结合试验或血凝抑制试验、脑电图。	推荐项目设备配备：血细胞分析仪、尿液分析仪、生化分析仪、心电图仪、CR/DR 摄片机。

续表

序号	名称	检查项目		设备配置
3	森林脑炎病毒	应急	体格检查必检项目：1）内科常规检查；2）神经系统常规检查。	体格检查必备设备：1）内科常规检查用听诊器、血压计、身高测距仪、磅秤；2）神经系统常规检查用叩诊锤。
			实验室和其他检查必检项目：血常规、尿常规、肝功能、肾功能、心电图、补体结合试验或血凝抑制试验、头颅 CT。	必检项目必备设备：血细胞分析仪、尿液分析仪、生化分析仪、心电图仪、CT。 补体结合试验或血凝抑制试验：手工试管法。
4	伯氏疏螺旋体	岗前	体格检查必检项目：1）内科常规检查；2）神经系统常规检查。	体格检查必备设备：1）内科常规检查用听诊器、血压计、身高测距仪、磅秤；2）神经系统常规检查用叩诊锤。
			实验室和其他检查必检项目：血常规、尿常规、肝功能、心电图、胸部 X 射线摄片。	必检项目必备设备：血细胞分析仪、尿液分析仪、生化分析仪、心电图仪、CR/DR 摄片机。
		岗中	体格检查必检项目：1）内科常规检查；注意有无局部或全身淋巴结肿大；2）外科常规检查：重点为有无关节肿胀、活动受限及肌肉僵硬；3）神经系统常规检查；4）皮肤科常规检查：重点为有无皮疹、皮肤溃疡、皮肤游走性红斑。	体格检查必备设备：1）内科常规检查用听诊器、血压计、身高测距仪、磅秤；2）神经系统常规检查用叩诊锤。
			实验室和其他检查必检项目：血常规、尿常规、肝功能、心电图、血清抗伯氏疏螺旋体抗体（或病原体分离）。	必检项目必备设备：血细胞分析仪、尿液分析仪、生化分析仪、心电图仪。 血清抗伯氏疏螺旋体抗体（或病原体分离）：免疫荧光仪。
		离岗	同岗中。	体格检查必备设备：1）内科常规检查用听诊器、血压计、身高测距仪、磅秤；2）神经系统常规检查用叩诊锤。
				必检项目必备设备：血细胞分析仪、尿液分析仪、生化分析仪、心电图仪。 血清抗伯氏疏螺旋体抗体（或病原体分离）：免疫荧光仪。

续表

序号	名称		检查项目	设备配置
4	伯氏疏螺旋体	应急	体格检查必检项目：同岗中	体格检查必备设备：1）内科常规检查用听诊器、血压计、身高测距仪、磅秤；2）神经系统常规检查用叩诊锤。
			实验室和其他检查必检项目：血常规、尿常规、肝功能、心电图、血清抗伯氏疏螺旋体抗体（或病原体分离）、脑电图、头颅 CT。	必检项目必备设备：血细胞分析仪、尿液分析仪、生化分析仪、心电图仪、脑电图、CT。 血清抗伯氏疏螺旋体抗体（或病原体分离）：免疫荧光仪。
5	人体免疫缺陷病毒（艾滋病病毒）	应急	体格检查必检项目：1）内科常规检查；2）皮肤黏膜：是否有皮肤破损或针刺、锐器割伤及其程度；接触暴露源的黏膜情况。	体格检查必备设备：内科常规检查用听诊器、血压计、身高测距仪、磅秤。
			实验室和其他检查项目：血常规、尿常规、肝功能、肾功能、HIV－1 抗体、HIV 核酸、CD4＋T 淋巴细胞。	必检项目必备设备：血细胞分析仪、尿液分析仪、生化分析仪。 HIV－1 抗体、HIV 核酸、CD4＋T 淋巴细胞： 1. 艾滋病参比实验室：配备血清学检测、病原学检测、核酸检测、基因序列测定、免疫学检测设备和三级生物安全实验室（BSL－3）所需的仪器设备，至少包括酶标读数仪、洗板机、病毒载量测定仪、基因序列测定仪和流式细胞仪、普通冰箱、低温冰箱、超低温冰箱、水浴箱、温箱、离心机、旋转震荡器、摇床、加样器（仪）、专用计算机和必要的摄像器材、消毒和污物处理设备、实验室恒温设备、安全防护用品和生物安全柜等。具有建立国家艾滋病病毒毒种库、检测样品库、质控品库、基因库、细胞库和数据库的设备条件。 2. 艾滋病检测确证实验室：配备血清学检测和二级生物安全实验室（BSL－2）所需仪器设备，至少包括酶标读数仪、洗板机、普通冰箱、低温冰箱、水浴箱（或温箱）、离心机、旋转震荡器、摇床、加样器（仪）、专用计算机和必要的摄像器材、消毒和污物处理设备、实验室恒温设备、安全防护用品和生物安全柜。具有建立血清库和数据库的设备条件。 3. 艾滋病检测筛查实验室：配备艾滋病病毒抗体筛查试验所需设备，至少包括酶标读数仪、洗板机、普通冰箱、水浴箱（或温箱）、离心机、加样器（仪）、消毒与污物处理设备、实验室恒温设备、安全防护用品和生物安全柜。

续表

序号	名称	检查项目		设备配置
五	特殊作业			
1	电工作业	岗前	体格检查必检项目：1）内科常规检查：重点检查血压、心脏；2）神经系统常规检查；3）眼科常规检查及色觉；4）外科检查：注意四肢关节的运动与灵活程度，特别是手部各关节的运动和灵活程度；5）耳科常规检查及前庭功能检查（有病史或临床表现者）。	体格检查必备设备：1）内科常规检查用听诊器、血压计、身高测距仪、磅秤；2）神经系统常规检查用叩诊锤；3）眼科常规检查及色觉检查用视力表、色觉图谱；4）耳科常规检查及前庭功能检查用耳镜、额镜或额眼灯、地灯。
			实验室和其他检查必检项目：血常规、尿常规、肝功能、心电图、脑电图（有晕厥史者）、胸部X射线摄片。	必检项目必备设备：血细胞分析仪、尿液分析仪、生化分析仪、心电图仪、脑电图仪、CR/DR摄片机。
		岗中	同岗前。	同岗前。
2	高处作业	岗前	体格检查必检项目：1）内科常规检查：重点检查血压、心脏、三颤；2）耳科常规检查及前庭功能检查（有病史或临床表现者）；3）外科检查：主要检查四肢骨关节及运动功能。	体格检查必备设备：1）内科常规检查用听诊器、血压计、身高测距仪、磅秤；2）耳科常规检查及前庭功能检查用耳镜、额镜或额眼灯、地灯。
			实验室和其他检查必检项目：血常规、尿常规、肝功能、心电图、脑电图（有眩晕或晕厥史者）、超声心动图、胸部X射线摄片。	必检项目必备设备：血细胞分析仪、尿液分析仪、生化分析仪、心电图仪、脑电图仪、超声心动仪、CR/DR摄片机。

续表

序号	名称	检查项目		设备配置
2	高处作业	岗中	同岗前。	同岗前。
3	压力容器作业	岗前	体格检查必检项目：1）内科常规检查：重点检查血压、心脏；2）耳科常规检查及前庭功能检查（有病史或临床表现者）；3）眼科常规检查及色觉检查。	体格检查必备设备：1）内科常规检查用听诊器、血压计、身高测距仪、磅秤；2）耳科常规检查用耳镜、额镜或额灯、地灯；3）眼科常规检查及色觉检查用视力表、色觉图谱。
			实验室和其他检查必检项目：血常规、尿常规、肝功能、心电图、纯音听阈测试、脑电图（有眩晕或晕厥史者）、胸部X射线摄片。	必检项目必备设备：血细胞分析仪、尿液分析仪、生化分析仪、心电图仪、纯音听力计、符合条件的隔音室、脑电图仪、CR/DR摄片机。
		岗中	同岗前。	同岗前。
4	职业机动车驾驶作业	岗前	体格检查必检项目：1）内科常规检查；2）外科检查：重点检查身高、体重、头、颈、四肢躯干、肌肉、骨骼；3）眼科常规检查及辨色力检查；4）耳科常规检查。	体格检查必备设备：1）内科常规检查用听诊器、血压计、身高测距仪、磅秤；2）眼科常规检查及辨色力检查用视力表、色觉图谱；3）耳科常规检查用耳镜、额镜或额灯、地灯等。
			实验室和其他检查必检项目：血常规、尿常规、肝功能、心电图、纯音听阈测试、视野检查、胸部X射线摄片。	必检项目必备设备：血细胞分析仪、尿液分析仪、生化分析仪、心电图仪、纯音听力计、符合条件的测听室、视野计、CR/DR摄片机。

续表

序号	名称	检查项目		设备配置
4	职业机动车驾驶作业	岗中	同岗前。	同岗前。
5	视屏作业	岗前	体格检查必检项目：1）内科常规检查;2）外科检查：Tinel 试验（叩击试验）、Phalen 试验（屈腕试验）；3）眼科常规检查。	体格检查必备设备：1）内科常规检查用听诊器、血压计、身高测距仪、磅秤；2）外科检查试验用叩诊锤；3）眼科常规检查用视力表、色觉图谱。
			实验室和其他检查必检项目：血常规、尿常规、肝功能、心电图、胸部 X 射线摄片，并根据临床表现选择颈椎正侧位 X 射线摄片、正中神经传导速度。	必检项目必备设备：血细胞分析仪、尿液分析仪、生化分析仪、心电图仪、CR/DR 摄片机、肌电图。
		岗中	体格检查必检项目：同岗前。	体格检查必备设备：同岗前。
			实验室和其他检查必检项目：颈椎正侧位 X 射线摄片。	必检项目必备设备：CR/DR 摄片机。
			复检项目：有临床表现或颈椎正侧位 X 射线摄片异常者可选择颈椎双斜位 X 射线摄片、正中神经传导速度。	复检项目必备设备：CR/DR 摄片机、肌电图。
6	高原作业	岗前	体格检查必检项目：1）内科常规检查：重点检查心血管和呼吸系统；2）神经系统常规检查；3）眼科常规检查及眼底检查。	体格检查必备设备：1）内科常规检查用听诊器、血压计、身高测距仪、磅秤；2）神经系统常规检查用叩诊锤；3）眼科常规检查及眼底检查用视力灯、裂隙灯、视力表、色觉图谱、眼底镜。
			实验室和其他检查必检项目：血常规（须包括红细胞压积）、尿常规、肝功能、心电图、胸部 X 射线摄片、肺功能。	必检项目必备设备：血细胞分析仪、尿液分析仪、心电图仪、生化分析仪、CR/DR 摄片机、肺功能仪。

续表

序号	名称	检查项目		设备配置
6	高原作业	岗中	体格检查必检项目：同岗前。	体格检查必检项目：同岗前。
			实验室和其他检查必检项目：血常规（包括红细胞压积）、尿常规、心电图、胸部X射线摄片、肺功能、超声心动检查。	必检项目必备设备：血细胞分析仪、尿液分析仪、心电图仪、CR/DR摄片机、肺功能仪、超声心动仪。
		离岗	同岗中。	同岗中。
		应急	体格检查必检项目：1）内科常规检查：重点检查呼吸系统；2）神经系统检查：重点检查有无精神症状和意识障碍如表情淡漠，精神忧郁或欢快多语、烦躁不安、嗜睡、蒙眬状态、意识浑浊甚至昏迷，有无脑膜刺激征，锥体束征等；3）眼科检查：重点检查眼底有无视乳头水肿和（或）视网膜渗血、出血。	体格检查必备设备：1）内科常规检查用听诊器、血压计、身高测距仪、磅秤；2）神经系统常规检查用叩诊锤；3）眼科常规检查及眼底检查用视力灯、裂隙灯、视力表、色觉图谱、眼底镜。
			实验室和其他检查必检项目：血常规（包括红细胞压积）、尿常规、心电图、血氧饱和度、胸部X射线摄片、心脏超声检查。	必检项目必备设备：血细胞分析仪、尿液分析仪、心电图仪、血氧饱和度测定仪或血气分析仪、CR/DR摄片机、超声心动仪。
			选检项目：血气分析、肺功能。	选检项目设备配备：血气分析仪、肺功能仪。

续表

序号	名称	检查项目		设备配置
7	航空作业	岗前	体格检查必检项目：1）内科常规检查；2）外科常规检查；3）精神科常规检查；4）神经系统检查：重点检查深浅感觉，膝腱反射，自神经功能及运动功能检查；5）眼科常规检查及眼底、色觉检查；6）耳科常规检查；7）口腔科常规检查；8）鼻及咽部常规检查。	体格检查必备设备：1）内科常规检查用听诊器、血压计、身高测距仪、磅秤；2）神经系统常规检查用叩诊锤；3）眼科常规检查及眼底、色觉检查用视力灯、裂隙灯、视力表、色觉图谱、眼底镜；4）耳鼻及咽部常规检查用耳镜、额镜或额灯、地灯、咽喉镜；5）口腔科常规检查器械。
			实验室和其他检查必检项目：血常规（须包括红细胞压积）、尿常规、肝功能、心电图、胸部 X 射线摄片、肺功能、纯音听阈测试、耳气压功能（包括耳听诊管检查和捏鼻鼓气检查）、嗅觉检查、视野检查。	必检项目必备设备：血细胞分析仪、尿液分析仪、生化分析仪、心电图仪、CR/DR 摄片机、肺功能仪、声阻抗仪、波氏球、嗅觉检查试剂、纯音听力计、符合条件的测听室、视野计。
		岗中	体格检查必检项目：1）内科常规检查；2）耳科常规检查及前庭功能检查（有病史或临床表现者）；3）鼻及咽部常规检查。	体格检查必备设备：1）内科常规检查用听诊器、血压计、身高测距仪、磅秤；2）耳鼻及咽部常规检查及前庭功能检查用耳镜、额镜或额灯、地灯、咽喉镜。
			实验室和其他检查必检项目：血常规、肝功能、心电图、鼻窦 X 射线摄片、肺功能、纯音听阈测试、低压舱耳气压和鼻窦气压机能检查。	必检项目必备设备：血细胞分析仪、生化分析仪、心电图仪、CR/DR 摄片机、肺功能仪、纯音听力计、符合条件的测听室、高压氧舱。
			复检项目：纯音听阈测试异常者可选择声阻抗声反射阈测试、耳声发射、听觉脑干诱发电位、多频稳态听觉电位。	复检项目必备设备：声阻抗仪、耳声发射测试仪、听觉诱发电位测试仪。
		离岗	同岗中。	同岗中。

续表

序号	名称	检查项目		设备配置
8	刮研作业	岗前	体格检查必检项目：1）内科常规检查；2）外科常规检查：重点检查下肢皮肤有无苍白或发绀、粗糙、萎缩、脱屑、色素沉着、湿疹、皮温改变、溃疡；有无静脉扩张和小腿挤压痛、下肢动脉的搏动有无减弱。	体格检查必备设备：内科常规检查用听诊器、血压计、身高测距仪、磅秤。
			实验室和其他检查必检项目：血常规、尿常规、肝功能、心电图、胸部X射线摄片。	必检项目必备设备：血细胞分析仪、尿液分析仪、生化分析仪、心电图仪、CR/DR摄片机。
		岗中	体格检查必检项目：重点检查下肢皮肤有无苍白、粗糙、萎缩、脱屑、色素沉着、湿疹、皮温降低；有无静脉扩张和小腿挤压痛、下肢动脉的搏动有无减弱。	体格检查必备设备：—
			实验室和其他检查必检项目：血常规、尿常规、肝功能、心电图、下肢动静脉彩色多普勒超声检查。	必检项目必备设备：血细胞分析仪、尿液分析仪、生化分析仪、心电图仪、彩色多普勒超声仪。
		离岗	同岗中。	同岗中。

附录十一

放射工作人员职业健康检查项目及设备（仪器）配备一览表（参考）

类别	项目	设备
岗前	必检项目： 体格检查：内科、外科、皮肤科常规检查；眼科检查（色觉、视力、晶体裂隙灯检查、玻璃体、眼底）； 实验室和其他检查：血常规和白细胞分类、尿常规、血糖、肝功能、肾功能、甲状腺功能、外周血淋巴细胞染色体畸变分析、外周血淋巴细胞微核试验、胸部X射线摄影（在留取细胞遗传学检查所需血样后）、心电图、腹部B超。 补充检查项目： 耳鼻喉科、视野（核电厂放射工作人员）；心理测试（如核电厂操纵员和高级操纵员等对心理素质有较高要求岗位人员）；肺功能（放射性矿山工作人员、接受内照射需要穿戴呼吸防护装置的人员）；其他必要的检查。	必备设备：内科、外科、皮肤科常规检查用听诊器、身高测距仪、叩诊锤、磅秤及血压计；眼科常规检查用眼底镜、裂隙灯、视力表、视力灯、色觉图谱；血细胞分析仪、尿液分析仪、生化分析仪、化学发光仪或电化学发光仪或荧光免疫分析仪、电子天平、染色体畸变及微核率检测设备（恒温培养箱或二氧化碳培养箱、净化工作台、通风柜、量筒、低温冰箱、离心机、真空吸液器、恒温水槽或水浴锅、显微镜）；CR/DR 摄片机、心电图仪、B 超等。 补充检查所需设备：耳鼻喉科用耳镜、额镜或额灯、地灯、咽喉镜；视野计；明尼苏达多相个性量表、韦克斯勒智力量表；肺功能仪。
岗中	必检项目： 体格检查：内科、外科、皮肤科常规检查；眼科检查（色觉、视力、晶体裂隙灯检查、玻璃体、眼底）； 实验室和其他检查：血常规和白细胞分类；尿常规；血糖；肝功能；肾功能；外周血淋巴细胞染色体畸变分析或外周血淋巴细胞微核试验；心电图；腹部B超。 补充检查项目： 胸部X射线摄影（在留取细胞遗传学检查所需血样后）；甲状腺功能；血清睾丸酮；痰细胞学检查（放射性矿山工作人员）；肺功能检查（接受内照射、需要穿戴呼吸防护装置的人员）；其他必要的检查。	必备设备：内科、外科、皮肤科常规检查用听诊器、身高测距仪、叩诊锤、磅秤及血压计；眼科常规检查用眼底镜、裂隙灯、视力表、视力灯、色觉图谱；血细胞分析仪、尿液分析仪、生化分析仪、染色体畸变与微核率检测（恒温培养箱或二氧化碳培养箱、净化工作台、通风柜、量筒、低温冰箱、离心机、真空吸液器、电子天平、恒温水槽或水浴锅、显微镜）；心电图仪、B 超等。 补充检查所需设备：CR/DR 摄片机；化学发光仪或电化学发光仪或荧光免疫分析仪、电子天平；微生物检测系统，生物安全柜、二氧化碳培养箱、低温恒温培养箱；肺功能仪。 痰细胞培养设备：生物安全柜、二氧化碳培养箱、低温恒温培养箱。
离岗	必检项目： 体格检查：内科、外科、皮肤科常规检查；眼科检查（色觉、视力、晶体裂隙灯检查、玻璃体、眼底）； 实验室和其他检查：血常规和白细胞分类、尿常规、血糖、肝功能、肾功能、甲状腺功能、外周血淋巴细胞染色体畸变分析、外周血淋巴细胞微核试验、胸部X射线摄影（在留取细胞遗传学检查所需血样后）、心电图、腹部B超。 补充检查项目：其他必要的检查。	必备设备：内科、外科、皮肤科常规检查用听诊器、身高测距仪、叩诊锤、磅秤及血压计；眼科常规检查用眼底镜、裂隙灯、视力表、视力灯、色觉图谱；血细胞分析仪、尿液分析仪、生化分析仪、化学发光仪或电化学发光仪或荧光免疫分析仪、染色体畸变与微核率检测（恒温培养箱或二氧化碳培养箱、净化工作台、通风柜、量筒、低温冰箱、离心机、真空吸液器、电子天平、恒温水槽或水浴锅、显微镜）、CR/DR 摄片机、心电图仪、B 超等。 补充检查所需设备：其他必要的检查所需设备。

附录十二

生物检测设备（仪器）配备一览表（参考）

仪器名称	配置及规格	对应的前处理设备	检测项目
电子天平	万分之一、千分之一		
原子吸收分光光度计	具石墨炉、背景校正装置和各元素空心阴极灯、配自动进样器；测汞和砷时（需具氢化物发生装置）	离心机（仪器参数参见标准方法）、微波消解仪、旋涡混合器	血铅、尿铅、尿汞、尿铍、血镍、尿镍、血镉、尿镉、尿铬、血砷、尿砷、发砷、离子钙
电感耦合等离子体质谱仪	配自动进样器	旋涡混合器	血铅、尿铅、血镉、尿镉、尿铬、尿锡、尿铊、血镍、尿镍、血氟、血溴、尿溴
原子荧光光度计	具各元素空心阴极灯、配自动进样器	微波消解仪（仪器参数参见标准方法）、电热消解赶酸装置	血铅、尿汞、血砷、尿砷、发砷、尿锡
冷原子吸收测汞仪			尿汞
气相色谱仪	配氢火焰离子化检测器、自动顶空进样装置	配顶空瓶、恒温水浴箱	血甲醇、血甲酸、尿甲酸、尿1，2－二氯乙烷、尿2，5－己二酮、尿三氯乙酸、尿1－溴丙烷、尿酚、尿甲基甲酰胺
气相色谱质谱仪	配自动进样装置		尿1，2－二氯乙烷、尿2，5－己二酮
高效液相色谱仪	配紫外检测器、配自动进样装置	离心机（仪器参数参见标准方法）、固相萃取装置、氮吹仪	尿对氨基酚、尿对硝基酚、尿拟除虫菊酯代谢产物、马尿酸、尿五氯酚
离子色谱仪	配电导检测器、配自动进样装置		尿氟
离子计	氟离子选择电极、甘汞电极等	旋涡混合器	尿氟

注：原子吸收分光光度仪、原子吸收分光光度计、原子吸收光谱仪统称为：原子吸收分光光度计。

参考文献

[1] 李涛，王焕强．我国职业健康监护体系的历史和发展．工业卫生与职业病，2012，38（6）：321.

[2]《职业卫生名词术语》GBZ/T 224.

[3] 李德鸿．职业健康监护指南．[M].2 版．上海：东华大学出版社，2012.

[4] 中国石化集团公司 HSE 与产品管理部．企业职业健康监护指南．[M].2 版.北京：煤炭工业出版社，2017.

[5]《职业健康监护技术规范》GBZ 188—2018.

[6] 国家卫生健康委监督局关于征求《关于卫生监督体系建设的若干规定》意见的函，2019.

[7] 邬堂春．职业卫生与职业医学 [M].8 版．北京：人民卫生出版社，2017.

[8] 李德鸿，赵金垣，李涛．中华职业医学 [M].2 版．北京：人民卫生出版社，2019.

[9] 陈永青．职业卫生评价与检测——职业卫生基础知识．北京：煤炭工业出版社，2013.

[10] 张敏红，管有志，王雪毓，等．广东省某市 124 家加油站主要化学性危害因素及分布调查 [J]．职业卫生与疾病，2019，34（3）：151－153.

[11] 许振国，张敏红，刘莉莉，等．加油站苯接触岗位职业健康风险评估 [J]．中国职业医学，2018，45（6）：762－765.

[12]《质量管理体系要求》GB/T 19001—2016.

[13]《质量管理体系标准》GJB/Z 9000A—2001.

[14]《职业健康检查质量控制规范》DB12/T 694—2016.

[15]《职业健康检查质量控制规范（试行）》中疾控公卫发〔2019〕45 号.

[16]《临床实验室定量测定室内质量控制指南》GBZ/T 20468.

[17]《医疗机构管理条例》国务院令第 149 号.

[18]《医疗质量管理办法》国家卫生和计划生育委员会令第 10 号.

[19]《医学实验室——质量和能力的专用要求》ISO 15189.

[20]《职业卫生生物监测质量保证规范》GBZ/T 173—2006.

[21] 周安寿，黄汉林．职业健康监护与管理．北京：中国环境出版社，2013.4.

［22］健康体检质量控制指南．中华健康管理学杂志．2016. 4.

［23］尚红，王毓三，申子瑜．全国临床检验操作规程．4 版．北京：人民卫生出版社，2015.

［24］天津市健康体检机构质量控制标准．天津市健康体检医疗质量控制中心，2014. 7.

［25］李德鸿，赵金垣，李涛．中华职业医学［M］. 2 版．北京：人民卫生出版社，2019.

［26］卫生健康监督信息报告工作手册（2018 版）.

［27］尘肺病学．齐国兴．［M］. 1 版．西安：陕西科学技术出版社，1989.

［28］李德鸿，江朝强，等．职业健康监护指南［M］. 2 版．上海：东华大学出版社，2012.

［29］崔祥瑸，王鸣岐，等．实用肺脏病学［M］. 1 版．上海：上海科学技术出版社，1991.

［30］Sebastian Lange（季斌）．胸部疾病放射诊断学［M］. 2 版．上海：上海医科大学出版社，2000.

［31］Richard A. Bordow，ed.（康健）．呼吸疾病手册［M］. 5 版．沈阳：辽宁科学技术出版社，2004.

［32］赵金垣．临床职业病学［M］. 3 版．北京：北京大学医学出版社，2017.

［33］《卫生健康行政执法全过程记录工作规范》国卫监督发〔2018〕54 号.

［34］《职业卫生监督执法技术指南》第一部分 职业健康检查机构卫生监督执法技术指南.

［35］《职业卫生监管人员现场检查指南》AQ/T 4236—2014.

［36］《作业场所职业卫生检查程序》AQ/T 4235—2014.

［37］《卫生监督信息报告管理规定》卫监督发〔2011〕63 号.

［38］中国疾病预防控制中心关于印发职业病报告技术规范的通知（中疾控公卫发〔2019〕118 号）.